冶金职业技能培训丛书

高炉开炉与停炉操作知识问答

刘全兴　编著

北京

冶金工业出版社

2013

内 容 简 介

本书以问答的形式系统地介绍了高炉开炉与停炉理论与操作技术。全书共13章，分开炉与停炉两部分。高炉开炉部分介绍了高炉开炉前的人员准备、管理准备、技术准备，高炉开炉前的工程验收，热风炉与高炉的烘炉，高炉开炉配料计算，开炉与出铁操作，开炉事故与处理，高炉停炉部分介绍了高炉停炉的操作与后期工作，高炉开停炉煤气操作与安全管理等。

本书突出了炼铁新工艺、新技术与应用，包括高风温、富氧喷煤、高炉长寿、节能减排、低碳炼铁，高炉各系统试车与工程验收方法，煤气安全技术与案例，先进的设备管理与生产管理等方面的实用知识。本书力求贴近现场、贴近操作者，还附有高炉生产常用计算题以及与高炉开炉、停炉工作有关的生产实例，供学习时参考。该书可作为从事高炉生产人员的参考书，也可供从事炼铁专业的工程技术人员阅读。

图书在版编目(CIP)数据

高炉开炉与停炉操作知识问答/刘全兴编著 . —北京：
冶金工业出版社，2013.1
（冶金职业技能培训丛书）
ISBN 978-7-5024-6074-7

Ⅰ.①高…　Ⅱ.①刘…　Ⅲ.①高炉炼铁—开炉（冶金炉）—问题解答　②高炉炼铁—停炉（冶金炉）—问题解答
Ⅳ.①TF54-44

中国版本图书馆 CIP 数据核字（2012）第 261445 号

出 版 人　谭学余
地　　址　北京北河沿大街嵩祝院北巷 39 号，邮编 100009
电　　话　（010）64027926　电子信箱　yjcbs@ cnmip. com. cn
责任编辑　李　臻　美术编辑　李　新　版式设计　孙跃红
责任校对　王贺兰　责任印制　牛晓波
ISBN 978-7-5024-6074-7
冶金工业出版社出版发行；各地新华书店经销；三河市双峰印刷装订有限公司印刷
2013 年 1 月第 1 版，2013 年 1 月第 1 次印刷
787mm×1092mm　1/16；26 印张；633 千字；384 页
60.00 元
冶金工业出版社投稿电话：(010)64027932　投稿信箱：tougao@cnmip. com. cn
冶金工业出版社发行部　电话：(010)64044283　传真：(010)64027893
冶金书店　地址：北京东四西大街 46 号(100010)　电话：(010)65289081(兼传真)
（本书如有印装质量问题，本社发行部负责退换）

序

　　新的世纪刚刚开始，中国冶金工业就在高速发展。2002 年中国已是钢铁生产的"超级"大国，其钢产总量不仅连续 7 年居世界之冠，而且比居第二位和第三位的美、日两国钢产量总和还高。这是国民经济高速发展对钢材需求旺盛的结果，也是冶金工业从 20 世纪 90 年代加速结构调整，特别是工艺、产品、技术、装备调整的结果。

　　在这良好发展势态下，我们深深地感觉到我们的人员素质还不能完全适应这一持续走强形势的要求。当前不仅需要运筹帷幄的管理决策人员，需要不断开发创新的科技人员，也需要适应这新变化的大量技术工人和技师。没有适应新流程、新装备、新产品生产的熟练技师和技工，我们即使有国际先进水平的装备，也不能规模地生产出国际先进水平的产品。为此，提高技工知识水平和操作水平需要开展系列的技能培训。

　　冶金工业出版社根据这一客观需要，为了配合职业技能培训，组织国内有实践经验的专家、技术人员和院校老师编写了《冶金职业技能培训丛书》，以支持各钢铁企业、中国金属学会各相关组织普及和培训工作的需要。这套丛书按照不同工种分类编辑成册，各册根据不同工种的特点，从基础知识、操作技能技巧到事故防范，采用一问一答形式分章讲解，语言简练，易读易懂易记，适合于技术工人阅读。冶金工业出版社的这一努力是希望为更好地发展冶金工业而做出的贡献。感谢编著者和出版社的辛勤劳动。

借此机会，向工作在冶金工业战线上的技术工人同志们致意，感谢你们为冶金行业发展做出的无私奉献，希望不断学习，以适应时代变化的要求。

原冶金工业部副部长

中国金属学会理事长

2003 年 6 月 18 日

前　言

我国钢铁工业快速发展，已成为世界上最大的钢铁生产国、消费国、出口国。2011 年粗钢产量为 68454.82 万吨/年。占世界产量的 60%，高炉生产技术也取得了长足的进步。炼铁企业的产量逐月增长，产品质量随之改善，全国重点统计企业的燃料比、风温、工序能耗等指标达到历史最好水平。

高炉开炉即新建或经大修后的高炉重新开始连续生产，是一项十分重要的工作。高炉开炉是高炉生产的重要内容之一，开炉工作的好坏将对高炉一代生产与寿命产生巨大影响，它还关系到产量、质量、设备利用率和经济效益，而且对安全、经济的经营生产也具有十分重要的意义。开炉前要贮备好合格的开炉料；设备必须安装完毕，并进行严格的试漏（试风）、试水、试车、试汽和烘炉，达到规定的标准后才能开炉。开好炉意味着安全不发生任何事故，尽快达到正常生产水平，产出合格生铁；开炉初期要注意保护高炉内型与设备。

为了进一步推动高炉开炉与停炉的技术进步，满足广大炼铁工作者的需要，作者根据多年主抓新建和大、中修高炉的开炉和停炉工作的实际经验，立足于生产实际和高炉开、停炉系统技术发展，总结了几十年来不同地区、不同容积的高炉开炉与停炉的丰富经验汇编成此书。

在高炉开炉部分，介绍了开炉前的生产准备工作；开炉前的设备检查、试运转及验收工作；热风炉和高炉的烘炉；开炉的配料计算；装炉；点火、送风及出渣出铁工作。在高炉停炉部分，介绍了空料线停炉法的产生、发展和渐臻完善的过程；从停炉实践和结合数学运算，对停止回收煤气的标准、减轻炉顶煤气放散阀的配重、煤气系统的换气、空料线打水停炉水在炉内的三层次分布、料线-煤气中 CO_2 含量的变化规律等进行了理论研究，具有较高实用价值。在后来的无料钟高炉停炉操作方法中又突出了炉顶温度控制的两套打水系统的应用；高炉深空料线停炉操作又是一次成功的尝试，使得空料线停炉法渐臻完善，这对我国高炉的停炉有普遍意义。

　　本书占用一定篇幅介绍了新建钢铁厂的机构设置，从业人员的配备、素质要求和必要的培训内容；高炉生产必需的各项管理制度和操作规程；高炉生产管理的应急预案，此外还介绍了新工艺、新技术、新材料在高炉生产中的应用，使得本书更具完整性和实用性。希望此书能对从事高炉设计、建设施工、生产管理及维护的人员有一定帮助。

　　感谢鞍钢炼铁厂原总工程师张殿有、北京首钢国际工程技术有限公司所提供的宝贵的资料。感谢鞍钢、青钢和文水海钢等企业同仁们为完成本书所做的工作。

　　本书在编写过程中参考了国内同行部分专著的有关数据及资料，也得到了许多同志的关心与支持，冶金工业出版社张卫副社长对本书在章节安排和内容方面提出了很好建议，在此一并表示感谢。本书全部工作的完成与家人的理解和支持是分不开的，在此致以深深的谢意和无限的感激。由于工作繁忙，本书筹划时间较长，篇幅较大，限于个人能力和水平，书稿中难免有不妥之处，望读者批评指正。

编　者

2012 年 8 月

目　录

第1章　高炉开炉基本知识

第2章　高炉开炉前的人员准备

第3章　高炉开炉前的管理准备

第4章　高炉开炉前的技术准备

第6章　热风炉与高炉的烘炉

第7章　高炉开炉配料计算

第8章　高炉开炉与出铁操作

第9章　高炉开炉事故与处理

第10章　高炉停炉基本知识

第11章　高炉停炉的操作与后期工作

第12章　高炉开停炉煤气操作与安全管理

第13章　炼铁实用计算题

第 1 章　高炉开炉基本知识

第 1 节　名词解释

1-1　什么叫高炉开炉？

答：高炉开炉是一代炉龄的开始，即新建或经大修后的高炉重新开始连续生产，它是一件十分重要的工作。高炉开炉是高炉生产的重要内容之一，开炉工作的好坏将对高炉一代生产与寿命产生巨大影响，它还关系到产量、质量、设备利用率和经济效益，而且对安全、经济的经营生产也具有十分重要的意义，因此，应予以足够的重视。开炉必须做到：安全不发生任何事故；尽快达到正常生产水平；产出合格的生铁；开炉初期注意保护高炉内型与设备。开炉前要贮备好合格的开炉料；设备必须安装完毕，并进行严格的试漏、试风、试水、试车、试汽和烘炉，达到规定的标准后才能开炉。真正做到建好炉、开好炉、管好炉是我们的共同目的。

1-2　为什么说高炉开炉是一项系统工程？

答：高炉开炉涉及面很广，不仅要做好高炉本体系统的各项准备工作（试漏、试压、试水、烘炉等），还要做好钢铁联合企业中的生产平衡工作，否则，顾此失彼会影响高炉开炉的顺利进行。

为了搞好开炉工作，必须完成下列几项准备工作：开炉前的生产准备工作；开炉前的设备检查、试运转及验收工作；烘炉（包括高炉和热风炉）；开炉的配料计算；装炉；安排好点火、送风及出渣出铁工作。设备安装完毕，进行严格的试水、试漏、试车、试汽和烘炉，达到标准后才能开炉。

1-3　开炉前的生产准备工作具体包括哪些内容？

答：开炉前的生产准备工作具体包括：

（1）原料准备。开炉前应准备好一定数量的合格料，包括铁矿石、锰矿石、焦炭、石灰石等。用于开炉的原料应尽量选择化学成分稳定，含硫、磷等有害杂质低，粒度均匀，含粉末少，矿石还原性好，焦炭强度高，灰分低的炉料。

（2）生产人员的配备和培训。应将开炉后各岗位所需人员配备齐全（包括开炉期间的机动人员）。对生产骨干必须组织培训，使其掌握本高炉所采用的全部新技术、新装备，条件许可时应安排到有经验的单位实习一段时间。

（3）工具材料及劳保用品的准备。在准备这些物品时，既要保证生产需要，又要适量防止浪费积压，并注意回收残品。

（4）规程、制度的准备。为了保证高炉生产的连续正常作业，使新技术、设备发挥效益，每个工序、岗位都必须制订规程、制度，主要包括安全规程、技术操作规程和设备维护规程等。

（5）搞好生产的组织平衡工作。原燃料供应、动力输送、渣铁处理、运输工作等都要做好组织平衡，并要求稍大于高炉生产的能力。

（6）组织好设备维护与必需的备品备件。保证一旦设备发生故障时，能很快进行检修。

为了更好地进行生产管理和技术分析，各岗位都要准备必要的原始记录表格、记录本、产品标准和化检验及科研准备等。

1-4 简述高炉生产的工艺过程。

答：高炉是冶炼生铁的炉子。自然界中的铁大多数以铁的氧化物的形态存在于铁矿石中。高炉炼铁就是用还原的方法从铁矿石中提取铁。

高炉的形状是竖式的近似圆筒形，所谓高炉炉型是指高炉内部空间的形状，一般可分为五段，即炉喉、炉身、炉腰、炉腹和炉缸。高炉炉型剖面如图1-1所示。炉缸部分设有铁口、渣口和风口。

高炉的外面是用钢板制成的炉壳，里面用耐火材料砌筑内衬并镶有冷却装置。生产时从炉顶装入铁矿石、烧结矿、球团、天然矿、燃料（焦炭）、熔剂（石灰石）等，从高炉下部的风口吹进热风。在高温下焦炭（包括可燃喷吹物，如重油、煤粉等）燃烧，生成 CO 和 H_2 以及固体碳将铁矿石中的氧夺取出来，从而得到铁的这个过程就叫还原。还原出来的铁水由铁口放出。铁矿石和焦炭中的杂质与加入炉内的石灰石结合生成炉渣，从渣口排出。煤气从炉顶导出，经除尘后，供热风炉、平炉、焦炉、加热炉等作燃料用。高炉冶炼的剖面如图1-2所示。

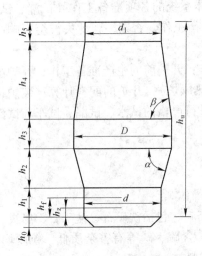

图1-1 高炉炉型剖面

d_1—炉喉直径；D—炉腰直径；d—炉缸直径；

α—炉腹角度；β—炉身角度；h_1—炉缸高度；

h_2—炉腹高度；h_3—炉腰高度；h_4—炉身高度；

h_5—炉喉高度；h_0—死铁层；h_f—风口

中心线；h_z—渣口中心线；h_u—有效高度

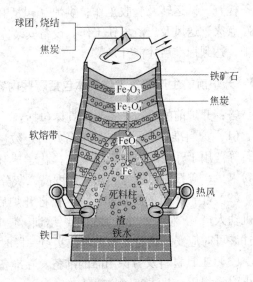

图1-2 高炉冶炼剖面图

传统高炉冶炼的工艺流程如图1-3所示。

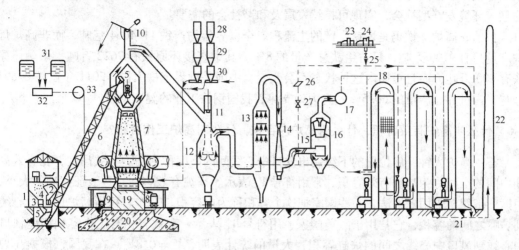

图1-3 传统高炉冶炼的工艺流程图

1—贮矿槽；2—焦仓；3—称量车；4—焦炭滚筛；5—料车；6—斜桥；7—高炉本体；8—铁水罐；9—渣罐；
10—放散阀；11—切断阀；12—除尘器；13—洗涤塔；14—文氏管；15—高压调压阀组；16—灰泥捕集器
（脱水器）；17—净煤气总管；18—热风炉；19—炉基基墩；20—炉基基座；21—热风炉地下烟道；
22—烟囱；23—蒸汽透平；24—鼓风机；25—放风阀；26—混风调节阀；27—混风大闸；
28—收集罐（煤粉）；29—储煤管；30—喷吹罐；31—储油罐；32—过滤器；33—油加压泵

高炉除本体外，还有上料系统、炉顶装料系统、送风系统、煤气清洗与能量回收系统、喷吹系统、渣铁处理系统和自动化控制系统等。

1-5 高炉炼铁的地位和作用如何？

答：炼铁工序是钢铁工业的中流砥柱，有承上启下的作用。钢铁工业生产的高物耗、高能耗、高污染主要体现在炼铁系统。生产1t铁要消耗20多吨自然资源，其工序能耗占联合企业总能耗的70%，污染物排放占三分之二。2008年前三季度全国重点企业炼铁工序能耗（标煤）为429.49kg/t，烧结工序能耗（标煤）为55.51kg/t，焦化工序能耗（标煤）为120.52kg/t。外排炉渣320kg/t，产生15～50kg/t粉尘，1.5t CO_2。95%的二噁英由烧结工序产生。

钢铁工业是国民经济的基础产业，机械、车辆、造船、电器、建筑等所有的工业都需要钢铁材料，金属材料已经应用到国防、民生的各个领域。

我国钢铁工业快速发展，2010年钢铁厂总数已超过2000家，产能达6.5亿吨/年。我国已成为世界上最大的钢铁生产国、消费国、出口国。

钢铁生产是自然科学的工程技术系列中一门特殊的"综合学科"；涉及环境资源、矿山、能源、物理、化学、冶炼工艺、耐火材料、机械制造、运输、物流、管理等专业。

钢铁生产技术的基础研究与应用研究逐渐结合且发展迅猛，大大缩小了我国与世界先进水平的差距。新工艺、新技术、新材料的应用越来越多。

高炉煤气、转炉煤气的干式除尘净化，余热、余压回收，干熄焦、节水技术、钢铁企业发电技术、渣的综合利用技术是国家 6 类 32 项技术中的重点推进项目，是建立资源节约型、环境友好型社会，实现可持续发展及和谐社会的需要。

目前，高炉炼铁仍是炼铁生产的主流程。全世界年均产铁 11.4064 亿吨，而非高炉炼铁产量只有 9100 万吨，只占生铁总产量的 8%。其中直接还原铁有 7622 万吨，熔融还原铁有 600 万吨，而且短期内这种状态不会改变。中国是世界炼铁大国，2011 年产铁 6.894 亿吨，占世界总产量的 60.5%，有力地支撑着我国钢铁工业的健康发展。

1-6　什么叫高炉有效容积，什么叫高炉内容积，什么叫高炉工作容积？

答：高炉大钟开启位置的下缘到出铁口中心线间的高度称为高炉有效高度，在有效高度中间的空间称为高炉有效容积，常用符号 V_u 表示。高炉有效容积直接表征高炉的大小，中国、俄罗斯常用此说法，一些国家把这个容积称为内容积。工作容积指高炉风口中心线到炉喉之间的容积，它常用于欧美国家，用符号 V_p 表示。有效容积与工作容积相差铁口中心线到风口中心线之间的炉缸容积，大量的统计表明，$V_p = 0.8 V_u$。在我国，根据高炉的有效容积高炉分为小、中、大型高炉，300m³ 以下为小型；300 ~ 999m³ 为中型；1000m³ 以上为大型。在国际上认为 1000m³ 以下为小型，1000 ~ 2000m³ 为中型，2000m³ 以上为大型。

1-7　什么叫高炉有效容积利用系数？

答：高炉有效容积利用系数是指每立方米高炉有效容积一昼夜生产生铁的吨数。例如，一座有效容积为 1000m³ 的高炉，一昼夜生产 2000t 生铁，那么，这座高炉的有效容积利用系数就是 2.0t/(m³·d)。它是衡量高炉生产率的一个重要指标，有时简称为利用系数。

利用系数 η 分为容积利用系数（单位为 t/(m³·d)）和炉缸面积利用系数（单位为 t/(m²·d)）两种。前者又因高炉容积计算方法的不同而有工作容积利用系数和有效容积利用系数之分。用有效容积计算所得出的系数值称为高炉有效容积利用系数 η_u，用工作容积计算得出的系数值称为工作容积利用系数 η_p，单位为 t/(m³·d)：

$$\eta_u = P \times k / V_u \tag{1-1}$$

$$\eta_p = P \times k / V_p \tag{1-2}$$

式中，P 为高炉每昼夜生产某品种生铁的合格产量，t；k 为该品种生铁折合为炼钢铁的折算系数。

由于同一座高炉的有效容积比工作容积大，所以计算所得的 η_p 要比 η_u 高，一般规律是 $\eta_u = 0.8 \eta_p$。

炉缸面积利用系数 η_A 是每平方米高炉炉缸截面积（$A_{缸}$，m²）一昼夜生产炼钢铁的吨数，单位为 t/(m²·d)，可用式 1-3 计算：

$$\eta_A = (P \times k)/A_{缸} \tag{1-3}$$

1-8　什么叫焦比，什么叫折算焦比？

答：焦比 K 是冶炼 1t 生铁所需要的干焦炭量，单位为 kg/t：

$$K = Q_K/P \qquad (1-4)$$

折算焦比 $K_折$ 是将所炼某品种的生铁折算成炼钢铁以后，计算冶炼 1t 炼钢铁所需要的干焦炭量，单位为 kg/t：

$$K_折 = Q_K/(P \times A) \qquad (1-5)$$

焦比是衡量燃料消耗和炼铁成本的一个重要指标。

1-9　什么叫煤比和油比？

答：煤比是每炼 1t 生铁所喷吹的粉煤量，单位为 kg/t；油比是每炼 1t 生铁所喷吹的重油量，单位为 kg/t：

$$Y = Q_Y/P \qquad (1-6)$$

$$M = Q_M/P \qquad (1-7)$$

1-10　什么叫燃料比？

答：燃料比是指冶炼 1t 生铁所消耗的干焦炭量与煤粉、重油量之和，单位为 kg/t。

$$K_燃 = (Q_K + Q_Y + Q_M)/P \qquad (1-8)$$

1-11　什么叫综合焦比？

答：高炉采用喷吹煤粉或重油以后，喷吹单位质量（或体积）的燃料所能替代焦炭的数量叫做燃料的置换比。置换比越高，表示喷吹燃料的质量和利用率越好。综合焦比是将冶炼 1t 生铁所喷吹的煤粉或重油量乘上置换比折算成干焦炭量，将其与冶炼 1t 生铁所消耗的干焦炭量相加即为综合焦比。现在综合焦比的计算已与国际上评价冶炼 1t 生铁消耗的能量相接轨，已采用燃料比，即焦比＋煤比，不再将煤比乘以置换比再与焦比相加。

1-12　什么叫综合折算焦比？

答：综合折算焦比是在计算综合焦比的基础上，把各种品种的生铁折算为炼钢铁后计算而得到的。

1-13　什么叫生铁合格率？

答：生铁合格率是反映质量的指标。生铁的化学成分符合国家标准规定值时为合格生铁。

生产的合格铁量占高炉总产铁量的百分数叫生铁合格率。

1-14　什么叫冶炼强度和综合冶炼强度？

答：冶炼强度是指每昼夜、每立方米高炉有效容积燃烧的焦炭量，用 I 表示。如果喷吹燃料时，需加上喷吹燃料折合的焦炭量，则计算出的冶炼强度称为综合冶炼强度。冶炼强度表示高炉作业强化程度的高低，它取决于高炉所能接受的风量。鼓风越多，燃烧的焦炭也就越多，在焦比不变或增加不多的情况下，高炉利用系数也就越高。

冶炼强度 I 现已分为焦炭冶炼强度和综合冶炼强度两个指标。焦炭冶炼强度是指每昼夜、每立方米高炉容积消耗的焦炭量，即一昼夜装入高炉的干焦炭量（Q_K）与容积（V）的比值，单位为 $t/(m^3 \cdot d)$：

$$I_{焦} = Q_K/V \tag{1-9}$$

由于采取喷吹燃料技术，故将一昼夜喷吹的燃料量 $Q_{喷}$ 与焦炭量 Q_K 相加值与容积之比叫做综合冶炼强度，单位为 $t/(m^3 \cdot d)$：

$$I_{综} = (Q_K + Q_{喷})/V \tag{1-10}$$

如同利用系数计算那样，冶炼强度也有用有效容积与工作容积计算的差别。

1-15 什么叫焦炭负荷？

答： 焦炭负荷是指每批炉料中铁矿石总量（包括烧结矿、球团矿、天然矿和锰矿等）与焦炭量的比值，是用来估计燃料利用水平和用配料调节炉子热状态的参数。

$$P = Q_{矿}/Q_{焦} \tag{1-11}$$

一般来说，焦炭负荷越大，焦比越低。

1-16 什么叫休风率？

答： 休风时间占规定作业时间（即日历时间减去按计划进行大、中修的时间）的百分数叫做休风率，休风率反映了设备维护和高炉操作的水平。实践证明，休风率降低 1%，高炉产量可提高 2%。

1-17 什么叫燃烧强度？

答： 燃烧强度是每平方米炉缸截面积上每昼夜燃烧的干燃料的吨数，用来对比不同容积的高炉实际炉缸工作强化的程度，单位为 $t/(m^2 \cdot d)$：

$$I_A = Q_{燃}/A_{缸} \tag{1-12}$$

1-18 什么叫干吨度，有何用途？

答： 干吨度（Dry Metric Ton Unit）是指某种物质的纯度。既然是纯度，那么它的取值范围就是 0~100%，在粉矿的公路、铁路运输上经常用到。因为粉矿大多数都是敞开运输，比如用自卸车、铁路的高边车，在运输时很容易被风吹散，所以在运输时，发货人都要往粉矿上浇水，以防止或者减少运输过程中的损失。那么在粉矿的买卖市场上，自然就有含水的和不含水的粉矿，含水粉矿的质量就是湿吨，不含水粉矿的质量为干吨。

假设粉矿的交易价格为 N 元/干吨度，某种粉矿的干吨度为 20%，那么一干吨粉矿的价钱就是 $20 \times N$ 元。因此，只要在浇水前称重并测得干吨度，就可以计算出货款。以后浇多少水都无所谓，只要便于运输就行。

2008 年矿石年度力拓的 PB 粉矿、扬迪粉矿、PB 块矿的最新基准价格分别为 1.4466 美元/干吨度、1.4466 美元/干吨度和 2.0169 美元/干吨度，分别较 2007 年度上涨 79.88%、79.88%、96.5%。

　　干吨度在铁矿石上通常可以这样理解：干粉的铁含量是多少，就是多少干吨度。例如，品位 65 的矿石，就是 65 干吨度。

1-19　什么叫生铁，钢与铁有何区别？

　　答：生铁是含碳（C）1.7% 以上并含有一定数量的硅（Si）、锰（Mn）、磷（P）、硫（S）等元素的铁碳合金的统称，主要用于高炉生产。

　　钢和铁都是铁碳的合金。钢是以生铁或废钢为主要原料，根据不同性能的要求，配加一定的合金元素炼制而成的。其基本成分为铁（Fe）、碳（C）、硅（Si）、锰（Mn）、硫（S）、磷（P）等元素。

　　一般认为含碳量 1.7% 是钢与铁的分界线。实际上，钢的含碳量在 0.04% ~ 1.7% 之间，而大多数又都在 1.4% 以下。

1-20　生铁有哪些种类？

　　答：通常把含碳量在 1.7% 以上的铁碳合金叫做生铁。生铁除含碳外，还含有硅、锰、磷和硫。生铁的含碳量通常达 2.0% ~ 4.5%，故其很脆，没有韧性。在凝固后，只能进行切削加工，不能锻压使其变形。生铁按其用途不同可分为三大类，即供炼钢用的炼钢铁（含硅较低，又叫白口铁），供铸造机件和工具用的铸造铁（含硅较高，又叫灰口铁，包括制造球墨铸铁用的生铁），以及特种生铁，如作铁合金用的高炉锰铁和硅铁等，此外还有含特殊元素钒的含钒生铁。

1-21　什么叫炼铁工序能耗，工序能耗等级的评定指标是什么？

　　答：炼铁工序能耗是指某一段时间（月、季、年）内，高炉生产系统（原料供给、高炉本体、渣铁处理、鼓风、热风炉、喷吹燃料、碾泥、给排水）、辅助生产系统（机修、化验、计量、环保等）以及直接为炼铁生产服务的附属系统（厂内食堂、浴室、保健站、休息室、生产管理和调度指挥系统等）所消耗的各种能源的实物量，扣除回收利用能源，并折算成标煤（29330kJ/t）与该段时间内生铁产量的比值。

　　为了对冶炼炼钢铁与铸造铁两个品种和不同冶炼条件的高炉炼铁工序能耗进行统一评定等级，按着鼓励先进、合理折算的原则，规定了两个主观上很难解决的因素（矿石品位和冶炼铁种）对工序能耗的影响的折算指标：一是规定入炉矿石的品位为 55%，实际入炉矿石的品位与 55% 的差值每降低 1%，工序能耗增加 0.8%，超过 55% 的部分不折算；二是以炼钢铁为基数，将铸造铁等按换算系数折算。

　　另外规定入炉吨废铁在 20kg 以内时，按厂内自循环废铁考虑，不进行折算。吨铁超过 20kg 的部分，以废铁含铁量的 75% 计算入炉品位，即将考虑废铁后的含铁量与 55% 进行比较，增减 1% 含铁量都要按减增 0.8% 的工序能耗来计算评定指标，即：

$$工序能耗评定指标 = [总耗能量（标煤）/（炼钢铁产量 +$$

$$Z_{14} \times 1.14 + Z_{18} \times 1.18 \cdots)] \times \eta_{Fe} \qquad (1-13)$$

式中　η_{Fe} ——入炉品位与 55% 差值的影响系数。

1-22　什么叫高炉寿命，如何划分？

答：高炉寿命有两种表示方法：一是一代炉龄，即从开炉到大修停炉的时间，一般 8 年以下为低寿命，8 ~ 12 年为中等，12 年以上为长寿；二是一代炉龄中每立方米有效容积的产铁量。

一般 $5000t/m^3$ 以下为低寿命，$5000 ~ 8000t/m^3$ 为中等，$8000t/m^3$ 以上为长寿。

第 2 节　新建改扩建高炉设计与选型

1-23　什么叫炼铁系统，它由哪些工序组成？

答：炼铁系统通常是指烧结、球团、焦化、炼铁等工序的总称。由于在钢铁生产过程中炼铁系统能耗占钢铁联合企业总能耗的 70%，而炼铁工序约占 50%，排放的污染物三分之二也来自炼铁系统。所以说，钢铁工业节能降耗工作的重点在炼铁系统。

炼铁工序是钢铁工业的主体，又称为"龙头"和重中之重。烧结、球团又称为造块，是炼铁的原料准备工序；焦化包括炼焦、化产回收、深加工，是炼铁的燃料准备和化工产品综合利用工序，以上这些工序都是为炼铁服务的。

高炉除本体外，还有上料系统、炉顶装料系统、送风系统、煤气清洗系统、喷吹系统和渣铁处理系统、动力系统、自动化控制及仪表系统等。

高炉炼铁的能量来源，有 78% 来自碳燃烧（包括焦炭和煤粉），有 19% 来自热风，其余为高炉内物质反应放热。这也说明高炉炼铁减量化用能工作就是要在降低碳消耗和提高风温两方面开展。

钢铁工业工作的重点是，要努力降低炼铁燃料比（包括入炉焦比 + 喷煤比 + 小块焦比），污染物排放的 CO_2 有 70% 是来自燃煤，SO_2 排放有 90% 也来自燃煤。所以减少燃煤用量是节能降耗的主要工作方向。

某厂高炉工艺流程框图和高炉物料平衡框图分别见图 1-4 和图 1-5。

1-24　现代钢铁生产工艺技术流程如何？

答：工艺技术流程是指从原料经各工序最终制成产品的全过程，这种物料有序的流动，并在各工序流动中连续地改变化学和物理形态，最终制成产品就是工艺技术流程。技术决定流程，技术的发展决定流程的发展和变化。

现代钢铁工业生产工艺技术流程是一种多工序流程的工业，分为主工序、辅助工序和物流、仓储工序。

以高炉为代表的钢铁厂循环经济链见图 1-6。

1-25　新项目设计的原则是什么？

答：新建钢铁厂要以成本低、效率高、产品合理、节能高效、生态环保、效益良好、竞争力强为指导思想。应遵循以下原则：

（1）先进性：采用当今炼铁先进技术，采用实用、成熟、可靠的技术（精料、高顶

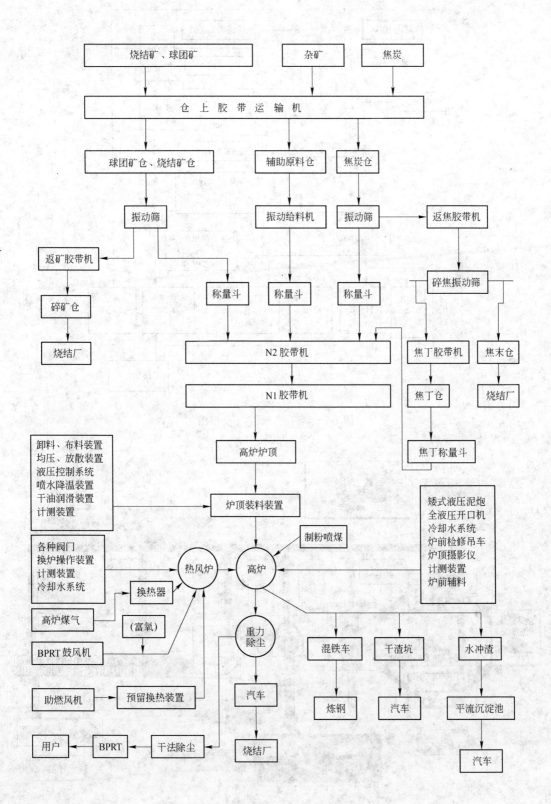

图 1-4　某厂高炉工艺流程框图

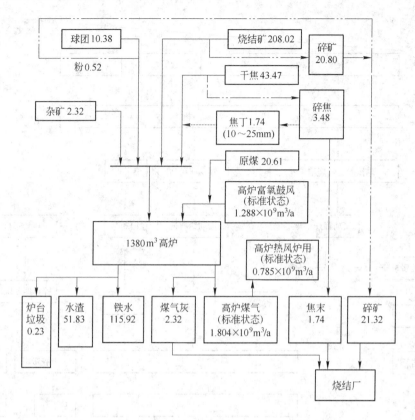

图 1-5 某厂高炉物料平衡框图

（单位为万吨/年）

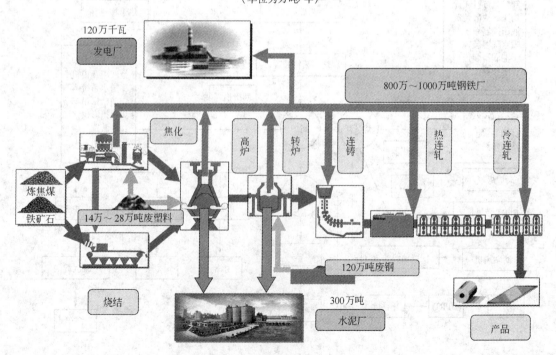

图 1-6 以高炉为代表的钢铁厂循环经济链示意图

压、高风温、富氧、喷煤），实用性强，经济效益显著。

（2）高效性：充分利用土地资源，优化总图，工序配置合理，物流顺畅便利，劳动强度低，自动化程度高，投资相对节省，最大限度地挖掘、依托、利用现有设施。

（3）环保性：废水、废气、废汽、废渣综合利用，实现循环经济，力争做到"零排放"，环保达到国家排放标准。

（4）长远性：考虑留有发展空间，避免重复建设。

1-26　炼铁新工艺、新技术、新材料有哪些？

答：新设计炼铁高炉及相应配套设施普遍采用一系列先进技术集成，新工艺、新技术、新材料是必然的首选。主要包括：

（1）先进的原燃料供应、储存、混合和管理系统。包括大型堆取料机，称量、化检验设备，现代化料场，防风抑尘、洒水喷淋、环保设施齐全。

（2）上料供料系统。包括受料、自动化称量、皮带通廊等。

（3）无料钟炉顶装料系统。包括相应的自动化控制系统。

（4）高炉本体。包括高炉内型选择，各部耐火材料优化选择，铜冷却壁，长寿炉缸、炉底结构及其炉体监测、检测等。

（5）风口平台及出铁场。包括现代化出铁场配套设施，液压开口机、泥炮、浇注式主沟、撇渣器、摆动流嘴；炉前吊车（环形吊车）；炉前更换风口装置，高效送风装置等。

（6）热风炉及其附属设施。包括高风温或超高风温热风炉炉型工艺选择及其结构优化，先进的热风炉结构形式主要有 3 种：改进型内燃式、外燃式和顶燃式。预热器及余热回收装置利用低热值煤气获得高风温的工艺方法主要有：高炉煤气富化法；附加加热换热系统或金属换热器法；自身预热法；富氧助燃法；掺入热风法；辅助热风炉法等。其中最具典型意义的金属换热器法、热风炉自身预热法和辅助热风炉法基本上代表了当今高温空气燃烧技术在利用低热值煤气获得高风温方面的发展新趋势。

（7）自动燃烧和换炉控制。

（8）炉渣处理系统。包括高炉炉渣处理方法，如 INBA 法，搅笼法，轮法（图拉法）及储运和深加工。

（9）煤粉制备与喷吹系统。包括储煤场，上煤设施，制粉中速磨，收粉系统，喷吹系统，焦炉煤气喷吹等。

（10）煤气除尘净化、能量回收系统。包括高炉煤气干法除尘、煤气和火灾报警系统、燃气设施、高炉 TRT 或 BPRT 鼓风机设施。

（11）铸铁机及混铁车修砌间。包括铁水罐或鱼雷式铁水罐的检修与维护。

（12）氧氮设施、蒸汽压缩空气热力系统。包括制氧机、氮压机、锅炉等。

（13）给排水系统、通风除尘系统。包括联合泵站、管网等。

（14）供配电系统、电信设施、自动化检测及控制系统。

（15）建筑结构、总图运输系统以及炼铁区域综合管网等相关公辅系统。

$1380m^3$ 高炉设计主要技术选型：

（1）布置紧凑合理，工艺流程短捷顺畅，充分考虑各个单元工序的系统性和整体性，生产管理达到协调统一，减少占地面积，大幅减少投资。两座高炉的制粉喷煤系统统一布置，原煤运输共用一套系统；两座高炉 BPRT 鼓风机站集中布置，预留二期扩建风机的场地，两座高炉备用一台风机。

（2）高炉供料和炉料分布控制技术。精料和合理布料是高炉生产操作的关键，设计采用串罐无料钟炉顶装料设备和无中继站上料工艺，上料主胶带机直接上料，不设中间称量罐，以减少物料的倒运次数，减少物料倒运造成的粉碎；采用烧结矿焦炭分散筛分、分散称量。设置焦丁回收系统，节约焦炭。

（3）高炉综合长寿技术。为实现一代炉役寿命 12~15 年，设计采用优质耐火材料陶瓷杯结构。炉底、炉缸、铁口区域、炉腹、炉腰、炉身下部采用全冷却结构；炉底和冷却壁全部采用软水密闭循环冷却技术。采用炉顶高温摄像、炉底测温监控、贯流式长寿风口等先进设备和检测技术。

（4）热风炉高风温、长寿技术。设计采用 3 座高风温新型顶燃式热风炉，设置烟气余热回收装置用于预热助燃空气及高炉煤气，设计风温 1200℃，最高拱顶温度 1320℃。采用优质耐火材料（高温区采用硅砖）和合理热风炉炉体结构，以实现热风炉长寿要求。为节约投资，预留出助燃空气和煤气换热器的位置。

（5）炉前出铁场平坦化、机械化。设计采用双矩形平坦化出铁场。采用液压泥炮、液压开口机、铁水摆动溜槽，实现炉前操作机械化。高炉设置 2 个铁口，22 个风口。设计采用全封闭一次、二次高效除尘，提高炉前作业环境的环保水平。

（6）大喷煤技术、烟气余热回收技术。喷吹煤种为烟煤或混煤，喷煤系统设计采用并罐、喷吹总管加分配器的直接喷吹工艺，实现富氧大喷煤。喷煤量为 160kg/t，设计能力为 200kg/t。采用大型中速磨制粉和一级布袋煤粉收集短流程工艺，煤粉直接喷吹。采用热风炉烟气余热干燥煤粉技术，实现废气余热再利用。

（7）煤气干法除尘技术与重力除尘技术。高炉粗煤气采用重力除尘器除尘，除尘效率为 55%~60%，干灰的排放和运输采用加湿后汽车运输工艺，减少二次粉尘污染。高炉煤气除尘采用全干式低压脉冲布袋除尘技术，实现净煤气含尘量小于 $5mg/m^3$（标准状态），实现节水、节能和环保。除尘灰的排放和运输采用加湿后汽车运输工艺。

（8）采用完备的通风除尘、降噪和节水等环保设施。实现炼铁生产过程粉尘全部回收利用，将污水处理后的中水作为渣处理系统的补充水，提高水的循环使用率。除尘灰集中收集，全部回收使用，充分回收和利用资源，降低资源消耗。

（9）采用大型轴流式 BPRT 高炉鼓风机技术。鼓风机能力考虑留有生产挖潜的可能。

（10）采用完善的自动化检测与控制系统。生产过程全部采用计算机进行集中控制和调节，主要生产环节采用工业电视监控和管理。预留人工智能高炉冶炼专家系统以满足现代化高炉高效生产操作的要求。

1-27　什么叫金属平衡？

答： 金属平衡（Metallurgical balance，Metal-content balance）是指入厂原矿中的金属含量和出厂精矿中的金属含量之间的平衡关系。金属平衡一般以一定的表格形式列出，且每月、季、年都要编制，这样的统计表称为金属平衡表。此表包括选厂处理的原矿量，出厂的精矿和尾矿量以及原矿、精矿和尾矿的品位，回收率等项，可反映一个选厂在某个时期技术工作与管理工作的好坏，是评价选厂技术管理工作的基础材料。

入厂原矿中金属含量和出厂精矿与尾矿中的金属含量之间有一个平衡关系，若以表格形式列出即称为金属平衡表。

金属平衡表是选矿生产报表，它是根据选矿生产的数量和质量指标按班、日、旬、月、季和年编制的。这些指标包括：原矿处理量、原矿品位、出厂精矿量、精矿品位、金属含量、回收率、尾矿量和尾矿品位等。

因此，根据金属平衡表可以评价选矿厂的生产情况，可以看出选厂在某一期间内完成生产指标的情况。金属平衡表是选矿生产基本资料，由于它是按班次计算指标的，故也是现场生产班组进行生产评比的基本资料。

金属平衡表分为理论金属平衡表和实际金属平衡表两种。理论金属平衡（也称工艺金属平衡）表是根据在平衡表期间内原矿石和最终选矿产品（精矿与尾矿）化验得到的品位算出的精矿产率和金属回收率，因未考虑过程中的损失，所以此回收率称为理论回收率，此金属平衡表称为理论金属平衡表。它可以反映出选矿过程技术指标的高低，一般按班、日、旬、月、季和年来编制，可作为选矿工艺过程的业务评价与分析资料，并能够根据在平衡表期间内的工作指标，对个别车间、工段和班的工作情况进行比较。

实际金属平衡（也称商品金属平衡）表是根据在平衡表期间内所处理矿石的实际数量、精矿的实际数量（如出厂数量及留在矿仓、浓密机和各种设备中的数量）以及化验品位算出的精矿产率和金属回收率，所以此回收率称为实际金属回收率，此金属平衡表称为实际金属平衡表。它反映了选矿厂实际工作的效果。一般实际金属平衡表按月、季、半年或一年编制。

选矿过程中的金属流失集中反映在实际回收率与理论回收率的差值上。由于理论平衡表没有考虑选矿过程各个阶段中金属的机械损失，因此，理论平衡表的金属回收率一般都高于实际平衡表的金属回收率，但有时也会出现反常现象，即实际回收率高于理论回收率，这主要是由取样的误差、原矿与选矿产品的化学分析及水分含量的测定的误差，以及原矿与选矿产品计量的误差等所造成的。一般要求理论金属平衡表的回收率和实际金属平衡表的回收率之间的差值，对于浮选厂正差不能大于 2%，不应出现负差，重选厂的正负差不能超过 1.5%。

比较理论金属平衡表和实际金属平衡表，能够揭露出生产过程中金属流失的情况。差值越大，说明选厂在技术管理与生产管理方面存在的问题越多，这就要查明生产过程的不正常情况，以及取样、计量与各种分析和测量上的误差，并及时予以解决。

新项目拟建规模、产品方案确定之后，对各个工序、产品、管理与物流等进行的物料、铁、钢材的规划被称为金属平衡。

某钢铁有限公司新区生产规模为 300 万吨钢，拟分二期建设，各期产量见表 1-1 ～ 表 1-4。一期、二期金属平衡见图 1-7 和图 1-8。

表 1-1　各主体工序分期产量表

项　目	烧结矿	球团矿	铁	钢	方　坯	板　坯
一　期	208.02	0	115.92	120.0	116.4	0
二　期	426.2	80.0	265.4	288	232.8	46.6

表 1-2　连铸产品规模（分期）

铸机名称	铸坯定尺		铸坯用户	年生产能力/万吨	备注
	断面/mm × mm	长度/m			
1 号 8 流方坯连铸机	150 × 150	4 ~ 12	待定	116.4	一期一台
2 号 8 流方坯连铸机	150 × 150	4 ~ 12	待定	116.4	二期一台
3 号单流板坯连铸机	厚 160 ~ 180 宽 1100 ~ 1200	待定	待定	46.4	二期一台
合　计				279.2	

表 1-3　方坯连铸机分钢种产量表

钢种	代表钢号	年产量/万吨	生产比例/%
普碳钢	Q215 ~ Q255	58.2	50
低合金钢	16Mn、20MnSi、20MnSiV	58.2	50
合　计		116.4	100

表 1-4　板坯连铸机的生产钢种

钢种	代表钢号	铸坯产量/万吨	百分比/%
普碳钢	Q235	13.98	30
船板钢	AH32 ~ EH36	13.98	30
压力容器钢	16MnR、15MnVR20R、SPV36	9.32	20
锅炉钢	16Mn6、20g、16Mng、15MnVg	6.99	15
品种钢：桥梁钢、管线钢等	14MnNig、15MnVg、X70	2.33	5
合　计		46.4	100

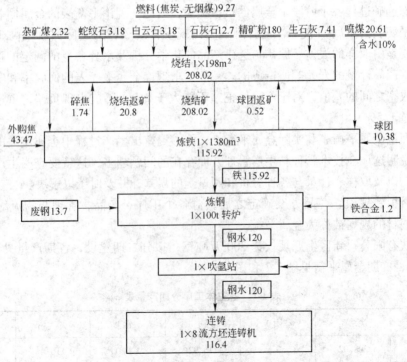

图 1-7　某厂生产工艺流程及金属平衡（一期）

（单位为万吨/年）

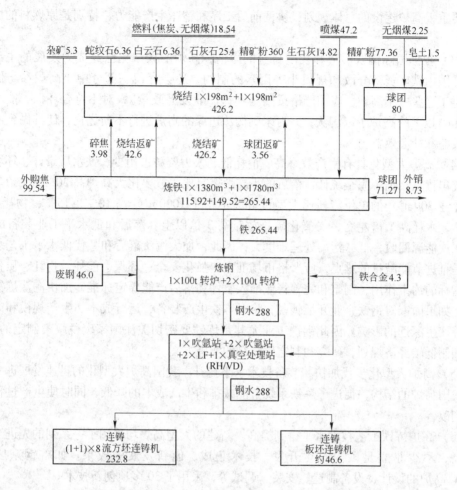

图 1-8　某厂生产工艺流程及金属平衡（二期）

（单位为万吨/年）

1-28　为什么要淘汰落后，实现装备大型化？

答：（1）高炉大型化是现代钢铁工业发展的重要标志。有关资料显示，近年来我国大型高炉发展很快，现有高炉 1400 座左右，1000m³ 以上容积的高炉有 300 座以上。目前投入生产的容积最大的高炉是沙钢的 5800m³ 高炉。首钢京唐两座 5500m³ 高炉采用了新装备和新工艺，可实现高效型、节约型、清洁型、可循环型生产，基本实现了"三废"零排放。大型高炉是我国钢铁工业结构调整、淘汰落后、降低成本、改善环境、提高钢铁产品市场竞争力的生力军，其在应用精料、富氧喷煤、高压炉顶、高风温、高炉长寿和低硅低硫冶炼等技术的基础上，普遍采用无料钟炉顶布料、薄壁炉衬、炉顶余压发电、热风炉双预热、软水密闭循环冷却系统等现代工艺和技术装备，其经济效益十分显著。

（2）高炉的竞争力主要体现在工序能耗和环境保护、劳动生产率和生铁质量等方面。根据《钢铁产业发展政策》规定，容积达 1000m³ 及以上的新高炉必须同步配套余热发电和喷吹煤粉装置。沿海深水港地区建设的钢铁项目，高炉有效容积要大于 3000m³。钢铁企业要重视高炉建设的总体规划，协调前后工序和整体生产能力，特别是原燃料的协调和配套。

（3）根据国际钢铁形势和我国自身的国情，高炉的大型化已经成为发展的主流。但是，受国内铁矿资源分散和规模小等因素的制约，还会存留一部分中小高炉参与炼铁生产。对于这些中小高炉，应该严格按照《钢铁产业发展政策》，对不符合环保、能耗要求的 300m^3 以下的高炉予以淘汰，并对未到淘汰边缘的高炉进行不断优化，使其做到不影响环境效益和社会效益。

（4）高炉大型化具有生产效率高、消耗低、人力资源占用少、铁水质量好、环境污染小等突出优点。据不完全统计，落后的小高炉燃料比一般要比大高炉高 30~50kg/t。小高炉（小于 300m^3）的单位能耗比大型设备（不小于 1000m^3）高 10%~15%，物耗高 7%~10%，水耗高 1 倍左右，二氧化硫排放量高 3 倍以上。落后和低水平工业装备的能耗高，二次能源回收率低，污染处理难度大，因此，加大淘汰落后和替代低水平工艺装备的力度是推进节能减排的难点，应严格市场准入，强化安全、环保、能耗、物耗、质量、土地等指标的约束作用，制定和完善行业准入条件和落后产能界定标准，加快淘汰炼铁落后产能。如果国家对钢铁企业开征碳税，将对炼铁生产装备、运行成本、生产规模和产品竞争力等产生深远的影响。因此钢铁工业尤其是炼铁要密切关注国家碳税政策制定的进展，及早编制低碳经济规划，研究和制定碳减排的实施方案。

（5）高炉大型化步伐加快，装备技术水平提升。我国高炉大型化的迅速发展进一步优化了我国高炉的结构，促进了炼铁系统节能减排和生产成本的降低，同时使生产过程的环境得到改善。

（6）高炉炼铁工艺技术水平得到提高。新建的大型高炉均采用了一系列的先进工艺技术装备，不少是立足国内自主开发、技术集成、创新发展的成果。如首钢京唐公司5500m^3 高炉的设计、设备制造、安装、调试等，采用了 30 多项创新技术。

目前，高炉煤气压差发电（TRT）技术装备在钢铁企业内得到普及，全国已有 620 多台（套）TRT 设备投入运行。国内开发出炉顶煤气稳压技术，使炉顶煤气压力波动从 5% 降到 1.5%。

我国在高炉设备、备件研发应用方面也有颇多亮点，如特大型高炉煤气干法布袋除尘技术、先进干式 TRT 和 BPRT 系统、实现 1300℃高风温技术、少水型渣处理技术、高炉和热风炉长寿综合技术（包括新型高质量耐火材料的开发、少水型长寿热风阀等）、高炉操作专家系统开发等。

（7）高炉系统节能减排取得成效。全国重点企业高炉焦比为 369kg/t，煤比为 149kg/t；全国重点企业炼铁工序能耗（标煤）为 407.35kg/t，创造出我国历史最好成绩，为我国钢铁工业节能减排作出了重要贡献。

1-29　高炉炼铁的工艺流程由哪几部分组成？

答：在高炉炼铁生产中，高炉是工艺流程的主体，从其上部装入的铁矿石、燃料和熔剂向下运动；下部鼓入空气燃烧燃料，产生大量的高温还原性气体向上运动；炉料经过加热、还原、熔化、造渣、渗碳、脱硫等一系列物理化学过程，最后生成液态炉渣和生铁。它的工艺流程系统除包括高炉本体外，还有上料系统、装料系统、送风系统、回收煤气与除尘系统、渣铁处理系统、喷吹系统以及为这些系统服务的动力系统等。高炉炼铁工艺流程示意框图见图1-9。

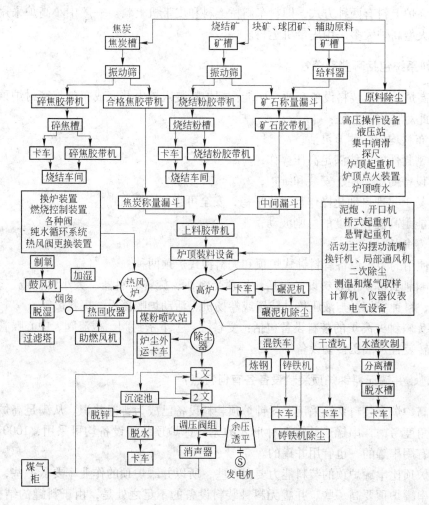

图1-9　典型高炉炼铁工艺流程示意框图

1-30　上料系统包括哪些部分?

答: 上料系统包括:贮矿场、贮矿槽、焦槽、槽上运料设备(火车与矿车或皮带)、矿石与焦炭的槽下筛分设备、返矿和返焦运输设备、入炉矿石和焦炭的称量设备、将炉料运送至炉顶的设备(皮带或料车与卷扬机)等。

现代高炉炼铁生产的供料以贮矿槽为界,贮矿槽以前的属其他厂或车间管理,贮矿槽以后的供料设备属高炉上料系统。高炉上料系统由贮矿槽、槽上受料设施、槽下筛分设备、称量设备和向炉顶装备设备输送炉料的料车或皮带机等组成。高炉上料系统应满足以下要求:

(1) 均衡及时地向高炉供给所要求的炉料;

(2) 根据冶炼工艺要求,精确地把矿焦等原燃料配成"料批";

(3) 向高炉炉顶运送炉料要安全可靠,尽量以自动化或机械化作业完成;

（4）在供料过程中不可避免地会产生粉尘，应有各种防尘设施，来保护环境和劳动条件。

现在高炉上料有两种方式，即料车斜桥上料和皮带机上料。一般中小高炉采用料车斜桥上料，大型高炉大多采用皮带机上料。

1-31　装料系统包括哪些部分？

答： 高炉的炉顶装料设备有两个职能：把炉料装入炉内并完成布料；密封炉顶以回收煤气。因此对它的要求是：

（1）布料均匀，调节灵活；

（2）密封性好，能满足高压操作；

（3）设备简单，便于安装和维护；

（4）易于实现自动化操作且运行平稳，安全可靠；

（5）能耐高温和温度的急剧波动；

（6）寿命长。

目前使用的装料设备有料钟式炉顶和无料钟式炉顶两种：

（1）料钟式高炉的装料设备包括：炉顶受料斗、旋转布料器、大小料钟或三套料钟、大小料斗、料钟平衡杆与液压传动装置或卷扬机、活动炉喉挡板、探料尺等。

（2）无料钟式高炉的装料设备包括：受料罐、上下密封阀、截流阀、中心喉管、布料溜槽、旋转装置及液压传动设备等。

1-32　串罐、并罐无料钟炉顶装料设备各有何特点？

答： 高炉炉顶装料系统采用无料钟炉顶装料设备已成为普遍共识。从满足高炉炉顶装料能力的角度考虑，串罐、并罐两种形式的无料钟炉顶装料设备均可采用，$1000m^3$ 以上的高炉上有用串罐的，也有用并罐的。

并罐炉顶比串罐炉顶的装料能力要大一些，所以并罐炉顶的作业率要低一些，因此其可靠性比串罐炉顶要高一些。并罐无料钟装料设备的不足之处是，由于料罐的结构特点，布料有偏析，不如串罐炉顶布料均匀，但在实际生产中，通过布料操作的控制，基本不会对操作带来影响，这也就是串罐炉顶和并罐炉顶应用都很多的原因。

串罐式无钟炉顶装料单罐设备一旦出现问题当即需停炉检修，会影响高炉正常生产操作。而并罐炉顶即使有一个罐出了问题，还可以维持短时间的生产。

串罐炉顶比并罐炉顶设备的质量轻，投资低。国内炉顶装料系统采用串罐无钟炉顶设计的较为普遍。

1-33　高炉炉顶装料系统采用国产串罐无料钟炉顶装料设备状况如何？

答： 目前高炉炉顶装料系统大多采用国产串罐无料钟炉顶装料设备，其状况一般为：

（1）炉顶装料系统。入炉原料由主胶带机送至炉顶设备受料罐。料罐上部设有上密封阀，下部阀箱设有料流调节阀和下密封阀，均采用液压驱动。布料装置采用交流变频调速电机驱动，在自动控制下可实现环形（多环）和螺旋布料，在控制室人工控制下可完成环形、点状和扇形布料。溜槽正常工作角度为 13°～53°，更换时角度最大可达 70°。齿轮箱采用水冷却，氮气密封。

（2）无料钟炉顶设备及系统的组成：

1）设备可分为 7 个主要部分：受料罐、上料闸、波纹管、料罐（包括上密封阀）、阀箱（包括上密封阀、料流调节阀）、波纹管、布料装置。

2）系统可分为 6 个主要系统：液压系统、干油润滑系统、均压放散系统、水冷气密齿轮箱冷却系统、喷水降温系统。

（3）炉顶系统的主要技术参数（1380m³ 高炉）：

1）装料装置形式：串罐无料钟；

2）上料方式：胶带上料；

3）基本装料制度：C/O；

4）布料方式：采用时间法布料方式，可以实现多环布料、扇形布料、定点布料；

5）炉顶压力：0.2MPa；

6）炉顶温度：150~250℃；

7）受料罐、料罐有效容积：28m³。

（4）炉顶装料设备控制要求及控制方式。炉顶系统的控制要求是通过 PLC 实现自动控制，并能够手动控制和机旁操作（检修调试用），三种方式能互相切换，在自动控制下，炉顶的运作是完全自动进行的，装料、布料等参数、状态和程序均可通过键盘输入 PLC 或者由计算机给出，并且在 CRT 显示屏上显示。在手动控制下，可通过控制台上的不同按钮及选择开关控制工艺过程。整个炉顶系统（包括喷水降温设施）纳入高炉可编程自动控制系统中。整个系统可以采用下列任一方式操作：

1）全自动化操作：即操作完全由程序控制，包括向料罐内装料、向炉内布料（包括赶料线操作）、设备的润滑以及喷水降温操作。

2）计算机键盘手动操作：即在主控室内通过操作人员操作键盘来控制设备的全部或几个动作。

3）强制键盘手动操作：在特殊情况下，解除设备连锁，手动操作各设备。

4）机旁操作：炉顶液压站、干油润滑站在主控室授权的条件下，可以在站内对各液压驱动设备实现操作。

1-34　为什么说提高风温和喷煤已成为提升钢铁企业核心竞争力的两大主角？

答： 随着当前全球性的铁矿石、焦炭、焦煤和原油等原燃料大幅涨价，钢铁生产正在进入高成本的时代，从发展趋势看，2008 年国际、国内市场钢材价格将继续保持高位运行。提高风温的作用愈加凸显，已不是工艺技术的"简单"问题，已转化成为提升钢铁企业核心竞争力的主角。

炼铁系统直接消耗的能源占钢铁生产总耗能的 70% 左右，炼铁系统一直被视为钢铁企业节能的重点。由于近年来原燃料大幅度涨价，炼铁生产已经进入了高成本时代。然而，炼铁工作者一直没有放松对高炉新技术的关注、研究、引进与应用。为了降低炼铁制造成本，在关注贯彻精料方针，降低原燃料消耗及回收各工序余热、余压等方面的同时，提高风温的作用愈加凸显。采用先进的高风温技术已成为许多钢铁厂的首选。新建的高炉热风炉全部采用俄罗斯卡鲁金顶燃式高温热风炉，设计风温 1250℃。旧高炉热风炉大修改造后，设计风温1200℃，这些新技术的应用为高炉稳定顺行、高产稳产、降低成本提供了可靠保障。

全国重点钢铁企业主要技术经济指标见表1-5。从表中可以看出，风温虽有较大提高，但比国际先进水平仍低80~100℃，而高炉煤气放散率仍将近10%，这不仅浪费了大量的二次能源，而且严重污染了大气环境。随着矿粉和焦炭价格的飙升，炼铁工作者遇到了前所未有的"挑战与机遇"。在炼铁制造成本快速增长的今天，我们要加快技术改造和各种新技术的研究与应用，进一步利用高炉煤气，大力提高风温，提高喷煤质量和促进富氧喷煤强化炼铁，消化不利因素，降低成本和增加经济效益，唱好风温和喷煤提升钢铁企业核心竞争力的主角戏。

表1-5　全国重点钢铁企业主要技术经济指标

年　份	生铁量 /万吨	燃料比 /kg·t⁻¹	煤比 /kg·t⁻¹	焦比 /kg·t⁻¹	入炉品位 /%	风温 /℃	系数 /t·(m³·d)⁻¹	工序能耗 /kg·t⁻¹
2004	25185	543	116	427	58.21	1074	2.516	466.20
2005	33040	536	124	412	58.03	1084	2.624	456.79
2006	42755	530	135	395	57.78	1100	2.675	433.08
2007	47141	529	137	392	57.71	1125	2.677	426.84
2008	47067	532	131	396	57.32	1133	2.607	427.72
2009	57375	519	145	374	57.62	1158	2.615	410.565
2010	63089	518	149	369	57.41	1160	2.589	407.76
2011	68326	522	148	374	56.98	1179	2.530	

1-35　什么叫高风温顶燃式热风炉，有何特点？

答： 前苏联全苏冶金热工研究院在20世纪70年代研究开发出一种高风温顶燃热风炉，并于1982年在下塔吉尔冶金公司的1513m³高炉上建成。在这种结构热风炉工作经验的基础上，创造者卡鲁金对该结构作了改进，正式命名为卡鲁金型。

该顶燃式热风炉的特点是：高风温顶燃式热风炉自投入运行以来，目前运行状况良好。高风温顶燃式热风炉在工艺设计上具有以下优点：

（1）顶燃式热风炉高效旋流扩散式燃烧器。顶燃式热风炉高效旋流扩散式燃烧器是针对顶燃式热风炉的工艺特点所设计的一种能够产生旋流扩散火焰的燃烧器。一方面，与预混燃烧相比，扩散燃烧条件下的烧嘴出口附近的可燃混合气体中，煤气和空气的混合比例范围较宽，更易于构成稳定的点火热源，增强火焰的稳定性，有效避免脱火。另一方面，旋流能够强化空气和燃料的混合程度，在强化燃烧的同时，形成长度和幅度可控制的火焰，显著延长燃料在燃烧室中的停留时间，降低空气过剩系数。强旋流能够使气流形成回流区，将热能和化学反应组分回流到火焰的根部，从而加强火焰的稳定性。

该燃烧器的预混室位于燃烧室上部，与燃烧室和蓄热室同轴，由于这种燃烧器的燃烧方式是旋流扩散燃烧，燃烧过程基本都发生在蓄热室上部的燃烧室，因此降低了预混室的温度，有效延长了热风炉寿命。

（2）稳定的热风炉大墙及拱顶结构。由于顶燃式热风炉没有燃烧室，避免了燃烧室下部隔墙烟气或冷风的短路,而且热风炉拱顶砌体与热风炉大墙隔开,具有独立的拱顶结构,拱顶设置陶瓷燃烧器,拱顶直径小,结构热稳定性较好。

(3)高效的蓄热室。顶燃式热风炉没有燃烧室,蓄热室有效面积利用率高。蓄热室格子砖格孔直径为$\phi30mm$,填充系数大,每立方米格子砖加热面积达到$48m^2$,格子砖的利用率高,制造简单,没有死角等优点,结合旋流高效扩散式燃烧器,可保证蓄热室整体温度均匀,提高蓄热室的使用效率,延长格子砖使用寿命。

(4)投资省。顶燃式热风炉没有燃烧室,蓄热室有效面积利用好,热风炉高度及直径相对较小,耐火材料及钢结构用量相对较少,与相同能力的改造型内燃式热风炉相比节省投资约10%~15%。

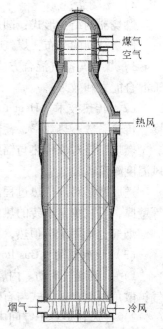

高风温顶燃式热风炉发展迅猛,已在俄罗斯和乌克兰冶金工厂的$1386\sim3200m^3$的高炉上建造使用。俄罗斯卡鲁金(KALUGIN)顶燃式热风炉在我国迅速得以应用。例如,莱钢$750m^3$、$1880m^3$,济钢三座$1750m^3$,淮钢两座$450m^3$,青钢两座$500m^3$,迁安连城两座$480m^3$,国丰两座$1800m^3$,首秦$1160m^3$、$2200m^3$,天钢$3200m^3$,湘钢$2200m^3$,安钢$2800m^3$,唐钢$3200m^3$以及重钢高炉热风炉等都采用此结构形式的热风炉。鞍钢$2580m^3$和首钢京唐$5500m^3$高炉热风炉已采用俄罗斯卡鲁金顶燃式热风炉。

图1-10 俄罗斯卡鲁金高风温顶燃式热风炉

俄罗斯卡鲁金顶燃式热风炉如图1-10所示。$1080m^3$高炉热风炉的设计工艺参数见表1-6。

表1-6 $1080m^3$高炉热风炉的设计工艺参数

项 目	参 数	项 目	参 数
入炉风量/m³·min⁻¹	3150	燃料组成	高炉煤气(富氧5%)
冷风压力(表压)/MPa	0.35	热风炉座数	3
设计风温/℃	1200~1250	蓄热室断面积/m²	47.81
拱顶温度/℃	最高1400	格子砖高度/m	18.25
废气温度/℃	380~450	高径比 H/D	2.340
助燃空气预热温度/℃	200~220(30)	热风炉直径/mm	φ7800
高炉煤气预热温度/℃	180~200(90)	热风炉总高/m	38.10
热风炉工作制度	两烧一送		

1-36 好的热风炉要解决哪几方面的问题?

答:热风炉的关键技术分为四大类:

(1)燃烧技术(Combustion)。包括燃烧介质,燃烧器的结构、材质,燃烧空间,空燃比,热工参数的选择,温度场、浓度场,燃烧温度、火焰长度、燃烧稳定性、燃烧振动、燃烧效率及其相互影响等。

1）燃烧介质：煤气（或混合煤气）、空气。

煤气：发热值、物理热、流量、流速、压力、含水量和含尘量等对燃烧的影响。

空气：温度、流量、流速、压力。

2）燃烧器：

燃烧器的结构形式：圆形燃烧器、矩形燃烧器、栅格燃烧器等。

燃烧空间的分布：煤气在中心，空气在四周——火焰面与燃烧室壁面有一距离。

3）煤气与空气混合方式：强化混合。顶燃式热风炉的关键是强有力的燃烧器（取决于混合能力和效果）。

（2）传热技术（Heat transfer）。主要包括燃烧速率，热容量、热交换系数、传热温度、传热系数、热效率，蓄热体的材质、结构等。

燃烧期是对流传热与辐射传热的综合传热过程。要增加格子砖上部蓄热能力，减慢热风温度降落。

送风期是对流传热过程。缩小格孔可增大加热面积，孔格异形化，例如六角孔格子砖等壁厚，可减少格子砖的热应力，提高格子砖利用率。

烟气也可用于再预热，可用插入件加强下部对流传热，提高热风炉组热效率。

（3）气流流动（Gas flow in stoves）。高温烟气的均匀分布与冷风的均匀分布。

1）拱顶烟气流动。内燃式：悬链线拱顶优于半球顶；外燃式：结构上的对称性，烟气扩散角限制；顶燃式与石球热风炉：切圆燃烧器，烟气四周多，中心少。

2）冷风在炉算子空间内流动。冷风入口与燃烧室位置对称；两股对称流入优于单股；冷风入口射流而引起顶部卷吸效应。

（4）结构稳定性（Structural Stability）。主要包括炉体与管道的结构强度，管道的长短与膨胀，交接口组合砖，绝热保温等。热风炉的工况表现出"压力容器"和"非平衡动态"两个特征。

1-37　高炉先进的热风炉结构形式主要有几种？

答：高风温是现代高炉的重要技术特征。提高风温是增加喷煤量、降低焦比、降低生产成本的主要技术措施，而热风炉的形式是实现热风炉高风温、高效率，节能、长寿最基本的条件，需要认真进行分析选择。目前国内外 $5500m^3$ 以下高炉先进的热风炉结构形式主要有 3 种：改进型内燃式、外燃式和顶燃式。下面对这几种热风炉的技术特点进行概括说明。

（1）改进型内燃式热风炉。荷兰霍戈文公司首先对传统的内燃式热风炉常发生的拱顶裂缝，燃烧室倾斜、倒塌、掉砖及短路的问题进行改进，形成了改进型内燃热风炉，基本实现了热风炉的高温、高效、长寿。仍然存在的缺点是：1）大型高炉内燃式热风炉直径较大，拱顶结构的稳定性稍差；2）气流分布的均匀性相对其他形式热风炉偏差大。

（2）外燃式热风炉。目前使用的主要是改进型地得式外燃热风炉和新日铁式外燃热风炉两种。

1）改进型地得式外燃热风炉的优点为：①高度较低，占地面积较小；②拱顶结构简单，砖型少；③晶间应力腐蚀比较容易解决。缺点为：①气流分布相对略差；②拱顶结构庞大，稳定性稍差。

2）新日铁式外燃热风炉的优点为：①气流分布较好；②拱顶对称，尺寸小，结构稳定性较好。缺点为：①外形较高，占地面积大；②燃烧室与蓄热室之间设有波纹补偿器，拱顶应力大，容易产生晶间应力腐蚀；③砖型复杂。

（3）顶燃式热风炉。与改进型内燃式、外燃式热风炉相比其优点为：

1）结构稳定性强，钢壳结构均匀对称，从而消除了本体结构和传热的不对称性。

2）热风炉拱顶砌体与大墙隔开，拱顶直径小，结构热稳定性较好。

3）顶燃式热风炉的陶瓷燃烧器设置在热风炉拱顶部位，具有广泛的工况适应性。

4）拱顶顶部位置不是温度最高的位置，拱顶顶部温度一般不会超过1100℃，可有效地减轻拱顶炉壳产生晶间应力腐蚀。

5）布置方式灵活多样，紧凑合理，占地面积小，蓄热室有效面积利用率高，节约钢结构和耐火材料。实践证明，在相同高炉容积条件下，顶燃式热风炉比外燃式热风炉的投资节约15%～20%。

1-38　国内高风温热风炉预热工艺流程有几种？

答：为了获得高风温，高炉工作者进行了大量探索，国内涌现出了一批高风温热风炉预热工艺流程，到目前为止在实践中被证明热效率高、工作稳定可靠的有如下4种工艺流程：

（1）低温热管换热器（预热助燃空气和高炉煤气）。热风炉烟道废气预热回收系统采用分离型换热器，同时预热助燃空气和高炉煤气，分离型换热装置由烟气侧换热器（空气）、烟气侧换热器（煤气）、空气侧换热器及煤气侧换热器和工作联络管等构成。同时为了保证设备更换、检修时热风炉照常工作，在各换热器前后设有切换阀门及旁通管路。预热后的煤气、空气温度最高可以达到180～200℃，可以提高风温约50℃，热风炉最高风温可以达到1200℃，但其缺点是寿命较短，一般5年以后热效率就会降低。

（2）热管换热器＋空气扰流子换热器＋前置炉。采用热风炉烟气对煤气进行一次预热、空气二次预热的方案（高风温组合换热系统），空气的第二级预热通过前置炉配空气扰流子换热器来实现。预热后煤气温度最高可以达到200℃，助燃空气温度最高达到450℃，热风炉最高风温可以达到1250℃，但其缺点也是寿命较短，一般8年以后热效率就会降低。

（3）新型板式换热器＋前置燃烧炉。采用前置燃烧炉产生的高温烟气与热风炉低温烟气混合后，通过新型板式换热器对煤气和空气进行高温双预热。预热后的空气和煤气温度最高可以达到300℃，使热风炉最高风温可以达到1250℃，但其缺点也是寿命较短，一般10年以后热效率就会降低，而且目前应用时间和业绩也较少。

（4）辅助热风炉预热空气。首钢在追求高风温多年的生产实践中，探索出一条成功经验，在全国率先利用两座旧热风炉预热助燃空气到600℃以上，从而可以获得1300℃的热风温度。随后这一工艺流程在国内许多新建的高炉上得到了大量应用。

例如，济钢350m³高炉、鞍钢新2号和新3号3200m³高炉设计有小辅助热风炉，给新建的大热风炉作为预热炉，取得成功，见图1-11和图1-12。

如上所述的工艺流程各自都具有一定的特点，可在不同容积高炉的热风炉系统上使用，要考虑投资、占地等因素进行建设，都能满足1200℃的高风温要求。

图 1-11 某厂 3200m³ 高炉采用辅助热风炉法实景图

图 1-12 某厂 1260m³ 高炉采用辅助热风炉法实景图

1-39 预热助燃空气和煤气有哪些方法？

答：（1）利用热风炉烟气余热预热。此方法可以回收烟气余热，提高热风炉的热效率，由于预热了助燃空气和煤气，高炉风温提高。

（2）利用热风炉自身的热量预热。此方法是利用热风炉给高炉送风后剩余的热量来预热助燃空气，预热温度最高可达 800℃，用此预热空气烧炉可将热风炉理论燃烧温度提高到 1550℃ 以上，风温可送到 1300～1350℃。具体操作方法是一座热风炉送风后，改为预热炉，改送助燃空气，用自身余热加热助燃空气，经混风后送另一座热风炉。这种方法必须加设一套冷、热助燃空气阀门和管道系统。

（3）设置专门的燃烧炉和高效金属换热器预热。有两种方案实施预热：一种是燃烧炉形成的高温烟气完全通过专门的换热器加热助燃空气和煤气；另一种是燃烧炉形成的高温烟气加入热风炉，与烟道废气混合成 600℃ 高温烟气再经换热器加热煤气和助燃空气。在国外广泛采用前一种换热器的方案，我国鞍钢采用混合烟气通过金属换热器将煤气和助燃空气预热到 300℃，在高炉煤气发热量为 3000～3200kJ/m³ 的情况下，可获得 1150～1200℃

的风温。

单独预热热炉煤气或助燃空气，从理论上都可以提高热风炉理论燃烧温度。一般助燃空气预热的效果是每提高 100℃，理论燃烧温度可以提高 30 ~ 35℃；煤气的预热效果是每提高 100℃，理论燃烧温度可提高 50℃。但实际上过高地预热某一气体的温度，因温差过大会使热风炉燃烧器受到温度应力的破坏，缩短使用寿命。同时预热高炉煤气和助燃空气不仅会明显提高热风炉的理论燃烧温度，而且有利于延长热风炉的寿命，降低能源消耗。首钢大型高炉双预热工艺流程如图 1-13 所示。

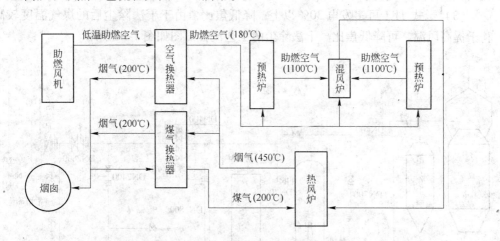

图 1-13　首钢大型高炉双预热工艺流程图

1-40　煤气回收与除尘系统包括哪些部分?

答: 煤气回收与除尘系统一般包括炉顶煤气上升管、下降管、煤气截断阀或水封、重力除尘器、洗涤塔与文氏管（或双文氏管）、电除尘、脱水器，国内还有使用蒸喷塔的。干式除尘的高炉有布袋除尘箱，有的设旋风除尘器。高压操作的高炉还装有高压阀组等。

1-41　高炉煤气净化的目的是什么?

答: 高炉煤气是炼铁生产的副产品，使用冷料时，出炉的煤气温度为 120 ~ 280℃，煤气含尘量为 20 ~ 30g/m³。作为气体燃料要求高炉煤气的含尘量必须达到 10mg/m³ 以下，因此，必须进行除尘净化。除尘净化分为湿法和干法两种工艺流程。

无论高炉煤气采用干法除尘还是湿法除尘工艺，煤气除尘净化的目的只有一个即要求高炉煤气的含尘量必须达到 10mg/m³ 以下。

传统的湿法除尘工艺：高炉荒煤气经重力除尘器粗除尘后，进入湿式精细除尘，依靠喷淋大量的水，最终获得含尘量为 10mg/m³ 以下的净煤气。湿式系统具有操作维护简便、占地少、耗水省、节约投资等优点。

湿法除尘净化工艺的特点：除尘效果好，净煤气的含尘量低，可达到 10mg/m³；整个除尘净化系统设备简单、工艺成熟，易于维护和修理；耗水量大（5.0 ~ 5.5kg/m³），煤气清洗后温度降低到 42 ~ 45℃，煤气压力损失为 25kPa，煤气机械水含量大，约为 20 ~ 30g/m³。

1-42　什么叫高炉干式布袋除尘，它的优缺点有哪些？

答： 与传统湿法除尘相比，高炉煤气全干法除尘技术的主要优点如下：

（1）煤气温度不降低，可充分利用煤气显热：净煤气温度比湿法提高约100℃；动力消耗少，节电效果明显。

（2）采用干法除尘后，因为没有冷却水，也就不需要污水处理系统，可降低电耗；不耗水，少污染：吨铁节水0.7~0.8m³；环保：由于不需要污水处理系统，可减少污染。

（3）干式TRT可多发电30%以上；降低焦比，由于干法除尘后的煤气温度较高，有利于提高风温，可降低焦比。干法除尘的工艺流程简图如图1-14所示。

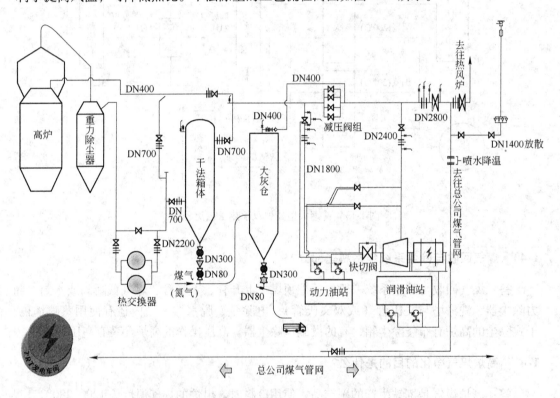

图1-14　干法除尘的工艺流程简图

高炉煤气全干法除尘技术的缺点如下：

（1）高炉用冶金焦炭质量"恶化"，外购焦炭水分高，高炉已经全部采用冷料，普遍出现"炉喉冷"现象。顶温低，煤气蒸汽大，满足不了除尘布袋的工况要求。由于种种原因，几乎买不到低水分的焦炭，因此，"炉喉冷"在国内大多数高炉中普遍存在。

（2）布袋工作煤气温度工作区间小，长期生产难以稳定。布袋有一定的温度适应性，温度过高布袋会受到损伤甚至烧坏。现在用玻璃纤维布袋，能耐温300℃。煤气温度过低也不利，会使煤气结露而影响布袋工作。高炉荒煤气的温度工作区间一般在100~260℃之间时，布袋工作才是正常的，除尘效果才有保障。然而，在高炉生产的实际情况下，这一温度区间是很难做到的。例如，开炉初期炉况失常，遇管道行程、大崩料等特殊炉况时，炉顶温度极易超限，其后果可以想象。要求进入布袋前的煤气温度控制在100~260℃的范围内，但高炉出炉的煤气温度是变化的。大型高炉通过往重力除尘器中喷超细水雾来控制温度上限。实践证明这种方法不好，会引起重力除尘器器壁粘灰，放灰困难，现已改为在重力除尘器后通过排管外喷水降温，效果不错。通过在煤气管道设置烧嘴来控制煤气温度下限。中、小高炉因场地和其他条件所限，一般不设置升温和降温措施，当煤气温度超过300℃及低于80℃时，就切断进入布袋的煤气，进行短时的放散。当温度正常后，布袋除法器恢复工作，这是一种野蛮操作，不应提倡。

（3）投资不省，占地不少。采用大量箱体，占地面积大，配套阀门、仪表电器等设备的一次投资及维护成本高，维护频繁是不争的事实。据调查，4 座 500m³ 高炉的厂，仅布袋维护费用每年不下 300 万 ~400 万元。

大型高炉煤气发生量多，势必要成倍增加箱体数量，而每个箱体上均有阀门、补偿器、一次仪表等，这使得整个干法除尘器的故障点大量增多，同时占地面积也大大增加。

（4）工人劳动强度大。布袋箱体结构庞大、复杂，更换布袋工作量大；更换布袋环境差，危险性大；要求自动化程度高。

（5）脏煤气对所有用户危害极大，不可逆，恢复费用惊人。布袋一旦损坏，若更换不及时，使除尘效果不佳，则将殃及所有煤气用户。

（6）含尘高的煤气会磨损煤气设施，损坏煤气发电的转子。

（7）消耗氮气，降低煤气热值，消耗大量蒸汽和电能。

（8）维护费用高。受高炉炉顶温度波动的影响，布袋工作要求难度大，很容易损坏布袋。脉冲阀损耗大；冷却器不好用。为解决大高炉干法除尘器箱体数量多、可靠性低的缺点，许多相关企业在干法除尘工艺、设备、关键配套件、输灰系统等方面做了系统深入的研究。

（9）煤气中的灰尘糊布袋后，布袋变性，易撕裂，且难以发现，易造成煤气泄漏；储灰、输灰系统机械故障多；易磨损，环境恶劣，环保压力大。破损的滤袋如图 1-15 所示。

图 1-15　破损的滤袋

（10）冬季温度低，煤气饱和水高，易结露，布道和管道黏结，冻堵严重，严重影响用户设备正常工作。

最近几年干法布袋除尘发展很快，1000m³ 级及以下高炉几乎全用布袋除尘结合球式热风炉，取得了明显的效果。太钢 3 号高炉（1200m³），攀钢 4 号高炉（1350m³），包钢 4 号高炉（2200m³），鞍钢新 4 号高炉（2580m³）、新 5 号高炉（2580m³）也都采用干法除尘。使用过程中也出现过结露、堵灰等现象，一度影响生产。甚至有些厂干法与湿法并用，投资更为加大，如宝钢、太钢等。太钢高炉煤气的净化采用干湿法共存的工艺流程图如图 1-16 所示，此法不仅增加投资，而且转换操作复杂，难以保证正常运行。

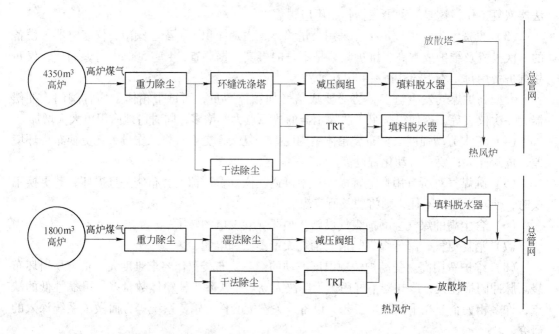

图 1-16　太钢高炉煤气的净化采用干湿法共存的工艺流程

1-43　如何改进高炉干式布袋除尘？

答：在推动大型高炉煤气干式除尘的具体实施过程中，必须以科学的态度认真对待。不同钢铁厂的原料不同，冶炼强度不同，各地气候条件不同，产生的高炉煤气含灰含尘性质不同，对干式除尘工艺的要求也不尽相同，不能生搬硬套，特别是已有全部湿法的煤气系统的厂家要慎用干法布袋除尘，以免两种工艺互混，带来不必要的麻烦。我国北方寒冷地区冬季生产时布袋除尘和排灰系统温度过低，严重结露，较细的排灰管道易被堵塞，给设备造成重大损失，直接影响生产。工艺设计人员必须根据不同条件认真区别对待，针对性设计才能使工艺逐步完善。目前高炉煤气干式除尘技术尚存在一些薄弱环节，有待各方面技术人员去研究、逐步完善。

1-44　什么叫比绍夫（Bischoff）法精细除尘？

答：高炉煤气湿法除尘净化工艺最大的好处在于除尘效果好，净煤气的含尘量低，可达到 10mg/m³；整个除尘净化系统设备简单、工艺成熟，运行稳定，易于维护和修理；耗水量虽然大（5.0~5.5kg/m³），但是可循环利用；煤气清洗后温度虽有降低，但可以用其他工艺方法重新获得。

比绍夫（Bischoff）清洗器是一种湿式环缝煤气清洗器，安装于高炉重力除尘器后，如图 1-17 所示。

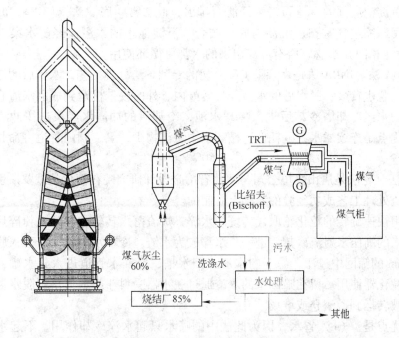

图 1-17　比绍夫（Bischoff）煤气清洗系统

在比绍夫法精细除尘的第一阶段，通过预清洗可将煤气中约 90% 的颗粒炉尘去除，而且气体的冷却几乎可在此阶段完成，在清洗塔中心配置多级喷头，这种结构可确保在很低的阻损条件下（小于 1000Pa）达到很高的清洗和冷却效果。煤气清洗的第二阶段通过一环缝清洗器去除煤气中细小的粉尘并同时进行绝热冷却。在降压条件下，可保证煤气含尘量始终低于 $5mg/m^3$（标准状态）。

随着喷嘴的设计优化和喷雾技术进步，比绍夫工艺流程在节水节电、减少设备维护费用、减轻工人劳动强度、确保高炉煤气净化效果（即 $10mg/m^3$（标准状态）以下的含尘量）等方面确有突出表现。

1-45　渣铁处理系统包括哪些部分？

答：渣铁处理系统包括：出铁场、泥炮、开口机、堵渣机、炉前吊车、渣铁沟、渣铁分离器、铁水罐、铸铁机、修罐库、渣罐、水渣池以及炉前水力冲渣系统。

1-46　我国炉前冲水渣主要使用哪几种方法？

答：炉前冲水渣是新建高炉进行炉渣处理的首选方式，我国现在广泛使用的有沉淀池法或沉淀池底过滤法，茵芭（INBA）法和轮法，还有个别厂使用拉萨（RASA）法、螺旋法等。

（1）沉淀池法、底滤法。沉淀池法、底滤法是传统的炉前炉渣处理工艺，广泛使用于大、中、小型高炉。炉渣流进渣沟后经冲渣喷嘴的高压水水淬成水渣，沿水渣沟进沉淀池进行沉淀，然后用抓斗起重机抓出装车。

为使渣水分离采用三种方法：两个沉淀池一个接受冲来的水渣，另一个满后放水，轮流使用；在沉淀池底部铺有滤石，水经滤石排出，此法常叫底滤法（OCP），滤眼被细碎水渣堵住时用压缩空气吹扫；沉淀与底滤结合，沉淀池中的水溢流经配水渠进入过滤池（结构与底滤池相同）过滤。所有分离出来的水都可循环使用。

（2）INBA 法。INBA 法是卢森堡 PW 公司的专利炉渣处理工艺，水淬后的渣水混合物经水渣槽流入脱水转鼓，脱水后的水渣经过转鼓内、外的胶带机运到成品水渣仓内进一步脱水。滤出的水经冷却塔冷却后进入冷却水池，冷却后的冲渣水经泵送往冲渣箱循环使用。此法的优点是连续滤水，电耗低，循环水中悬浮物少，泵、阀门管道寿命长，而且环境好，投资省。

（3）轮法。轮法是唐山嘉恒公司与河北省冶金设计研究院在消化从俄罗斯引进的图拉法和其他水渣处理工艺成功经验的基础上研制的。

轮法采用快速旋转的粒化轮取代传统的水淬。炉渣落入转轮的叶片被粉碎后，被从粒化器上部喷来的高压水射流冷却并进一步水淬成为水渣。冷却水与粒化渣落入脱水器筛网中，在 0.5mm 的筛网中过滤，滤下的水流入回水槽，经回水管道进入集水罐，经循环水泵加压后供粒化器使用。留在筛网中的水渣通过脱水器受料斗卸料口落到脱水器下部的皮带机上，再被转运到贮渣仓或堆场。

此法的优点是：（1）省水，因为此法中的喷水只起水淬冷却作用，不起水力输送作用，理论上它的水耗量为 1:5 以下，比其他方法的 1:10 以上省很多，但为得到粒度较细的合格水渣，一般水耗量要达到 1:7；（2）渣中带铁不会发生爆炸，这是由于炉渣是受快速旋转轮的叶片的机械作用而粉碎，并被迅速冷却；（3）占地面积小（$100 \sim 200m^2$）；（4）运行费用低。

1-47   INBA 渣处理系统有何特点？

答：热水和冷水 INBA 法冲渣产生的水蒸气集中后通过烟囱排放，环保型 INBA 法设有蒸汽冷凝设施，其组成如下：熔渣由渣沟末端跌落并流经冲制箱前方，冲制箱喷出的高压水冲击渣流，使高温熔渣水淬粒化；水淬后的水渣跌入粒化箱中并进一步破碎、冷却；之后渣水混合物经一段很短的水渣沟进入分配调节器，分配调节器的作用是使渣水混合物沿转鼓轴向均匀分布。转鼓将渣和水分离，渣由运输皮带运出转鼓至水渣堆放处，水进入下部热水槽，贮存在热水槽中的水经冷却塔冷却后可循环使用。冷凝塔上部有专门装置对含硫水蒸气进行冷凝等处理，既可回收蒸汽，又不向大气排放有害气体。

环保型 INBA 法的优点是水渣质量好，基本不向大气排放蒸汽及气态硫化物，占地面积小，布置灵活，工作可靠。

热 INBA 是一种比较简单的渣处理系统，只有一路循环冲渣水。冷 INBA 在热 INBA 的基础上增加了冷却塔降低冲渣水温。环保 INBA 则在冷 INBA 的基础上增加了冷凝塔，吸收污染物，达到环保标准。

INBA 的技术优势如下：

（1）利用冲渣水自身携带的机械能完全实现水力冲渣，不需要打渣轮等机械设备，节省电能。

（2）脱水转鼓过滤能力大，驱动电机只需要 30kW，节电。

（3）实现了环保系统的工业化，并得到广泛运用。

1-48　图拉法渣处理系统有何特点，应用如何？

答：图拉法源于俄罗斯，1998 年用于唐钢 2560m³ 高炉。此后国内针对图拉法生产中出现的问题将其改进成为轮法，两者工作原理相同。轮法水渣系统主要由粒化器、挡渣板、脱水器、水渣溜槽、热水槽等组成。工作原理为：熔渣由渣沟末端流入粒化器，高速旋转的粒化轮及高压水流将熔渣打成小颗粒并水淬冷却，半冷的渣经再次喷水冷却和挡渣板落入脱水器下部继续水淬冷却。脱水器为直径 7m 左右的转鼓，下部浸在热水槽内。脱水器以 1~5r/min 的速度回转，将渣从水中捞出通过溜槽由胶带机运走。该法的理论水渣比为（1~2）∶1，实际水渣比多为（6~8）∶1，渣离开脱水器时的温度约 95℃，靠自身余热继续蒸发水分。冲渣过程产生的蒸汽集中后经烟囱直接排入大气。

国内对图拉法的另一改进称为 HK 法，其特点是脱水部分采用了链斗能脱水的斗式提升机。

图拉法（轮法）目前存在的主要问题是：（1）粒化器打渣轮是易磨损件，需要及时更换；（2）脱水器滤水能力偏小，渣水经常溢流而污染环境；（3）由于不是完全水淬渣，成品水渣中经常出现黑渣红渣；（4）粒化器和脱水器需要大功率电机驱动（75kW 和 110kW），运行成本高；（5）冲渣循环水体中细渣含量较高，管道、泵、阀等设备磨损严重；（6）需要较大的水池贮存冲渣水，需要占地；（7）粒化器各个部位需要喷水冷却，管路复杂；（8）无法配套环保设施，污染物直接排放。

1-49　搅笼法渣处理系统有何特点，应用如何？

答：20 世纪 80 年代日本对该法进行过研究和试验，时称永田法。熔渣的粒化冷却部分与底滤法等基本相同，不同之处是脱水设备。它采用的是一根叶片上带有滤水孔的长螺旋，再把渣从池中提升并脱水。该法实际作业率为 82%~90%。

目前螺旋法在国内的变种就是搅笼法，即用简单的螺旋搅笼捞渣，搅笼法的问题是：（1）冲渣工艺简陋，有长达几十米的冷渣水沟，占地面积很大；（2）螺旋搅笼捞渣能力有限，大型高炉需要数量较多的搅笼，搅笼尾端大轴承工作环境恶劣，经常发生故障；（3）循环水体中细渣过多，需另外设沉淀池和抓斗捞渣设备，具有投资大、设备多、维修工作量大和占地面积大的缺点；（4）无法实现环保设施，环境污染严重。

1-50　不同水渣工艺系统有何区别？

答：将不同水渣工艺系统进行正确的比较有助于用户选择合适的水渣系统。

（1）熔渣粒化与冷却。渣与水及空气的化学反应主要发生在熔渣水淬过程中，水淬冷却是整个水渣系统的关键环节。不同的粒化机理、水淬参数（水压、水温、水量等）对成品水渣的性质（玻璃化率、密度、粒度、脱水性等）和蒸汽与含硫气体（SO_2，H_2S）的发生量都有直接影响。完全水淬式冲制水渣时蒸汽的气态硫化含量和成品渣粒度两方面均好于机械分切 + 部分水淬式。环保型 INBA 法独特设计的完全水淬式冲渣池，气态硫化物发生量小，从源头上减少了污染物的发生量。

出铁时熔渣流量是变化的，为获得高品质水渣和减少 SO_2、H_2S 发生量，熔渣水淬冷却参数也应随渣流量的变化及时调整。环保型 INBA 法可通过转鼓驱动力矩实时计算出渣流量，并对系统工作状态进行调整，是迄今为止所有水渣系统中唯一能在实际生产中实现这一功能的工艺系统。

（2）环保即含硫气体的处理。熔渣水淬冷却过程产生大量带有含硫气体（H_2S 和 SO_2）的水蒸气，它有很强的腐蚀性。如将其直接排放到大气中，不但会腐蚀周围设备及钢结构，还会对大气造成严重污染。不能简单地把含硫蒸汽通过烟囱（高约50m）排放视为实现了环保，环保的概念是减少或消除含硫蒸汽的排放。

环保型 INBA 法采用冷水冲渣，优化冲制箱设计及水压、水量等操作参数，最大限度地减少气态硫化物发生量，并在粒化箱上部设冷凝塔。冷凝塔与中和罐共同作用几乎可完全吸收有害的含硫气体，基本没有蒸汽排到大气中。

（3）经济效益。好的水渣是生产水泥的优质原料，社会对水泥的需要量很大。水泥厂对水渣的主要质量要求是玻璃体含量应高于95%，并减少水渣干燥、磨细的加工成本。生产实践表明，不同方法处理的水渣化学成分相近但玻璃体含量不同，图拉法（轮法）生产的成品中水渣的玻璃体含量为91%~95%，环保型 INBA 法生产的水渣中玻璃体含量高于95%，一般在98%以上。玻璃化率高的水渣较受欢迎。

（4）水消耗量。中国是个贫水国，北方地区水资源尤为紧张。节水不仅意味着降低成本，而且环保 INBA 由于避免了蒸汽排放，所以节水效果好。

根据资料，图拉法（轮法）的水渣比为（1~2）：1（实际一般为（6~8）：1），水分蒸发量为70%，吨渣水蒸发量为 0.7~1.0t；INBA 法的实际水渣比为（4~5）：1，水分蒸发量为7%，吨渣水分蒸发量约为 0.5t。环保 INBA 法冷凝回收全部蒸汽。一座年产铁170万吨、渣 68 万吨（每吨铁的渣量为400kg）的 $2500m^3$ 高炉，用环保型 INBA 法比图拉法（轮法）节约新水 50 万~60 万吨/年。

搅笼和 INBA 相比，由于没有环保系统，大量水蒸气排放，所以耗水量大。

（5）作业率。随着高炉大型化，各厂的高炉数越来越少，高炉生产的稳定性对全厂生产有很大影响。炉渣处理系统是高炉的主要辅助系统之一，其可靠性对高炉生产有直接影响。INBA 系统由于技术先进，系统配置合理，所以作业率高。

同样条件下，设备越简单、磨损越小，系统作业率越高。图拉法（轮法）高速转动的粒化轮直接与熔渣接触，脱水转鼓离粒化器很近，所以作业率低；而搅笼本身是易磨损件，所以作业率较低。

环保型 INBA 法中只有转鼓是传动件且远离高温区，无论从理论上还是实际上其作业率都高于图拉法（轮法）和搅笼法。

（6）系统占地面积。目前在建及近期将上的高炉多为老厂改造，即使是少数新建厂也由于政府对工业用地严格控制、征地费用高等，而普遍存在着厂区总图布置紧张的问题，因而水渣系统占地面积小且布置灵活的则更有实际意义。

环保型 INBA 法占地面积小，布置灵活。冲渣池设在位于出铁场边缘的渣沟末端，脱水转鼓设在距之数米外的地方。如炉前没有足够场地布置脱水转鼓等设施，可在冲渣池和脱水转鼓间设渣浆泵，用于将渣水混合物输送到设于其他区域的脱水转鼓，两者间距离可达数百米。

1-51　环保型 INBA 水渣系统的特点、应用现状与展望如何？

答：随着人们环保意识的增强和环保法规越来越严，以低成本实现环保已成为企业能否实现可持续发展的关键因素。我国多数钢铁厂紧靠大中城市，钢铁厂环保状况日益受到地方政府及市民的关注。系统环境友好、经济效益显著，实现社会效益与经济效益"双赢"是钢铁厂在激烈竞争中实现可持续发展的必要条件。

水渣系统不只是简单地把熔渣冷却成粒状固体渣粒和把渣从水中分离出来。在选择水渣工艺时要统筹考虑上述各个方面，既要考虑经济因素又要考虑环保与节水因素，考虑经济因素时除考虑一次投资外，还要考虑系统的运行费用及成品渣的售价。

至今已有 150 多套 INBA 法水渣系统用于世界各国高炉。INBA 法还用于南非、韩国、印度、中国等国的 COREX 熔融还原系统，以及铜、铅、镍、铂等有色金属冶炼渣的处理，在欧洲和南非 INBA 法曾用于生产粒铁。在国内，自 1991 年武钢 5 号高炉（3200m³）采用 INBA 法以来，我国的高炉工作者已经掌握了 INBA 系统的操作，设备国产化率已超过 95%，对包括脱水转鼓在内的关键部件制造积累了丰富经验。

到 2005 年底中国已有几十座高炉采用了 INBA 系统，其中包括我国的宝钢、武钢、鞍钢和本钢等。近期还将有多套环保型 INBA 系统用于我国新建、改建高炉。从运行情况和发展趋势看，环保型 INBA 法将成为大高炉的标准配置。

环保型 INBA 水渣系统的模型图如图 1-18 所示。

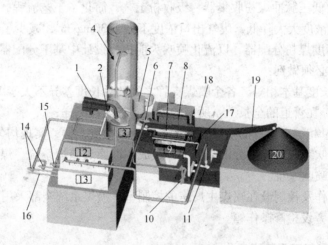

图 1-18　环保型 INBA 水渣系统的模型图

1—渣沟；2—冲渣头；3—冲渣池；4—冷凝塔；5—中和罐；6—冷凝回水泵；7—分配器；
8—脱水转鼓；9—热水池；10—底流泵；11—冷却泵；12—冷却塔；13—冷水池；14—冲渣泵；
15—冷凝泵；16—补充水；17—转鼓反冲洗水；18—转鼓反吹空气；19—渣皮带；20—渣堆

1-52　什么叫干渣坑，它有哪些作用？

答：当炉渣不适宜粒化或渣流过大需分流时，需用干渣出渣，保证高炉生产正常进行。

高炉设置一个紧急事故干渣坑，设在出铁场下边。干渣坑为混凝土结构，内砌保护砖，坑底和坑壁堆砌有碎石和大块干渣作保护层，冷却余水透过保护层排出。

1-53　喷吹系统包括哪些部分?

答：喷吹煤粉时有磨煤机、煤粉仓、煤粉输送设备及管道、高炉贮煤粉罐、混合器、分配调节器、喷枪、压缩空气及安全保护系统等。喷吹重油时有卸油泵、贮油罐、过滤器、送油泵、调压稳压装置、喷枪及蒸汽保温与吹扫装置。喷吹天然气时有天然气管道、自动截断阀、压力表、流量表、安全阀、放散阀、吹扫阀、流量调节阀等。

1-54　煤粉制备及喷吹系统是如何构成的?

答：现代煤粉制备及喷吹系统的设计特点为：采用中速磨煤机制粉、封闭式混风炉干燥、高效布袋一级收粉、直接喷吹、并罐喷煤、单管路加炉前分配器、喷煤支管测温测堵系统、高温合金喷煤枪。喷吹煤种为烟煤或混煤。

（1）采用直接喷吹工艺，将制粉和喷吹合建在一个厂房内，简化了喷煤流程，喷吹烟煤时更为安全。

（2）采用封闭式混风炉，减少了系统的漏风率，降低了系统的氧含量，在喷吹烟煤时更为安全。

（3）采用中速磨煤机制粉，降低了制粉的运行费用，从而减少了煤粉的制备成本。

（4）采用高效低压脉冲煤粉收集器一级收粉工艺，简化了工艺流程，提高了煤粉收集效率，而且使排尘浓度大大降低，废气出口浓度不大于 $30mg/m^3$，减少了环境污染。

（5）采用高精度煤粉分配器，以流化喷吹为前提，设计中基于分配器出口每条支管道阻损均等的原则，必须做到：

1）喷煤支管长度基本相等，各个喷煤支管之间的总长度差异不大于 1%；

2）直径相等，在管道的全长上，所有的喷煤支管内径一样；

3）弯管总数量相等，所有的喷煤支管弯管数量和角度一样，实现均匀喷吹。

煤粉制备及喷吹系统工艺部分由以下部分组成，即原煤储运系统、煤粉制备系统、煤粉干燥系统和煤粉喷吹系统。

喷煤系统的操作及控制设在喷煤主厂房的控制室，喷煤系统全部采用 PLC 控制，设自动和手动操作，机旁设检修操作箱。

1-55　什么叫高炉富氧喷煤技术?

答：氧煤强化炼铁新工艺、新技术是当今世界炼铁发展的方向。在现行能源结构条件下，喷煤给高炉带来巨大的经济效益。

2007 年我国重点钢铁企业喷煤比为 137kg/t，高于 150kg/t 的钢铁企业有 11 个，宝钢 4 号高炉的喷煤比于 2006 年就达到 224.6kg/t，处于国际先进水平。2007 年我国生铁产量 46944.63 万吨，比上一年增长 6189.22 万吨，增长 15.19%。

高炉喷煤是炼铁系统结构优化的中心环节，是国内外炼铁技术发展的大趋势，也是我国钢铁工业技术发展的三个重点之一。高炉喷吹煤粉置换焦炭是国内外炼铁节能降耗的重要技术措施。因为焦炭的工序能耗为 122kg/t，而喷吹煤粉的工序能耗仅为 20~35kg/t；

喷吹 1t 煤粉可置换 0.8~0.9t 焦炭，可降低炼铁系统能耗 80~100kg/t；同时煤粉置换焦炭可减少燃料用量，从而减轻炼焦过程对环境的污染，还可以缓解炼焦煤紧缺的状况。对高炉炼铁来讲，因煤焦差价较明显（约 500~600 元/t），用煤粉置换焦炭可以降低生铁成本，改善炼铁技术经济指标，进而提高炼铁生产的经济效益，最终达到提高产品竞争力的目的。

富氧是弥补喷煤后风口前理论燃烧温度降低的有效措施。富氧增加了鼓风中的氧浓度，在提高炉缸温度的同时，加快氧向煤粉表面传递的速度，促进煤粉燃烧，提高煤粉燃烧率。科学研究和生产实践表明，限制喷煤量进一步提高有 4 个因素：煤粉在风口前的燃烧率、喷煤后必要的炉缸热状态、煤气流运动阻力和置换比。高炉喷吹用煤希望有高的燃烧率，又希望有高的含碳量，无烟煤能提供较高的含碳量，但在大喷吹量的条件下，很难满足较高的燃烧率的要求；烟煤能够满足燃烧要求，但易爆炸。通过烟煤与无烟煤的合理配煤，可以兼顾各自的优点，配加烟煤不仅可改善喷吹效果，而且由于烟煤软，可大幅度提高制粉能力。

提高喷煤比的技术措施是：减少渣量、高风温、富氧、脱湿鼓风、优化喷煤煤质、采用助燃剂、均匀煤枪分布、进行混合喷吹等。我国目前已经掌握了先进的喷煤技术，从喷煤设计、设备制造到安装投产均可实现国产化。

在实践中我们体会到，喷煤应使用好煤。优质的无烟煤具有灰分低，容易制粉，台时产量高，发热值高，置换比高，不易磨损风口等特点。喷吹用煤要求灰分低、含硫少，同时还要求煤的可磨性系数高、燃烧性能好、反应性高等，有条件时尽量喷吹优质煤，相当于好焦炭。

高炉喷煤可以 80~100kg/t 起步。均匀喷吹，辅以富氧。对于小高炉而言，均匀喷吹尤为重要，加强煤枪管理，减少堵枪，最大限度地实现全风口均匀喷吹。在有条件的情况下，辅以富氧，有利无害。某厂采用喷煤之后，炉渣流动性明显改善。主要原因是高灰分的焦炭用量减少，进入渣中的（Al_2O_3）由原来的 16.4%~17.0% 下降到 15.2%~16.0%。喷煤之后，高炉煤气热值增加。煤气中 CO 和 H_2 含量增加，大大改善和满足了热风炉与烧结机等工序的需要。

1-56　富氧喷煤冶炼操作的要点是什么？

答：（1）控制适宜的风口面积和炉缸煤气的初始分布；维持适宜的理论燃烧温度；控制一定的氧过剩系数，保持全风口喷煤；提高热风温度，加快燃烧速度；调整装料制度，改善煤气流分布；

（2）控制适宜的煤粉粒度；合理配比煤种，争取最佳经济效益；改善原燃料质量，增大喷煤量。

富氧助力高炉高产：风中含氧每增加 1%，产量增加 4%，节焦 1%。

当前，氧煤强化炼铁成为高炉炼铁技术发展的方向，高炉采用富氧可以扩大喷煤量。富氧率为 3%~5%，可以使产量提高 10%，高炉利用系数提高 $0.3t/(m^3·d)$。采购烟煤和灰分小于 10.5% 的无烟煤，不仅可以降低成本，还可以提高置换比。

1-57　如何评价富氧鼓风？

答：富氧鼓风可提高产量，使炉腹煤气量减少，吨铁煤气量减少，有利于提高喷煤比

（风口前理论燃烧温度提高）。所以，富氧要与提高喷煤比相结合。

风中含氧由 21% 增至 25%，增产 3.2% ~ 3.5%；风中含氧由 25% 升到 30%，增产 3%。富氧 1%，可增加喷煤量 15 ~ 20kg/t，煤气发热值提高 3.4%，可增产 4.76%，风口面积要缩小 1.0% ~ 1.4%。富氧后煤气体积会减小，要保持原来风速。高炉炉况不顺时，要先停氧。

富氧 7% 以上不经济，因氧是用电换来的。建议为高炉专门配备变压吸附制氧设备，这样就不受炼钢富余氧量变化的制约，含氧量也不用那么纯，85% 即可，成本也低（制备 $1m^3$ 氧气的电耗变压吸附制氧设备为 0.3kW·h，而深冷制氧为 0.5kW·h），运行灵活（开停只需十几分钟）。

1-58　什么叫高炉喷吹废塑料，效果如何？

答： 喷吹 1kg 废塑料，相当于 1.2kg 煤粉，而且使高炉冶炼每吨铁的渣量降低，喷吹废塑料 100kg/t，可降低渣量 30 ~ 40kg/t。废塑料成分简单，含氢量是普通还原剂的 3 倍，高炉每喷吹 1t 废塑料可减排 0.28t CO_2。德国不来梅钢铁公司、安赛乐米塔尔集团 EKO 钢铁公司等高炉喷吹废塑料，日本 JFE 钢铁在京滨厂和福山厂高炉喷吹废塑料，神户制钢在加古川高炉喷吹废塑料，新日铁成功在焦煤中试掺入 1% ~ 2% 废塑料用于炼焦。

1-59　什么叫高炉喷吹焦炉煤气和天然气？

答： 在 20 世纪 80 年代初，前苏联已在多座高炉上完成了喷吹焦炉煤气的试验研究，掌握了 1.8 ~ 2.2m³ 焦炉煤气替代 1m³ 天然气的冶炼技术，喷吹量达到 227m³/t。20 世纪 80 年代中期，法国索尔梅厂 2 号高炉开始进行喷吹焦炉煤气作业，喷吹量达 21000m³/h，喷吹的焦炉煤气与焦炭的置换比为 0.9kg/m³。1988 年，马凯耶沃钢铁公司两座高炉固定喷吹焦炉煤气，喷吹量为 95m³/t，并在短期内将喷吹量增至 160m³/t。美国钢铁公司 MONVALLEY 厂的两座高炉（工作容积为 1598m³ 和 1381m³）自 1994 年起一直喷吹焦炉煤气，2005 年的喷吹总量为 14.16 万吨，喷吹量约 65kg/t。喷吹焦炉煤气后，降低了天然气的喷吹量，消除了焦炉煤气的放空燃烧，降低了能源成本。

因此，高炉喷吹焦炉煤气无论对于高炉生产的节能减排，还是提高焦炉煤气的自身价值和能量利用率，都具有十分重要的意义，而且系统简便易行，技术成熟，有利于推广应用。我国鞍山钢铁公司鲅鱼圈厂的两座 4038m³ 高炉业已实现喷吹焦炉煤气喷吹，效果良好。

1-60　高炉喷吹焦炉煤气有何优点？

答： 我国规模巨大的炼铁工业正在面临越来越大的节能减排压力。在不断完善传统节能减排方法（如大喷煤和高风温等）的基础上，还需要进一步开发应用各种新技术和新措施，如高炉喷吹焦炉煤气，以期不断提高节能减排效果。高炉喷吹焦炉煤气是将净焦炉煤气加压，并使其高于高炉风口的压力，然后利用类似喷煤的喷吹设施，通过各个支管喷入高炉风口。

提高焦炉煤气的价值和利用率，高炉喷吹焦炉煤气的工艺具有下列优点：

（1）为高炉提供更好的还原剂。现在喷入高炉的煤粉的主要成分为碳占 75% 左右，挥发分为 15% 左右（烃类化合物）和 10% 左右的灰分。因此，喷煤主要是以煤粉中的碳替代焦炭中的碳，属于同类物质的替换，在高炉内的还原反应过程相同。

而焦炉煤气的基本成分是：50% ～60% 的氢气，30% 的甲烷，10% 的一氧化碳。甲烷在高炉风口的回旋区完成下列反应：

$$CH_4 + 1/2O_2 \longrightarrow 2H_2 + CO$$

这样，焦炉煤气的最终成分主要就是氢气，喷入高炉后，可用煤气中的氢气来替换焦炭中的碳。与碳和一氧化碳相比，氢气被认为是优质还原剂，具有还原速度快和消耗热量少等优点，有利于提高高炉生产效率，并促进高炉的顺行。

（2）还原产物环保。喷入高炉煤粉中的碳可替代焦炭中的，其最终的气态还原产物仍是二氧化碳，因此，输入高炉的总碳量基本没有变化，因而高炉最终的二氧化碳排放量并未减少。而焦炉煤气中氢气的还原产物是水，不仅可减少入炉碳含量，而且可降低高炉的二氧化碳排放量。

（3）提高焦炉煤气价值，改善能量利用率。目前，焦炉煤气仅作为燃料使用，其价值按热值计算，每立方米约 0.5 元。另外，作为燃料用焦炉煤气的能量利用率较低，一般在 50% 以下。如用于替代焦炭，按目前的焦炭价格计算，当焦炉煤气对焦炭的置换比为 0.6kg/m³ 时，则焦炉煤气的价值可折合成 1.8 元/m³。焦炉煤气在完成还原反应后的剩余能量，即炉顶高炉煤气中的平衡氢气和一氧化碳，仍可继续当做燃料，用于热风炉加热或其他，因此，总的能量利用率会得到大幅度提高。与焦炉煤气用于燃烧发电相比，能量利用率约可提高 80%。

（4）喷吹工艺简便，技术成熟。与喷吹煤粉复杂的制粉和喷吹系统不同，喷吹焦炉煤气主要是气体的处理过程，包括加压、输送以及喷吹。该系统设备投资低，计量控制简便易行，而且控制灵活，精度高。

1-61 动力系统包括哪些部分？

答：动力系统包括电、水、压缩空气、氮气、蒸汽等系统。

电系统包括高炉各系统的设备运转与控制、照明等双电源。

水系统包括高炉本体（包括风渣口）、热风炉阀门冷却用的工业水、软化水的给排水系统，铸铁机、煤气清洗系统、水力冲渣用水的循环分级利用给排水系统，以及事故备用水源与清洗水箱和水温升高时用的高压水设备。

此外，还有输送煤粉和动力用压缩空气，防火防爆、驱赶休风时管道与设备中残留煤气的氮气和蒸汽以及保温用的蒸汽等系统。

1-62 高炉生产有哪些特点？

答：大高炉生产具有如下特点：

（1）大规模生产。一般称有效容积为 1000m³ 以上的高炉为大型高炉。一座容积为 1500m³ 的高炉日产生铁可达 3000t 以上，相应产出 1000 ～1500t 不等的炉渣和 600 万 ～700 万立方米的高炉煤气，日耗烧结矿和球团矿 5000 ～5500t，焦炭 1400 ～1500t 和以成百吨计的重油或煤粉，以及 6 ～9 万吨水和 200000kW·h 电。

（2）连贯性生产中的一个重要环节。高炉生产是钢铁联合企业中的一个重要环节。高炉停炉或减产会给整个联合企业的生产带来严重的影响。因此，高炉生产要有节奏地、协调地进行。

（3）长期连续性生产。高炉从开炉到大修停炉（又称一代炉役）的 10 年左右时间内是不断地进行连续生产的，只有在设备检修或发生事故时才停止生产（休风）。原料不断地装入高炉，煤气不断地从高炉炉顶导出，生铁和炉渣聚积在炉缸内定时地排放。

（4）机械化、自动化程度高。由于上述特点，要求高炉生产有较高的机械化、自动化程度。这样不仅可提高生产效益，降低成本，还可改善劳动条件和安全生产。

1-63　高炉生产有哪些产品和副产品，各有什么用途？

答：（1）生铁。生铁是高炉生产的主要产品。按其成分和用途可分为三类：一类是供炼钢用的制钢铁，一类是供铸造用的铸造铁，还有一类是铁合金。高炉冶炼的铁合金主要是锰铁和硅铁。

（2）炉渣。炉渣是高炉生产的副产品，在工业上用途很广泛。按其处理方法分为：

1）水渣。用水急冷使熔渣粒化后成为水渣。水渣是良好的水泥原料，还可以用其做矿渣砖等用于建筑。

2）渣棉。用压缩空气或水蒸气（压力大于 0.5MPa）将液体炉渣吹成棉絮状的渣棉，做绝热材料，用于建筑业和生产中。

3）干渣块。炉渣未经任何处理冷凝后的渣块，破碎到一定规格的粒度，可代替碎石做建筑材料或铺路用。

（3）高炉煤气。高炉煤气是高炉生产的另一种副产品。冶炼 1t 生铁可产生 2000 ~ 2500m^3 煤气（标准状态）。高炉煤气的发热值为 3000 ~ 3400kJ/m^3 左右，可作燃料用。除高炉热风炉用掉一部分外，其余可供炼钢、炼焦、轧钢均热炉等使用。

（4）炉尘（瓦斯灰）。炉尘是煤气上升时被携带出的细颗粒固体炉料。炉尘中含铁30% ~ 50%，含碳 5% ~ 15%。炉尘回收后可供烧结厂做烧结配料用，也可作为烧制水泥的配料等。

1-64　钢铁厂的能源都有哪些？

答：钢铁生产需用的能源种类繁多，主要有以下几种：

（1）煤。其中有炼焦煤，用于炼制焦炭，供高炉冶炼使用，副产焦炉煤气。烟煤、无烟煤用于高炉喷吹，用作加热炉、锅炉的燃料。

（2）燃料油。用作平炉、加热炉的燃料和高炉喷吹燃料。冶金工厂常用的燃料油是重油、减压渣油、裂化渣油，有时也加混一部分柴油或轻质油。使用时应注意其化学成分、发热值和物理性能（包括黏度、密度、比热容、凝固点、闪点、燃点等）。

（3）轻柴油。用于需严格控制加热温度的加热炉。

（4）天然气。发热值高，含杂质少，是冶金工业的一种理想燃料。主要成分是甲烷、乙烷、丙烷等低级烃类，另外还含有一定数量的氮、二氧化碳等惰性气体，有的还含有硫化氢及氨等稀有气体。天然气可作为高发热值煤气单独使用，也可与其他煤气混合使用，用作平炉、加热炉等的燃料，还可用作高炉喷吹的燃料。

（5）液化石油气。用途同天然气，但多作后备能源。

（6）高炉煤气。用作高炉热风炉、焦炉、加热炉和锅炉的燃料。高炉煤气发热量低，多与焦炉煤气混合使用。

（7）焦炉煤气。用作焦炉本身和加热炉等的燃料，也可作民用燃料。

（8）转炉煤气。目前国外虽普遍安装回收转炉煤气的设备，但因经济原因，多数工厂把回收煤气燃烧放散，未加利用。日本的钢铁厂已把回收的煤气加以利用，中国有的钢铁厂也进行回收利用。转炉煤气常与其他煤气混合使用。

（9）发生炉煤气。在钢铁厂中，如果高炉煤气和焦炉煤气不足，可用发生炉煤气补充。发生炉煤气是固体燃料（如烟煤、无烟煤或焦炭）在煤气发生炉中与氧化剂（常用的是空气和水蒸气的混合物）相互作用产生的气体燃料。发生炉煤气主要用于轧钢加热炉、炼钢平炉。要求煤气燃烧温度高或火焰黑度大的用户（如某些加热炉和平炉）可就近制造发生炉热煤气使用，一般用户则用经过净化的冷煤气。

（10）电力。既可作为电热，如用于炼钢电炉、热处理炉等，也可作为动力，如用于轧钢机、鼓风机、水泵以及其他机械的电机传动。

（11）蒸汽。既可作为热源用于采暖、加热，也可作为动力源，驱动蒸汽轮机带动鼓风机，还可用于煤气管道的吹扫，高炉炉顶的密封等。

（12）压缩空气。多用作自动控制的动力源和气动装置，也用于高炉喷吹燃料。

1-65　钢铁厂能源使用、选用的主要原则是什么？

答：能源的使用、选用因情况而异，主要原则是：（1）应能在要求的期间内按质、按量、按时供应；（2）应能满足工艺技术要求；（3）经济合理，即能源费用在产品成本中占合理的比例。钢铁生产的能耗与许多因素有关，为研究分析这些因素的综合影响，采用"吨钢能耗"指标。其含义为：从焦化、烧结到轧制成成品为止，配套生产每吨粗钢所消耗的能量，单位是吨标准煤/吨粗钢（标准煤按每千克发热值为 7000kcal（1cal=4.1868J）计算）。综合吨钢能耗的计算包括炼钢本工序的能耗，炼钢各项原料（如生铁、废钢、石灰）和相继工序（如连铸、轧钢）的相应能耗以及钢铁企业内辅助生产部门（如采矿、选矿、耐火材料、机修等）的有关能耗。

为了便于各企业间相互对比，中国把只包括炼焦、烧结、球团、炼铁、炼钢、轧钢等主要生产工序和厂内运输的能耗规定为吨钢可比能耗，也就是说，指标内不包括企业内辅助生产部门的能耗。

吨钢能耗和各工序能耗与工艺流程、原料条件、设备条件、操作水平、设备维修水平有关，还与全厂的管理水平有关，因此吨钢能耗是一个钢铁厂的主观和客观因素的反映。任何一个因素的变化，都会引起吨钢能耗的增减。20 世纪 70 年代世界主要工业国的平均吨钢能耗都在 1t 标准煤以下。中国在 20 世纪 80 年代初，重点企业吨钢可比能耗平均为 1.2t 标准煤。

投入钢铁厂的能量一部分被有效利用，另一部分则以不同形式损失掉，如热烟气、冷却水、高温炉渣、炉壁散热等。如采取余热利用措施，则可以降低吨钢能耗。能量有效利用的部分所占的比重各钢铁厂相差甚大，一般只有总输入能量的 30%～40%，20 世纪 70 年代先进的钢铁厂可达到 50% 左右，可见钢铁厂的余热利用的潜力很大。

1-66 钢铁厂节能技术有哪些?

答: 钢铁厂生产工艺复杂,使用能源种类繁多。为了节约能源,首先必须充分理解能源结构的实际组成,了解输入能量、副产能量、损失能量以及每一生产过程的确切的热平衡,以便确定生产各种产品的单位能耗,并找出每一生产过程中能量损失的原因。还需要对操作所得的实际数值和技术计算值加以对比,并评价有关节能的基本因素,从而制定切实可行的节能规划。钢铁厂的节能途径主要有下列三个方面:

(1) 改进生产工艺。有效利用能源的途径之一是生产方法和各个生产过程的工艺改革。例如改用氧气顶吹转炉炼钢代替平炉炼钢可以大量降低炼钢工序能耗。炼钢多用废钢做原料,降低铁钢比可以大幅度降低能耗。高炉炼铁通过提高矿石入炉品位可以降低能耗,含铁量每提高1%,生产1t生铁的焦比一般可降低5~10kg。另一重要途径是改善热工制度,通过提高燃烧效率,掌握合适温度等来促进能源的有效利用。例如使用氧量计控制最优的燃料空气比,使用计算机控制各种燃烧炉和板坯在较低温度下出炉等。

(2) 降低能源损失。生产流程的合理化是降低能源损失的关键,这方面包括:减少生产工序,把多工序的工艺直接连接起来或者改变为连续高速的生产工艺。主要技术措施举例如下:

1) 增加连铸生产的比例。连铸和初轧相比,每吨钢约可节省能量65%。

2) 采用热装热送直接入加热炉。在热锭温度为800℃,热锭率为95%~98%的条件下,吨钢热耗可大大降低。

3) 热板坯直接装入加热炉。连铸或轧成的坯料于热态装入加热炉,可高效节能。

4) 扩大直接轧制的范围,取消中间加热的方法。

(3) 回收损失的能量。钢铁联合企业生产过程中损失的能量一般约占总输入能量的66%,其中废气占13%,冷却水占16%,固体显热占13%,散热损失占24%。设法回收损失的能量并加以利用,是节能潜力很大的一个方面,例如:

1) 板坯冷却锅炉。板坯离开板坯轧机时具有大量显热。安装板坯冷却锅炉设备,节约的能量约为板坯生产过程消耗总能量的25%。

2) 干法熄焦。每干熄1t焦不仅约可回收热量,还能提高焦炭质量,减少环境污染。

3) 回收热风炉废气的显热。利用热风炉废气显热预热燃烧用的空气和煤气,可节约大量热能。

4) 直接利用高温炉排气的显热。把温度高达900℃的冶金炉排气送到炉温较低的干燥炉里作为热源。

5) 汽化冷却。汽化冷却法已在高炉、转炉、加热炉等方面得到广泛应用。冷却用水量只需水冷时的1%~2%。

6) 采用废热锅炉回收冶金炉废气显热。许多冶金炉废气温度较高,采用废热锅炉可以回收大量废气显热,用以生产蒸汽或其他形式的热介质。

7) 降低副产煤气的放散率。高炉煤气、焦炉煤气、转炉煤气等有时会放散烧去。主要产钢国家的高炉和焦炉煤气的放散率都控制在3%以下。

此外,高压高炉煤气膨胀涡轮机发电也有发展。

为了合理使用和节约能源,现代化的钢铁厂应设有一个能源中心,对全厂能源进行集中管理。

1-67　高炉炼铁对鼓风机有哪些要求?

答: 高炉鼓风机是高炉炼铁的重要动力设备,由它给高炉提供一定压力的鼓风是燃料在风口前燃烧用氧的来源。风量的大小决定着高炉的冶炼强度,在燃料比一定的情况下,也就决定着高炉的产量。风压的高低决定了煤气在炉内克服阻力上升到炉顶时能够达到的炉顶压力。风机的正常运行是高炉稳产高产的基本条件。高炉操作者虽然不操作风机的运行,但也需要知道风机运行的基本规律,以便更好地组织生产和防止送风系统给高炉造成事故。现在常用的风机有多级离心风机和轴流风机两种。

高炉炼铁对风机的主要要求是:

(1) 要有足够的风量,能满足高炉强化冶炼的要求。生产中常习惯用风量与高炉容积的比($Q_风/V_u$)来判断风机供风能力的大小,一般要求该比值大高炉为 2.5~3.0,中高炉为 2.8~4.0,小高炉为 4.0~5.0。过大的比值会造成大马拉小车的局面,浪费动力消耗。

(2) 要有足够的风压。风压足够是克服送风系统与炉内料柱的阻力和达到要求的炉顶压力的保证。生产中常感到风机能力不足,实际上是风压不足造成的,因为料柱或送风系统因某种原因阻力增大,造成风压升高,风量下降;或阻力过大,风压克服不了,风也就鼓不进高炉,甚至出现风机飞动的现象。所以,选择风机时,一定要重视风压。

(3) 要有一定的风量和风压的调节范围。由于操作和气象条件的变化,风机出口的风量和风压要在较宽的范围内调节,形成风机运行的工况区。

(4) 尽可能选择额定效率高、高效区较广的鼓风机,以使鼓风机全年有尽可能长的时间为经济运行。在这一点上,轴流风机优于多级离心风机。

1-68　为什么说高炉采用大鼓风机是普遍趋势?

答: 当今高炉炼铁技术迅猛发展,原燃料条件大大改善,冶炼强度高,鼓风机的选择有扩大趋势。在生产实践中,确实收到显著成效。如长钢 1080m³ 高炉采用 AV63 大风机,利用系数为 3.5t/(m³·d);500m³ 高炉采用大风机,利用系数为 4.0t/(m³·d)。

0~4000m³ 高炉用轴流压缩机选型参照表见表 1-7。

表 1-7　0~4000m³ 高炉用轴流压缩机选型参照表

型　号	吸入流量(标准状态)/m³·h⁻¹	风压/kPa	电机功率/kW	转速/r·min⁻¹	配套高炉/m³
AV40	90×10^3	300	$(35 \sim 42) \times 10^2$	7800	420~450
AV45	108×10^3	330	$(54 \sim 71) \times 10^2$	7050	450~550
AV50	$(110 \sim 135) \times 10^3$	350	$(51 \sim 130) \times 10^2$	7066	620~750
AV56	$(135 \sim 165) \times 10^3$	448	$(62 \sim 160) \times 10^2$	6309	750~1000
AV63	$(165 \sim 215) \times 10^3$	420	$(80 \sim 200) \times 10^2$	5608	1000~1200
AV71	$(215 \sim 275) \times 10^3$	420	$(100 \sim 270) \times 10^2$	4976	1350~1513
AV80	$(275 \sim 350) \times 10^3$	464	$(135 \sim 330) \times 10^2$	4417	1800 以上
AV90	$(350 \sim 425) \times 10^3$	464	$(170 \sim 410) \times 10^2$	3926	2025 以上
AV100	$(425 \sim 550) \times 10^3$		$(210 \sim 510) \times 10^2$	3533	3200 以上

注:输送介质为空气;级数为 9~18;进出口压比为 2.7~7.2。

1-69 什么叫 TRT?

答: 高炉煤气余压回收透平发电装置是利用高炉炉顶煤气具有的压力能和热能,使煤气通过透平膨胀机膨胀做功,驱动发电机发电,进行能量回收的一种装置。该装置一般简称为 TRT,取英文 Top Gas Pressure Recovery Turbine 其中的三个字首而得。

高压操作高炉的煤气经过除尘净化处理后煤气压力还很高,用减压阀组将压力能白白地浪费掉变成低压十分可惜。故许多高压高炉将高炉炉顶煤气压力能经透平膨胀做功,驱动发电机发电,既回收了白白泄放的能量,又净化了煤气,也改善了高炉炉顶压力的控制质量。

1-70 TRT 的基本工作原理和特点是什么?

答: TRT 的工作原理说起来比较简单,在减压阀组前把高炉煤气引出,经过入口蝶阀、截止阀等阀门后进入透平入口,通过导流器使气体转成轴向进入叶栅,气体在静叶栅和动叶栅组成的流道中不断膨胀做功,压力和温度逐级降低,并转化为动能作用于工作轮(即转子及动叶片)使之旋转,工作轮通过联轴器带动发电机一起转动而发电。叶栅出口的气体经过扩压器进行扩压,以提高其背压,达一定值后经排气蜗壳流出(轴向排气时没有排气蜗壳,而扩压器较长)透平,经过止回阀进入减压阀组后的储气罐。

TRT 和蒸气透平或燃气透平相比有以下特点:

(1) 系统的构成和作用不一样,TRT 主要用来节能。

(2) 温度低,压力低,膨胀比小,而流量则相当大,一般为 $(20 \sim 50) \times 10^4 \text{m}^3/\text{h}$(标准状态)。

(3) 介质复杂,存在气-固、气-液、气-固-液两相或三相形式,而且还会产生相变(凝结水析出)。

(4) 受高炉影响,煤气流量波动大,变化频率大。

(5) 由于有灰尘,叶片易磨损,并容易积灰和堵塞。

(6) 气体中含腐蚀性的氯和二氧化硫等,溶于水后形成酸而造成叶片等腐蚀。

(7) TRT 作为高炉的附属设备,对高炉正常生产有着重要的作用,因此必须以保证高炉正常运行为前提,不允许对炉况产生不良影响。

(8) 高炉煤气是有毒气体,所以,TRT 及系统的安全性十分重要,要求所有设备必须安全可靠。

1-71 TRT 的工艺流程如何?

答: 高炉煤气从炉顶经过重力除尘器和干式除尘布袋箱或湿式除尘装置(洗涤塔和文氏管进行精细除尘)进行除尘,然后经过减压阀组减压,最后进入管网供用户使用。由于高炉炉顶排出的煤气具有一定的压力和温度(压力一般为 120kPa 以上,温度约为 $150 \sim 300℃$),也就是具有一定的能量。经过二次除尘后,压力稍有降低,温度降到约 50℃,但仍含有较高的压力能,这部分压力则通过减压阀组降到约 30kPa,大量的能量被白白损失在减压阀组上。在减压阀组的并排位置上装上一台湿式 TRT 装置,其意义就是用来替代减压阀组,将这部分能量进行回收,用来发电,达到节能的目的。其工艺流程如图 1-19 所示。

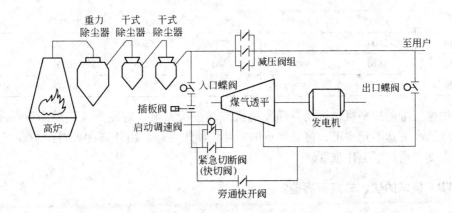

图 1-19　杭州钢厂 TRT 工艺流程图

TRT 装置分湿式和干式两种。湿式适用于用湿法除尘净化的煤气；干式则适用于用干法除尘净化的煤气。

从高炉排出的高炉煤气，经重力除尘器后，送到一级和二级文氏管，在文氏管中对煤气进行湿法除尘净化。从二级文氏管出口分成两路，一路是当 TRT 不工作时，煤气通过减压阀组减压后进入煤气管网；另一路是 TRT 运转时，经入口蝶阀、眼镜阀、紧急切断阀、调压阀进入 TRT，然后经可以完全隔断的水封截止阀，最后从除雾器进入煤气管网。

TRT 的发电量的计算公式为：

$$W = Q \cdot c_\mathrm{p} \cdot T(1 - 1/\varepsilon^{(k-1)/k}) \cdot \eta_r \cdot \eta_\mathrm{n}/3600 \tag{1-14}$$

式中　W——煤气透平发电机功率，kW；

　　　Q——煤气流量，$\mathrm{m^3/h}$；

　　　c_p——煤气定压比热容，$\mathrm{kJ/(m^3 \cdot ℃)}$；

　　　T——入口煤气温度，K；

　　　ε——压缩比，$\varepsilon = p_1/p_2$，p_1 为入口煤气压力（绝对），单位为 MPa；p_2 为出口煤气压力（绝对），单位为 MPa；

　　　k——绝热系数，$k = 1.3 \sim 1.39$；

　　　η_r——透平效率（一般取 $0.70 \sim 0.85$）；

　　　η_n——发电机效率（一般取 $0.96 \sim 0.97$）。

由式 1-14 可见，煤气入口越高发电量越大，国外进行高炉干法除尘研究的主要着眼点在于力求提高透平回收的发电量。

炉顶余压发电装置要求炉顶压力在 0.15MPa 以上，实际大于 0.1MPa 就可以运行，就是发电量少些，煤气的压力越高，流量越多，发电量就越高。

当煤气流量为 $22 \times 10^4 \mathrm{m^3/h}$，透平背压为 0.1MPa 时，煤气温度和压力与发电量的关系如表 1-8 所示。

表 1-8 余压发电时煤气温度、压力与发电量的关系

表压/MPa	发电量/kW					
	350℃	200℃	250℃	300℃	400℃	600℃
0.10	3000	4600	5070	5560	7000	8500
0.15	3840	5900	6500	7150	9000	11000
0.20	4500	6900	7600	7350	10500	12700

高炉煤气推动透平机，从而带动发电机旋转进行发电，对高炉煤气纯净度要求较高，如果煤气纯净度达不到要求，将会严重缩短叶轮使用寿命。因此要加大对高炉煤气含尘量的控制力度，增加了工作难度。

1-72 TRT 技术的优、缺点有哪些?

答：TRT 技术的优点为：

(1) 节能降耗：TRT 技术是利用高炉煤气压差与余热进行发电，替代原煤气系统中的减压阀组，从而将高炉煤气在原减压阀组上消耗的机械能转化为电能，节约了能源，增加了直接经济效益。

(2) 利于环保：现高炉煤气经过减压阀组时产生巨大的噪声和振动，投入 TRT 后噪声和振动将基本被消除。

(3) 稳定生产：投入 TRT 后炉顶压力非常稳定，波动很小（杭钢投入 TRT 后，高炉炉顶压力波动量在 +5 ~ −3kPa 范围内），将有利于高炉炉况的稳定。

(4) 投资回收率高：初步估算投资会在 2 年内全部回收。

(5) 操作维护简单可靠：此套设备操作简单、检查维护方便，全部操作可以由高炉主控室控制。

缺点如下：

(1) 有料钟，炉顶压力低的小高炉上使用 TRT 效率不高。

(2) 现高炉焦炭水分含量高，煤气含水量大，易造成煤气温度低与堵塞过滤网，影响 TRT 运转效率。

(3) 一次性投入较大。

1-73 什么叫 BPRT?

答：BPRT (Blast Furnace Power Recovery Turbine) 指高炉送风及高炉能量回收系统同轴装置，它是将高炉余压透平机和高炉压缩机及电动机布置在同一个轴系的一种能量回收再利用系统。

通过安装 BPRT 机组，不仅能回收高炉炉顶煤气所具有的压力能和热能，降低煤气输送管网的流动噪声，而且可对高炉顶压、轴流风机、煤气透平进行高智能控制，提高高炉的冶炼强度和产量。使用 BPRT 系统不仅回收了以往在减压阀组浪费掉的能量，而且可以减少废弃物排放量，进一步提高能源利用率。

1-74 BPRT 装置配套燃气设施如何构成?

答：BPRT 能量回收三合一机组三大优势及特点：

（1）将压力能转换成机械能传送给高炉主风机，省去了 TRT 机组中的发电系统，避免了能量相互转换时的效率损失。

（2）炉顶压力自动调整功能使得顶压更稳定，炉况更好。

（3）降低了噪声，改善了生产环境。

该系统的主要设备是：高炉送风压缩机 + 电动机 + SSS 自动同步离合器 + 余压透平机。布置方式是：三机同布在一个平面，互相连接传递能量。BPRT 能量回收三合一机组工艺流程图如图 1-20 所示。BPRT 能量回收三合一机组模型图如图 1-21 所示。

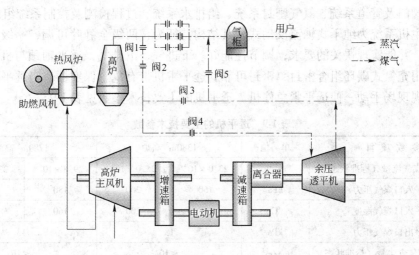

图 1-20　BPRT 能量回收三合一机组工艺流程图

图 1-21　BPRT 能量回收三合一机组模型图

1-75　BPRT 能量回收三合一机组的工艺流程是什么?

答：BPRT 三合一机组以离心压缩机或轴流压缩机及能量回收透平机为核心，配以其他设备构成高炉能量回收系统。由于采用了"轴向进气，单层布局"的技术和结构，使得整个系统的集成也呈现了"主风机 + 电机 + 煤气透平"的连接和布局方式。在煤气透平机和高炉鼓风机组之间通过离合器和变速箱与双输出轴的电动机连接，构成同轴串联单层布局。这种单层布局的结构可节约土建费用，日常维护方便，整机结构紧凑合理，现场安装调试快捷方便，机组效率高。

BPRT 装置系统的工艺过程为：电动机启动后拖动主风机工作向高炉送风，高炉工作后，再向外送出余压煤气。余压煤气经过布袋除尘后被送入余压透平做功，余压透平将功再传递给原动机，这样电机就可以少做功，起到节能降耗的目的。

（1）工艺流程。经过干法除尘的高炉煤气经过入口切断阀、流量计、快速切断阀进入BPRT装置，气体在透平机内膨胀做功，推动与其同轴的鼓风机旋转，膨胀后的高炉煤气压力为13kPa，经过出口切断阀，进入净煤气总管。在整个工艺过程中，高炉煤气始终在密闭的管道和密封程度高的煤气透平机内运行，无泄漏和污染。

（2）主要设施。BPRT装置燃气设施主要由透平主机系统、润滑油系统、动力油系统、大型阀门及管道系统、氮气密封系统、给排水系统、过程检测及控制系统组成。

透平主机系统为纯干式轴流反动式，其结构特征为：两级全静叶可调，一级静叶可实现全关闭，并能实现快关的要求，调节性能好。下进气、下排气，透平轴颈与机壳间轴端的密封采用充氮式碳环组合密封，密封可靠。透平主机带有危急保安器，当透平出现事故时，可实现现场手动，使透平紧急停机。透平机的主要技术参数见表1-9。

表1-9 透平机的主要技术参数

参 数 项 目	单 位	1380m³ 高炉		1780m³ 高炉	
透平入口煤气流量（标准状态）	m³/h	23.0×10^4	25.0×10^4	29.8×10^4	33.0×10^4
透平入口煤气压力	kPa	160	200	180	220
透平入口煤气温度	℃	160	200	160	200
透平出口煤气压力	kPa	13		13	
透平入口煤气含尘量（标准状态）	mg/m³	≤10		≤10	
透平输出功率	kW	6500	8000	9000	12000

1-76 炉前工作的重要性是什么?

答： 高炉冶炼过程中产生的液态渣铁需要定期放出。炉前操作的任务就是利用开口机、泥炮、堵渣机等专用设备和各种工具，按规定的时间分别打开渣、铁口，放出渣、铁，并经渣、铁沟分别流入渣、铁罐内，渣铁出完后封堵渣、铁口，以保证高炉生产的连续进行。炉前工还必须完成渣、铁口和各种炉前专用设备的维护工作；制作和修补撇渣器，出铁主沟及渣、铁沟；更换风、渣口等冷却设备及清理渣铁运输线等一系列与出渣出铁相关的工作。

炉前工作的好坏对高炉的稳定顺行、高炉寿命的长短都有着直接的影响。如果高炉不能及时出净渣铁，会带来以下不利影响：

（1）影响炉缸料柱的透气性，造成压差升高，下料速度变慢，严重时还会导致崩料、悬料以及风口灌渣事故。

（2）炉缸内积存的渣铁过多，造成渣中带铁，烧坏渣口甚至引起爆炸。

（3）上渣放不好，引起铁口工作失常。

（4）铁口维护不好，铁口长期过浅，不仅高炉不易出好铁，会引起跑大流、铁水淌地、烧坏铁道等炉前事故，直至烧坏炉缸冷却壁，危及高炉的安全生产，有的还会导致高炉长期休风检修，损失惨重。

因此，认真搞好炉前工作，维护好渣、铁口，做好出渣出铁工作，按时出净渣铁，是高炉强化冶炼，达到高产、稳产、优质、低耗、安全和长寿的可靠保证。

1-77　出铁场的主要设备有哪些，全液压开口机有何特点？

答：出铁场的主要设备有：

（1）全液压开口机；

（2）液压泥炮；

（3）桥式起重机；

（4）电动葫芦；

（5）摆动流槽及驱动装置。

开铁口机是打开铁口的专用机械，有电动、气动、液压和气液复合传动 4 种。中小高炉使用的是简易悬挂式电动开铁口机，这种开铁口机悬挂在简易的钢梁上，用电动机构送进的钻孔机钻到赤热层后退出，然后人工用长钢钎捅开铁口，它只适用于有水炮泥。大中型高炉采用全气动（宝钢、马钢）、全液压（首钢、本钢、太钢、唐钢等）、气液复合传动（鞍钢、上钢一厂）的开铁口机，这些开铁口机都具有钻、冲、吹扫等功能，它们的操作是远距离人工操纵，适用于无水炮泥。

全液压开口机具有回转、送进、钻、打、吹扫等功能。开铁口机的操作方式为操作室手动操作。

1-78　液压泥炮有何特点？

答：全液压矮身泥炮具有转炮（兼压炮）和打泥等功能，泥炮操作方式为现场操作室手动操作。

泥炮是出铁完后堵铁口的专用机械。泥炮要在全风压下把炮泥压入铁口，所以其压力应大于炉缸内压力。泥炮有电动、气动和液压三种。由于气动具有不适应高炉强化冶炼、打泥活塞推力小和打泥压力不稳定等缺陷，已逐步被淘汰。我国目前使用电动和液压两种泥炮。电动的用于中小高炉，而液压用于大高炉和装备水平较高的 $300 \sim 420 m^3$ 高炉。

现代大高炉广泛采用液压矮式泥炮，这样可使风口工作平台连在一起，大大方便了铁口两侧风口装置的观察和维修工作。液压泥炮的优点是：推力大，打泥致密；压紧力稳定，使炮嘴与泥套始终压得很紧，不易漏泥；高度矮，结构紧凑，便于炉前安置和操作；液压装置不装在泥炮本体上，简化了结构；省能，耗电量约为同类电动泥炮的 1/3 左右；操作简单，既可手动，也可遥控。

1-79　摆动流槽有何特点？

答：现代强化冶炼的大中型高炉的出铁量很大，若沿用传统出铁场单线铁路排铁水罐的方式，必然是铁沟长，罐位多，出铁场面积也大，不仅炉前出铁工作量大，而且建造出铁场的基建投资也增加很多，因此引入了摆动流嘴。

该设备通过流槽左右倾动，使铁水流入停放在两条铁路上的混铁车中。本设备由槽体、耳轴、驱动装置组成，驱动方式为电动，并设有手动操作装置，操作装置设置在出铁场平台上。

摆动流嘴安装在出铁场铁水沟下面，其作用是把铁沟流来的铁水转换到左右两个方向之一，注入出铁场平台下铁道上停放的铁水罐中。

摆动流嘴由流槽、支撑机构和摆动机构组成。流槽是铸件或钢板焊接件，内衬捣打料或浇注料，流槽嵌入耳轴，后者与传动装置相连，传动装置可以是电动（首钢），也可以是气动（宝钢）。流槽摆动角度为 10° 左右，由主令控制器控制，当电动或气动失灵时，可用手动系统驱动流槽摆动，以确保安全生产。

与传统的铁水经铁沟、流嘴直接流入各铁水罐的方式相比，摆动流嘴具有的优点是：（1）缩短了铁沟的长度，减小了出铁场面积，简化了出铁场布置；（2）减少了改罐作业和修补铁沟作业的工作量，从而减轻了炉前工的劳动强度；（3）提高了炉前铁水运输能力，简化了铁路线布置。

现在新建的大高炉广泛采用铁水摆动流嘴。

1-80　出铁场耐火材料有哪些？

答：出铁场主沟内衬材质从内向外依次为高性能铁沟浇注料、黏土砖、黏土质隔热砖、钢壳和土建模板；渣铁沟采用不粘沟、安装更换简便易行的大块预制件结构，沟体由内至外分别为工作层预制件、干式填充料、永久层浇注料和耐热混凝土模板；残铁沟采用免烘烤捣打料。出铁场主沟、渣铁沟、残铁沟工作内衬的施工和维修就地进行。

主沟沟盖、渣铁沟沟盖内衬均采用耐火浇注料。

1-81　什么叫高效整体浇注式高炉铁沟？

答：高炉的炉前操作是炼铁生产的重要组成部分。炉前操作的好坏，例如主沟的质量、铁口的维护、出铁的正常与否等系列操作直接关系到高炉的稳定顺行和经济技术指标的实现。过去国内单出铁口高炉，出铁沟的结构都普遍采用裸露式铁沟，在材料上多采用 Al_2O_3-SiC-C 质铁沟捣打料。这种结构形式的铁沟铺垫的方法原始、粗放、低效。具体操作步骤为：捣打前，首先清理现场，清除沟内残渣铁，用风镐或钢钎等作业工具将原沟衬工作层残余渣铁全部拆除，用高压风管将沟内碎料、粉料或灰尘吹干净；捣打时，先将捣打料倒入清理干净后的沟内，用铁锨将料均匀铺摊，用振动式电夯或风锤分层反复捣打，使沟料充分振捣密实。一次铺料厚度为 200mm 左右，待料铺好后，捣打 5 ~ 7 遍，直到捣打密实为止，即可使用。中间经过小修补一般可使用 5 ~ 7 天。这种结构形式的铁沟的缺点是：组织疏松、强度低、抗氧化性差、通铁量低，铁沟五天一小修，十天一大修，重复修沟次数增多，劳动强度大，使用时间短，经常影响高炉正点出铁，给高炉生产带来不便。

随着高炉强化冶炼水平的提高和出铁次数的不断增加，对铁沟耐火材料的要求越来越高，为进一步克服铁沟重复修补以及使用时间的弊端，经过多方努力，研制开发了单出铁口高炉铁沟整体浇注技术，其显著特点是：（1）由裸露式铁沟（旱沟）改为储铁式；（2）捣打料改为浇注料；（3）浇注料为快干浇注料。这种快干浇注料采用 Al_2O_3-SiC-C 质材料配以含碳高分子材料制成，与传统的铁沟捣打料相比，具有强度高、结构致密、抗侵蚀性能好、耐冲刷、通铁量高等特点，特别适用于单出铁沟的高炉，浇注一次可连续使用三个月以上，通铁量在 15 万吨以上，为高炉生产提供了广泛的选择空间，具有无可比拟的优越性。

1-82　高效整体浇注式铁沟的应用效果如何？

答：改进后的优点如下：

（1）成本降低：降低吨铁耐材成本，与原有免烘烤捣打料成本相比，可降低 10% 以上。

（2）通铁量高：传统的捣打料使用天数一般为 5~7 天，出铁量在 7000t 左右，改进后的浇注料使用天数为 90 天左右，通铁量为 15 万吨左右。

（3）安全系数高：现在高炉出铁次数多，出铁间隔时间短，拆沟、打沟时间短，往往是沟还没有打好，就要出铁，做沟质量没有保证，有时会跑铁、钻铁。使用浇注料后，基本上杜绝了这种现象的发生。

（4）方便生产：传统的捣打料在修沟时都有可能造成出铁晚点现象，改进后的浇注主沟可实现长周期使用。高炉出铁和主沟维护变得简单可靠，不受铁沟维护时间长短的限制，将出铁晚点的风险降为零。

（5）劳动强度降低：采用传统的捣打料，工人在做沟和补沟时，往往是既出力又流汗，体力消耗大，有时还有烧烫伤事故发生。改进后的主沟浇注料在使用周期内，不需要工人劳动，也不需要看护。

（6）炉前卫生干净整齐：使用浇注料，炉前工只需把沟帮上的残渣往铁沟里撬一下就行，撬掉的渣子随着下次出铁而熔化在沟内，减轻了劳动强度。

第2章 高炉开炉前的人员准备

第1节 机构设置与工种配备

2-1 与高炉相关工序都有哪些工种?

答: 烧结工序的工种主要有:堆取料机工、烧结配料工、混合料工、烧结工、风机工、冷却筛工、皮带工、化验工等。

炼铁工序的工种主要有:工长、副工长、炉前工、喷煤工、制煤粉工、热风炉工、煤气布袋除尘工、高炉清灰工、煤气取样工、煤气防护工、高炉看水工、卷扬上料工、槽下上料工、皮带工、铸铁工、吊车工、布袋除尘工、鼓风机工、泵房工、修罐瓦工、碾泥工、化检验工、水渣工、液压工、电气维修工、机械维修工、电焊工、仪表工等。

炼钢工序的工种主要有:值班主任、炉长、摇炉工、合金工、炉前工、电平车工、兑铁水工、吹氩工、炉外精炼工、废钢工、清渣工、天车工、脱硫站工、翻罐工、化检工等。

连铸工序的工种主要有:值班长、机长、大包浇钢工、中间罐浇钢工、主控工、辊道工、气割工、挂吊工、出坯工、清氧化铁工等。

此外还有准备车间、机修车间、耐火车间、除尘车间工等。

2-2 开炉领导及各工作小组如何组成?

答: 开炉领导及各工作小组设组长1人;常务副组长1人;副组长若干人;组员若干人。

分工如下:

(1)现场指挥组。设总指挥1人;副总指挥若干人;指挥若干人。

(2)烧结指挥部。

1)设指挥1人;副指挥若干人;

2)专业负责人:包括混匀供料;配料制粒;皮带运转;烧结机;风机除尘;机电负责人;

3)倒班负责人。

(3)高炉指挥部。

1)设指挥1人;副指挥若干人;

2)专业负责人:包括动力(水泵、风机);卷扬;燃气(热风炉、除尘);高炉炉前;铸铁机;配管;机电负责人。

(4)安全及后勤保障小组。设组长1人;专业负责人包括安全保卫、后勤、供应、医疗救护等。

2-3 如何确定公司所属机构定员？

答：某公司所属机构定员初步确定如下（仅供参考）：

（1）公司机关。包括：1）公司管理部：定员29人。其中公司领导6人、机关管理7人、操作16人。2）设备管理部：定员19人。其中机关管理13人、操作6人。3）生产部：定员19人。其中机关管理13人、操作6人。4）资产管理部：定员10人。其中机关管理10人。

公司管理部：总经理兼部长、董事会秘书、劳动人事、企业管理、党群、后勤服务、统计、厂办。

资产管理部：总监兼部长、成本核算、会计核算、工程核算、材料核算、资金管理及销售核算。

生产部：生产计划管理、工艺质量、物资供应、技术、检验、总作业长、营销。

设备管理部：设备管理与运行、机械、电气、土建、工业炉窑、自动化仪表、资料管理。

（2）总作业区。包括：1）生产安全调度室：定员19人。2）烧结作业区：定员368人。3）高炉作业区：定员318人。4）机电作业区：定员127人。5）石灰窑作业区。

炼铁厂机构举例：高炉车间、原料车间、准备车间、热工车间、机动车间、总调度室、安环、技术、供应、计控、设备。

第2节 员工的配置

2-4 某公司100万吨／年（$132m^2 \times 1$）规模烧结厂岗位定员表如何确定？

答：烧结作业区有368人（仅供参考），岗位定员表如表2-1所示。

表2-1 烧结作业区岗位定员表

机构工种		岗位	定员标准			计划使用外用工	班长设置	备注
			定员	单位	班制			
作业长			1		1			
副作业长			2		1			
值班作业长			6	2人/班	3			
总　计			69			33		
站　长			1		1			
副站长			1		1			
成品统计			1		1			
烧结及成品站	烧结班	总　计	39	13人/班	3		3	
		烧结操作工　烧结	30	10人/班	3	18		
		主控运行工　主控室	9	3人/班	3			
	成品班	总　计	27	9人/班	3		3	
		成品工　环冷	9	3人/班	3	3		
		筛分（矿槽）	18	6人/班	3	12		

机 构 工 种		岗 位	定 员 标 准			计划使用外用工	班长设置	备 注
			定员	单 位	班制			
原料储运站	总 计		56					
	站 长		1		1			
	副站长		1		1			
	原燃料验收统计		6		1			
	原料工	原 料	48	16 人/班	3		6	
混匀供料站	总 计		81			33		
	站 长		1		1			
	副站长		1		1			
	统 计		1		1			
	混匀供料班	总 计	48	16 人/班	3		6	
	混匀供料工	预配料	27	9 人/班	3	12		
		混匀料	12	4 人/班	3			
	主控运行工	主控室	9	3 人/班	3			
	熔剂燃料班	总 计	30	10 人/班	3		3	
	熔剂燃料工	破 碎	15	5 人/班	3	9		
		筛 分	9	3 人/班	3	6		
		槽 上	6	2 人/班	3	6		
配料制粒站	总 计		47			15		
	站 长		1		1			
	副站长		1		1			
	配料制粒班	总 计	45	15 人/班	3		6	
	配料工	配 料	15	5 人/班	3	3		
		槽 上	12	4 人/班	3			
	混合制粒工	制 粒	18	6 人/班	3	12		
皮带转运站	总 计		62			45		
	站 长		1		1			
	副站长		1		1			
	运转班	总 计	60	20 人/班	3		6	
	皮带工	运 转	60	20 人/班	3	45		
风机除尘站	总 计		44			6		
	站 长		1		1			
	副站长		1		1			
	运行班	总 计	42	14 人/班	3		3	
	运行工	风 机	12	4 人/班	3			
		除 尘	24	8 人/班	3			
		卸 灰	6	2 人/班	3	6		

2-5 某公司 100 万吨/年（450m³×2）规模炼铁厂岗位定员表如何确定？

答：高炉作业区为 318 人，其岗位定员表如表 2-2 所示。

表 2-2 高炉作业区岗位定员表

机构	工种	岗位	定员	单位	班制	计划使用外用工	班长设置	备注
作业长			1		1			
副作业长			2		1			
值班作业长			12	2人/（班·炉）	3			
炼铁站	总　计		128			66		
	站　长		1		1			
	炉前常日班	总　计	6		1		1	
		炼铁准备工	炉前	6		1			
	炉前班	总　计	72	12人/（班·炉）	3		6	
		炼铁工	炉前	72	12人/（班·炉）	3	48	
	配管班	总　计	16				3	
		配管工	炉前	12	2人/（班·炉）	3		
		配管工	炉前	4		1		1	
	水渣处理班	总　计	33	11人/班	3		3	
		渣处理工	渣处理	33	11人/班	3	18	
卷扬上料站	总　计		59			27		
	站　长		1		1			
	副站长		1		1			
	卷扬上料班	总　计	57	9.5人/（班·炉）	3		6	
		原料工	槽上	21	3.5人/（班·炉）	3	9	
			槽下	18	3人/（班·炉）	3	18	
		卷扬工	卷扬	18	3人/（班·炉）	3		
燃气站	总　计		41			12		
	站　长		1		1			
	副站长		1		1			
	燃气班	总　计	39	15人/班	3		6	
		燃气工	热风炉	12	4人/班	3		
			除尘	21	7人/班	3	6	
			卸灰	6	2人/班	3	6	
动力站	总　计		47					
	站　长		1		1			
	副站长		1		1			
	鼓风机运行班	总　计	15	5人/班	3		3	
		运行工	鼓风机	15	5人/班	3		
	水泵运行班	总　计	30	10人/班	3		3	
		运行工	水泵	30	10人/班	3		
铸铁站	总　计		28			12		
	站　长		1		1			
	铸铁班	总　计	27	9人/班	3		3	
		铸铁工	铸铁机	24	8人/班	3	12	
		操纵工	铸铁机	3	1人/班	3		

机电作业区为127人，其岗位定员表如表2-3所示。

表2-3 机电作业区岗位定员表

机构工种		岗位	定员标准			计划使用外用工	班长设置
			定员	单位	班制		
作业长			1		1		
副作业长			1		1		
烧结维护站	总 计		22				
	站 长		1		1		
	烧结维护班	总 计	21	7人/班	3		3
		维护钳工 维 护	12	4人/班	3		
		电工 维 护	6	2人/班	3		
		铆 焊 维 护	3	1人/班	3		
高炉维护站	总 计		22	7人/班			
	站 长		1		1		
	高炉维护班	总 计	21	7人/班	3		3
		钳 工 维 护	12	4人/班	3		
		电工 维 护	6	2人/班	3		
		铆 焊 维 护	3	1人/班	3		
检修站	总 计		81		81		
	站 长		1		1		
	副站长		2		2		
	检修钳工班	总 计	19		1		2
		钳工 检 修	19		1		
	检修电工班	总 计	30		1		2
		电 工 检 修	30		1		
	变配电	运 行	12	4人/班	3		
	检修焊工班	总 计	7		1		1
		铆 焊 检 修	7		1		
	天车班	总 计	10		3		1
		天车工	10	3人/班	3		1

2-6 某公司100万吨/年(450m³×2)规模钢铁厂调度室岗位定员表

答：调度室有19人，其岗位定员表如表2-4所示。

表2-4 调度室岗位定员表

机构工种	岗位	定员标准			计划使用外用工	班长设置	备注
		定员	单位	班制			
总调度长		1		1			
调度长		1		1			
安全员		1		1			
值班调度兼煤气防护		15	5人/班	3			
生产统计		1		1			

2-7　某公司 100 万吨/年(450m³×2)规模钢铁厂公司机关岗位定员表

答: 公司机关有 77 人,其中管理的有 49 人,操作的有 28 人,其岗位定员表见表 2-5。

表 2-5　公司机关岗位定员表

机构工种	岗　位	定员标准			计划使用外用工	班长设置	备　注
		定员	单位	班制			
公司领导	总　计	6					
	董事长	1					
	总经理	1					
	副总经理	3					
	财务总监	1					
公司管理部	总　计	23					
	部　长	1					
	董事会秘书	1					
	党群干事	1					
	综合管理	1					
	综合统计	1					
	劳动人事管理	1					
	企业管理	1					
	小车班司机	6				1	
	勤杂班	10				1	
设备管理部	总　计	19					
	部　长	1					
	副部长	1					
	备品备件采购	3					
	机械管理	2					
	电气及自动化管理	3					
	工业炉窑土建管理	1					
	仪　表	1					
	资料管理	1					
	备件储运班	6					其中货运司机2人,备件倒运、库管4人
生产部	总　计	20					
	部　长	1					
	副部长	1					
	生产计划管理	2					
	工艺质量员	4					
	物资采购及产品营销	5					
	物资储运班	6					

机构工种	岗 位	定 员 标 准			计划使用外用工	班长设置	备 注
		定员	单 位	班制			
资产管理部	总 计	10					
	部 长	1					
	成本核算	3					
	会计核算	2					
	材料核算	2					
	资金管理及销售核算	2					

2-8 某公司124万吨/年(1380m³×1)规模钢铁厂原料与烧结的定员如何配备？

答：钢铁厂原料与烧结岗位定员表见表2-6。

表2-6 原料与烧结岗位定员表

岗 位	甲 班	乙 班	丙 班	丁 班	小 计
简易料场					
上料操作工	4	4	4	4	16
原料地下受料槽					
上料操作工	1	1	1	1	4
燃料地下受料槽					
上料操作工	1	1	1	1	4
燃料破碎间					
料仓上部给料皮带及破碎机	1	1	1	1	4
破碎机操作工	1	1	1	1	4
配料室					
料仓上料工	1	1	1	1	4
配料工（包括记录员一名）	2	2	2	2	8
一次混合室					
混合机操作工	1	1	1	1	4
二次混合室					
混合机操作工	1	1	1	1	4
烧结主厂房					
梭车布料工	1	1	1	1	4
烧结机看火工	1	1	1	1	4
烧结主控制室（包括工长一名）	2	2	2	2	8
小格及单辊工	1	1	1	1	4
烟道放灰工	1	1	1	1	4
环冷机操作工	1	1	1	1	4

岗 位	甲 班	乙 班	丙 班	丁 班	小 计
烧结风机房及机头电除尘器					
机头电除尘器工	1	1	1	1	4
烧结风机工	1	1	1	1	4
成品筛粉间					
冷矿筛工	1	1	1	1	4
环境除尘器					
值班室岗位工	2	2	2	2	8
循环水泵房					
值班室岗位工	1	1	1	1	4
转运站					
皮带岗位工	5	5	5	5	20
技术、管理人员					4
中心化验室					
管理人员	2				2
化验员	22	2	2	2	28
烧结转鼓制样间	4	4	4	4	16
合　计	59	37	37	37	174

2-9　某公司124万吨/年(1380m³×1)规模钢铁厂炼铁的定员如何配备?

答：钢铁厂炼铁岗位定员表见表2-7。

表2-7　炼铁岗位定员表

岗　位	工 种 名 称	班　次				人员合计	备　注
		甲班	乙班	丙班	丁班		
高炉工艺系统	炉长	2				2	
	高炉工长	1	1	1	1	4	
	高炉副工长	1	1	1	1	4	
	主控室	2	2	2	2	8	
	供料、上料系统	1				1	大班长
	带班	1	1	1	1	4	
	仓上	1	1	1	1	4	
	皮带工	2	2	2	2	8	
	上料	2	2	2	2	8	
	筛分	2	2	2	2	8	
	配管工	1				1	大班长
	班长	1	1	1	1	4	
	配管工副手	2	2	2	2	8	
	喷煤枪正手	1	1	1	1	4	
	喷煤枪副手	1	1	1	1	4	

岗　位	工　种　名　称	班　次				人员合计	备　注
		甲班	乙班	丙班	丁班		
高炉工艺系统	出铁场	1				1	大班长
	带班	1	1	1	1	4	
	替班	1	1	1	1	4	
	垫沟	10				10	
	炉门、小坑、下渣、铁锅	5	5	5	5	20	
	泥炮、开口机	2	2	2	2	8	
	热风炉	1				1	大班长
	热风炉正手	1	1	1	1	4	
	司炉工	1	1	1	1	4	
	巡检工	1	1	1	1	4	
	水渣	1				1	大班长
	冲渣、泵房	4	4	4	4	16	
	制粉	1				1	大班长
	配煤、皮带工等	4	4	4	4	16	
	高炉工程师及技师	3				3	
	小计	58	37	37	37	169	
热力设施	BPRT 鼓风机站及空压站						
	控制室	5	5	5	5	20	
	小计	5	5	5	5	20	
燃气设施	煤气净化干法除尘	1				1	大班长
	操作工	1	1	1	1	4	
	小计	2	1	1	1	5	
供水系统	联合泵站	1				1	
	泵工	4	4	4	4	16	
	小计	5	4	4	4	17	
供配电设施	BPRT 鼓风机电气室	2	2	2	2	8	
	泵站电气室	2	2	2	2	8	
	高炉主控室配电室	2	2	2	2	8	
	小计	6	6	6	6	24	
通风除尘	高炉料仓除尘	2	2	2	2	8	
	出铁场及炉顶除尘	2	2	2	2	8	
	小计	4	4	4	4	16	
自动化仪表及检控	高炉工艺系统	6				6	
	联合泵站	2				2	
	煤气净化干法布袋	1				1	
	鼓风站系统	2				2	
	通风除尘系统	2				2	
	渣处理系统	2				2	
	喷煤系统	2				2	
	小计	17				17	

岗　位	工 种 名 称	班　次				人员合计	备　注
		甲班	乙班	丙班	丁班		
电讯设施		1				1	
安全环保		1				1	
管理及服务人员		10				10	
鱼雷罐修砌间		16				16	
点检（维护）人员		12				12	
总　计						308	

注：高炉检修人员按 8~12h 检修考虑。

2-10　某公司 124 万吨/年（1380m³×1）规模钢铁厂铸铁机定员如何配备？

答：钢铁厂铸铁机岗位定员表见表2-8。

表2-8　铸铁机岗位定员表

岗 位 名 称	班　次			合 计
	甲 班	乙 班	丙 班	
铸铁工	4	4	4	12
制浆工	2	2	2	6
清理工（司机）	1	1	1	3
吊车司机	1	1	1	3
合　计	8	8	8	24

第3节　高炉岗位职责

2-11　高炉炉长职责是什么？

答：（1）在公司和车间领导下，积极贯彻执行公司的各项规章制度。组织好本炉职工全面完成公司下达的各项生产任务及其他各项经济技术指标。切实做好安全均衡生产。实现一代炉龄的优质、高产、低耗、长寿、高效益。

（2）根据生产的要求及设备状况、原燃料条件，选择合适的操作制度，搞好四班协调生产。

（3）根据生产情况，协调本岗位人员，认真填写有关报表，分析总结生产情况。搞好效益、效率文明生产。

（4）组织好本炉人员努力学习业务技术，不断提高技术操作水平。

2-12　高炉副炉长职责是什么？

答：（1）在公司和高炉炉长领导下，积极执行各项规章制度。协助炉长完成公司下达的各项生产任务及其他各项经济技术指标。切实做好安全均衡生产。实现高产稳产、低耗、长寿、高效益。

（2）根据生产的要求及设备状况、原燃料条件，选择合适的操作制度，搞好四班协调生产。

（3）根据生产情况，协调本岗位人员，认真填写有关报表，分析总结生产情况。搞好效益、效率文明生产。

（4）组织好技术管理。定期分析生产情况，努力学习业务技术，提高技术操作水平。

2-13　值班工长岗位职责是什么？

答：（1）在车间和炉长的领导下，积极贯彻公司和车间的各项规章制度，组织当班职工全面完成车间的各项任务。

（2）全面负责当班的安全生产、劳动纪律、定置管理、职工的思想教育、经济责任制的落实等。主动向车间反映有关情况。

（3）加强与外围岗位的联系，密切关注设备运转情况和原燃料变化情况。发现异常及时联系处理。处理不了影响较大的问题及时汇报调度及车间领导。

（4）做到四勤四到，负责日常配料计算及负荷调剂，做到分析好上班、操作好本班、照顾好下班。

（5）组织好本班尽可能快地处理好各种事故，但要兼顾好生产与安全。

（6）努力学习，不断提高技术业务与管理水平。

（7）组织好本班的班前会、事故分析会，认真执行交接班制度。

工长"四种精神"：好学不倦精神、密切协作精神、岗位成才精神、敢为人先精神；

工长"四到"：手到、眼到、口到、腿到；

工长"四勤"：勤观察、勤分析、勤计算、勤调剂；

工长"四不"：完不成任务不下班，交不好班不下班，解不开疑点不下班，事故状态不下班。

2-14　值班副工长岗位职责是什么？

答：（1）协助工长完成各项任务。

（2）根据生产要求，具体组织好当班生产及岗位人员的配合。

（3）搞好出铁放渣确认，组织好出铁放渣工作。

（4）具体负责落实外围情况，并积极主动向工长反映有关信息。

（5）做好各项原始数据的记录，填写好日报。

（6）努力学习，不断提高技术业务和管理水平。

2-15　炉前班长岗位职责是什么？

答：在高炉工长及炉前技师的统一领导下，完成正点及时地出净渣铁，维护好炉前和搞好现场定置管理，保证高炉安全顺行。

（1）全面掌握炉前各岗位的技术操作。了解炉内基本操作，配合高炉工长，组织本班完成炉前全面工作。

（2）根据高炉工长的要求，积极有效地完成炉前各项工作、放渣出铁工作，避免炉前各种事故的发生。

（3）负责炉前设备的岗位点检及工具的制度，发现问题及时上报处理。

（4）负责当班人员的安全生产与技工技术教育。

（5）组织本班人员搞好定置管理及劳动纪律，做好职工思想工作。

（6）负责好交接班工作。

（7）负责风渣口的更换及炉前特殊事故的处理、工具的准备。

（8）坚决服从值班工长及炉前技师的统一领导，认真及时完成交办的临时任务。

（9）合理安排好本班人员的休假，保证出勤人数，合理分工，认真执行负责人员任职考核。

（10）组织本班人员协助长白班垫补渣铁沟，配合工长开关爆发孔。

2-16　炉前副班长、铁口负责人岗位职责是什么?

答：（1）班长不在时，副班长履行班长全面职责，平时协助班长完成各项工作。

（2）负责铁口维护与操作，保持规定的铁口深度及角度，掌握好钻铁口的位置，保证出铁正点率。

（3）负责开口机和泥炮的操作与点检。

（4）检查泥炮炮泥的质量。

（5）负责修补主铁沟与泥套，进行堵口操作。

（6）负责铁口区域及泥炮操作室的定置管理。

（7）完成班长交办的临时任务。

（8）负责出铁前设备的确认。

2-17　铁口助手岗位职责是什么?

答：（1）铁口负责人不在时，铁口助手履行铁口负责人职责。

（2）铁口助手协助铁口负责人完成各项任务。

（3）铁口助手具体负责开铁口、装炮、清炮等操作。

2-18　大闸负责人及助手岗位职责是什么?

答：（1）全面负责大闸的操作、检查、修补，支铁沟及流嘴、下渣沟及流嘴的维护与修补。坚持使用好沉铁坑。

（2）进行铁前冲渣水及铁水罐的确认。

（3）做到大闸不过渣、不憋铁，砂坝不跑铁，负责铁罐看守，合理分配铁水罐中铁水的装入量。

（4）出铁后负责大闸及铁水罐的保温及支铁沟刷浆。

（5）做好本区域的工作，搞好定置管理。

（6）完成班长交办的临时任务。

2-19　炉前长白班的岗位职责是什么?

答：（1）负责炉前设备、备件、原材料、辅料的准备与验收。

（2）负责炉前常用工具的准备与正常使用。

（3）负责铁沟的大、小修及烘烤质量。

（4）负责炉前四大件及重力除尘器、平台电机减速器的润滑和保养。

（5）负责进风装置的日常检查。

（6）负责分管区域的定置管理工作。

2-20 配管岗位班长岗位职责是什么？

答：（1）负责配管材料的领取和准备工作。

（2）全面掌握配管技术操作。

（3）负责人员的调配和合理分工。

（4）负责全班人员的安全生产与技术教育。

（5）坚决服从值班作业长的统一领导，认真完成临时交办的任务。

2-21 配管工岗位职责是什么？

答：（1）高炉配管工在配管班长或值班作业长的领导下，负责高炉冷却设备的监控维护，保证高炉适宜的冷却强度。

（2）负责风渣口的备品、备件，更换风渣口，负责风渣口的配管工作。

（3）负责冷却壁漏水的判定，任何情况下都要保证正常生产时高炉风口窥视镜的明亮。

（4）负责高炉本体及炉基的炉皮开裂、冒气、冒火情况的检查及处理。

（5）负责高炉周围蒸汽、压缩风等管道阀门的检查及处理。

（6）勤看风口，负责风口的日常检查，发现异常声音要及时向值班作业长汇报。

（7）负责风口平台及冷却系统周围的定置管理工作。

（8）完成配管班长或值班作业长安排的临时任务。

2-22 水渣处理站长岗位职责是什么？

答：（1）在值班作业长的领导下，完成本班的作业任务。

（2）负责本班的人员调配、管理与协调。

（3）负责该系统中水泵、压缩空气、工业清水、气力提升机等设备的维护点检与使用及各阀门的开关与调节，完成该系统设备的维护，协调好本岗位的工作，组织处理各种故障。

（4）组织炉渣粒化系统故障的处理，重要问题及时向上级报告。

（5）组织对炉渣粒化系统所有设备进行点检、润滑、维护。

（6）组织搞好炉渣粒化系统设备及环境卫生。

（7）询问了解其他岗位的生产准备情况，并向值班作业长汇报。

（8）搞好值班记录填写。

（9）负责职工的学习、教育工作，认真组织学习三大规程。

（10）有应对各种突发紧急情况的能力，会处理出现的一般故障，对无法处理的故障应及时联系有关人员处理。

2-23　粒化工岗位职责是什么？

答：（1）负责粒化轮维护及粒化轮前流嘴的砌筑、维护，并向主控室、脱水工提供准确的熔渣粒化信息。

（2）在熔渣冲制过程中，及时清除凝渣，共同完成本系统的生产任务。

（3）加强岗位设备点检与维护，保持设备、现场卫生，防止环境污染，实现安全、文明生产。

（4）负责定期对粒化轮磨损情况进行检查。

（5）完成水渣处理站站长交办的临时任务。

2-24　粒化渣脱水工岗位职责是什么？

答：（1）根据水渣含水量、是否有大渣块、在皮带机上是否顺行等情况，及时准确作出判断，通知主控室对粒化轮转速、脱水器转速、循环水压力与流量分配等进行调节，不能影响渣铁及水渣在皮带上顺行。

（2）负责脱水器、循环泵、气力提升机的点检、润滑与维护。

（3）负责脱水器、循环泵的机旁手动操作。

（4）负责沉淀池气力提升泵提渣工作及清水池补水工作。

（5）负责清水池中沉渣的清理工作。

（6）炉渣粒化脱水系统出现故障时要及时报告并和各岗位联系。

（7）提出循环水压力与流量分配调节的建议。

（8）保持设备、现场卫生，防止环境污染，实现安全、文明生产。

（9）完成水渣处理站站长交办的临时任务。

2-25　图拉法冲渣皮带工岗位职责是什么？

答：（1）负责皮带机等设备的机旁操作，完成水渣运输、外排任务。

（2）负责皮带机的点检、润滑与维护，并更换损坏的托辊。

（3）保持设备、现场卫生，实现安全、文明生产。

（4）认真填写生产记录。

（5）完成水渣处理站站长或当班班长交办的临时任务。

2-26　卷扬站长岗位职责是什么？

答：（1）全面组织本站职工认真学习掌握三大规程。

（2）全面负责本站的管理、协调及人员的调配工作。

（3）带领全站职工维护好卷扬设备，保证卷扬设备的正常运转，确保高炉的正常生产。

（4）严格执行操作规程，监督记录的准确性。

（5）有应对各种突发紧急情况的能力，会处理生产中出现的一些小故障，对无法处理的故障应及时联系维修人员处理。

2-27 槽上打料及皮带工岗位职责是什么？

答：（1）严格按规定将原燃料准确及时打入指定的矿槽或焦槽中。

（2）矿（焦）槽需改装其他料种时，在原料种用尽之前及时将改装情况报告给值班作业长。

（3）槽存不足时槽上人员要及时与调度室联系，尽早将原燃料打入指定的槽内并正确及时做好记录。

（4）负责皮带机的点检、润滑与维护，并更换损坏的托辊。

（5）加强岗位设备点检和维护，保持现场卫生，定期将皮带通廊上洒落的矿焦清扫干净，实现安全、文明生产。

（6）认真填写生产记录。

（7）完成卷扬站站长或当班班长交办的临时任务。

2-28 槽下称量及卷扬岗位职责是什么？

答：（1）严格按料单及时、准确称量上料，必须认真填写上料记录表，将变料与附加焦的具体情况第一时间记入记事栏中。每打下一批料要记清时间和料制，不允许滞后填写，要做好记录。

（2）每个班必须有专人对炉顶液压站、槽下液压站的阀组和管路进行点检，发现滴、漏油现象要及时做好记录并联系有关人员处理。

（3）负责调整和处理一般设备事故。

（4）认真交接班，把当班发生的设备故障及料单装料情况交代清楚。

（5）主卷岗位操作人员必须定时检查各秤零点，及时进行回零操作。

（6）槽下人员必须要了解上料品种、使用哪些秤，如果发现混料，立即向值班作业长报告。

（7）卷扬人员必须严格按值班作业长所下达的料单变料，必须严格执行变料复核制度。即一个人在向计算机进行操作时，另一名卷扬工必须当场或在 15min 之内对变料情况进行复核。如果值班作业长电话通知变料，在执行变料后必须让其在 20min 内将变料单送到位。

（8）在进行比较大范围的变料调整时，一定要特别注意各秤的瞬时值，将料制和秤值核对好，保证各秤值和料制能够同步变动到位。

（9）当返矿或返焦倾角皮带停转时，要迅速查清原因，确认无法正常使用时要及时通知槽下人员组织人工接碎矿或碎焦，保持原上料制度上料，并及时与调度联系维修人员处理。

（10）上料过程中，卷扬人员必须要精力集中，认真监控。出现空仓情况时要及时与当班作业长和原料车间有关人员联系。出现称斗闸门卡料时要及时通知槽下人员处理，不能因为人为因素造成高炉亏料线。

（11）负责液压站油箱定期清洗、加油换油工作。

（12）称量、卷扬工必须定期进行炉顶、料坑内撒落炉料的清扫工作。

2-29　燃气站站长岗位职责是什么？

答：（1）负责各岗位人员的调配和分工及协调工作。

（2）负责各岗位人员认真学习三大规程工作。

（3）全面负责热风炉、布袋除尘、重力除尘及出铁场、矿槽除尘的生产运行、定置管理、劳动纪律、安全等各个方面。

（4）加强岗位工对设备进行点检、巡检、加油润滑，确保设备正常运行。

2-30　热风炉班长岗位职责是什么？

答：（1）班长全面组织班组的管理工作，带领全班职工维护好热风炉设备的正常运转，加强技术操作，供给高炉足够的风温，确保高炉生产。

（2）班长应熟知风路、气路、油路、水路的工作原理，了解各阀门及电气开关的用处及停送电顺序。

（3）有应对各种突发紧急情况的能力，会处理一些小的故障，对无法处理的故障要及时联系维修人员处理。

（4）严格执行烧炉、送风制度，监督各种专业记录的准确性。

（5）加强岗位工对设备进行点检、巡检、加油润滑，确保设备正常运行。

（6）有计划地组织岗位人员学习热风炉操作、安全规程及工艺纪律，杜绝跑风、憋风等事故的发生。

（7）班长要合理组织、协调、检查监督落实本班的生产，对出现的问题进行考核。

（8）班长对出现的各种问题负有直接的管理责任，包括生产运行、定置管理、劳动纪律、安全等各个方面。

（9）服从生产需要，合理安排分工。

（10）负责岗位工的工作质量、工作标准的完成情况。

（11）对岗位工的违规、违纪及出现的问题负连带责任。

2-31　热风炉岗位职责是什么？

答：（1）掌握休风和复风操作、倒流休风及紧急休风操作、拉风排风操作、减风坐料操作、助燃风机及引风机操作等。

（2）热风炉操作工应掌握本岗位的技术操作。掌握热风炉烧炉原则、换炉、休风操作及注意事项、设备故障及发生事故时的对外联系及处理。

（3）及时掌握热风炉拱顶温度和废气温度、煤气流量和压力、助燃空气用量、废气含氧量等技术指标，并做好记录。

（4）负责热风炉赶、引煤气和点火烧炉与停用煤气前的联系工作，以及在煤气系统赶、引煤气后负责找煤防站人员进行检测和做爆发试验。

（5）配合检修人员做好停电挂牌及试车工作，并在更换热电偶时必须对电偶的插入深度进行检查，并做好记录。

（6）负责液压系统的正常运转。

（7）保证高炉需要的风温。

（8）负责热风炉及附属设备的全部运行操作。

（9）负责停水、停电、停风、停煤气等设备异常条件下各种事故的处理。

（10）负责生产过程中与值班室、调度、煤气除尘、水泵房联系工作，并随时注意生产、设备、安全、定置管理等情况。

（11）负责掌握热风炉燃烧和送风制度、高炉风温增减变化和正常生产及各种变化的记录。

（12）负责本岗位所属设备、器材、仪表、工具、记录表的正确使用及保管。

（13）负责本岗位的设备维护检查和一般问题的处理及所属区域卫生的清扫。

2-32 高炉布袋除尘班长岗位职责是什么？

答：（1）全面负责班组管理工作，带领全班职工维护好布袋除尘设备的正常运转，确保高炉正常生产。

（2）班长应熟知煤气工艺、设备的工作原理，懂各阀门和电器开关的用途及切煤气的顺序。

（3）有应对各种突发紧急情况的能力，会处理一些小的故障，对无法处理的故障要联系有关人员及时处理。

（4）严格执行切、引煤气及反吹放灰操作制度，监督各专业记录的准确性。

（5）班长要合理组织、协调、检查、监督、落实当班的生产，对出现的问题进行考核。

（6）组织确保荒煤气除尘效率达到 99.9%，布袋从检漏到更换在 48h 内完成。

（7）检查监督岗位工协调好煤气管网压力，避免高炉压力波动。

（8）有计划地组织岗位人员学习煤气除尘操作、安全规程及工艺纪律，杜绝各类事故的发生。

（9）班长对出现的各种问题负有直接的管理责任，包括生产运行、定置管理、劳动纪律、安全等各个方面。

（10）服从生产需要，合理安排分工。

（11）对各岗位工的工作质量、工作标准的完成情况负责。

（12）对各岗位工的违规、违纪及出现的问题负连带责任。

2-33 高炉布袋除尘岗位职责是什么？

答：（1）提前 10min 到岗，掌握上一班生产及设备运行情况。

（2）各岗位工在班长直接领导下，保质保量完成本职工作。

（3）严格执行安全技术操作规程和各种规章制度，严禁习惯操作，杜绝误操作。

（4）布袋除尘器各箱体每班检漏三次。

（5）箱体检漏完毕后进行管道及设备巡检。

（6）加压机在每次反吹前应检查油位、盘车、放水。

（7）及时完成反吹放灰任务，并做好记录。

（8）保证系统设备运行正常，管网煤气压力稳定，协调各用户使用稳定。

（9）高炉休风、送风时，做好切、引煤气操作，搞好对外联系。

（10）清楚本班设备运行情况、检修、开关、备用等情况，并做好记录。

（11）对本班出现的设备问题，要及时联系汇报处理。

（12）按时交接班，搞好定置管理。

2-34　鼓风机站长岗位职责是什么？

答：（1）负责各岗位人员的调配和分工及协调工作。

（2）负责各岗位人员认真学习三大规程。

（3）全面负责各工序的生产运行、定置管理、劳动纪律、安全等各个方面。

（4）加强岗位工对设备进行点检、巡检、加油润滑，确保设备正常运行。

2-35　鼓风机站岗位职责是什么？

答：（1）值班人员必须遵守劳动纪律、操作纪律、组织纪律。

（2）每小时对所有的设备通过看、听、试进行全面检查，将检查结果进行记录，值班长每两小时对所有的设备全面检查一次。

（3）值班人员必须认真执行鼓风机运行规程和有关的规程制度。

（4）值班人员需时刻注意所管理的各种设备，根据仪表指示数值及时调整使之符合规定，做好运行维护工作，确保安全运行，熟知设备运行、检修、备用情况。

（5）认真执行设备点检制度，发现设备缺陷及不利于安全生产的事故因素要及时处理。

2-36　水泵站长岗位职责是什么？

答：（1）全面负责水泵的正常运行，监督各种记录的准确性。

（2）全面负责班组管理工作，对出现的问题及时处理。

（3）根据生产需要，合理安排分工。

（4）有计划地组织岗位人员学习三大规程。

2-37　水泵站岗位职责是什么？

答：（1）岗位工在工作期间，必须认真做好各项记录，详细写明本班所涉及的全部内容，要求有时间、地点、人物、通知、指令等。

（2）开停水泵必须根据调度的命令，操作负责人认准设备开关的编号确认无误后方可准备按电钮开停水泵。

（3）按电钮开泵时，按电钮者必须观察好水泵现场，确认无障碍物且盘车人员已离开设备，并向现场指示后方可按钮开泵。

（4）进行水泵盘车时，必须与配电盘操作人员联系好，确认不会在盘车时开泵，才能进行盘车。

（5）水泵及电机机组检修时，岗位值班人员必须确认所检修机台单机刀闸处于明显断开位置，并挂上"有人工作、禁止合闸"警示牌。

（6）水泵班长是行政负责人，一切操作命令直接受调度指挥。

（7）各岗位人员必须严守岗位，保证所管辖设备安全运行，保质保量完成各项供水指标，值班人员有事需请假，值班长不能长时间脱离工作岗位。

（8）值班人员应做好设备维护保养工作及其安全经济运行，并掌握设备的检修和备用情况。

（9）值班人员在工作时间要精力充沛，不做与本职工作无关的事。

（10）坚持备用机组的试车和倒机制度，每周对备用机组进行负荷试车和倒机，并将倒机试车情况做好记录，并向调度汇报。

（11）搞好文明生产，保持设备和管理区域的卫生，每班打扫设备和机房卫生一次，各种记录报表的填写字迹要工整，数字要明确。

（12）值班长布置的工作与有关规定相抵触时，值班人员应向值班长提出意见，如没有人身、设备危险时，应向值班长意见靠拢。

（13）加强团结，不准在值班时间内打闹，尊师爱徒，相互学习，相互帮助，共同提高。

（14）提高警惕，认真做好防火防盗、防破坏工作，外来参观人员来参观学习时，必须持所在单位介绍信，并有我单位人员陪同，方可进行参观。

（15）值班人员值班时间内如遇防空、防震警报时，要服从上级有关部门统一指挥，不准擅自行动。

2-38 铸铁站站长岗位职责是什么？

答：（1）负责本站对"三大操作规程"的贯彻执行与监督工作，负责新上岗人员的安全技术教育。

（2）负责组织班组生产，高质量完成铸铁任务。

（3）负责组织班组进行设备检查和维护保养，负责检修项目的提出和验收工作。

（4）负责班组人员的调配、经济责任制考核和基础管理工作。

（5）负责上级精神和临时任务的贯彻落实。

2-39 铸铁班班长岗位职责是什么？

答：（1）负责高炉铁水用罐的更换。

（2）负责组织当班铸铁工作。

（3）负责大、中、小修以及检修后的检查验收工作。

2-40 天车工职责是什么？

答：（1）负责本区域用电设施的供、断电工作，监护配电盘。

（2）负责天车、水泵设备的操作、检查和维护。

（3）负责铸铁时的起罐、链带的运行操作，协助铸铁工完成铸铁任务。

（4）完成换罐、扣罐及现场卫生的清理工作。

2-41 铸铁平台工职责是什么？

答：（1）负责铁水罐的挂钩，看管好铁水沟、流嘴，保证生铁表面质量及重量。

（2）经常检查链带、滚轮、铁模及铁水罐、罐架，发现问题应及时联系处理。

（3）负责铁水沟的定期捣制以及沟嘴的修补工作。

（4）负责机尾的冷凝渣、铁及区域内卫生的清理。

（5）负责清理渣、铁的工具及材料的准备。

2-42　渣铁喷浆工职责是什么？

答：（1）负责喷浆、冷却设备的操作及检查维护。

（2）负责绞车、卷扬的操作和维护。

（3）负责链带下、平板车周围掉铁的装车，严禁混铁。

2-43　煤气防护员岗位职责是什么？

答：（1）负责公司煤气安全管理、巡回检查、监测。

（2）负责公司范围内煤气区域作业的现场监护。

（3）负责各类煤气防护设施、仪器的检查和维护，确保可使用率。

（4）负责办理煤气区域动火许可证。

（5）负责煤气事故的救护、分析及现场指挥。

（6）定期分析高炉炉顶煤气的成分、净煤气的含尘量。

（7）在局部区域或全厂性停电、倒流休风及鼓风机故障时负责煤气处理工作。

2-44　煤气取样岗位职责是什么？

答：（1）在值班调度长的领导下，完成本岗位的全部工作。日常在煤气防护员的监护下每座高炉取样两次，特殊情况下根据高炉工作状况需要进行取样，要做到取样及时，分析准确。

（2）负责本岗位所有工具的领取、保管、使用及维护。

（3）打扫室内及所属区域的卫生。

（4）完成上级交办的临时任务。

第 4 节　员工的培训

2-45　对企业新员工培训的意义是什么？

答：罗伯特·欧文曾说过：把钱花在提高劳动力素质上是企业经理最佳的投资。新员工培训是指向企业的新雇员介绍有关企业的基本背景情况，使员工了解所从事的工作的基本内容与方法，使他们明确自己工作的职责、程序、标准，并向他们初步灌输企业及其部门所期望的态度、规范、价值观和行为模式等，从而帮助他们顺利地适应企业环境和新的工作岗位，使他们尽快进入角色。

新员工培训对企业的意义：如果说招聘是对新员工管理的开始，那么新员工培训是企业对新员工管理的继续。这种管理的重要性在于通过将企业的发展历史、发展战略、经营特点及企业文化和管理制度介绍给新员工时，对员工进入工作岗位有很大的激励作用，新员工在明确了企业的各项规章制度后，可以实现自我管理，节约管理成本。

通过岗位要求的培训，新员工能够很快胜任岗位，提高工作效率，取得较好的工作业绩，起到事半功倍的效果。通过新员工培训，管理者对新员工更加熟悉，为今后的管理打下了基础。

新员工培训对个人的意义：新员工培训对于个人来说是对企业进一步了解和熟悉的过程，通过对企业的进一步熟悉和了解，一方面可以缓解新员工对新环境的陌生感和由此产生的心理压力，另一方面可以降低新员工对企业不切实际的想法，正确看待企业的工作标准、工作要求和待遇，顺利通过磨合期，在企业长期工作下去。

新员工培训是新员工职业生涯的新起点，新员工培训意味着新员工必须放弃原有的与现在的企业格格不入的价值观、行为准则和行为方式，适应新组织的行为目标和工作方式。

2-46 企业对新员工培训的内容有哪些？

答：企业对新进人员培训的内容主要有：

（1）介绍企业的经营历史、宗旨、规模和发展前景，激励员工积极工作，为企业的繁荣作贡献。

（2）介绍公司的规章制度和岗位职责，使员工们在工作中自觉地遵守公司的规章，一切工作按公司制定出来的规则、标准、程序、制度办理。包括：工资、奖金、津贴、保险、休假、医疗、晋升与调动、交通、事故、申诉等人事规定；福利方案、工作描述、职务说明、劳动条件、作业规范、绩效标准、工作考评机制、劳动秩序等工作要求。

（3）介绍企业内部的组织结构、权力系统，各部门之间的服务协调网络及流程，有关部门的处理反馈机制。使新员工明确在企业中进行信息沟通、提交建议的渠道，使新员工们了解和熟悉各个部门的职能，以便在今后工作中能准确地与各个有关部门进行联系，并随时能够就工作中的问题提出建议或申诉。

（4）业务培训，使新员工熟悉并掌握完成各自本职工作所需的主要技能和相关信息，从而迅速胜任工作。

（5）介绍企业的经营范围、主要产品、市场定位、目标顾客、竞争环境等，增强新员工的市场意识。

（6）介绍企业的安全措施，让员工了解安全工作包括哪些内容，如何做好安全工作，如何发现和处理安全工作中发生的一般问题，提高他们的安全意识。

（7）企业的文化、价值观和目标的传达。让新员工知道企业反对什么、鼓励什么、追求什么。

（8）介绍企业对员工行为和举止的规范。如关于职业道德、环境秩序、作息制度、开支规定、接洽和服务用语、仪表仪容、精神面貌、谈吐、着装等的要求。

2-47 烧结与炼铁工序员工的培训包括哪些内容？

答：为了保证工程能够顺利投产，对烧结和炼铁关键岗位人员进行必要的培训。

（1）培训的主要内容包括理论培训、岗位操作培训、现场培训三部分。

1）理论培训内容包括：烧结生产基础理论知识，液压传动、全数字交流传动系统、PLC控制硬件和软件基础知识。

2）岗位操作培训内容包括：

①烧结：在相近规模生产厂跟班学习，掌握烧结工艺设备的操作、原燃料上料要求、烧结过程的操作、控制技术，以及机械设备、液压、润滑系统日常维护等基本技能，以达到掌握和操作本项目生产线的目的。

②炼铁：在相近规模生产厂跟班学习炼铁生产，如皮带上料、无料钟炉顶、煤气净化、高炉主控制系统、混合煤制备和喷收、软水冷却等，以及机械设备、液压、润滑系统日常维护等基本技能，按岗位分派进行实习，以达到掌握和操作本项目生产线的目的。

3）现场培训内容包括熟悉设备的安装、调试、维护。

（2）培训方式如下：

1）制定详细的理论学习计划，理论学习结束后进行考试，考试合格后方可进行岗位操作培训。

2）岗位操作培训以师带徒的方式进行，培训结束后要求达到如下要求：

①培训人员应了解相关工艺过程，清楚设备配置及系统组成。

②掌握相关设备工作原理、性能及技术参数，能够独立对设备进行调试及操作，对一般性故障进行分析、判断和处理。

③掌握相关工种的安全操作知识和技术。

④在培训师监督下，给每位受训人员提供独立操作的机会，使之能独立进行操作。

⑤培训后对受训人员进行评定。

3）在项目工厂随设备安装调试进度，安排受训人员进行见习，并参与调试工作，培训后进行综合评定。

培训时间：理论培训和岗位操作培训共 8 周。项目现场培训时间随工程进行。

培训要求：在相近规模厂进行的岗位操作培训，培训期间培训人员应自备劳保用品（安全帽、劳保鞋及手套），承包方提供工作午餐及由驻地到培训地的交通，并提供必要的医疗协助和生活上的便利帮助。

受训人员的差旅费、保险、通信、住宿、早晚餐和医疗等方面的费用由发包方自行负责。

被培训人员应具有相当于高中毕业及以上文化水平或具有初中毕业且有 5 年以上专业岗位操作经历的人员。

技术保密：提供给发包方的技术文件及培训教材，未经过承包方同意，不得透露给第三方。

2-48　烧结工序培训员工包括哪些岗位？

答：烧结工序岗位培训人员见表 2-9。

表 2-9　烧结工序培训人数及时间

岗　位	人　数	时间/月·人$^{-1}$	时间合计/月
燃料破碎室操作工	1	2	2
配料室操作工	2	2	4
混合室操作工	1	2	2

岗 位	人 数	时间/月·人$^{-1}$	时间合计/月
烧结室操作工	3	2	6
主抽风机室操作工	2	2	4
成品筛分室操作工	1	2	2
烟气脱硫系统操作工	1	2	2
余热回收系统操作工	1	2	2
转运站皮带机操作工	1	2	2
取样制样室操作工	1	2	2
化验室操作工	2	2	4
设备巡检员	2	2	4
循环水泵站操作工	1	2	2
配料电除尘操作工	1	2	2
机尾及筛分电除尘操作工	1	2	2
高压配电室值班电工	1	2	2
值班电工	1	2	2
仪表维护工	1	2	2
计算机维护工	1	2	2
管理人员	5	2	10
总 计	30		

2-49 炼铁工序培训员工包括哪些岗位?

答:炼铁工序岗位培训人员见表2-10。

表2-10 炼铁工序培训人数及时间

岗 位	人 数	时间/月·人$^{-1}$	时间合计/月
高炉工长	3	2	6
中央控制室操作工	3	2	6
矿槽操作工	3	2	6
出铁场炉前工	6	2	12
热风炉工和煤气工	6	2	12
水冲渣操作工	3	2	6
喷煤制粉操作工	6	2	12
看水工	3	2	6
原料供应系统操作工	6	2	12
鼓风机站(BPRT)	3	2	6
干式除尘系统操作工	3	2	6
原料设施除尘系统操作工	3	2	6

岗　位	人　数	时间/月·人$^{-1}$	时间合计/月
出铁场和高炉顶部除尘操作工	3	2	6
值班电工	3	2	6
仪表维护工	2	2	4
计算机维护工	2	2	4
技术人员	3	2	6
维修人员	5	2	10
小　计	66		132

第 5 节　炼铁生产工人各工种的应知应会

2-50　高炉副工长（第一瓦斯工）应知应会是什么？

答：高炉副工长（中级）的应知为：

（1）本工种的生产技术操作规程，安全技术规程，设备使用维护规程，岗位责任制及有关的各项规章制度。

（2）炼铁生产工艺流程，高炉冶炼原理，高炉基本操作制度及强化高炉冶炼的技术。各种牌号生铁的质量标准及特殊矿种的冶炼工艺。

（3）原、燃料的性质及对炉顶布料的影响。

（4）送风、上料、除尘、喷吹系统及渣铁处理的工作情况。

（5）洗炉剂的种类、用途及使用时的装料方法，各不同矿种的配比使用方法。

（6）高炉正常与失常行程的特征和紧急休风程序。

（7）高炉本体及热风炉的构造，炉顶装料、喷吹、富氧、高压设备、炉前机电设备的操作知识。

（8）各种仪表的名称、计量单位、用途及各一次仪表的位置。

（9）"高炉日报"、"高炉整理记录"中各项的目的、意义及其计算方法。

（10）触电、煤气中毒的预防及急救知识。

（11）电工学、热工仪表的一般知识。

（12）自动控制的一般知识。

（13）有关的计算机知识。

高炉副工长（中级）的应会为：

（1）有一定的协调组织生产的能力。

（2）准确填写"高炉日报"、"高炉整理记录"、"高炉变料单"及规定填写的图表，并能进行简要变料计算。

（3）根据出渣、出铁、风口工作及仪表变化综合判断炉况，能对崩料、悬料、管道行程等特殊炉况做一般处理。

（4）独立、准确、及时完成各种休送风中的对外联系及煤气处理工作。独立处理高炉煤气系统的各种操作事故。

（5）根据需要利用高压阀组调整炉顶压力和进行高压、常压互相转换的操作。

（6）正确使用炉顶布料器（或料罐装偏料）调剂炉喉布料。

（7）通过观察风口鉴别喷吹物利用的情况，并能采取相应措施。

（8）按规定准确校核槽下各秤。

（9）准确及时调配渣铁罐。

（10）点火检查大钟的操作。

高炉副工长（高级）的应知为：

（1）精料对高炉强化冶炼的意义及特殊矿种的冶炼技术。

（2）高炉操作中的各种操作制度对冶炼行程的影响及特殊炉况的处理。

（3）高炉行程的调剂方法和装料制度、送风制度、热制度、造渣制度、喷吹制度的选择。

（4）高炉、热风炉的烘炉程序、烘炉曲线的意义及其注意事项。

（5）一般性了解国内外炼铁技术的现状和发展动态。

（6）炉外脱硫的计算方法。

（7）有关的计算机知识。

（8）企业管理的一般知识。

高炉副工长（高级）的应会为：

（1）一定的识图能力，能绘制一般草图，会进行简易配料计算。

（2）能综合判断、处理炉况及指挥排除炉前事故。

（3）各种休风程序，排除在休风过程中出现的故障。

（4）对高炉冶炼过程进行技术性分析，并能提出改进操作意见。

（5）运用现代化管理方法，改进操作制度，提高经济效益。

（6）解决本岗位的技术疑难问题。

（7）讲授本岗位的技术理论和操作实践知识。

2-51 高炉炉前工应知应会是什么？

答： 高炉炉前工（初级）的应知为：

（1）本工种的生产技术操作规程，安全技术规程，设备使用维护规程，岗位责任制及有关的各项规章制度。

（2）高炉生产的基本知识，炼铁生产流程。

（3）铁口、砂口的规格，渣、铁口泥套的作用和制作方法。

（4）炉前所用各种泥料的用途及质量要求。

（5）渣口、风口、喷吹口各装置的规格及更换方法，渣口坏损的征兆。

（6）一般机、电操作常识，炉前主要设备的名称及使用、维护方法。

（7）触电、煤气中毒的预防及急救知识。

（8）渣、铁罐的调配使用情况。

（9）机、电的一般知识。

高炉炉前工（初级）的应会为：

（1）参加更换风口、渣口的工作及出渣、出铁工作。

（2）按要求铺垫砂口小沟、渣铁沟和进行渣、铁流嘴的修补、垒坝、叠闸等工作。

（3）独立完成渣口泥套的制作及砂口的修补工作。

（4）本岗位一般操作事故的处理。

（5）按设备完好标准，对所用设备进行维护。

高炉炉前工（中级）的应知为：

（1）高炉冶炼的基本原理。

（2）高炉失常状态下渣口、铁口、砂口的操作方法，用渣口、风口作临时铁口时的要求和方法。

（3）出铁、出渣、垫沟等工作的技术要求以及长期休风时对炉前工作的特殊要求。

（4）炉前主要机电设备的构造、性能、保养知识，炉前新技术、新设备。

（5）高炉大修、中修有关炉前、炉体砌砖监督工作的技术要求及所用耐火材料的种类、型号、用途。

（6）电工的有关知识。

高炉炉前工（中级）的应会为：

（1）使用电炮（液压炮）开口机、堵渣机、开车等设备，并能排除一般故障。

（2）使用氧气烧渣口、铁口、风口的操作。

（3）制作铁口泥套，能处理好潮铁口、浅铁口，预防和处理放渣或出铁时发生的各种操作事故。

（4）进行出渣、出铁、垫沟等工作，并能在特殊情况下处理好临时铁口，顺利地将渣铁排出炉外。

（5）按规定的质量和时间铺垫好各渣铁沟和铁口泥套，砂口各渣铁流嘴的制作，确保放渣、出铁正常进行。

（6）鉴别炉前各种泥料的质量并提出改进意见。

（7）看懂高炉砌砖图。

（8）高炉生产的主要技术经济指标及其计算方法。

（9）培训新工人，讲授技术课。

高炉炉前工（高级）的应知为：

（1）开炉、停炉、焖炉的炉前全部工作及其安全技术操作规程。

（2）特殊炉况对炉前工作的要求及操作方法。

（3）对高炉的冷却设备、送风系统、上料系统、喷吹系统、渣铁处理系统等有一般性了解。

（4）一般性了解国内外炉前操作新技术及发展动态。

（5）有关的企业管理知识。

高炉炉前工（高级）的应会为：

（1）组织并做好炉前全部工作，指导和监督三大规程的执行，组织完成炉前各项经济技术指标。

（2）组织并做好开、停炉，休送风及各种特殊炉况的炉前工作。

（3）高炉检修时，能对炉前有关设备、炉体砌砖进行质量监督检查与试车验收。

（4）对炉前设备、炉前操作、泥料等提出改进意见。

（5）铁口爆破和大修停炉出残铁操作。

（6）解决炉前工作的技术疑难问题。

（7）看懂高炉剖面图及一般的机械图纸。

（8）讲解炉前操作技术，参与炉前安全技术操作规程的修订工作。

（9）讲授本工种技术理论和操作实践知识。

2-52　高炉喷煤工应知应会是什么？

答： 高炉喷煤工（初级）的应知为：

（1）本工种的生产技术操作规程，安全技术规程，设备使用维护规程，岗位责任制及有关的各项规章制度。

（2）炉内操作的一般知识，喷煤系统的工艺流程及喷煤对高炉冶炼的影响。

（3）喷吹对煤种、煤质和粒度的要求。

（4）均匀喷吹的方法，喷枪的构造和插枪的方法。

（5）喷煤系统主要的构造、性能、名称、规格，各种仪表的用途。

（6）触电、煤气中毒的急救知识。

（7）有关的计算机知识。

（8）电工的一般知识。

高炉喷煤工（初级）的应会为：

（1）根据要求准确调整喷煤量，做到均匀喷吹。

（2）各种喷煤操作方法。

（3）根据风口、煤股情况及时调整喷枪位置，避免磨损风口。

（4）通过风口判断能否喷吹。

（5）高炉休送风的喷吹操作。

（6）排除并处理喷煤设备的一般故障。

（7）维护与更换喷煤设备的一般备品、备件。

（8）准确记录喷煤情况并能发现异常现象。

高炉喷煤工（中级）的应知为：

（1）高炉生产的工艺流程和高炉冶炼的基本原理。

（2）高炉喷煤对降低焦比、强化冶炼的影响和煤焦转换比。

（3）氧煤混喷知识及各种影响煤粉燃烧的因素。

（4）煤粉制备和气动输送的一般原理。

（5）喷煤设备的主要零件、部件的构造和作用。

（6）电工的有关知识。

（7）有关的计算机知识。

高炉喷煤工（中级）的应会为：

（1）喷煤设备大、中、小修的验收和鉴定。

（2）通过对风口的观察估计炉凉、炉热的趋势，提出调整喷煤量的建议。

（3）看懂喷煤系统图和零、部件图。

（4）掌握喷煤新技术、新工艺。

（5）综合分析生产及操作，写出分析报告。

（6）预防、处理本岗位的各种操作事故。

（7）培训新工人，讲授技术课。

高炉喷煤工（高级）的应知为：

（1）制粉系统生产工艺流程及制粉原理。

（2）气体动力学一般知识及高炉喷吹原理。

（3）烟煤喷吹、煤粉爆炸的原因及机理，烟煤喷吹的安全措施和喷吹技术的发展动向。

（4）喷吹系统主要机电设备的工作原理。

（5）喷吹系统动火的安全保护措施。

（6）一般性了解国内外喷煤技术及发展动态。

（7）有关的计算机知识。

（8）有关的企业管理知识。

高炉喷煤工（高级）的应会为：

（1）指导喷吹系统的全部操作。

（2）分析重大事故与隐患，提出预防措施。

（3）提出喷吹系统检修项目及安全施工的方案。

（4）参与喷吹系统的设计与改建方案的审查，并能提出合理化建议。

（5）组织并参加新投产和检修后喷吹系统的调试、试车及验收工作。

（6）监督、执行本岗位的各项规程，运用现代化管理方法，改进操作制度，提高经济效益。

（7）解决喷吹系统的技术疑难问题。

（8）讲授本岗位技术理论和操作实践知识。

2-53　制煤粉工应知应会是什么？

答：制煤粉工（初级）的应知为：

（1）本工种的生产技术操作规程，安全技术规程，设备使用维护规程，岗位责任制及各项规章制度。

（2）制煤粉的工艺流程，主要经济指标的含义。

（3）所用煤种的特性及理化性质，高炉对煤粉质量的要求。

（4）不同煤种煤粉制备的操作工艺。

（5）影响球磨产量、质量的因素及提高产量、质量的措施。

（6）制煤粉系统主要设备的名称、规格、作用及性能。

（7）各仪表的用途、计量单位、正常值范围及监测位置。

（8）制煤粉常见事故产生的原因及处理方法。

（9）一般的煤气知识及煤气中毒的预防急救方法。

（10）一般的机电知识。

（11）有关的计算机知识。

制煤粉工（初级）的应会为：

（1）正确操作和维护保养本岗位的机电设备。

（2）及时准确调节各生产参数确保安全生产。

（3）迅速准确判断机电设备运行中的故障和隐患，并提出处理检修意见。

（4）一般操作故障的排除及易损件的更换。

（5）防止煤粉着火、黏结和爆炸的操作技术。

（6）制煤粉系统着火、爆炸的紧急处理。

（7）正确使用计器仪表，准确填写生产日报及操作记录。

制煤粉工（中级）的应知为：

（1）高炉冶炼的一般知识及喷吹煤粉的意义。

（2）煤粉制备的理论知识及粒度分级标准。

（3）煤粉的理化性质及质量对高炉技术经济指标的影响。

（4）煤气成分的变化对烘干炉燃烧温度的影响。

（5）烘干炉所用耐火材料的名称、规格及理化性能。

（6）制粉系统各设备的构造、工作原理。

（7）喷煤系统工艺流程及操作程序。

制煤粉工（中级）的应会为：

（1）精通制煤粉各岗位的操作。

（2）目测原煤种类、水分及煤粉细度。

（3）在部分仪表失灵的情况下，烘干炉的操作。

（4）绘制一般草图及看懂设备说明书。

（5）处理各种操作事故，写出分析报告和防范措施。

（6）进行技术经济分析，提出改进意见。

（7）培训新工人，讲授技术课。

制煤粉工（高级）的应知为：

（1）高炉冶炼的基本原理。

（2）气动输送的一般原理及主要参数。

（3）制粉系统废气量的测定和计算方法。

（4）分离器的效率及除尘器过滤面积的计算。

（5）煤粉爆炸的机理。

（6）一般性了解国内外煤粉制备新工艺和机电设备新技术。

（7）各仪表的控制测量原理。

（8）有关的计算机知识。

（9）企业的一般管理知识。

制煤粉工（高级）的应会为：

（1）解决制粉操作中的关键技术问题。

（2）参与编制工艺改进后的技术操作规程及安全规程。

（3）提出设备大、中修项目，根据技术标准检查施工质量及竣工后的试车验收工作。

（4）提出煤粉制备的新途径和提高经济效益的合理化建议。

（5）监督、执行本岗位的各种规程。

（6）解决本系统的技术疑难问题。

（7）讲授本工种技术理论和操作实践知识。

2-54　碾泥工应知应会是什么？

答：碾泥工（初级）的应知为：

（1）本工种的生产技术操作规程，安全技术规程，设备使用维护规程，岗位责任制及有关的各项规章制度。

（2）炼铁生产的一般知识，碾泥的生产工艺过程。

（3）各种泥料的质量与高炉生产的关系。

（4）各种原料的名称、主要化学成分和物理性能。

（5）碾泥机及附属设备的构造、性能及使用维护方法。

（6）吊车各控制装置的工作原理及使用、维护方法。

（7）吊挂物方法及各种指挥信号（手势、旗势等）。

（8）电工的一般知识。

碾泥工（初级）的应会为：

（1）按配比制作各种用泥（沟泥、炮泥、打罐泥、铁口泥、套泥）。

（2）预防和处理设备的一般故障及操作事故。

（3）煤气中毒的预防和急救方法，触电的急救方法。

（4）碾泥机、吊车及附属设备的全部操作及一般维护、保养。

碾泥工（中级）的应知为：

（1）不同成分原料的配料方法。

（2）高炉生产变化时对泥料的数量和质量上的要求。

（3）全面了解碾泥机、吊车及附属设备各部分的作用、性能、工作原理。

（4）电工的有关知识。

碾泥工（中级）的应会为：

（1）熟练掌握碾泥的全部工作。

（2）鉴别原料、成品泥的质量，结合生产实际调整配比。

（3）各种事故的预防及排除。

（4）参与设备大、中修后的质量检查、验收工作。

（5）指导碾泥设备的维护工作。

（6）各种原料的贮备与管理。

（7）培训新工人，讲授技术课。

碾泥工（高级）的应知为：

（1）根据高炉生产要求，正确计划各种用泥量。

（2）一般性了解国内外碾泥料的新品种及生产新工艺。

（3）冶炼各特殊矿种对碾泥的要求。

（4）经济核算的一般知识。

（5）有关的企业管理知识。

碾泥工（高级）的应会为：

（1）精通并能独立指导组织碾泥的全部工作。

（2）准确判断并及时处理各种事故。

（3）新品种泥料的试制及完成数据的整理分析工作。

（4）参与碾泥系统的新建、革新的审查工作。

（5）提出对设备的检修意见与生产工艺的改进措施。

（6）能进行绿洲活动分析，并能提出有关提高经济效益的措施。

（7）看懂碾泥工艺的有关图纸。

（8）解决碾泥工艺的技术疑难问题。

（9）讲授本工种技术理论和操作实践知识。

2-55 热风炉工应知应会是什么？

答： 热风炉工（初级）的应知为：

（1）本工种的生产技术操作规程，安全技术规程，设备使用维护规程，岗位责任制及有关的各项规章制度。

（2）高炉生产过程及一般冶炼知识。

（3）高炉、热风炉、烘炉、煤气燃烧的基本原理和调火原则。

（4）热风炉的构造、工作原理、技术特性。

（5）热风炉主体设备及风、水、电管网的名称、走向和分布。

（6）热风炉各仪表的名称、计量单位与作用。

（7）热风炉有关设备的冷却制度。

（8）触电、煤气中毒的预防及急救知识。

（9）有关的计算机知识。

（10）电工的一般知识。

热风炉工（初级）的应会为：

（1）按热风炉的热工周期工作制度和高炉风温的需要，进行燃烧与送风，确保风量、风压稳定。

（2）休送风和高炉倒流休风操作。

（3）高炉鼓风机停风、热风炉紧急停电、停水的操作。

（4）处理和更换热风炉主体与附属设备的安全操作。

（5）热风炉主体及附属设备的维护、检查和一般故障排除。

（6）长期休风时驱除净煤气和送煤气的有关操作。

（7）预防煤气爆炸、着火的安全措施。

（8）准确填写生产班报及各种记录。

热风炉工（中级）的应知为：

（1）对高炉生产及炉内操作有较全面的了解。

（2）了解热风炉煤气富化与强化燃烧的关系，提高风温水平与高炉冶炼的关系。

（3）开、停炉时热风炉的操作与煤气处理知识。

（4）混合煤气配比、发热值的计算方法，计量调节仪表的一般知识。

（5）热风炉系统各机电设备、仪表的性能及工作原理。

（6）热风炉大修、单炉中修的防护措施及准备工作。

（7）电工的有关知识。

（8）有关的计算机知识。

热风炉工（中级）的应会为：

（1）热风炉的各种操作，并能根据废气成分、温度合理组织燃烧制度。

（2）开、停炉与紧急休风时有关煤气的安全操作和特殊情况下的各种应急措施及方法。

（3）准确判断和及时处理热风炉操作的各种事故，防止煤气爆炸与着火。

（4）大、中修质量检查工作。

（5）热风炉烘炉、凉炉操作技术。

（6）预热与其他新工艺的操作技术。

（7）培训新工人，讲授技术课。

热风炉工（高级）的应知为：

（1）详知煤气系统、送风系统、热风炉系统全部设备的构造及性能，热风炉的工作原理。

（2）热风炉主体设备各部的设计参数和技术特性。详知砌筑热风炉的各种耐火材料的理化性能。

（3）高炉开、停炉及各种事故状态下的煤气处理方法。

（4）熟知驱除荒、净煤气及送荒、净煤气的程序。

（5）一般性了解国内外先进热风炉工艺和新技术的应用。

（6）有关的企业管理知识。

热风炉工（高级）的应会为：

（1）独立指导各热风炉的全部操作。

（2）制订热风炉局部中修、大修的安全防护措施和操作方法。

（3）根据煤气流量、风量、压力、热工周期的各种条件，进行热工的一般计算。

（4）组织新工艺、新技术的推广，并能提出意见。

（5）参与热风炉系统设计、新建、革新的审查，大、中修的质量监督和调试工作。

（6）掌握热风炉新工艺的操作技术，改进操作制度与管理方法，讲解热风炉的工作原理。

（7）组织与指挥煤气的调节与平衡。

（8）绘制热风炉平断面图及烘炉的曲线图。

（9）解决热风炉操作的技术疑难问题。

（10）讲授本工种技术理论和操作实践知识。

2-56　高炉清灰、取样工应知应会是什么？

答：高炉清灰、取样工（初级）的应知为：

（1）本工种的生产技术操作规程，安全技术规程，设备使用维护规程，岗位责任制及有关的各项规章制度。

(2) 高炉生产过程及一般的冶炼知识。

(3) 及时、准确的清灰、取样对高炉生产的意义。

(4) 高炉正常生产与非正常生产对取样工作的要求。

(5) 除尘器及附属设备的构造、作用与性能。

(6) 炉喉取样的五点位置及取样设备的构造。

(7) 各种规程煤气区域分类。

(8) 一般机电设备操作常识和煤气救护知识。

(9) 机、电的一般知识。

高炉清灰、取样工（初级）的应会为：

(1) 正确使用与维护清灰、取样的各种设备。

(2) 准确掌握清灰湿分调节比例、放灰时间。

(3) 清灰设备停电时的操作，漏嘴、喷水管堵塞故障及其排除方法。

(4) 炉顶与除尘器煤气的准确取样。

(5) 取样开闭器的检查和卡管、煤气泄漏故障的排除。

(6) 各高炉取样管的制作。

(7) 煤气中毒的预防和急救措施。

高炉清灰、取样工（中级）的应知为：

(1) 煤气系统除尘工艺过程及瓦斯灰成分。

(2) 熟知正常煤气清灰与高炉长期休风炉顶点火驱除残余煤气的作用。

(3) 高炉开、停炉煤气取样的意义。

(4) 除尘器煤气的分析成分，并能绘制炉喉煤气成分曲线图。

(5) 重力除尘器的构造、工作原理。

(6) 全面了解炉顶取样设备的构造、设计安装要求及维护、制作方法。

高炉清灰、取样工（中级）的应会为：

(1) 根据高炉不同的冶炼强度和含尘原料，预测除尘量和除尘效率；准确判断除尘器内潮灰堆积情况，提出处理意见。

(2) 高炉长期休风、送风前后应做的工作。

(3) 根据高炉大、中修的不同情况，取好各种参考煤气样。

(4) 各种煤气样、大气样的化验程序。

(5) 准确判断各种故障，并能及时排除。

(6) 设备检修、更换后的质量检查、验收、调试工作。

(7) 培训新工人，讲授技术课。

2-57　高炉配管工应知应会是什么？

答：高炉配管工（初级）的应知为：

(1) 本工种的生产技术操作规程，安全技术规程，设备使用维护规程，岗位责任制及有关的各项规章制度。

(2) 高炉冶炼的一般知识，高炉冷却的意义。

（3）各种特殊炉况对配管工作的要求。

（4）高炉各段冷却器使用的数量、种类、规格及风口、渣口、喷吹口、各段冷却器所要求达到的水压，正常水温差、风口水压与风压的关系。

（5）高炉、热风炉有关供排水、压缩空气、氧气、高炉煤气、焦炉煤气、蒸汽管道网络。

（6）高炉本体、结构及冷却方式。

（7）渣口、喷吹口、风口各套的结构、材质及规格。

（8）各种工具、管件、备品、闸阀的规格、用途，给水器的构造及其清洗和检修方法。

（9）煤气区工作的安全知识，煤气中毒的预防和急救方法。

（10）高炉炉顶大、小均压的工作情况。

（11）流体计算的一般知识。

高炉配管工（初级）的应会为：

（1）准确测量高炉进、出水温差，正确填写"配管日报"表。

（2）判断风口、渣口、喷吹口和其他冷却设备是否损坏，并能处理风口水慢，进排管堵塞或断水事故，过滤器的疏通及倒换。

（3）炉顶使用外接蒸汽管道的连接方法。

（4）更换风口、渣口、喷吹口各套和堵渣机接管工作，并能做好风口、渣口、喷吹口备品备件的准备工作。

（5）高压炉顶均压缓慢或不均压时能及时疏通均压导出管。

（6）看懂一般管线图。

高炉配管工（中级）的应知为：

（1）炉内操作一般知识。

（2）各种形式冷却器的性能，正确的冷却方法对高炉正常生产和保护炉墙的作用。

（3）对冷却水质的要求及冷却水中杂质对冷却强度的影响，高炉停水时冷却设备的维护方法。

（4）冲洗冷却器所用设备、工具、材料及冲洗方法。

（5）手动加压泵的使用及冷却设备打压方法。

（6）机械制图的有关知识。

高炉配管工（中级）的应会为：

（1）准确及时判断风口、渣口、喷吹口及其他冷却器的损坏程度。迅速做出处理，并正确判明冷却水压下降的原因。

（2）根据炉体各部分水温差的异常情况，提出强化冷却措施。

（3）会看高炉冷却系统展开图、冷却设备图。

（4）排除热风炉冷却系统故障。

（5）独立完成各备件的制作。

（6）培训新工人，讲授技术课。

高炉配管工（高级）的应知为：

（1）高炉操作制度的变化对冷却制度的影响和要求。

（2）冷却系统大、中修的质量标准。

（3）高炉大、中修停炉时的冷却技术。

（4）各高炉所用冷却器的形式、规格、数量及排列连接方法。

（5）一般性了解国内外高炉冷却设备新技术及其应用。

（6）高炉冷却设备的损坏机理。

（7）水泵的构造原理。

（8）流体力学的有关计算。

（9）有关的计算机知识。

（10）有关的企业管理知识。

高炉配管工（高级）的应会为：

（1）对有疑难问题的冷却设备进行全面、细致的检查，并做出正确的判断。

（2）根据高炉炉况发生变化时对冷却设备损坏的影响，能提出预防损坏的措施。

（3）遇管道、闸、阀漏气、漏风、漏水等情况时果断采取措施。

（4）参加高炉大、中修时有关冷却系统及管道的质量检查工作。

（5）组织冲洗冷却设备和冷却器的更换。

（6）排除冷却过程中发生的事故和大、中修后的送水、送汽操作。

（7）进行高炉大、中修停炉时淋水冷却管道的安装工作。

（8）指导和监督本岗位的各种规程制度的执行，运用现代化管理方法，提高配管技术和经济效益。

（9）绘制一般的给排水图。

（10）讲解高炉冷却的原理。

（11）解决本工种的技术疑难问题。

（12）给低级工讲授技术理论和技术操作课。

2-58　高炉卷扬司机应知应会是什么？

答：高炉卷扬司机（初级）的应知为：

（1）本工种的生产技术操作规程，安全技术规程，设备使用维护规程，岗位责任制及有关的各项规章制度。

（2）高炉生产的一般过程。

（3）高炉炉顶装料设备、传动装置、控制系统等机电设备的规格、型号、用途及相互间的连锁关系。

（4）槽下矿石车、各闸门、给料机（漏嘴）、皮带系统等供料系统设备的构造、性能作用、运转方式及有关图纸资料。

（5）卷扬机室的供电系统的从属关系，各系统停、送电的联系制度。

（6）触电、防火及煤气中毒的预防和急救知识。

（7）润滑系统的布置情况，对卷扬设备所用润滑油脂的质量、品种的要求及润滑制度。

（8）有关的计算机知识。

（9）电工的一般知识。

高炉卷扬司机（初级）的应会为：

（1）卷扬上料系统等设备的手动自动操作及正确转换，能排除操作及设备运行中的一般故障。

（2）机电的检查、维护、保养，常用备品、备件的储存及正确更换。

（3）准确、及时地按照高炉的装料制度进行装料工作，确保高炉正常生产。

（4）正确使用测试仪表。

（5）正确填写、详细记录生产班报，完成交接班有关工作。

高炉卷扬司机（中级）的应知为：

（1）上料设备主要传动及其元件的性能、规格、种类。

（2）卷扬机电气各有关系统的高度知识及其相应数据。

（3）各电气设备、电缆、电线、端子盘的安装敷设情况。

（4）操作卷扬各系统的连锁过程、传动方式及各种保护的工作原理。

（5）电路及模块的工作原理，液压传动及各种电机的构造和工作原理。

（6）休送风与卷扬操作的有关知识。

（7）卷扬空调等主要附属设备的维护、操作知识。

高炉卷扬司机（中级）的应会为：

（1）检查主卷扬机的各安全保护装置，使之有良好的工作状态。

（2）熟练掌握卷扬电气传动系统图。

（3）可编程序控制器微处理机的一般故障处理。

（4）培训新工人，讲授技术课。

高炉卷扬司机（高级）的应知为：

（1）装料系统机电设备的技术。

（2）一般性了解国内外高炉卷扬上料系统技术现状及发展状况。

（3）有关的电子技术知识。

（4）有关的计算机程序知识。

（5）有关的企业管理知识。

高炉卷扬司机（高级）的应会为：

（1）全厂各高炉卷扬所属机、电设备的构造、性能及操作。

（2）画出各卷扬机、电设备草图，并能讲解卷扬电气系统图。

（3）参与分析重大的事故，并提出处理与防范的意见、措施。

（4）提出卷扬系统的大、中修项目，参与竣工后的调试、试车、检查验收工作。

（5）解决卷扬系统运行中的技术疑难问题。

（6）给低级工讲授工种技术理论和操作实践知识。

2-59　槽下上料工应知应会是什么？

答：槽下上料工（初级）的应知为：

（1）本工种的生产技术操作规程，安全技术规程，设备使用维护规程，岗位责任制及有关的各项规章制度。

（2）高炉生产的一般知识，各装料设备的工作状况与高炉生产的关系。

（3）高炉休风对槽下的要求。

（4）料车、称量漏斗（料罐）、碎焦仓、矿槽的布置及容量要求。

（5）了解常用矿种及用槽情况，轮流漏料对高炉冶炼的影响。

（6）触电、防火的预防急救措施。

（7）机械秤、电子秤对零及正确的调整方法，槽下装料等设备的构造、性能、作用。

（8）槽下上料系统经常使用的备品、备件、工具、材料的用途和使用方法。

（9）槽下有关设备的润滑系统布置情况，所用的润滑油脂的种类及润滑制度。

（10）一般机、电设备的操作知识及电工的一般知识。

槽下上料工（初级）的应会为：

（1）根据生产需要，掌握槽下设备的正确转换。

（2）装料系统的操作方法，能够按料单的要求，准确、及时上料。

（3）本岗位机电设备的清扫与维护。

（4）检查矿石称量漏斗、料车、料罐的粘料情况，及时调整各秤的空点，做到及时与高炉联系，提出补救措施，确保称量准确。

（5）处理操作中出现的一般故障。

（6）正确填写、详细记录生产班报和交接班的有关工作。

槽下上料工（中级）的应知为：

（1）原、燃料的物理、化学性质，质量要求及对高炉冶炼的影响。

（2）槽下各装料设备的维修方法。

（3）一般电气故障的知识。

（4）了解集成电路和微处理的一般知识。

（5）通风除尘及主要设备的构造、工作原理。

槽下上料工（中级）的应会为：

（1）装料系统设备的全部操作，能做到轮流漏料，处理生产过程中出现的各种操作事故。

（2）看懂装料系统设备的电气系统图纸。

（3）调整各电闸间隙和闸门行程等。

（4）培训新工人，讲授技术课。

槽下上料工（高级）的应知为：

（1）各高炉槽下装料系统的操作及卷扬机与槽下各系统的连锁关系。

（2）卷扬机的一般操作知识。

（3）槽下装料的全过程及有关机电设备的工作原理。

（4）有关的计算机知识。

（5）有关的企业管理知识。

槽下上料工（高级）的应会为：

（1）处理各高炉槽下装料系统机电设备常见故障及操作事故，并提出预防措施。

（2）提出槽下装料设备大、中修的检修项目，参加检修项目完工后的质量验收与调试工作。

（3）能画出槽下装料系统的电气、机械草图，并能进行讲解。

（4）解决槽下操作的技术疑难问题。

（5）给低级工讲授本工种技术理论与操作实践知识。

2-60　称量车司机应知应会是什么？

答：称量车司机（初级）的应知为：

（1）本工种的生产技术操作规程，安全技术规程，设备使用维护规程，岗位责任制及有关的各项规章制度。

（2）高炉生产的一般知识。

（3）经常使用的矿种名称及用槽情况，轮流漏料对高炉冶炼的影响。

（4）各装料设备的工作状况与高炉生产的关系。

（5）称量车的构造、性能、作用，一般故障的排除，称量装置的零点的调整。

（6）装料设备的自动连锁关系。

（7）触电、防火的预防与急救知识。

（8）有关备品、备件、工具、材料的规格、用途及使用方法。

（9）高炉休风时对槽下的要求。

（10）机、电的一般知识。

称量车司机（初级）的应会为：

（1）装料的要求，按料单的要求，准确、及时上料。

（2）判断和处理称量车和槽下其他设备的一般故障及维护保养。

（3）机电设备的简单计算。

（4）准确、无误地进行手动、自动的转换工作。

（5）看懂机械零件图。

称量车司机（中级）的应知为：

（1）原、燃料的物理性质、化学成分、质量及炉料准确性对高炉冶炼的影响。

（2）槽下有关风、水、汽、电、润滑等管网的配置及使用制度。

（3）卷扬机室的一般操作知识。

（4）各槽下装料系统机、电设备的名称、规格、性能、相互连锁关系。

（5）槽下装料设备的工作状况、存在的问题、预防的措施。

称量车司机（中级）的应会为：

（1）装料系统的全部操作。

（2）看懂槽下装料设备的电气系统图、机械安装图。

（3）调整各电闸间隙和闸门开闭器行程。

（4）在矿石车称量装置暂时失灵的情况下，能较准确地估计各种炉料的重量。

（5）处理槽下称量装料出现的各种事故。

（6）培训新工人，讲授技术课。

称量车司机（高级）的应知为：

（1）各槽下装料系统的全过程。

（2）炉内的一般操作。

（3）装料系统的全部电气图纸。

（4）卷扬装料系统的程序和信号。

（5）一定的机电设备维护、检修知识。

（6）一般性了解国内外上料系统的先进设备、新技术。

（7）有关的企业管理知识。

称量车司机（高级）的应会为：

（1）各槽下所属机、电设备的构造、性能及操作。

（2）画出全厂矿石车系统电气、机械草图，并能进行讲解。

（3）提出大、中修项目，参加完工后的验收、调试与试车工作。

（4）解决本岗位的技术疑难问题。

（5）参与分析重大的事故，并提出防范与处理的措施和意见。

（6）给低级工讲授本工种技术理论与操作实践知识。

2-61 矿槽工应知应会是什么？

答：矿槽工（初级）的应知为：

（1）本工种的生产技术操作规程，安全技术规程，设备使用维护规程，岗位责任制及有关的各项规章制度。

（2）高炉生产的一般知识及原、燃料的输送过程。

（3）运、装料设备的型号及机、电设备各部的名称、规格、性能。

（4）矿槽的容积、数量、分布、储存能力，各种原、燃料的名称及使用情况。

（5）触电、防火、皮带绞伤、火车撞压的预防与急救知识。

（6）电工学的一般知识。

矿槽工（初级）的应会为：

（1）正确倒换系统，开、关装料小车（火车）的翻板（车门）对准槽位卸料，严禁混料。

（2）排除设备在运转中的一般故障。

（3）常用易耗（松香、挡皮）、易损（托轮、支架）备品、备件及工具准备。

（4）托轮、支架、挡皮皮带的更换。

（5）正确识别各种原、燃料的品种与质量。

矿槽工（中级）的应知为：

（1）常用原、燃料的物理、化学性质要求及验收标准。

（2）原、燃料的混料及质量对高炉冶炼的影响。

矿槽工（中级）的应会为：

（1）随时掌握槽存情况，对生产中出现的各种问题，应及时向调度员汇报，及时处理。

（2）进行原、燃料的一般核算工作。

（3）根据生产要求，提出改进操作意见、措施。

（4）根据生产需要，依据调度指令合理分配原、燃料。

（5）处理各种操作事故。

（6）培训新工人，讲授技术课。

2-62　皮带工应知应会是什么?

答: 皮带工 (初级) 的应知为:

(1) 本工种的生产技术操作规程,安全技术规程,设备使用维护规程,岗位责任制及有关的各项规章制度。

(2) 高炉生产的一般知识及原、燃料的输送过程。

(3) 炼铁生产所需各种原、燃料的名称、来源、主要理化成分、粒度要求及识别方法。

(4) 皮带机的性能、规格、型号,机、电设备各部的名称。

(5) 触电、火灾、皮带绞伤等的预防与急救知识。

(6) 一般机、电设备的知识。

皮带工 (初级) 的应会为:

(1) 正确操作皮带机,并能排除设备在运行中的一般故障。

(2) 正确更换托轮、支架、挡皮的方法。

(3) 易耗 (松香、挡皮等)、易损 (托轮、支架等) 备品、备件的准备工作。

(4) 识别各种原、燃料的品种、质量。

(5) 正确进行皮带系统的倒换工作。

皮带工 (中级) 的应知为:

(1) 原燃料的质量对高炉冶炼的影响。

(2) 常用原、燃料的理、化性质及验收标准。

(3) 更换皮带的方法。

皮带工 (中级) 的应会为:

(1) 根据生产需要,依据调度员的指令,搞好原、燃料的输送。

(2) 提出改进意见、措施,解决生产技术关键问题。

(3) 参与设备的检修与检修项目完工后的试车、验收工作。

(4) 培训新工人,讲授技术课。

2-63　皮带集控操作工应知应会是什么?

答: 皮带集控操作工 (初级) 的应知为:

(1) 本工种的生产技术操作规程,安全技术规程,设备使用维护规程,岗位责任制及有关的各项规章制度。

(2) 高炉生产的一般过程。

(3) 记录报表上各项目的内容和含义。

(4) 常用技术经济指标的计算。

(5) 各设备在生产中的作用及关键备品、备件的型号、数量、储备情况。

(6) 皮带机及主要设备的性能、规格、型号和各部的名称。

(7) 触电、火灾、皮带绞伤等的预防与急救措施。

(8) 电工的一般知识。

皮带集控操作工 (初级) 的应会为:

(1) 整洁填写报表内容、各项生产记录。

（2）生产上一般性的联系工作，准确及时传达有关指令和情况。

（3）熟练地组织各控制系统设备的开停。

（4）根据各高炉的生产和槽存情况合理调剂与平衡原、燃料。

（5）根据模拟盘信号正确判断系统工作状况。

（6）集控设备一般故障的处理。

（7）准确掌握原、燃料的输入、储存及运输情况。

（8）准确、及时掌握各高炉槽存及高炉、烧结、焦化生产情况。

皮带集控操作工（中级）的应知为：

（1）原、燃料的各种理化性质。

（2）原、燃料的混料及质量对高炉冶炼的影响。

（3）各控制系统的划分及所控制的设备原理。

（4）与有关单位的联系制度。

（5）模拟盘所示的工艺流程及设备名称、编号。

（6）控制系统设备的运转情况。

皮带集控操作工（中级）的应会为：

（1）画出集控系统工艺流程图。

（2）各工序间的相互要求、协调各工序间的正常生产。

（3）高炉休风及集控主要设备检修前的准备和检修后的生产组织工作。

（4）处理控制设备的各种操作事故。

（5）培训新工人，讲授技术课。

皮带集控操作工（高级）的应知为：

（1）集控系统机电设备的技术。

（2）新技术运用的基础知识与操作要求。

（3）熟悉集控系统各岗位的有关皮带问题的计算。

（4）集控设备的控制原理。

（5）企业管理的一般知识。

皮带集控操作工（高级）的应会为：

（1）原、燃料使用量的计算及配料比的验算。

（2）组织设备检修、操作事故的处理并分析原因，提出防范措施。

（3）根据生产要求，提出改进操作意见、措施。

（4）绘制集中控制原理图。

（5）解决集控系统的技术疑难问题。

（6）讲授本工种技术理论与操作实践知识。

2-64 原料验收工应知应会是什么？

答：原料验收工（初级）的应知为：

（1）本工种的生产技术操作规程，安全技术规程，设备使用维护规程，岗位责任制及有关的各项规章制度。

（2）炼铁生产各种原、燃料的名称、种类，各种原、燃料的装车地点及供货单位与运输情况。

(3) 各种原、燃料的物理性质、化学成分，有关元素的化学符号。

(4) 各种原、燃料的技术条件。

(5) 高炉生产的一般知识。

(6) 有关的铁道安全规定。

(7) 有关机、电的一般知识。

原料验收工（初级）的应会为：

(1) 检查来料品种、吨位及主要物化性质。

(2) 按技术条件进行检查验收。

(3) 正确取样、登记台账，填写报表。

(4) 及时掌握槽存量与高炉的生产情况，搞好内外联系。

原料验收工（中级）的应知为：

(1) 炼铁生产对各种原、燃料中有益和有害元素含量的规定。

(2) 各高炉矿槽的容量及储料品种。

(3) 生产计划和原料供应计划。

(4) 原、燃料消耗定额。

(5) 原、燃料管理知识。

原料验收工（初级）的应会为：

(1) 根据原、燃料的堆积密度较准确地估算料量吨位。

(2) 正确组织进料、保持原料平衡、不积压车皮。

(3) 编制报表和计划。

(4) 根据生产情况、原燃料消耗定额，估算实际消耗量。

(5) 提出供料要求和加强原、燃料技术管理的意见和措施。

(6) 培训新工人，讲授技术课。

2-65 皮带胶接工应知应会是什么？

答： 皮带胶接工（初级）的应知为：

(1) 本工种的生产技术操作规程，安全技术规程，设备使用维护规程，岗位责任制及有关的各项规章制度。

(2) 胶接皮带的操作顺序及各阶段的操作方法和技术要求。

(3) 胶接皮带所用原材料的种类、用途及质量要求。

(4) 皮带机各部的构造、作用。

(5) 操作参数的判定依据。

(6) 炼铁生产各系统所用运输带的规格、性能及要求。

(7) 火灾、触电的预防和急救措施。

(8) 各种原材料的储存、保管。

(9) 机、电的一般知识。

皮带胶接工（初级）的应会为：

(1) 胶接前的各项准备工作。

（2）能进行胶接皮带的操作。

（3）皮带铆接技术及皮带打滑、跑偏的调整。

（4）皮带长度计算，准确切割皮带。

皮带胶接工（中级）的应知为：

（1）各种皮带胶接的方法与原理及使用特点。

（2）运输皮带的制作成型原理、使用选择及质量标准。

（3）全厂各类型皮带的消耗量，每条皮带的使用周期。

（4）皮带运料过程中所承受的各种作用，损耗过程及质量标准。

（5）一般性了解国内外胶接皮带的新技术。

皮带胶接工（中级）的应会为：

（1）皮带的各种胶接方法及操作。

（2）胶接用一般工具的制作、胶接剂的配制，并能提出原材料的使用计划。

（3）根据不同条件，采取适当措施，提高胶接质量。

（4）组织皮带更换。

（5）提出胶接皮带的技术和使用的改进建议。

（6）检查鉴定皮带胶接质量，分析原因并提出改进措施。

（7）处理皮带胶接的各种操作事故。

（8）培训新工人，讲授技术课。

2-66 铸铁机工应知应会是什么？

答：铸铁机工（初级）的应知为：

（1）本工种的生产技术操作规程，安全技术规程，设备使用维护规程，岗位责任制及有关的各项规章制度。

（2）高炉生产过程、铸铁生产工艺。

（3）铸铁所需灰浆的成分、配制方法、灰浆浓度及冷却水对铸铁块和铸模的影响。

（4）铸铁机设备的构造、性能、维护知识。

（5）常用各种工具、备品、辅助材料的名称、规格、使用方法。

（6）铸铁机一般事故的发生原因及预防知识。

（7）使用氧气、煤气的安全知识。

（8）一般机电知识、操作常识，触电急救方法。

（9）铁路运行、调车常识。

铸铁机工（初级）的应会为：

（1）铸铁前、中、后各部操作。

（2）预防和处理铸铁机设备一般故障。

（3）灰浆配比和喷浆的全部操作。

（4）正确维护、保养铸铁机设备，能自行更换小型零部件。

（5）按铁种、铁次、罐号及装车要求装好车辆。

（6）正确使用电绞车。

铸铁机工（中级）的应知为：

（1）高炉生产的一般知识及铁水的一般理化性质。

（2）倾翻卷扬机、氧气化罐、吊车、水泵的操作知识。

（3）各型铁的生产要求及铸铁机生产能力计算。

（4）残铁产生的原因及预防处理方法。

（5）铁流沟、流嘴损坏的原因及更换、修砌。

（6）影响链带使用寿命的原因及维护方法。

（7）铁水取样制度。

（8）有关机电知识。

铸铁机工（中级）的应会为：

（1）指挥铸铁吊车并组织铸铁机翻铸工作。

（2）预防和处理铸铁各种生产事故。

（3）依据铸铁机设备状况提出中、小修计划及检修意见，并检查、试车与验收。

（4）看懂铸铁机设备的主要图纸，能绘制一般草图。

（5）掌握氧气化罐的全部操作。

（6）处理一般技术性问题。

（7）进行生产活动及经济活动分析。

（8）培训新工人，讲授技术课。

铸铁机工（高级）的应知为：

（1）高炉冶炼特殊矿种对铸铁工艺的影响。

（2）特殊成分铁水的翻铸技术要求。

（3）铸铁所有设备的技术性能及工作原理。

（4）冶炼各矿种、各牌号生铁影响铁水罐寿命的因素。

（5）铁水及铁块的吨位计算。

（6）一般性了解国内外铸铁新工艺、新技术。

（7）企业管理的有关知识。

铸铁机工（高级）的应会为：

（1）提出铸铁机大、中修项目，并试车、鉴定验收。

（2）掌握冷扣罐、氧气化罐新工艺的技术要求。

（3）对铸铁生产提出改进意见。

（4）讲解铸铁生产工艺全过程及本岗位各种规程、制度的根据。

（5）推广并组织使用铸铁有关新技术、新工艺。

（6）全面组织指导铸铁生产，监督执行本岗位各种规程、制度。

（7）解决铸铁的技术疑难问题。

（8）给低级工讲授本工种技术理论与操作实践知识。

2-67　铸铁运转工应知应会是什么？

答：铸铁运转工（初级）的应知为：

（1）本工种的生产技术操作规程，安全技术规程，设备使用维护规程，岗位责任制及有关的各项规章制度。

（2）铸铁工艺及产品规格。

（3）铸铁机及倾翻卷扬机的性能、构造、工作原理及使用维护保养。

（4）铸铁机及倾翻卷扬机控制装置的作用及使用规程。

（5）常用工具的名称、规格，电气仪表的名称、规格和用途。

（6）机、电设备常见故障发生原因、预防及处理方法。

（7）触电急救方法。

（8）润滑的一般知识及各部分的润滑要求。

（9）电工的一般知识。

铸铁运转工（初级）的应会为：

（1）准确、平衡地操作铸铁机及翻卷扬机，使铁块符合标准称量。

（2）正确维护、保养、调整铸铁机及倾翻卷扬机的机电设备。

（3）检查、判断铸铁机及倾翻卷扬机设备状况，提出检修意见，并能自行排除一般故障。

（4）看懂铸铁机及倾翻卷扬机机械、电气图纸。

（5）正确判断铁水罐重心位置、估算质量。

（6）判断钢丝绳是否报废，配合更换钢丝绳、钩头。

铸铁运转工（中级）的应知为：

（1）炼铁生产工艺，铁水的一般理化性质。

（2）铸铁机及倾翻卷扬机的检修和安装。

（3）铸铁机有关岗位的操作技术及事故的预防。

（4）电工知识。

（5）了解无损探伤的一般知识。

铸铁运转工（中级）的应会为：

（1）铸铁机、倾翻卷扬机的安装及大修后的鉴定、试车与验收。

（2）自行排除铸铁机及倾翻卷扬机的各种机、电故障，处理各种操作事故。

（3）看懂并讲解铸铁机及倾翻卷扬机的电气系统图，能进行电工学简单计算。

（4）制订和提出设备改进及大、中修计划。

（5）组织指导铸铁机及倾翻卷扬机的全部工作，监督执行本岗位的各种规章制度。

（6）培训新工人，讲授技术课。

2-68 铸铁吊车司机应知应会是什么？

答：铸铁吊车司机（初级）的应知为：

（1）本工种的生产技术操作规程，安全技术规程，设备使用维护规程，岗位责任制及有关的各项规章制度。

（2）铸铁工艺过程及产品规格。

（3）吊车性能、构造，各机电设备工作原理及使用规则。

（4）铁水罐、大型物件吊挂方法及各种指挥信号。

（5）机电设备知识及触电急救方法。

（6）一般故障发生原因及预防方法。

（7）常用工具、电气仪表的名称、规格、用途。

（8）电工的一般知识。

（9）常用润滑油、脂的牌号，性能、用途及本设备的润滑方式及要求。

铸铁吊车司机（初级）的应会为：

（1）按要求和信号指令完成吊车的全部操作。

（2）正确判断铁水罐及其他吊物的质量和重心位置。

（3）看懂一般电气图纸，进行简单的电工计算。

（4）调整闸轮及闸皮间隙、控制器接触间隙，排除一般机、电故障。

（5）判断钢丝绳是否报废，配合更换钢丝绳、吊钩。

（6）按完好设备标准进行吊车的维护、保养、润滑。

（7）处理一般的事故。

铸铁吊车司机（中级）的应知为：

（1）铁水的一般理化性质。

（2）冷扣罐、氧气化罐、翻渣、澄铁水等工作的操作过程。

（3）完好设备标准及检查方法。

（4）两台吊车吊运同一大型物件的方法及注意事项。

（5）起重工常用信号、旗语的含义及规范。

（6）吊车各部机械强度要求，电工有关知识。

铸铁吊车司机（中级）的应会为：

（1）准确、平衡操作吊车。

（2）两台吊车吊运同一物件起落准确，运行平稳。

（3）依据吊车状况提出检修意见，并试车、验收。

（4）自行排除各种机电故障。

（5）看懂吊车电气控制图，能进行有关计算。

（6）各种操作事故的预防及处理。

（7）按完好设备标准指导组织维护、保养吊车。

（8）解决吊车一般技术性问题。

（9）培训新工人，讲授技术课。

铸铁吊车司机（高级）的应知为：

（1）高炉生产全过程。

（2）吊车机电检修及安装方法和技术标准。

（3）大型复杂物件质量计算及吊运指挥方法。

（4）吊车各种故障的预防及处理方法。

（5）吊车电气元件的工作原理、液压原理、空调技术。

（6）一般性了解国内外技术及发展动态。

（7）企业管理的一般知识。

铸铁吊车司机（高级）的应会为：

（1）吊车安装、大修的检查、试车与验收。

（2）看懂并讲解吊车电气系统图。

（3）绘制吊车电气图纸。

（4）能讲解吊车各部组成、工作原理及检修安装方法。

（5）进行生产活动及经济活动分析。

（6）指导吊车全部工作，监督执行本岗位各种规程、制度。

（7）解决吊车操作的技术疑难问题。

（8）给低级工讲授本工种技术理论与操作实践知识。

2-69 热修瓦工应知应会是什么？

答：热修瓦工（初级）的应知为：

（1）本工种的生产技术操作规程，安全技术规程，设备使用维护规程，岗位责任制及有关的各项规章制度。

（2）高炉生产的一般知识及铁水罐各部名称、规格。

（3）修砌铁水罐所用耐火材料的种类、名称、规格及一般理化性质。

（4）常用工具、机具的名称和使用、维护方法。

（5）铁水一般理化性质对铁水罐的影响。

（6）一般的机电设备操作知识。

热修瓦工（初级）的应会为：

（1）砌修铁水罐的一般准备工作。

（2）正确使用各种工具、机具。铁水罐的砌修及高炉炉台、热风炉的修补。

（3）砌修铁水罐常用耐火材料的选用、计算及配制工作。

（4）识读简单砌筑图纸，绘制简单草图。

（5）对所用设备的维护、保养。

热修瓦工（中级）的应知为：

（1）影响铁水罐使用寿命的原因及解决办法。

（2）炼铁生产常用耐火材料的种类、名称、规格、用途及一般理化性质。

（3）各种铁水罐的砌修及报废标准。

（4）高炉、热风炉、炉台、炉窑的砌修方法及质量标准。

（5）一般性了解国内新型耐火材料的发展及其应用。

热修瓦工（中级）的应会为：

（1）常用耐火材料的配制计算及使用范围。

（2）解决砌修铁水罐的技术问题。

（3）能组织并参加砌修铁水罐与修补高炉、热风炉、炉台等工作。

（4）具备一定识图、绘制草图能力。

（5）进行生产活动及经济核算分析。

（6）正确执行铁水罐报废标准。

（7）培训新工人，讲授技术课。

热修瓦工（高级）的应知为：

（1）高炉冶炼工艺过程。

（2）炼铁生产所需耐火材料的理化性质及应用范围。

（3）炼铁生产各炉窑和高温容器等对耐热材料的选用标准。

（4）一般性了解国内外耐火材料的新产品、砌筑新工艺。

（5）有关的企业管理知识。

热修瓦工（高级）的应会为：

（1）参与新工艺、新材料的研究，解决关键技术问题，提出改进意见。

（2）组织推广新工艺、新技术。

（3）参加高炉、热风炉大、中修的施工监督、检查工作。

（4）参与组织修改、制定修筑工艺。

（5）全面组织指导热修瓦工工作，监督执行本岗位各种规程、制度。

（6）解决砌筑的技术疑难问题。

（7）给低级工讲授本工种技术理论与操作实践知识。

2-70　矿渣处理工应知应会是什么？

答：矿渣处理工（初级）的应知为：

（1）本工种的生产技术操作规程，安全技术规程，设备使用维护规程，岗位责任制及有关的各项规章制度。

（2）常用各种生产术语的含义及规范，各种常用工具、材料名称及规格。

（3）渣罐车喷灰的作用及灰浆的质量要求。

（4）渣罐车、翻罐配电盘的全部构造、各部作用及维护保养方法。

（5）一般机电常识及设备操作知识，触电的急救方法。

（6）本岗位与上下工序的生产关系。

（7）铁路运行常识。

（8）电工的一般知识。

矿渣处理工（初级）的应会为：

（1）掌握本岗位的全部操作。

（2）正确使用各种生产工具，利用有利地势、地形进行工作。

（3）正确掌握各种气候下配电盘的使用，准确使用各种联系信号。

（4）掌握汤麻罐、粘罐、水罐、坏罐的处理方法，按有关规程进行操作。

（5）对本岗位的机电设备进行检查。

（6）处理一般的操作事故。

矿渣处理工（中级）的应知为：

（1）高炉的一般生产过程，炉渣的一般理化性质。

（2）本岗位机电设备的构造、性能及工作原理。

（3）常见事故发生原因及预防措施。

（4）各渣线构成及使用周期。

（5）硝铵炸药的性能及物理、化学性质，使用雷管、导火线、导爆线、炸药的注意事项。

（6）爆破的一般原理及药量计算。

矿渣处理工（中级）的应会为：

（1）整理渣场，合理使用渣线，组织渣场各种操作。

（2）正确处理非正常情况下的各种渣罐车。

（3）预防和处理操作过程中发生的各种操作事故。

（4）代替调度员指挥线生产，准确使用各种信号，接送渣罐车上下渣道。

（5）准确联系使用汽吊，正确指挥汽吊各种动作。

（6）鉴定渣罐车、翻罐配电盘的检修质量。

（7）掌握爆破技术，正确估算药量及矿渣温度，按爆破安全规程、操作规程组织放炮，正确处理瞎炮或补炮。

（8）进行生产活动及经济活动分析。

（9）培训新工人，讲授技术课。

矿渣处理工（高级）的应知为：

（1）矿渣处理所有机电设备的性能、作用及工作原理。

（2）渣罐车的检修安装方法。

（3）各岗位生产工艺及规章制度。

（4）一般性了解国内外矿渣处理新工艺及矿渣利用发展动态。

（5）有关的企业管理知识。

矿渣处理工（高级）的应会为：

（1）严密均衡组织各岗位生产，掌握机电设备技术及运转作业率。

（2）对有关机电设备提出检修意见并鉴定验收。

（3）编组渣罐、组织配调。

（4）排除或指导处理特殊事故。

（5）对生产指令、各项工作任务提出执行措施。

（6）鉴定所属各岗位的操作质量。

（7）指导和组织翻渣工作，监督执行本岗位各种规程制度。

（8）参加渣声改造及翻渣线路验收，并能提出改进意见。

（9）解决翻渣工作的技术难题。

（10）给低级工讲授本工种技术理论与操作实践知识。

2-71 水渣处理工应知应会是什么？

答：水渣处理工（初级）的应知为：

（1）本工种的生产技术操作规程，安全技术规程，设备使用维护规程，岗位责任制及有关的各项规章制度。

（2）水渣的理化性质。

（3）水渣生产与上下工序间的生产关系。

（4）有关机电设备的构造、性能及维护方法。

（5）一般机、电知识及触电急救方法。

（6）常用生产术语含义、规范，有关生产工具、材料名称及规格。

（7）抓斗吊车的构造及工作原理，设备完好标准。

（8）常用润滑油、脂的牌号及用途，所用设备的润滑方式和要求。

（9）抓斗吊车一般故障发生的原因及处理方法。

（10）铁路运行常识。

水渣处理工（初级）的应会为：

（1）本岗位全部操作。

（2）准确使用信号、手势，指挥抓斗吊车各种动作。

（3）鉴别水渣质量。

（4）进行机、电设备的维护、保养，排除一般故障。

（5）平稳、准确完成抓斗吊车的各种操作。

（6）正确排除抓斗吊车的一般故障。

（7）按完好设备标准，维护保养抓斗吊车。

（8）在各种气候下配电盘的操作及维护。

（9）处理一般的操作事故。

水渣处理工（中级）的应知为：

（1）炉渣的一般理化性质对热泼渣铲运机械的影响。

（2）一级、二级、三级保养车辆后的检查。

（3）液压传动装置的原理及故障发生原因。

（4）各种不同型号的铲运设备操作方法。

（5）燃油、润滑油、润滑脂的质量对铲运设备的影响。

（6）各种操作事故发生的原因及预防方法。

水渣处理工（中级）的应会为：

（1）组织并指导按完好设备标准维护、保养、检查车辆。

（2）预防和处理铲运机械事故。

（3）依据机械状况提出检修及保养意见，组织检查、验收、试车。

（4）看懂铲运机械的各部装配图和电气控制图。

（5）解决一般技术性问题。

（6）一定的机械、电工计算能力。

（7）进行生产活动及经济活动分析。

（8）处理各种操作事故。

（9）解决抓斗吊车技术问题。

2-72　热泼渣铲运工应知应会是什么？

答：热泼渣铲运工（初级）的应知为：

（1）本工种的生产技术操作规程，安全技术规程，设备使用维护规程，岗位责任制及有关的各项规章制度。

（2）矿渣热泼与高炉生产的关系。

（3）铲运机械设备的构造、各种作用及工作原理。

（4）各种常用工具、仪表、材料的规格、名称及使用。

（5）常用备品、备件的型号、规格及名称。

（6）常用燃油、润滑油、润滑脂的牌号、性质、用途及所用设备的润滑方式和要求。

（7）钢丝绳报废标准，启杆角度与装渣质量的关系。

（8）一般机械、电工知识，触电后的急救方法。

（9）常见故障发生原因及预防方法。

（10）一级、二级、三级保养的规范。

热泼渣铲运工（初级）的应会为：

（1）按完好设备标准维护、保养、润滑铲运机械。

（2）准确、平稳完成推渣、装车、倒运的全部操作。

（3）排除操作中的一般机电故障。

（4）判断钢丝绳是否报废，配合更换钢丝绳与链条。

（5）自行更换一般零部件。

（6）对检修后的车辆，能试车、检查、验收。

（7）进行一般的机械、电工计算，会识机械零件图与简单电气图。

（8）处理一般的操作事故。

热泼渣铲运工（中级）的应知为：

（1）高炉炉渣的一般理化性质。

（2）水渣池水位与水渣质量的关系。

（3）生产事故发生的原因及预防方法。

（4）渣罐机电设备等一般工作原理及常见故障发生原因。

（5）抓斗吊车各种故障发生的原因及预防、排除方法。

（6）抓斗吊车大、中修范围及验收标准。

（7）了解经济核算的一般知识。

热泼渣铲运工（中级）的应会为：

（1）严密组织并指导水渣生产。

（2）处理各种情况的渣罐冲渣。

（3）根据设备工作状态提出检修意见，并能验收。

（4）完成各种生产指令，提出改进水渣质量的方案。

（5）提出抓斗吊车大、中修计划，并试车、验收。

（6）看懂吊车电气控制系统图纸，并能绘制一般电气图。

（7）预防和处理水渣生产过程中的各种事故。

（8）培训新工人，讲授技术课。

热泼渣铲运工（高级）的应知为：

（1）铲运机械的解体及安装方法。

（2）铲运机械的大修标准及检查、验收标准。

（3）铲运设备不同操作方法对各部机、电设备寿命的影响。

（4）一般性了解国内外热泼渣的技术发展动态。

（5）企业管理的一般知识。

热泼渣铲运工（高级）的应会为：

（1）全面组织指导热泼渣铲运工作。

（2）提出铲运机械大修项目并检查、试车与验收。

（3）会看并讲解铲运机械的机械系统图或电气系统图。

（4）绘制一般机械零件草图或电气简易草图。

（5）讲解铲运机械的各部组成及检修安装方法。

（6）解决铲运设备操作的技术疑难问题。

（7）给低级工讲授本工种技术理论与操作实践知识。

2-73　布袋除尘操作工应知应会是什么？

答： 布袋除尘操作工（初级）的应知为：

（1）本工种的生产技术操作规程，安全技术规程，设备使用维护规程，岗位责任制及有关的各项规章制度。

（2）布袋除尘的一般原理。

（3）布袋除尘的工艺流程。

（4）本系统各种设备的型号、规格、性能和用途。

（5）本系统各种设备的结构和维护方法。

（6）布袋着火及预防知识。

（7）触电急救常识。

（8）机、电的一般知识。

布袋除尘操作工（初级）的应会为：

（1）掌握本系统各机电设备的操作。

（2）处理布袋除尘器、脉冲阀、电磁阀的一般故障。

（3）根据除尘排放灰尘的程度和数量调节脉冲间隔。

（4）准确判断风机叶轮及布袋使用情况。

（5）看懂本系统工艺流程图。

（6）正确维护各部机电设备。

（7）处理操作的一般事故。

布袋除尘操作工（中级）的应知为：

（1）布袋除尘的原理。

（2）各吸尘点物料的理化性质及对布袋材质的要求。

（3）风机、电磁阀、脉冲阀的工作原理。

（4）熟悉灰尘捕集量与风量、脉冲压力、脉冲周期、脉冲宽度的关系。

（5）电工学的有关知识，流体力学的一般知识。

布袋除尘操作工（中级）的应会为：

（1）电磁阀、脉冲阀的安装、调整。

（2）处理风机各旋转部件的静平衡。

（3）绘制布袋除尘有关的机械草图。

（4）看懂并讲解布袋除尘系统的电气控制图。

（5）应能解决本岗位生产运行中出现的疑难问题。

（6）处理各种操作事故。

（7）培训新工人，讲授技术课。

第 3 章　高炉开炉前的管理准备

第 1 节　高炉生产管理必备知识

3-1　高炉炉长的任务及范围包括哪些?

答: 高炉炉长在厂长的领导下主持高炉的全面工作。主要任务及范围包括:

(1) 抓好本炉职工的安全教育,不断提高职工的安全素质,认真贯彻安全技术操作规程,确保安全生产。

(2) 依据厂生产经营计划,制定本炉的年、季、月生产经营计划及各项措施,以及根据本炉的具体情况制定合理的操作制度,确保高炉稳定顺行,不断提高生铁质量,降低消耗,提高综合经济效益,达到安全、优质、高产、低耗、长寿的目的。

(3) 建立健全各项管理制度和标准化管理,严格执行标准化作业。

(4) 搞好职工的技术业务教育,不断提高职工的技术操作水平,特别是在外部条件差、原燃料波动大的情况下,要不断提高应变能力,确保高炉的稳定顺行。

(5) 协调炉前、炉内工作,做到分析好上班,操作好本班,照顾好下班,炉前做到出净铁渣,炉内做好稳定顺行,使高炉生产秩序井然。

(6) 随时掌握和了解高炉各部位的设备运转及破损状况,针对损坏程度及时采取措施。

(7) 对于即将大中修的高炉和大中修后开炉的高炉,炉长要组织停炉的各项准备工作及停炉后的炉况破损调查,参与高炉大中修方案的制订,并提出高炉改造项目和建议。大修过程中及竣工后炉长要组织施工质量检查及验收工作,并做好开炉的各项准备工作。

(8) 关心职工生活,加强职工思想政治教育。炉长要了解本炉每个职工的自然情况,针对职工生活中存在的各种问题,及时加以解决,一时解决不了的要做好思想教育工作,使他们能安心工作。同时要协同支部书记加强职工的政治思想教育,不断进行爱国、爱厂、热爱本职工作的教育,不断提高职工的思想政治觉悟。

(9) 积极开展各种竞赛活动和"两革一化"活动,充分调动广大职工的积极性和创造性。

(10) 对本炉发生的人身、操作及各类事故,要及时进行调查、分析,提出解决办法,制定具体措施。与运转和维修工段搞好协调关系,避免和减少由设备和上料故障给高炉生产带来的各种损失。

(11) 及时掌握原燃料的变化情况,针对外部条件的变化及时采取有力措施。

(12) 负责本炉岗位的人员配备、调整。

(13) 对本炉各岗位贯彻执行各项安全规章制度、标准化作业等情况进行检查、考核和评价,每月根据考核结果进行奖金分配。

3-2　高炉炉长工作标准是什么?

答:(1)工作内容与要求如下:

1)高炉炉长在工区指挥长的直接领导下,主持高炉的全面工作,要求对本高炉的生产经营管理有计划、有落实措施和检查总结。

2)组织高炉职工完成工区下达各项经营计划。

3)认真贯彻执行厂部及工区颁布的各项标准,检查本炉安全技术操作方针,执行竞赛考核办法,并确保落实。

4)协调三班工作,解决三班中炉前、炉内的衔接问题,要求高炉生产秩序井然。

5)负责对本高炉职工进行安全教育和生产技术指导,经常对职工进行安全和技术考核、检查。要求通过教育,使本高炉职工逐步成为一支安全意识强、技术素质高的队伍。

6)做好本炉职工的思想政治工作,掌握职工的思想动态,关心他们的疾苦,帮助他们解决工作和生活中的实际问题。

7)与运转工段搞好协调,减少由设备和上料故障给生产带来的损失。

(2)责任与权限为:

1)对本高炉各项工作负责。

2)对完成各项计划负责。

3)对本高炉人身事故、操作事故负责。

4)在本高炉范围内有人事调动权、晋级建议权、奖励决定权。

5)根据上级各项标准,有权决定本高炉的具体实施方法和考核细则。

(3)检查与考核:

1)炉长在指挥长领导下工作,工作受指挥长检查与考核。

2)全面完成工区下达的生产经营计划,得月奖100%。

3)本高炉出现重大操作、人身设备、火灾事故时,按规定扣奖金100%。

3-3　高炉炉长与高炉工长是什么关系?

答:高炉炉长和高炉工长是领导与被领导的关系。其主要内容是:

(1)炉长要及时把厂生产经营方针、目标向工长传达贯彻,并组织各班班长制定本炉的操作方针及落实生产经营目标的各项措施。

(2)炉长要检查和指导各班工长的操作,不断提高工长的理论、技术和操作水平,确保高炉安全、稳定、顺行。

(3)炉长要协调三班工长操作,做到分析好上班,操作好本班,照顾好下班,必须使三班统一操作。

(4)炉长要定期组织工长对炉况进行分析,针对操作中存在的问题,及时加以纠正,避免和减少炉况波动和失常。

(5)工长每天要向炉长汇报高炉状况出现的问题和处理办法。

(6)炉长对工长的工作业绩定期进行考核、评价。

3-4　高炉炉长与炉前技师是什么关系？

答：炉前技师在行政上受炉长领导，在业务上受炉前总技师指导，具体负责本炉的炉前管理和技术指导工作。其具体内容是：

（1）炉前技师在炉长的直接领导下，协助炉长全面负责炉前管理和业务指导工作。搞好炉前材料和备品的管理，定期核对和校正铁口角度、泥炮角度、铁口中心线和开口机角度，确保炉前设备的完好无误；组织和领导炉前糊砂口工作，并在技术上进行指导，确保砂口质量。

（2）炉前技师在炉长领导下，组织有关人员对炉前设备进行检查，针对检查出的问题，及时进行处理，并提出改进意见。

（3）炉前技师对炉前各岗位的工作情况进行检查和技术指导，定期向炉长进行汇报。

（4）炉前技师协助炉长对贯彻炉前安全技术操作规程及标准化作业的情况进行检查。对炉前发生的各类事故进行调查、分析、处理，并在炉长领导下全面负责组织炉前工作的抢救和处理工作。

（5）炉长对炉前技师的业绩定期进行考核评价。

3-5　炉长与炉前组长是什么关系？

答：炉前组长在炉长的领导下，负责本班炉前的全面工作，具体如下：

（1）炉前组长组织全班成员，搞好安全文明生产，及时组织出净渣铁，维护和使用好炉前设备，维护好铁口、渣口、砂口和铁渣沟，圆满完成各项生产任务，并及时向炉长汇报。

（2）炉前组长要认真检查本班的生产任务，各项规章制度和标准化作业的贯彻落实情况，掌握和解决安全生产中出现的问题，并及时向炉长汇报。

（3）炉前组长要协助炉长做好本班组人员的政治思想工作，关心职工生活，随时掌握班组人员的思想动态，并及时向炉长反映。

（4）炉前组长要协助炉长搞好本班职员的技术业务教育，不断提高职工的技术操作水平。

（5）炉前组长要定期向炉长汇报本班工作情况，随时接受炉长的检查、考核。

3-6　高炉炉长在高炉大中修前后应参与和组织哪些工作？

答：高炉炉长在本高炉大中修期间，不仅要组织了解和掌握停炉前的安全生产、主体设备和附属系统的特点、运行情况和破损状况，而且要参与停炉的各项准备工作。高炉炉长要参加设计方案的制定、审定，提出修改意见和建议。高炉炉长要参与大中修施工期间的管理工作和大中修竣工后的验收和开炉准备工作。

3-7　炉长在编制生产计划时要掌握哪些情况？

答：生产计划上自公司、厂矿，下至高炉、车间，涉及方方面面。编制生产计划时，无论是哪一级计划，都要把整体与局部、主观与客观、生产实物指标和经济效益指标综合起来，统一考虑，全面规划，做到技术上可行、经济上合理、历史上先进。炉长在编制生产计划时，要做到以下几点：

（1）要掌握本高炉的设备运行和能力，以及原燃料供应情况。

（2）指定大中修计划时，要考虑在保指标、保炉龄、保高炉能力的条件下，能安全平稳地坚持到下一次大中修。

（3）根据公司下达到厂的生产任务，结合本炉在全厂炉群中所占的地位，确认应承担的任务比重。

（4）了解外部原燃料条件及本炉炉料结构。

3-8　确定高炉产量、焦比、质量和喷吹物等生产计划指标时应考虑的因素有哪些？

答：确定高炉产量、焦比、质量和喷吹物等几大指标时应考虑的因素是多方面的，既有主观的一面，又有客观的一面，既要考虑前后工序间的相互控制、约束，又要考虑全面指标的均衡生产与完成。概括来说，就是纵观全局，立足本职，提高实物数量，注重经济效益。

3-9　高炉大中修开炉后的正常恢复期有多长？

答：高炉大中修开炉是一项技术性强、涉及面广、至关重要的工作。高炉开炉恢复速度直接影响高炉能否保持高炉完整内型，同时也是关系到高炉在一代炉龄内能否实现高产、低耗、优质、顺行、长寿的大事。

高炉大中修开炉后正常恢复期的长短与大中修工期、拆炉程度、开炉料的质量、设备配套情况及恢复速度有直接关系，但更主要是与开炉操作方针、操作制度，即开炉技术水平的高低有关。只有制定合理的操作方针与操作制度，才能更顺利地开好炉，尽快达标达产。因此，高炉大中修开炉后的正常恢复期是一个多元相关的量值，如果一切都在较理想的状态下，这个时间就较短，如果出现种种不顺，这个时间就长，并且相差很大。少则20～30天，多则几个月，如1981年10月4日某厂9号高炉大修后开炉，送风后多种原因造成炉况不顺，导致炉墙增厚，一直到1982年6月才恢复正常。

3-10　如何考虑季节气候变化因素对计划的影响？

答：北方厂在安排年度生产计划时，除与其他厂一样需考虑设备、原燃料、炉龄等客观条件外，还要考虑季节气候变化对高炉生产的影响。如大气湿度，季节不同，大气湿度不同；在雨水量不同的年份，同一季节的大气湿度也不同；各厂所处的地理位置不同，大气湿度也不同。

大气湿度和温度对高炉都直接或间接地表现出不同程度的影响，如鼓风湿度、风机出力、冷却强度，从而影响高产量和焦比。

大风雪和汛期会导致大气湿度和温度的变化，除影响产量、焦比外，还要影响原燃料的质量（主要是含水分的波动）、运输、渣铁运输等，一旦运输受阻，高炉只好待料、待罐休减风，使产量、焦比大受影响，所以在排年计划时，不得不把此项影响因素考虑进去，以便做好准备，减少损失，安排设备检修，做好原燃料平衡和铁水平衡。

3-11　如何依据条件变化修改生产计划？

答：随着客观条件的不断变化，计划执行情况也将发生相应的变化。如计划该做的事情，不一定百分之百按计划去做，没计划做的事情，还可能提前做，还有可能出现一些不可预见的因素，严重影响计划的正常进行，这些势必造成原计划的修改。随着经济责任制的不断完善，在企业内部应有切实可行的考核办法，以确保原计划的实施。

但为鼓励与激发职工的积极性，一定要把确实是因为客观外界因素的影响而造成计划任务完不成和主观不努力而致使完不成原计划任务的严格区分开。对于那些主观不努力和操作失误等造成的各种损失，及由主观努力而大量超额完成任务的，一律按经济责任考核办法兑现。

3-12 如何校正休风率对产量、焦比的影响？

答：产量与焦比的校正因素有很多，有的因素是交互影响的，可大致分为原燃料条件、设备能力和冶炼操作的影响等。常用的校正因素有：烧结铁分、富矿率、烧结粉末率、焦炭 M_{40} 和 M_{10}、焦炭灰分、S 含量、煤粉灰分、碎铁比、灰石比、铁种、生铁 Si 含量、风温、顶压、喷吹物、炉容、休减风率、冶炼强度和大气湿度等。校正值因各地区具体原燃料条件不同，而有所差别。表 3-1 给出了影响高炉燃料比变化的因素。

表 3-1 影响高炉燃料比（焦比＋煤比＋小块焦比）变化的因素

项　目		变动量	燃料比变化	项　目	变动量	燃料比变化
焦炭	M_{40}	+1%	−5kg/t	风温　1150℃	+100℃	−8kg/t
	M_{10}	−0.2%	−7kg/t	1050~1150℃	+100℃	−10kg/t
灰　分		+1.0%	+1.0%~2%	950~1050℃	+100℃	−15kg/t
硫　分		+0.1%	+1.5%~2%	<950℃	+100℃	−20kg/t
水　分		1%	+1.1%~1.3%	顶压提高	+10kPa	−0.3%~0.5%
热反应性 CRI		1%	+2%~3%	鼓风湿度	+1g/m³	+1kg/t
反应后强度 CSR		1%	−5%~11%	富氧率	+1%	−0.5kg/t
入炉矿铁品位		+1.0%	−1.5%	生铁含 Si 量	−0.1%	−4~5kg/t
烧结矿 FeO		+1.0%	+1.5%	煤气二氧化碳含量	+0.5%	−10kg/t
烧结碱度		+0.1（倍）	+3.0%~3.5%	渣　量	+100kg/t	+40kg/t
烧结矿小于 5mm 粉末		+10%	+0.5%	炉渣碱度	+0.1（倍）	+15~20kg/t
矿石含硫		+1%	+5%	炉顶温度	+100℃	+30kg/t
矿石金属化率		−5%~6%		入炉石灰石量	+100kg/t	+6%~7%
熟料率		+10%	−4%~5%	送风系统热损失	14~16℃	+2.4~4.5kg/t
矿石直接还原度		+0.1%	+8%	炉料分级入炉		−6%
烧结、球团转鼓		+1%	−0.5%	炉料品位波动	1%	2.5%~4.6%
加碎铁		+100kg/t	−20~40kg/t	炉料碱度波动	0.1（倍）	1.2%~2.0%

校正值是经常用来校正生铁产量和综合焦比的因素，还有许多可考虑的因素，但实际生产中很少用到，如烧结矿中 FeO 与 S 的含量、 CaO/SiO_2 、烧结矿粉末率、渣量、油比、煤比、煤气中 CO_2 含量、生铁中 Mn 含量、炉渣中 CaO/SiO_2 值等。

由于理论计算和实际应用存在一定差距，季节、炉况、冶炼条件不同，也会造成校正产量综合焦比上的差距。这些都有待于针对生产实际给予修正。

3-13　炉龄对焦比有何影响？

答：炉龄与焦比是相关统计的关系，由于各厂家高炉使用的原料条件、操作制度、日常的维护保养水平、炉体的结喉形式、热风炉的破损都不同，所以炉龄差异很大，有的每3~4年一中修，几次中修后则大修，有的叫做"大中修"。从我国实际高炉普遍的状况来看，过去高炉的一代寿命很少连续超过8年，因此炉龄与焦比的统计关系误差很大。根据鞍钢的经验，统计规律显示高炉投产第二年焦比最低，第三年开始上升，以后每年为4~5千克/吨铁。

3-14　《统计法》的主要内容有哪些，高炉日常的统计工作有哪些？

答：（1）《统计法》的主要内容包括：

1）统计的基本任务是对国民经济和社会发展情况进行统计调查、统计分析、提供统计资料、实行统计监督。各企事业机关、团体等组织，必须依照本法和国家规定提供统计资料，不得虚报、瞒报、拒报、迟报，不得伪造和篡改。

2）国家建立集中统一的统计系统，实行统一领导、分级负责的统计管理体制；制定了统计调查计划和统计制度的执行程序和规范；规定了统计资料管理和公布的具体制度。

3）统计机构的设立原则、责任及统计人员的权利、义务和职责。

4）统计工作的法律责任。

（2）高炉日常的统计工作如下：

1）高炉日报及整理记录的填写、计算；

2）高炉各项考核表的填写、计算；

3）高炉生产单项指标或综合指标的整理与上账；

4）高炉统计台账的填写；

5）有关表报的填写与申报。

3-15　为什么说统计是决策的参谋，统计服务与监督主要指什么内容？

答：决策离不开科学的资料与可靠的信息。统计工作通过统计调查与整理取得详细的资料，为决策者决策提供了依据，是决策的参谋助手。

决策者通过统计提供的资料与数据，制定长远规则和各种计划目标，运用统计分析进行生产作业指导，根据经济模型进行经济预测。

统计服务与监督是统计的两大职能。统计服务是指统计工作者经过对统计资料的整理、加工，形成各种报表及分析材料，供有关领导者和决策者决策参考，或者作为历史资料，供有关单位和人员参考使用。服务的另一含义还包括为计划的编制提供依据和为决策者提供各种信息。

统计监督主要就以下各项实施统计监督检查：

（1）贯彻执行统计法律、法规的情况；

（2）执行统计报表制度的情况；

（3）统计数字的准确性；

（4）统计资料的管理、公布、提供、使用情况；

（5）统计资料的保密情况；

（6）统计制度方法和统计调查表管理制度的执行情况。

3-16 如何运用统计资料进行生产统计分析与预测？

答：一个企业（车间）的生产情况除了应用生产专业理论和影响生产的各种活动因素进行分析与预测以外，通常多采用有关生产的各种统计资料与数据动态跟踪生产情况，及时做好生产导向，进行分析与预测。

首先对所有（包括历史的和现今的）的生产统计资料，如各炉、全厂产量、焦比质量、休减风率、矿耗定额，填写累计报表，绘出管理图、控制异常点。

常用的方法有：排列图法、对比法（包括横向对比和纵向对比）、因素分析法、数学模型法（相关分析及一元回归、多元回归分析是生产预测经常采用的方法）。

3-17 高炉炉长应掌握哪些统计资料，如何运用它使之服务于生产？

答：高炉炉长除应用自身的冶炼专业知识与实践经验指挥高炉生产、主持日常高炉工作以外，为了把高炉生产搞得更好，还应掌握一些统计资料，作为指挥高炉生产的有用工具。这些资料大体可分为两类，即内部资料和外部资料。

内部资料包括：本高炉历史的和现在的生产操作数据与指标，常用的原燃料情况、基本操作制度执行情况、日常操作情况、设备运转情况的资料，高炉各部位热负荷的变化，所在厂（公司）的计划目标等及与组织高炉生产有关的各方面统计资料。

外部资料包括：国内同规模高炉的生产指标、先进设备运用情况及先进工艺方法资料，国内较先进的高炉指标资料及国外同规模和先进高炉的生产资料，国外冶金动态信息资料等。

对上述有关资料进行分析研究、对比等，从中提取有益于高炉生产的资料，从而进行科学的决策，合理地组织或建议有关部门和单位对某些不合理的工艺、操作、设备使用等进行改进，以便使高炉生产水平不断提高。

3-18 生铁质量检验是怎样规定的？

答：原冶金部 1988 年 68 号文件规定如下：

（1）高炉开炉后，不论任何原因，在一代炉龄内造成的出格铁，均参加质量考核。

（2）用于炼钢铁水：一律从打开出铁口起考核质量，并按炉次进行判定。除采取炉外脱硫措施挽救出格铁外，不允许通过混罐或其他方法重新判定为合格铁。

（3）采用炉外增硅生产铸造铁，以铸铁机取样分析结果作为判定依据。

（4）入库前的混型号按出格铁计算。

3-19 高炉质量事故是怎样规定的？

答：原冶金部 1989 年冶质字第 668 号文件对炼铁质量事故规定如下：

一级质量事故：在同一高炉连续发生两次二级质量事故。

二级质量事故：容积不小于 $1000m^3$ 的高炉连续出两次不合格铁；容积小于 $1000m^3$ 的高炉，连续出三次出格铁。

3-20　炼铁工序质量有哪些控制点？

答：炼铁工序质量有 4 个方面：

（1）原燃料管理：包括原燃料的物化性质、贮运方式、称量和化验等。

（2）设备动力管理：包括机械设备、电气设备和自动化设备以及风、水、电等动力管理。

（3）渣铁处理：包括渣铁运输、冲渣、铸铁等工艺。

（4）高炉、热风炉操作：高炉操作包括炉内和炉前操作。高炉操作是炼铁生产的主导工序。

3-21　怎样正确理解以顺行为基础，以优质、高产、低耗、长寿综合效益为目标的冶炼方针？

答：从三层意义上去理解这一冶炼方针：

（1）在炼铁生产中，目标管理是有先后顺序的。正确的排列应当是，首先是优质，其次是高产长寿低耗。这就体现了质量第一的企业管理方针。

（2）生铁质量的提高并非是孤立的，而是应当和许多内在与外在的具体条件结合起来，从经济效益上进行优化选择（如原燃料条件、生铁的具体用途等），以达到最佳的质量水平。比如对一个联合企业而言，炼钢生铁的硫含量就有个最佳水平。

（3）如果改善原燃料条件，提高操作水平，采用先进的冶炼技术，高炉长时期保持稳定顺行，那么就可以达到优质、高产、低耗、长寿的综合冶炼目标。

3-22　为什么要进行炉外脱硫？

答：高炉冶炼不可把生铁中硫含量降得很低。因为硫降得太低就要多耗大量的焦炭，成本也要升高。根据我国的具体情况，大中型高炉年均硫含量一般在 $0.018\% \sim 0.028\%$ 之间。

炉外脱硫有两个目的：第一个目的是为了满足炼特种钢的要求，需把铁水中硫含量降到 0.015% 以下，从而需炉外脱硫。为达到此目的一般要在炼钢厂建立脱硫站。第二个目的是为了挽救高硫号外铁。把生铁中硫含量脱到 0.07% 以下。一般在出铁时要进行炉前脱硫，脱硫剂一般采用曹达灰（Na_2CO_3），或在专门的脱硫站脱硫。

3-23　炉长在高炉能源管理中的职责和作用是什么？

答：炉长在高炉能源管理中的职责如下：

（1）在厂长的领导下，正确贯彻执行国家和各级能源主管部门制定的有关能源管理的方针、政策、法规和标准。

（2）接受厂制定的节能规划年度和月计划，组织全炉职工实施、分解本炉能源指标，落实到人头。

（3）负责制定本炉节能降耗的技术措施和操作制度，监督能源合理使用。

（4）监督和检查工长贯彻本炉制定的操作制度的情况，随时掌握全部冶炼条件变化情况，及时调整操作制度，保证高炉稳定顺行，降低各种能源单耗。

（5）组织开展高炉分层晋级、分档达标竞赛活动，制定目标，实现晋级达标。

（6）检查和考核工长操作合格率、能耗指标，落实节能奖励、超能惩罚政策。

（7）组织本炉职工节能培训教育，提高职工节能意识和操作水平。

（8）组织开展以降低焦比为中心的节能攻关和科研活动，推动和应用节能先进经验和技术。

炉长在高炉能源管理中的作用为：炉长是高炉最高领导人，他既是指挥者，又是技术负责人，生产值是炉长领导能力的反映。因此，炉长要提高节能意识并要具有高水平的指挥能力、精湛的操作技术、科学的现代化理论知识，这样的话能源管理也是高水平的。

3-24　高炉消耗能源的种类和结构如何？

答：高炉是消耗能源量最大、种类最多、结构比例差别大的工业炉窑。高炉炉长要掌握这些知识，根据各类能源在高炉中的不同作用，在能源管理中抓重点、带其他，做到工序降耗，系统节能、合理用能，节能增产。

3-25　什么是能耗，炼铁工序能耗、全铁能耗是什么？

答：能耗是能源消耗量，其直观指标是能源实物消耗量。它反映一个企业（一序）的生产和能源消耗的规格和水平，降低能耗是企业能源管理的一项重要工作。

炼铁工序能耗是从矿石（烧结矿）冶炼成生铁的过程中所消耗的能源量（标煤），单位是 kg/t，用式 3-1 计算：

$$工序能耗 = \frac{\sum 工序总能耗量 - \sum 回收能源量}{合格铁量} \qquad (3-1)$$

标煤为统一计量单位，规定 1kg 标煤的发热量为 29.273MJ。在日常统计中，各种能源按单位发热量计算出其折算标煤系数，再与相对应的能源实物消耗量相乘，即得出标煤量。

将全铁能耗规定为炼 1t 标准生铁所消耗的能耗之和。现在冶金企业都与矿山分开，全铁能耗为由烧结工序开始，到炼铁工序为止的能耗之和，用公式 3-2 计算：

$$E = A \times a + B \times b + C \times c + D \qquad (3-2)$$

式中　E——企业全铁能耗，千克标煤/吨铁；

A——炼焦工序能耗，千克标煤/吨焦；

a——吨铁耗焦量，a = 炼铁耗焦量/标准生铁总产量，吨焦/吨铁；

B——烧结工序能耗，千克标煤/吨烧；

b——吨铁耗烧结矿量，b = 烧结矿消耗量/标准生铁总产量，吨烧/吨铁；

C——球团工序能耗，千克标煤/吨球；

c——吨铁耗球团矿量，c = 球团矿消耗量/标准生铁总产量，吨球/吨铁；

D——炼铁工序折算的能耗电量，千克标煤/吨铁，D = 炼铁工序耗能量/标准生铁总产量。

3-26　降低吨铁能耗的途径是什么？

答：（1）分析吨铁能耗的组成后发现，焦炭能耗占总能耗的 60% ~ 70%，煤气能耗占 12% ~ 15% ，应首先抓大数，探究其高耗的原因，确定降耗的潜力。

（2）分析动力能耗的组成，找出降耗的潜力。

（3）提高高炉余热、余压、余能的回收利用。

1）用冲渣水、煤气洗涤的余热采暖；

2）利用热风炉烟气预热煤气、助燃空气或用于预热锅炉；

3）利用高炉炉顶压力余压发电；

4）热风炉烟气用于喷煤制粉系统；

5）高炉渣铁烟气用于回收利用。

（4）消灭动力管网的跑冒滴漏现象。

3-27　炉长为什么要抓物资管理？

答：物资是物质资料的简称，主要包括生活资料和生产资料两部分，它是人们从事物质生产所必需的一切物质条件，是生产力中的要素，在企业生产和建设中占有重要的地位。

物资是保证高炉正常生产的前提条件，正如古语云"兵马未动，粮草先行"。任何物质生产都要从获得必需的生产资料并与劳工力相结合开始，高炉生产也不例外。要保证高炉的正常生产，就必须获得必要的物资条件，否则生产就无法进行。如果供应不足会造成生产中断；供应不及时会造成停产待料；供应不配套会影响生产能力的发挥，或使生产停顿，供应的物资质量不合格则会影响产品的质量和造成生产事故。物资供应的保证程度直接影响高炉生产效率的高低，一般规律是：供应越有保证，生产就越正常，越是不满负荷，劳动生产率就越高；反之则越低。同时物资管理的好坏也关系到高炉经济效益的好坏。物资消耗占生铁成本的80%左右，因此它决定了高炉经济效益的好坏，加强物资管理能促使物资节约，降低成本，提高高炉的经济效益。

综上所述，物资管理在高炉生产中具有举足轻重的作用，对高炉生产具有重大影响。因此，作为一炉之长，作为高炉生产的组织者和指挥者，必须重视物资管理工作。

3-28　高炉物资管理的基本内容是什么？

答：高炉生产涉及的物资主要包括：原料、燃料、耐火材料和辅助材料等。一般原料和燃料由专职部门管理，耐火材料和辅助材料除专职部门管理外还涉及高炉对这两类材料的管理。

高炉物资管理的主要内容包括：计划管理、使用保管管理和节约管理三部分。

计划管理是高炉物资管理的基础，是确保高炉生产正常进行和完成生产作业计划所需物资的条件，是向职能部门申请物资的依据。因此，炉长必须做好此项工作。高炉的物资计划主要是根据生产作业计划编制的，以月计划为主，一般可在前一个月的月末提出，并报职能部门，作为备料和供料的依据。

使用保管管理主要是指高炉把材料领回后，在使用过程和保管过程中的管理。材料领回后，要指定专人保管发放，要有固定的存放地点，并要经常检查材料存放情况，做好物资的维护保养工作，保证物资随时可投入生产中去。使用管理要求做到：物资使用合理，不浪费，尽量延长物资的使用寿命，降低物资消耗。

节约管理是高炉降低成本的主要手段，主要是通过发动群众，调动职工的积极性，在保证生产正常进行的前提下，尽量节约各种物资，做好修旧利废工作。

3-29　炉长如何搞好物资消耗定额管理？

答：高炉的物资消耗定额是根据生产条件、生产指标以及上级下达的物资消耗定额指标所核定的某种物资消耗的数量标准。一般是指与产量有关的物资消耗，如耐火材料、氧气管、小型圆钢及土砂等。这些物资在高炉生产中的特点是：所起作用重大，需用量比较大，要求连续供应不能中断，因此，炉长必须抓好定额管理。

首先，炉长必须掌握本高炉的消耗定额指标，在布置和检查工作时，要把定额的执行与管理作为一项重要内容。消耗定额的贯彻执行是广大职工群众的事，因此应深入细致地做好职工的思想政治工作，广泛宣传执行定额的重要作用，使它得到充分的重视。通过岗位责任制，把执行定额、管理定额变成群众的自觉行为。

其次，要建立健全管理制度，具体如下：

（1）建立定额供料、领料制度，实行厂、高炉班组三级控制的严格管理制度。厂物资管理部门要按定额供料；高炉要将定额指标分解落实到班组；班组要把责任落实到岗位，建立领发料台账，按月考核定额执行情况。月末总结，超定额部分下月扣除。特殊原因不能扣除的，要查明原因。制订出降耗措施，可分析考核。

（2）要建立奖惩制度并与经济责任制挂钩。对超定额的班组应扣除一定奖励；对降低消耗、节约有重大贡献的班组和个人应给予奖励，调动广大职工的积极性。

（3）开展经常性的消耗定额分析活动，通过分析可使定额管理工作得到加强，并采取有效措施，管好消耗定额工作。

3-30　炉长如何搞好本炉的材料消耗核算并纳入经济责任制考核？

答：材料的核算和考核是经济责任制的一个重要组成部分，是降低物资消耗和产品成本的一项有效措施，直接关系到高炉的经济效益。

首先，炉长要选择一名责任心强，在职工中有一定威信的同志担任专职或兼职材料员，负责本高炉的材料管理工作。其次，要把本高炉的材料消耗指标包括数量指标和资金指标分解落实到各个班组，作为考核的依据，并指定出考核细则，月末以班组为单位计算出本月的材料消耗情况，作为经济责任制的一项考核内容。一般可按百分制考核，完成的班组可得基础分，没完成的不得分。同时根据完成的具体情况，对超额或节省部分按考核细则减分或加分。根据得分多少计算出各班应得的奖金，这样有利于调动全体职工参加管理的积极性，采取措施，降低物资消耗。

3-31　如何发挥材料员在高炉材料管理中的作用？

答：材料员是炉长在物资管理方面的助手，因此，发挥他们的作用，对于搞好高炉的材料管理有极大的作用，炉长应支持他们的工作，调动他们的积极性，发挥他们在材料管理方面的作用。

首先要选择事业心强，敢于管理，并有一定生产经验和组织能力的同志，担任高炉材料员工作。其次要赋予材料员一定的权利，包括计划、发放、检查、考核、奖励等方面。

如在计划方面，可以让材料员根据高炉生产作业计划，提出用料计划，经炉长审核后，报物资部门作为备料和供料的依据，这样既可减轻炉长的负担，又有利于调动材料员的积极性，主动把高炉的材料管理工作抓起来。最后要善于抓积极因素，对材料员的工作成绩要给予肯定，必要时给予表扬和嘉奖。

3-32　什么叫环境污染，环境保护和环境保护工作的内容是什么？

答：（1）通常说的环境污染是指人为的因素造成的污染，即由于人类大规模的生产和生活活动而排入环境中的有害物质超出了环境的自净能力，从而使环境质量恶化，有害于人类及其他生物的正常生存和发展的现象。更具体地说，环境污染就是指有害物质和能量，特别是工业"三废"对大气、水体、土壤等环境要素正常功能和质量的破坏，达到了致害程度的现象。环境污染有一个从量变到质变的发展过程。

（2）我国的环境保护工作包括"保护环境和自然资源，防治污染和其他公害"。环境保护就是采取行政、法律、经济和科学技术等多方面的措施，合理地利用自然资源，防止环境污染和破坏，以求保持和发展生态平衡，扩大有用自然资源的再生产，保障人类社会的持续发展。

（3）环境保护工作内容大致包括两个方面：一是防治环境污染和其他公害，改善环境质量，保护人民身心健康；二是合理开发利用自然资源，防止生态破坏，发展生产。

3-33　高炉生产过程中的污染物排放系数是多少？

答：高炉和出铁场吨铁污染物排放系数如下：

（1）废气：$1600 \sim 4500 m^3$（CO：$20\% \sim 30\%$），含尘 $20 \sim 100 g/m^3$。其中高炉煤气 $1800 \sim 2200 m^3/t$，煤气含尘 $5 \sim 40 g/m^3$，平均值为 $25 g/m^3$。高炉粉尘 $50 \sim 75 kg$。出铁场烟尘 $24.3 kg$。

（2）废水：煤气洗涤水 $12 \sim 15 t$，含悬浮物 $800 \sim 2000 mg/L$，挥发物 $0.05 \sim 2.4 mg/L$，氰化物 $0.03 \sim 2.0 mg/L$，氯化物 $100 \sim 600 mg/L$，冲渣水 $9 \sim 10 t$。

（3）废渣：$0.3 \sim 0.6 t$（依品位及冶炼方面而异），按照我国生产水平，平均为 $0.5 t$。

3-34　高炉生产对大气污染的特点是什么，如何防治？

答：（1）高炉生产对大气污染的基本特点是：高炉生产对大气污染具有量大面广，而且形式多样的特点。量大是指废水、废气、废渣等的排放量大；面广是指各个工艺环节都有大气污染源，从原燃料、上料系统、高炉本身、出铁场到渣铁运输及处理，几乎遍布全厂；形式多样是指既有高架点源（炉顶、烟囱），又有低矮面源（矿槽、皮带通廊、出铁场等），还有线源（机车和汽车运输）和随风扬尘的风面源（原料、燃料、废渣堆场）。

（2）控制高炉生产对大气污染的综合措施如下：

1）严格环保管理，贯彻"谁污染谁治理"的原则，有害物质的排放必须达到国家标准，暂时达不到标准的要统筹规划，限期治理，执行"三同时"，防止新污染；

2）以环保规划为中心，实行综合防治，认真贯彻环保"八字"方针；

3）贯彻执行控制大气污染的技术政策；

4）采用高烟囱扩散；

5）绿化工厂；

6）安装废气净化装置；

7）加强环保科学研究，加强检测和教育工作。

3-35 高炉岗位粉尘、废气的排放标准是什么？

答：（1）高炉岗位空气中粉尘物质的最高允许浓度表见表 3-2。

表 3-2 高炉岗位粉尘的最高允许浓度

生产性粉尘	最高允许浓度/mg·m^{-3}
含有 10% 以上游离二氧化硅的粉尘（石英岩等）	2
石英粉尘及含有 10% 以上石棉的粉尘	2
含有 10% 以下游离二氧化硅的滑石粉尘	4
含有 10% 以下游离二氧化硅的水泥粉尘	6
铝、氧化铝、铝合金粉尘	4
含有 10% 以下游离二氧化硅的煤粉	10
玻璃棉及矿渣棉粉尘	5
游离二氧化硅含量在 10% 以下，不含有毒物质的烧结、球团等矿物性粉尘	10

（2）废气排放标准表见表 3-3。

表 3-3 废气排放标准

有害物质名称	排放标准		
	排气筒高度/m	排放量/kg·h^{-1}	排放浓度/mg·m^{-3}
二氧化硫	30	52	
	45	91	
	60	140	
	80	230	
	100	450	
	120	670	
氟化物（换算成 F）	120	24	
氯	30	5.1	
	50	12	
	80	27	
氯化氢	30	2.5	
	50	5.9	
	80	14	
	100	20	
一氧化碳	60	620	30
	100	1700	
含 10% 以上游离二氧化硅的烟尘及生产性粉尘			100
含 10% 以下游离二氧化硅的粉尘			150

3-36 冲渣水中一般有哪些有害物质，排放标准是什么？

答： （1）通常利用工业废水来冲水渣。冲渣水中所含有害物质一般较复杂，主要有害物质大体有达到一定 pH 值的物质、悬浮物、挥发性酚、氧化物、石油类物质、镉及六价铬化合物。

（2）参照 GB 1941—85《钢铁工业污染物排放标准》，在炼铁排放废水中，污染物允许排放浓度见表 3-4。

表 3-4 炼铁排放废水中污染物最高允许排放浓度

有害物质名称	最高允许排放浓度/mg·L^{-1}	有害物质名称	最高允许排放浓度/mg·L^{-1}
镉及其无机化合物	0.1	挥发性酚	0.5
六价铬化合物	0.5	氧化物	0.5
达到一定 pH 值的物质	6~9	石油类	10
悬浮物	500	铅及其无机化合物	1.0
硫化物	1		

3-37 如何加强环保设备管理？

答： 环保设备是生产工艺设备的重要组成部分，必须纳入生产设备管理轨道，建立正常的管理制度和考核指标，具体如下：

（1）环保设备必须和生产设备实行同时维护、同时检修、同时运转，否则主体生产设备不得开工生产。

（2）凡生产设备进行大中修时都要增补、完善环保设施。

（3）环保设备均应符合环境保护标准要求。

（4）不准购买和使用不符合环境保护标准要求的设备。

（5）有放射性物质的仪表要有防护设备。

3-38 如何开展冶金环境计划管理？

答： （1）各冶金企业、事业单位都要编制环境保护规划和计划，都要制定具体的环境保护目标和指标，将其纳入长远规划和年度计划，并进行考核。其中，环境目标是指简称清洁工厂、车间的百分数。环境指标包括：

1）资源利用；

2）主要污染物排放量或浓度控制指标；

3）主要污染物处理率；

4）主要污染物排放质量控制指标；

5）环境保护设施指标；

6）绿化指标。

（2）建立健全环保统计制度，要及时准确填报环境保护目标、指标和环境保护计划完成情况。

（3）环境保护基建、技术措施、科研计划必须在项目、资金、材料、施工量等方面给予保证，不留缺口，不得挤掉。

第 2 节　高炉长寿技术

3-39　高炉长寿的重大意义是什么？

答： 高炉长寿是钢铁企业走可持续发展道路的一项重大举措。钢铁联合企业生产时各工序物流是一环扣一环，高炉大修停产会使企业生产链断开，造成炼铁前后工序均减产，给企业造成重大经济损失，使产品产量下降，设备作业率下降，经济效益大幅度下滑；同时，还要为大修高炉支付巨额资金，一座大型高炉的大修费用约为 1 亿元。

高炉大修前后均要增加企业资源和能源的消耗，污染物排放量也要增加，对生产环境造成较大的负面影响。

高炉长寿的重大意义不仅在炼铁工序本身，而且也会给整个钢铁企业带来巨大效应，包括生产成本降低，能源消耗减少，污染物排放减少，使钢铁联合企业的高效化生产、连续化和紧凑化生产得以延续进行。延长高炉寿命不仅可直接节约大修费用，而且还可以减少因大修而引起的停产损失，从而提高经济效益。

3-40　高炉长寿的工作目标是什么？

答： 依据现已掌握的高炉设计、设备制造、高炉操作和维护等方面的先进炼铁科学技术的发展现状，高炉寿命已经可以实现下列目标：

（1）高炉一代炉龄（不进行中修）在 15 年以上；

（2）高炉日常能处于高效化、自动化、连续化、长寿化、生产过程环境友好的稳定生产状态，一代高炉单位炉容产铁量在 $1.5 \times 10^4 t/m^3$ 以上；

（3）采取一切有效的技术措施（包括分段拆装、炉缸预砌等），最大限度地缩短高炉大修工期（大型高炉要在 2 个月以内），优化停炉和开炉操作技术，实现科学停炉和快速达产，减少因高炉大修对联合企业的不利影响。

3-41　高炉长寿的理念是什么？

答： 高炉长寿是个系统工程，包括高炉设计、材料和设备的选择、施工质量的保证、高炉操作的科学和稳定、炉体的维护和管理、应急事故的科学处理等。上述各因素之间有着内在关联因素，相互影响，也有互补的作用。

高炉长寿的核心技术是形成和维护好一代高炉的合理炉型，保持永久性炉衬的完整。

3-42　为什么要认真贯彻《高炉炼铁工艺设计规范》？

答： 2008 年 7 月国家建设部和质量监督检验检疫总局联合公布了《高炉炼铁工艺设计规范》（GB 50427—2008）。

该规范共有 16 章，主要内容有：总则、术语、基本规定，原料、燃料和技术指标，能源和资源利用，矿槽、焦槽及上料系统，炉顶、炉体、风口平台及出铁场，高炉炉渣处理及其利用，热风炉、高炉煤气清洗及煤气余压发电，喷吹煤粉及富氧自动化，环境保护，节约用水。其中有不少内容与高炉实现长寿有关，充分体现出注重整体的高炉长寿优化设计，进行全方位的改进，实行综合治理，高效冷却设备与优质耐火炉衬有效匹配，确保高炉各部位的同步长寿；使用质量稳定的优质原燃料，保证高炉生产稳定顺行；在降低炼铁燃料比的前提下取得高产；采用有效的监测和维护手段是实现高炉长寿的重要保证。

高炉炉型设计的合理性是实现高产优质、低耗、长寿和环保的重要条件。合理的炉型的选择原则是要求炉型能够很好地适应炉料的顺利下降和煤气流均匀稳定的上升运动。在高炉生产过程中炉型是在不断变化的，开炉时的炉型就是设计时的炉型。在高炉投产后，经过一段时间，炉墙的不同部位会受到不同程度的炉料冲刷或化学腐蚀，特别是软熔带区域的炉墙会受到高温、热应力、渣铁的化学侵蚀。在一定生产条件下，变化后的炉型就会形成一个相对稳定，适应当时生产能力的工作炉型（或称为操作炉型）。炼铁工作者要通过各种措施，努力使工作炉型能够维持长久，也就可以延长高炉寿命，实现高炉生产的高效化。

目前，我国高炉设计倾向于设计"矮胖型"高炉，具有采用薄壁高炉内型尺寸，多风口，深死铁层，采用软水密闭循环冷却设备等特点。相关具体内容将在后面的章节中进行分述。

3-43　提高精料水平会促进高炉长寿吗？

答： 高炉炼铁以精料为基础，精料水平对高炉生产指标的影响率在 70% 左右，对高炉长寿的影响也是十分重要的。

入炉料含铁品位高是精料技术的核心，高品位会带来巨大的经济效益，特别是当吨铁渣量低于 300kg/t 时，有利于提高喷煤比，提高炉料的透气性（特别是软熔带），使煤气流分布均匀、稳定，减少边缘煤气流对炉墙的冲刷，促进高炉长寿。目前，我国红矿选矿技术已过关。对于吃百家矿用低品位原料的企业，应当添加选矿设备，将低品位矿进行再选，这样高炉的效益将倍增，渣量可以有效地减少，炼铁燃料比降低。

炉料中含有害杂质要少。有害杂质主要指 K、Na、Pb、Zn、F、S、As、Cl^- 等。在《高炉炼铁工艺设计规范》中明确指出了对有害杂质含量的控制值：$w(K_2O) + w(Na_2O) \leq 0.3\%$，$w(Zn) \leq 0.015\%$，$w(Pb) \leq 0.015\%$，$w(As) \leq 0.01\%$，$w(S) \leq 0.4\%$，$w(Cl^-) \leq 0.06\%$ 等。炉料带入的碱金属以及氟化物对炉衬的破坏相当严重，它们形成的低熔点物质会直接导致砖衬表面结瘤，恶化高炉生产顺行。在处理结瘤时又容易损坏炉墙。在炉身下部炉料中被还原出来的铅、锌等低沸点的金属蒸气会随着煤气流上升，到炉身中上部区域时会沉积到砖缝之中，部分金属又会得到氧化，生产的氧化物会体积膨胀，造成砖衬开裂、破损。近年来，我国炼铁炉料中有害杂质的含量有明显的上升趋势，造成一批高炉风口区砖上翘，炉身上部结瘤，严重影响了高炉正常生产和高炉的长寿。要严格控制入炉料中有害杂质的含量，对于含有害杂质高的尘泥应当进行预处理后再进行综合利用。

3-44　高炉用耐火材料如何选择？

答： 高炉砌体在设计时应根据炉容和冷却结构，以及各部位的工作条件选用优质耐火材料。选择的耐火材料的质量和砌筑质量对高炉寿命有极大的影响。不同容积的高炉和高炉的不同部位要选用不同的耐火材料。提高炉缸、炉底和炉身中下部砌体的质量是延长高炉寿命的重要条件。

3-45　炉身上部耐火材料如何选择？

答：炉身上部砖衬要受到炉料下降的冲击和磨损，还要受到煤气流上升时的冲刷，同时还有碱金属、锌蒸气和沉积碳的侵蚀等，因此，该部位应选择高致密度的黏土砖或磷酸黏土砖或高铝砖。炉身上部宜采用镶砖冷却壁。

该部位用球墨铸铁冷却壁代替支梁或水箱可明显改善这一区域的冷却条件，可以较好地维护该部分的炉型，达到延长高炉寿命的目的。

3-46　炉身中下部和炉腰耐火材料如何选择？

答：本部位宜采用强化型铸铁镶砖冷却壁、铜冷却壁或密集式铜冷却板，也可采用冷却板和冷却壁组合的形式。这区域的炉衬主要是受碱金属、锌蒸气和沉积碳的侵蚀，初成渣的侵蚀，炉料和炉墙热震引起的剥落和高温煤气流的冲刷等。

该部分宜采用超高温氧化铝耐火材料，如刚玉莫来石砖、铬铝硅酸盐结合制成的耐火砖；半石墨化炭-碳化硅砖、Si_3N_4-SiC 砖、铝碳砖或高铝砖。1994 年，武钢与耐火厂研制成功的微孔铝碳砖，价格低、性能好，在鞍钢、包钢等钢铁企业中得到推广。碳化硅砖具有导热系数高、抗热震性好的特点，适宜在炉体中下部使用。

过去，炉身下部和炉腰采用高质量耐火材料来抵御高温和化学侵蚀。近年来，该部位采用铜冷却壁，对热量进行疏导，让铜冷却壁形成稳定的渣皮来保护冷却设备，从而实现高炉的长寿。在开炉时，在铜冷却壁之外砌筑一层厚 50cm 的耐火砖或不定型耐火材料，就可以使这部分的使用寿命在 15～20 年。铜冷却壁的导热性好，冷却壁体温度均匀，表面工作温度很低，一旦渣皮脱落，也能快速形成稳定的渣皮，淡化了高炉内衬的作用，有利于采用薄壁结构。所以，采用铜冷却壁对延长高炉寿命有着明显的效果，已经得到国内外炼铁界的普遍认同。

高炉采用优质碳化硅砖除提出常规性能指标的要求外，还应提出导热率、抗渣性、抗热震稳定性、抗氧化性、线膨胀系数等适宜炉身中、下部工作的指标要求。

3-47　炉缸、炉底耐火材料如何选择？

答：《高炉炼铁工艺设计规范》中提出：炉缸、炉底应采用全炭砖或复合炭砖炉底结构，并应采用优质炭砖砌筑。大型高炉采用炭砖、SiC 砖对延长高炉寿命极为重要。在采用铜冷却壁之后，高炉长寿的薄弱环节已从炉身中下部、炉腰、炉腹转移到炉缸部位。所以延长炉缸寿命已成为高炉长寿工作的重点工作。近年来，我国一批高炉出现炉缸水温差升高甚至烧穿的现象，应当采取综合措施解决这方面的问题。

高炉采用的优质炭砖和炭块除应提出常规性能指标的要求外，还应提出导热系数、透气度、抗氧化性、抗碱性、抗铁水侵蚀性等指标的要求。

风口带宜采用组合砖结构，一般使用刚玉莫来石砖或棕刚玉砖，也可用热压炭砖 NMA 或 NMD 砖。

高炉炉缸发生侵蚀的原因有：焦炭及渣铁的机械冲刷、化学侵蚀、水蒸气的氧化、锌和碱金属、热应力的破坏。

采用高导热性的微孔炭砖，并对炉缸冷却壁实行强化冷却，使渣铁凝固时的 1150℃ 温度残存于炭砖之中，并要使之远离冷却壁。目前国内外高炉炉缸、炉底结构有 3 种基本类型：一为大块炭砖砌筑，炉底设陶瓷垫；二是热压小块炭砖，炉底设陶瓷垫；三是大块或小块炭砖砌筑，炉底设陶瓷杯。上述 3 种结构形式均有高炉长寿的实践实例。

国内外高炉均已采用高导热炭砖、微孔炭砖和陶瓷垫结构。高喷煤比的高炉在操作上强调要活跃炉缸中心，又要求炉底中心保持适当的温度。因此，人们逐渐重视陶瓷垫的阻热作用，也重视陶瓷垫寿命的提高，希望能获得适中的炉底中心温度。

强化冷却形成凝固层理论：在炉缸侧壁采用高导热的耐火材料（600℃ 为 18.4W/（m·K），20℃ 为 60～80W/（m·K））。进行强化冷却之后，高导热耐材、低孔隙度就能阻止渣铁的渗透，并具有高抗碱性能，可吸收部分热应力，在配有高效的水冷却系统的条件下，就能将炉缸的热量迅速地传递给冷却水，将热量带出炉外，可有效地降低炉缸壁的温度梯度，从而在炉缸侧壁炉衬耐材的热面形成一层稳定的凝结保护层（即铁水凝固 1150℃ 以下的等温线，使炉底形成稳定的"铁壳"保护层），抵抗炉缸侧壁的"象脚"侵蚀，进而获得炉缸长寿，其关键是炉缸侧壁的导热能力。这部分选择耐材的重点是导热性、防渗透性和防止发生环形裂纹。对炉缸的维护强调发挥冷却的效果，及时对炉缸冷却壁水温差和炉皮温度进行监测，经常对容易形成孔隙的部位进行灌浆。

带炉底冷却的综合炉底是比较合理的结构。在冷却管上有碳捣层，其上面砌上 2～3 层炭砖。不同部位要使用不同性能的炭砖。铁口以下是容易受到严重侵蚀的地方，要用抗渗透性高的微孔炭砖；炉底的最底层要用具有高导热性的碳化硅砖；其他部位则采用普通炭砖或微孔炭砖。铁口以下的炉底周边炭砖的长度要增大，以提高其抵抗铁和碱金属对此处的强烈渗透和侵蚀的能力；砖与砖之间的缝隙要由宽缝改为细缝（小于 0.5mm）进行砌筑。

对于有"陶瓷杯"的综合炉底结构，学术上有争议。一些人认为"陶瓷杯"的作用大，应予加强；另一些人认为，"陶瓷杯"在一定时间内会消失掉，炭砖才是起主导作用的，在炉缸侧壁也可使用高抗铁水渗透和高导热性、高密度的热压小块炭砖。总体来说，两种方式各有优缺点，均可实现高炉长寿，但经济代价有所差异。

高质量的微孔、超微孔炭砖和热压小块炭砖得到推广之后，我国高炉寿命得到显著提高。国内大中型高炉基本上否定了采用炭料捣打炉底，自焙烧制的工艺技术。

3-48　死铁层的深度应为多少较为合适？

答：铁口中心线以下在生产中存有液态产品的部分叫死铁层，它不计入高炉的容积。早期高炉炉底结构是单一的陶瓷质耐火材料砌成的，而且没有任何冷却保护，设置死铁层来保护炉底免受炉缸发生的各种过程的作用，以延长炉底的寿命。死铁层高度一度呈增加趋势，由原来的 500～1000mm，增加到 1500～2500mm，约为炉缸直径的 15%～20%。主要目的是增大死铁层对浸埋在渣铁中焦炭的浮力，减少死料柱下面铁水向铁口流动的阻力，减轻铁水在炉缸内环流对砖衬的冲刷侵蚀，以保护炉缸。

根据国内外高炉生产经验，炉底、炉缸铁水的流场分布对炉缸寿命有着相当重要的影响，适当加深死铁层深度能够减小铁水环流速度，增强铁水在炉底流动的通透性。从实际停炉后炉缸炉底的侵蚀状况来看，适宜但不过分增大死铁层深度有宜于炉缸整体冷却系统的有效发挥，提高炉缸炉底寿命。

新的观点认为死铁层过深有害，具体如下：

（1）过深会增加渗透侵蚀；

（2）过深使炉缸壁、炉底生成铁质保护层的难度增大；

（3）过深会增加铁水溶蚀面积；

（4）死铁层适宜的深度应为炉缸直径的 0.15～0.18 倍。

3-49　如何选择高炉内衬？

答： 在设计时应充分考虑高炉各部位的不同工作条件和侵蚀机理，结合原燃料条件，有针对性地选择合理的耐火材料，高炉内衬可采用国产优质耐火材料。炉体采用砖壁合一，薄壁内衬结构。

（1）炉底、炉缸、铁口区及风口带。炉缸炉底长寿技术的发展经历了一个漫长的过程，整个炉缸、炉底结构的主流模式是"炭质＋陶瓷杯复合炉缸炉底"结构和"炭质炉缸＋综合炉底"结构这两种技术体系。

在炉底水冷管中心线以下至耐热基墩顶标高采用耐热浇注料，炉底水冷管中心线以上至第一层满铺炭砖之间采用炭素耐火捣打料，其上的第一、二、三层分别满铺半石墨炭块，第四层满铺微孔炭砖。也有采用炭砖和超微孔炭砖砌筑的，炉底采用两层陶瓷垫，炉缸采用陶瓷杯壁结构。陶瓷杯有利于炉缸渣铁保温，有利于节约焦比和活跃炉缸。

通过采用炉底水冷管理于炉底砖下的强冷却措施，以及炭质炉缸和陶瓷杯的砌筑方式，可达到减小侵蚀速率，高炉长寿的目标。

铁口区采用炭质组合砖砌筑。在风口区采用复合棕刚玉组合砖结构，其抗渣铁侵蚀及抗热震性能好，整体性能好，对风口中套及大套有良好的保护作用，同时对炉腹的砖衬有支撑作用。

（2）炉腹、炉腰和炉身区域。采用砖壁一体化的薄炉衬结构形式，铸铁冷却壁耐火砖内衬采用冷镶方式与冷却壁砌成一体。首钢和武钢的生产实践证明：此设计结构完全可以满足高炉 12～15 年的正常使用寿命。

炉腹、炉腰、炉身下部采用氮化硅结合的碳化硅砖镶砌。炉身中部采用烧成微孔的铝碳砖镶砌。炉身中、上部采用磷酸浸渍的高密度黏土砖镶砌。

（3）炉顶及上升管。喷涂耐 CO 侵蚀能力较强和热态抗折强度较高的材料。

（4）冷却壁与炉壳之间。灌浆料采用无水压入泥浆。

3-50　炉衬砌筑应注意哪些问题？

答： 高炉炉衬砌筑是有国家规定的，各施工队伍也均有与钢铁企业共识的《筑炉手册》。对于所使用的标准砖型、非标准砖型，也有相关的砌筑标准，只是在具体砌筑中要及时对执行的程度进行检查和监督。目前，影响高炉内衬砌筑质量的主要问题是，各部位砌体的砖缝实际控制值，特别是炉缸、炉底砖砌筑质量的高低，对高炉长寿的影响较大。表 3-5 为高炉各部位砌体的砖缝厚度。

表 3-5　高炉各部位砌体砖缝厚度

砌砖部位	砖缝厚度/mm	砌砖部位	砖缝厚度/mm
黏土砖或高铝砖砌体炉底	0.5	炉底耐热混凝土周围环状砌体	3.0
炉缸（包括铁口、渣口、风口通道）	0.5	风口平台出铁厂附近柱子的保护砖	5.0
炉腹和薄壁炉腰	1.0	炭砖砌体炉底薄缝	2.5
厚壁炉腰	1.0		
炉身上部冷却箱以下	1.5	顶端斜接缝	1.5
炉身下部冷却箱以上	2.0	炉缸薄缝	2.0
炉喉钢砖区域	3.0	其他部位薄缝	2.5
炉顶砌砖	2.0	黏土砖保护层砌体	3.0

3-51　什么叫炉衬喷涂修补技术？

答：在高炉生产的后期，炉衬破损较严重，难以维持合理的操作炉型，冷却设备也容易暴露出来，易损坏。为此，有必要采用停炉，空料线，进行散状耐火材料喷补（有普通喷补、长枪喷补和遥控喷补三种方法），在残存砖或冷却器表面附着一定厚度的耐材的方法，可替代重新砌筑的耐火砖衬，恢复炉型。为使喷补料黏附力强，可在泵底板上安装一些铆钉或铁网。湿法喷补要少用水，或不用水，可提高其强度。喷补维持的效果可在 6 个月至 1 年以上。

3-52　炉衬修补的意义是什么？

答：长期以来，国内外的炼铁工作者为了提高高炉的使用寿命，提高经济效益，进行了深入的试验研究，也采取了很多行之有效的措施，使高炉寿命达到 12 年以上。但是，炉腹至炉身下部使用寿命短的通病依然存在，还没有一劳永逸的解决措施。为此，相继开发了压浆造衬和高炉内衬喷补等技术。其中喷补技术由炉皮开孔使用长枪喷补发展到遥控喷补，使喷补费用大幅度降低，造衬质量进一步提高。如日本住友金属工业公司鹿岛厂 3 号高炉（5050m³）在一代炉役期间，仅炉身就喷补 30 多次，使一代寿命达到 13 年（无中修），获得了长寿、高效的良好经济效果。因此，国外的一些厂家认为：对炉体的耐火材料内衬进行预防性的修补，是减少维修费用、延长炉龄的最佳方案。

及时修补炉衬的意义主要有两方面：一方面是延长高炉的使用寿命，使炉体的使用寿命和炉缸同步，达到一代炉役无中修；另一方面，可以保持合理的操作炉型，使炉况稳定顺行，煤气利用率提高，焦比降低。

3-53　炉体砖衬破损对生产的影响有哪些？

答：对鞍钢高炉的统计分析结果是：将冷却设备严重破损后和冷却设备未破损前的生产指标进行比较，大型高炉（不小于 2000m³）焦比升高 20kg/t 左右，中型高炉（1000m³左右）焦比升高 15kg/t。对于 250～750m³ 的高炉，估计焦比也会升高 10kg/t 左右。由此可见，及时修补炉衬是保证高炉长寿、高效的有效措施。

另外，冷却设备破损后如果查漏不及时，向炉内大量漏水后还会导致炉况严重向凉或造成炉缸冻结。如果铁口来水后处理不当，出铁时还会发生爆炸事故。

3-54 什么叫灌浆修补法？

答： 新高炉开炉后，随着炉体各部温度升高，施工压入的泥浆水分大量蒸发，体积收缩形成间隙，产生间隙热阻，使填料层导热系数变小，阻碍热量传导，同时煤气容易沿间隙窜漏，造成局部温度升高，所以要求新建高炉开炉后一个月必须进行炉体灌浆。高炉开炉至超过三个月有必要尽快进行一次炉体灌浆，灌浆时必须由下部逐渐往上进行，灌浆前组织管工和炉长分段敲击检查炉壳，选择空鼓的地方开灌浆孔，以保证灌浆效果。

对炉皮发红、煤气串通严重的部位及炉缸冷却壁水温差高的部位可以进行灌浆。利用特殊压入设备，在一定压力下，通过管道把特定的耐火材料从炉子外部输送到需要维护的部位，达到充填孔隙和修补炉衬的作用，可以在不停炉的情况下对炉衬进行维修，但只限于局部位置，量也比较小。灌浆压入维修有充填式维修和造衬式维修两种。

3-55 什么叫高炉压浆造衬技术？

答： 压浆造衬主要用于短期修补炉身下部、炉腰和炉腹的局部"热点"，即炉皮温度超过200℃的部位。压浆造衬虽然不用降料线，但必须在一定条件下通过重复施工来保持炉衬厚度，也就是需要隔一段时间进行一次压浆造衬。该技术主要适用于全冷却板冷却结构的高炉。

（1）压浆方法与步骤如下：

1）高炉进行倒流休风。

2）选定压入部位，进行炉壳开孔。

3）焊接带有阀门的短管。

4）连接好压入用管子。

5）准备好压浆的高压泵和压入料。

6）进行压浆作业。

宝钢1号高炉1991年8月2日第一次用水质压浆料进行炉体压浆造衬，当时开了三个压浆孔。以后每次定修均进行压浆，至1992年1月，共压浆7次，压入点为13个，累计压入量为8750kg。柳钢也进行了压浆造衬护炉，并且还开发了压浆用的专门设备和压浆料。

（2）压浆料的分类。压浆料可分为水质压浆料和硬质压浆料。国外高炉刚开始时用水质压浆料，1989年日本开始使用硬质压浆料。硬质压浆料的效果虽然优于水质压浆料，但必须用高压泵，最大压力可达18.8MPa。硬质压浆料主要应用在全冷却壁冷却结构的高炉。

从成分上压浆料可分为两种类型：一种是硅酸盐结合的，用于炉身下部和以下位置，该部位的温度可以把压入料完全烘干固结；另一种是铝酸钙水泥结合的，用于炉身中、上部，特点是固结温度低，强度高，抗磨损。

3-56 什么叫高炉炉衬普通冷喷补技术？

答： 普通冷喷补是将料面降到喷补部位以下的位置，使需要喷补的炉衬完全露出料面。然后在炉内料面上架设平台，由人工进入炉内进行喷补。

普通冷喷补的施工时间长，通常需要 14～21 天，并且还必须做好通风和对 CO 的监测，以确保施工人员的安全。但是，这种方法可以充分除掉原炉衬表面的黏结物，喷补结束后也可以对废物进行彻底的清理。另外，可以准确地把喷补料喷射到应该喷补的位置，有利于保持喷补后的炉型完整，使高炉顺利开炉。

3-57　什么叫高炉炉衬炉壳开孔长枪喷补技术?

答: 这种方法也需要将料面降到喷补部位以下的位置，使需要喷补的炉衬完全露出料面。然后在需要喷补位置对面的炉壳开孔，人在炉外把长喷枪伸进炉内，对准需要喷补的部位进行喷补。该方法虽然不用在炉内架设平台，使用的喷补料也相对少些，但一次喷补只限于炉子圆周 5～7m 的范围;同时，还需要在炉子圆周开几个喷补口和在冷却壁（或冷却板）周围找出最佳喷射角。清除被喷补炉衬表面的黏结物时，可用水和空气混合的流体经高压喷嘴喷射到需要清洗的炉衬表面，清洗不掉的黏结物可以用喷嘴撞掉。

当一个象限位置的喷补工作完成后，移至另一位置继续进行喷补。喷补用的开孔在喷补完成后用新压制的钢板焊好，然后可喷补或者用砖砌上，但最后一个开孔则必须砌砖并进行灌浆。该技术更适合对炉衬局部破损的部位进行修补。

3-58　什么叫高炉炉衬遥控喷补技术?

答: 遥控喷补最大的好处是工作人员不进入炉内，自动喷补装置在高炉内部工作，用一个视频系统从高炉外面进行观察并控制喷补过程。遥控喷补是一项完整的系统工程，包括:

(1) 深空料线停炉。深空料线停炉是把休风后的料面控制在风口中心线以下 300～500mm 左右。

(2) 喷涂覆盖层。覆盖层的作用主要有两点:一是防止清洗炉墙的水渗入炉缸并谨慎炉缸的热损失;另一个作用是可以顺利地清除清洗下来的黏结物和反弹。覆盖层用料的理化性能应该和炉渣接近，送风后覆盖料熔化时不影响炉渣的流动性，使开炉顺利。喷涂覆盖层之前应该先对料面进行修整，使喷涂覆盖层呈"馒头"型，这样有利于冲洗的水从风口流出。

(3) 冲洗喷补面。用高压喷枪清除喷补面上的黏结物。

(4) 遥控喷补作业。喷补时准确地控制好喷补料的水分是确保喷补质量的关键，水分低时反弹量增加，水分多时喷补层容易塌落。喷补时从下往上一层一层的进行，与此同时，还要通过视频系统严格控制喷补过程，确保喷补后的喷补面光滑平整，剖面炉型曲线圆滑，无明显的拐角。

(5) 清除覆盖层上的废物。喷补结束后需要清除覆盖层上清洗下来的炉墙黏结物和反弹料，以保证开炉顺利。

(6) 烘烤。因为喷补料中含有一定的水分，同时在低温时喷补层的强度也较低，因此必须经过烘烤才能进行装料。烘烤时必须严格按烘烤曲线进行。

(7) 破碎覆盖层。送风前必须把覆盖层打碎，这样才能确保送风后煤气流上升顺畅。

(8) 开炉。送风前应该把铁口处理好，如果条件具备，应该先进行铁口富氧吹风 2～3h，然后再用风口送风。

以上这些工序既相对独立，又互相联系，只有圆满完成上道工序，才能进行下道工序。因此，只有发挥了整体功能才能体现出遥控喷补技术的先进性和优越性。

3-59　如何认识炉衬喷补技术的应用合理性？

答：有的厂家对炉衬喷补的期望值过高，用喷补代替中修，喷补后没有达到预期目标就认为炉衬喷补的作用不大，其实这种看法是片面的。应该认识到炉衬喷补是为了保持操作炉型的完整和保护冷却设备不被烧坏，从而进一步达到高炉长寿、高效的目标，因此，必须确定好适宜的喷补时机和最佳的喷补层厚度。

3-60　如何确定高炉炉衬适宜的喷补时机？

答：新建或者大修后的高炉开炉后，因原燃料条件、冷却结构、炉衬耐火材料以及基本操作制度等不同，形成的操作炉型也有很大的差异，因此，冷却设备开始破损的时间也不一样。对于原燃料条件较差或冷却设备质量较差的高炉，一般在开炉后两年左右冷却设备开始破损，三年左右开始大量破损。

一般在冷却设备刚开始破损或破损数量不多时，有计划地进行维修，更换完破损的冷却设备后进行喷补，是高炉喷补的最佳时机。然后每隔两年喷补一次，总共喷补 4～5 次便可使高炉寿命达到 13 年以上。而在高炉需要中修时才进行喷补，用喷补代替中修，便会得不偿失。

3-61　如何确定高炉炉衬适宜的喷补厚度？

答：如果用喷补代替中修，则喷补料的平均厚度约为 300mm，且使用寿命也只在两年左右，在经济上是不合理的。若在冷却设备损坏很少时实施炉衬喷补进行年修，并按操作炉型确定喷补料的厚度，则料层的平均厚度只有 150mm 左右，使用寿命也是两年，这在经济上就比较合理了。与此同时，还可以减少 60% 左右的施工时间。国内外高炉喷补的实践表明，喷补层的厚度并不是和使用时间成正比的，炉衬的侵蚀速度只有在形成稳定的操作炉型以后，热平衡达到一定值时才减缓。所以，笔者认为适宜的喷补层厚度应该平均在150mm 左右。这无论是在经济上，还是在使用寿命上，都是最佳的。

3-62　如何选择高炉炉衬喷补料？

答：选择喷补料的原则是：根据炉体各部位工作条件的不同，选择性能不同的喷补料，使喷补的工作层侵蚀均匀，操作炉型稳定，从而达到延长使用寿命的目的。

根据这一原则，炉身中、上部的喷补料应该具有较高的结构强度，能够耐高速煤气流和炉料的冲刷磨损。炉身下部和炉腹、炉腰的喷补料除具有较高的结构强度外，还应该耐初渣的化学侵蚀。大连摩根公司根据笔者的建议，已开发出适应炉身下部和炉腹、炉腰工作条件的喷补料（MS3）。

3-63　如何计算高炉炉衬喷补维修的经济效益？

答：以 400m³ 的高炉为例，冷却设备破损后使焦比升高 10kg/t，按年产生铁 42 万吨计算，则每年多耗焦炭：10kg × 420000 = 4200t。每吨焦炭按 1550 元计算，每年的生产消耗需要多支出：1550 元 × 4200 = 651 万元。

　　但是，400m³ 的高炉进行一次喷补维修的费用预计低于 100 万，不到半年就可收回投资，因此其延长高炉使用寿命的综合经济效益更大。

3-64　影响炉体长寿的关键环节有哪些？

　　答：目前，我国虽然有少数大、中型高炉达到了 10 年以上不中修（仍需利用年修更换局部破损的冷却设备和进行喷补的方法达到）的长寿目标，但炉体（炉腹至炉身下部）寿命短的通病依然存在。在高炉冶炼中，炉腹、炉腰和炉身下部是炉料和煤气流冲刷磨损及热负荷最大、化学侵蚀最严重的部位，因此砖衬的侵蚀速度最快，一般只能保持 3 ~ 6 个月左右，最多也只能维持一年，一年以后便完全靠冷却设备了。冷却设备刚开始破损时，对高炉冶炼的影响还不大。当冷却设备大量破损时（一般在开炉两年以后），向炉内大量漏水，使炼铁生产的焦比升高（大中型高炉平均为 15 ~ 25kg/t）。大量漏水后如处理不及时，还会造成重大事故（炉缸冻结或铁口来水后出铁时发生爆炸）。同时，冷却设备向炉内漏的水，还会氧化高炉内衬的炭质材料，导致炉缸炭质材料内衬层提前损坏。破损的冷却设备被迫关水，断水后冷却设备很快被烧蚀。炉壳失去保护后发生变形、开裂，当外部喷淋水也难以维持安全生产时，则被迫进行大、中修。由此看来，高炉的使用寿命在很大程度上取决于冷却设备的使用寿命。因此，能否实现冷却设备的长寿，已成为能否实现高炉炉体长寿的关键。

3-65　冷却设备损坏的主要原因是什么？

　　答：炉体冷却设备失去砖衬保护后直接和高温煤气和炉料接触，热面工作温度由有砖衬保护时的 200 ~ 400℃ 升高至 900 ~ 1300℃，并受到热震、机械磨损和化学侵蚀等综合的破坏作用，很快就发生破损。

　　（1）高温烧损和热应力的破坏作用。失去砖衬保护的冷却设备，直接承受煤气、炉料和熔融渣铁的高温作用，特别是原燃料条件较差的高炉，边缘气流相对发展，热负荷增加，对冷却设备的烧蚀破坏作用更大。当边缘气流过分发展或形成边缘管道时，局部区域的煤气温度急剧升高，更容易使冷却设备的热面发生烧损。不断的烧损最终导致冷却设备破损。

　　当炉况不稳定，边缘煤气流变化频繁时，或者在休风送风过程中，其升温或降温的变化幅度可达 600℃/h 以上。这种交替变化的温度波动不仅使保护冷却设备的"渣皮"脱落，而且当温度变化超过 50℃/min 时，冷却设备基体还会发生剥落和裂纹。另外，球墨铸铁在 600℃ 以上的温度时线膨胀系数成倍地增加，这导致球墨铸铁在高温下的体积不稳定和加速了裂纹的扩展。

　　（2）伸长率不均的影响。球墨铸铁的伸长率在铸件内外差异很大，铸件厚度或尺寸越大其差值越大。尽管近年来高韧性球墨铸铁的附铸试块伸长率已高达 20%，但冷却壁中心部位的伸长率却只有 6% ~ 8%，或最多只相当于表面伸长率的一半。因此，当温度变化时，温差应力便对球墨铸铁冷却壁产生了很强的破坏作用，使冷却壁产生裂纹，裂纹逐渐扩大又导致冷却设备的冷却水管开裂后发生漏水。这种现象在高炉降料线停炉检修时可以看到，有的冷却设备还有砖衬保护，但加压试漏时却发现漏水，表明是在温差应力的破坏作用下冷却水管开裂所致。

（3）晶相组织变化的影响。对冷却壁基体损坏机理的研究结果表明，球墨铸铁劣化的主要原因是 CO_2 侵入后使基体的石墨消失，晶体改变，性能下降。原理是：CO 与球墨铸铁中的石墨（C）开始反应的温度为 709℃，温度越高，反应速度越快。球墨铸铁产生裂纹影响强度在 A_{e1} 相变点温度 770℃ 范围内。因此，从理论上讲，为保证球墨铸铁冷却壁可靠安全的工作，冷却壁热面的最高工作温度应低于 709℃，更不能长时间地超过 770℃。但在炉腹至炉身下部，正常工作温度在 1300~900℃，也是热负荷最大的部位。冷却壁失去砖衬保护后，直接与 1300~900℃ 的煤气流接触，会经常在高于 770℃ 的条件下工作，球墨铸铁中的石墨晶相逐渐消失，性能下降。在停炉中修时对球墨铸铁冷却壁进行检测分析，球墨铸铁中的石墨晶相已经完全丧失。球墨铸铁内的球状石墨的位置上实际上相当于布满了无数个大小不同的疏松孔（0.025~0.15mm），即相当于在冷却壁内布满了众多的裂纹发生地和裂纹扩展源，特别是石墨被氧化以后更加剧了裂纹的形成和扩展。因此，冷却壁的破损也就在所难免了。

（4）结构不合理的影响。炉腹、炉腰和炉身中下部，通常都选用带凸台的镶砖冷却壁。当凸台前的保护砖被侵蚀掉，凸台直接承受 1300~900℃ 的高温时，凸台前端和凸台底部的热面温度仅比煤气温度低 200℃ 左右，也就是说当煤气温度为 1000~1300℃ 时，该处的温度可达 800~1100℃，远远超过了球墨铸铁的安全工作温度。此时冷却壁凸台前沿和角部将出现熔融状态，尤其是凸台角部出现严重的层状剥落。靠凸台托砖的全冷却壁式结构的高炉，凸台的剥落使凸台前端的砌砖没有了可靠的支撑，当炉腹的砖衬被侵蚀掉以后，上部的砖衬失去支撑后便逐渐脱落，导致炉身下部和炉腰的砖衬快速损坏。与此同时，又加速了冷却壁凸台的破损。凸台破损后关水使凸台很快被烧毁，凸台烧毁后靠凸台支撑的砌砖也逐渐脱落，又使冷却壁失去砖衬保护，失去砖衬保护的冷却壁在 1300~900℃ 的高温下工作，被烧毁也就是必然的了。当炉况波动，边缘气流发展或者出现边缘管道时，冷却壁的烧损速度更快。

另外，镶砖冷却壁在浇铸后铁水凝固时有 1% 的线收缩，而镶砖（铝碳砖或碳化硅砖）的线收缩很小，所以冷却壁在镶砖的直角处形成内应力并出现裂纹，这对冷却壁的使用寿命也会产生不利影响。

因此，研究开发新一代冷却设备，使冷却设备在没有砖衬保护的条件下能够承受 1300℃ 以上的高温并耐冲刷磨损，才是更合理、更有效的延长冷却设备使用寿命的途径。

3-66 如何选择炉体冷却系统？

答：根据高炉冷却部位的不同和高炉各区域的工作特点，高炉设工业水冷却系统和软水密闭循环冷却系统。

（1）风口小、中套及炉顶洒水等采用高压工业水冷却，水量为 1380t/h，水压为 1.7MPa，进水温度不大于 35℃，温升不大于 2℃。

（2）常压工业水的水量为 600t/h，水压为 0.6MPa，进水温度不大于 35℃；风口大套及其他的水量为 300m³/h；常压软水备用水量为 300m³/h。

（3）炉底水冷管、炉体冷却壁等处采用软水闭路循环系统冷却，水量为 3200t/h，水压为 0.65MPa，进水温度不大于 45℃，温升为 7~10℃。软水系统补水量：正常为 10t/h，最大为 32t/h。工艺系统管路阻损为 0.20MPa。

（4）安全用水系统：软水密闭循环系统的安全供水采用事故柴油泵，供水量为正常供水量的 50%，供水压力与正常时相同。高炉工业净环水除设有 $Q = 1000\text{m}^3/\text{h}$ 柴油机事故泵外，柴油机事故泵启动备用事故用水，利用高炉事故水塔，使用时间约 10min。

3-67　如何选择炉体自动化检测及控制系统？

答：为确保高炉的稳定生产操作，降低原燃料消耗，延长高炉寿命，设置了炉体检测系统，为高炉冶炼的操作人员提供准确可靠的参数和信息。

（1）高炉检测装置。在炉缸、炉底，主要沿炉缸多个方向设置了炉衬热电偶。

为准确检测炉体各段冷却壁的运行状况，在各铸铁冷却壁上设置了热电偶，在炉腹、炉腰、炉身下部的重要部位增加了检测点。煤气上升管的热电偶与炉顶喷雾装置连锁，用于控制炉顶煤气温度和保护炉顶设备。炉喉封板处设置炉内料面红外摄像装置。

（2）水系统检测装置。在高炉冷却水系统中各区、各段进出软水管路上设有热电偶、压力计、流量计，用于检测进/出水温度、温差、压力、压差、流量。软水密闭循环系统中设有膨胀罐，并在其上设液位计，根据液位的变化，可在线判断系统是否漏水。为检漏方便，在水系统主要管路、重点冷却设备上设置了现场压力表，以便于生产巡检、检修等使用。

（3）其他。高炉还另外设置了热风压力、热风温度及炉顶压力等主要炉体检测项目。

3-68　高炉操作维护如何与长寿工作相统一？

答：高炉操作维护是影响高炉长寿的重要因素之一，在合理的耐材结构和先进的冷却系统以及完善的自动化检测控制的基础上，高炉操作应以长期稳定、顺行为方针，活跃炉缸，保持渣铁良好的物理热和流动性。同时加强高炉维护，根据自动化检测的实时监控，对侵蚀严重的区域实行有针对性的快速修补技术（如喷补、压浆等）。

3-69　如何保证冷却设备的安装质量？

答：冷却设备到厂后要进行检验，包括外观和内在的质量。外观要平整，无裂纹，进出水管接头要牢固，丝扣好。对冷却设备要先进行清扫，再进行通球试验，之后通水打压数小时，观察是否有泄漏等。

要按有关国家标准对各类冷却设备进行安装，并要有施工监理。对安装好的冷却设备要用高压水进行管道清扫，清除管内杂物，并要进行数小时的试压。用工业净化水冲洗之后要进行化学清洗除锈斑。清洗后的管道要进行钝化膜预处理。

3-70　为什么说改善炉料质量，可为优化高炉操作创造好条件？

答：炉料转鼓强度高，粒度均匀，含有害杂质少，冶金性能好，可使高炉实现高效化生产。炉料质量高，就会使煤气透气性好，煤气流分布均匀，煤气压力损失少，有利于高炉进行强化冶炼。

3-71　为什么说进行科学布料是控制边缘煤气流发展的重要手段？

答：使用无料钟炉顶设备可以实现大矿批、正分装，中心加焦，定点布料等方式上料。工长操作完全可以控制炉内边缘煤气流的发展,有利于高炉长寿。

高炉炉役后期,炉型不规则,边缘煤气流不易控制,渣皮不稳定,局部区域炉皮发红,冷却设备易破损,高炉生产不好操作。这时,工长们就要充分利用上下部调剂相结合的手段,使用可以促进延长高炉寿命的操作手段进行工作。例如,在布料矩阵变化不大的前提下,逐步扩大布矿区域,力求料面趋于平坦,适度发展中心气流,抑制边缘煤气流;在冷却壁、风口易坏的部位换上长风口,缩小风口径,提高风速和鼓风动能,改善炉缸工作状况等。

3-72 如何进行钒钛矿护炉?

答:在炉缸冷却壁水温差超过规定范围时,要进行综合技术分析:水温差升高的冷却壁进出水量是否正常?周边的冷却壁水温差是否也随之变化?水温差升高的速度和发展趋势如何?要看看水温差变化的历史记录,并要根据表面温度计测得的相应部位的炉皮温度等现象进行综合判断。如确认该冷却壁水温差升高能够真实地反映出该部位炉衬侵蚀严重后,要及时采取一切有效措施,尽快将水温差值降下来。包括对该地区冷却壁进行清扫,加大通水压力和水量,甚至可用清洁冷水专门进行冷却;对该部分炉内实施灌浆;堵住相应部位风口,改炼高标号生铁等。使用钒钛矿进行护炉是对炉缸、炉底炉衬进行保护的有效方法。

钒钛矿护炉的机理是:TiO_2 在高炉内可还原成为 TiC、TiN 及其固熔体 Ti(C,N)。由于 Ti 的碳、氮化物熔点很高,纯 TiC 为 3150℃、TiN 为 2950℃,Ti(C,N) 固熔体的熔点也很高,它们对炉缸、炉底的内衬均起到保护作用。为使高炉能继续保持正常生产,在烧结矿中加入 3% 左右的钒钛磁铁精粉,或将 5~7kg/t 钒钛块矿加入炉中,就可以产生护炉的效果。

在开始阶段,钒钛磁铁矿用量占含铁炉料的 2.5% 左右,生铁中的 Ti 含量在 0.10% ~ 0.15%。维持一段时间,待水温差有所下降,并相对稳定时,逐步降低钒钛矿用量,最后维持在每吨生铁含 Ti 在 5kg 左右即可。在此期间,冷却壁的水温差应维持在 0.8℃ 以下。

护炉期间要特别注意控制铁水中 Si 含量的稳定性,适当提高生铁一级品率,铁水中 Si 含量不低于 0.5%,铁水中 Ti 含量达到 0.12% 以上。

3-73 我国高炉长寿技术发展现状如何?

答:高炉长寿不仅是钢铁联合企业稳定铁产量保持生产平衡的需要,也是提高高炉生产效率、降低生铁成本、获得最佳经济效益的需要,因此,全世界的炼铁工作者在过去的几十年中一直进行高炉长寿技术的研究并取得了预期的效果。

当前,我国新建和大修改造的大型(不小于 1500m³)高炉,在设计上遵循高效和长寿并举的原则,一代炉役设计寿命 15~20 年,平均利用系数为 2.2~2.5t/(m³·d)。

多数厂家从国外引进大高炉炉缸内衬用的炭素材料(NMA 和 NMD,BC-7S 和 BC-8SR,AM-101 和 AM-102)。陶瓷砌体材料主要有两种:异型预制块和标准砖(230mm × 150mm × 75mm 和 345mm × 150mm × 75mm)。炉身下部至炉腹部位采用铜冷却壁和砖壁一体化的薄壁结构,要求达到 10 年以上不中修。

我国目前还是发展中国家,一些钢铁企业还需要进行结构优化和技术改造,还不能完全依靠进口昂贵的耐火材料来取得高炉长寿，因此，还应该开发适应大中小高炉应用并具有自主知识产权的耐火材料制品和高炉长寿技术，各企业可根据高炉炉容的大小及设备装备水平，在兼顾企业今后发展需要的情况下，根据经济实力选择符合本企业需要的高炉长寿技术。

3-74　高炉炉缸结构新技术有哪些？

答： 20 世纪 80 年代以前用隧道窑焙烧的无烟煤和以冶金焦为主要原料生产的炭块，导热能力比较差，在生产中炉缸炭块产生环状断裂和异常侵蚀。断裂渗铁后裂缝逐渐扩大并形成铁水渗入层。为了消除炉缸炭块环状断裂对炉缸使用寿命的影响，各国都在提高炭块的使用性能上进行了大量的研究试验。通过提高生产炭块原料的质量（改为电煅烧无烟煤）和增加添加剂来提高炭块的质量（微孔和超微孔、高导热、高耐蚀）。

使用热模压小块炭砖（NMA 和 NMD）并配合高性能的胶泥（C-34 和 C-46），炉衬厚度在 1000mm 左右就可以确保 12 年以上的使用寿命。延长内衬使用寿命的关键是依靠高导热在炭块的工作面上形成凝结保护层（石墨碳沉积物、渣和铁的混合凝固物），使炭砖不再被侵蚀。

3-75　什么叫陶瓷杯结构，有何特点？

答： 欧洲于 20 世纪 70 年代在炉底炭块的上部使用了莫来石质陶瓷垫，我国在 20 世纪 50 年代就开始采用综合炉底技术，炉底炭块上面的高铝砖实际上就是准陶瓷垫。欧洲的设计人员在借鉴陶瓷垫解决了炉底侵蚀问题的成功经验后，1984 年德国蒂森公司鲁洪 6 号高炉第一次采用陶瓷杯结构。

陶瓷杯结构能够延长炉缸使用寿命的原因，就是把使炭块发生脆化和环状断裂的温度控制在陶瓷质耐火材料内，保护炭块在陶瓷杯存在的期间内不发生环状断裂，使炉缸寿命达到 10 年以上的长寿目标。

鞍钢 7 号高炉（2580m³）1992 年在炉缸上使用自焙炭块时，也是在借鉴了综合炉底的成功经验的基础上，开发出自焙炭块-陶瓷砌体复合炉缸结构。此高炉 1992 年 4 月 25 日开炉，2003 年 9 月由于进行技术改造而停炉，使用寿命为 11 年 5 个月，共生产铁水 1600 多万吨。

鞍钢 7 号高炉应用自焙炭块-陶瓷砌体复合炉缸结构时，在炉缸不同高度的自焙炭块与陶瓷砌体的接触面上和紧贴冷却壁的捣料层中安装了测温热电偶，从热电偶的测温结果中发现，靠近冷却壁的炭捣料（包括炉底的炭捣料）和自焙炭块根本达不到完成焙烧的温度，因此也就不能完成焙烧过程。开炉一定时期以后，捣料层中的挥发分已大部分挥发，挥发分挥发后又不能结焦，因此，捣料层的气孔率很高，结构强度也很差。这样的捣料层不仅对热传导影响很大，而且一旦发生异常侵蚀，当铁水接触到捣料层时，捣料层根本没有抵御铁水渗透的能力，成为自焙炭块-陶瓷砌体复合结构中的薄弱环节。

针对自焙炭块-陶瓷砌体复合结构在生产中发现的薄弱环节，鞍钢在设计 10 号高炉（2580m³）时进行了改进，将低温区的自焙炭块改变为焙烧的模压 C-SiC 砖并紧贴冷却壁砌筑（这种结构国外称为石墨墙），焙烧的模压 C-SiC 和自焙炭砖之间为捣料层。10 号高炉的炉缸结构见图 3-1。

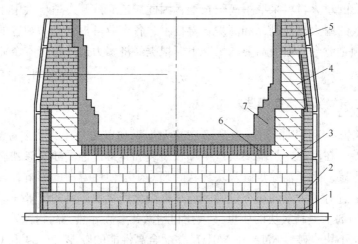

图 3-1 鞍钢 10 号高炉自焙炭块-陶瓷砌体复合炉缸结构图

1—炉底炭捣料（S-10）；2—半石墨质焙烧大炭块；3—自焙炭块；4—半石墨质自焙炭块；

5—半石墨质焙烧炭砖；6—微孔铝碳砖；7—刚玉莫来石砖

开炉一年后的测温结果表明，自焙炭块和 C-SiC 接触面的温度达到 650℃以上，可以满足自焙炭块完成焙烧的需要，因此，彻底消除了 7 号高炉自焙炭块-陶瓷砌体复合结构中存在的薄弱环节。10 号高炉于 1995 年 2 月份开炉，至 2008 年 11 月停炉（钢材滞销，控制产量），一代炉龄时间 14 年 8 个月，共生产铁水约 2600 多万吨，达到 10000t/m³ 的国际标准。

3-76 炭块-陶瓷砌体复合炉缸结构有几种形式？

答：目前，中国各钢铁企业的高炉大多数采用焙烧炭块-陶瓷砌体复合炉缸结构，通用的炭块-陶瓷砌体复合炉缸结构有两种形式：一种是焙烧炭块（砖）配小块陶瓷杯砖；另一种是焙烧炭块配刚玉-莫来石质组合预制块。

（1）焙烧炭块-小块陶瓷砌体复合结构可分为以下几种：

1）焙烧大炭块-小块陶瓷砌体复合结构。大炭块在砌筑时，是多边形组成的圆（边长为炭块宽度，一般为 400mm）。而小块陶砌体（230mm 或 345mm×150mm×75mm）是边长为 150mm 的多边形组成的圆。两个边长不同的多边形组成的圆，在衔接时必然存在很多三角缝。三角缝的大小和炉缸直径及砌筑质量有关，炉缸直径越小，砌筑越不标准，三角缝就越大。在砌筑施工时又很难保证两个多边形组成的圆都十分规整，其结果是实际的三角缝比设计值要大，有时可达到 10mm 以上。因此，在设计时两个多边形组成的圆衔接时留有的 10mm 的缝隙，施工时用热固树脂胶泥充填。

2）模压小块炭砖-小块陶瓷砌体复合结构。模压小块炭砖（230mm×150mm×75mm）和小块陶瓷砌体在砌筑时，都是由边长为 150mm 的多边形组成的圆，两个多边形组成的圆在衔接时也必然存在三角缝。炉缸直径越大，三角缝相应减小；炉缸直径减小，三角缝相应增大，对于 1000m³ 以下的高炉，三角缝可达到 3mm 以上。在砌筑时多边形不可能确保十分规整，所以三角缝也就更大。施工时三角缝也用热固树脂胶泥充填。

由于热固树脂挥发分高，在生产过程中挥发分挥发以后必然产生大量的气孔并形成收缩缝。这些气孔和收缩缝既降低了充填层的结构强度，又影响了导热，使陶瓷杯抵御铁水的渗透侵蚀能力也很差。由于是从上到下的通缝，所以当个别部位的陶瓷杯侵蚀破损（首先是铁口部位）后发生铁水渗透，便会在从上到下的通缝中逐渐积聚，铁水积聚以后又使通缝扩大，最后便形成铁水夹层（中修停炉的调查结果表明，铁水夹层厚度达到 50 ~ 70mm）。形成铁水夹层后不仅加速了陶瓷杯的侵蚀，而且使陶瓷杯失去了对炭块的保护作用。因此，从上到下的砌筑通缝便成为炉缸炭块-陶瓷砌体复合内衬结构中影响陶瓷砌体使用寿命的关键环节。

3）炭块-组合预制块复合结构。炭块配组合预制块时，炭块和组合预制块之间留有70mm 左右的捣料缝。由于捣料缝在施工时采用捣打成型，捣料的捣打密度比同材质的组合预制块低，强度也相差较多，所以，当某一个部位的预制块受到冲刷侵蚀变薄并发生破损后，铁水便会渗透到捣料层内。由于捣料层抵御铁水渗透的能力差，铁水渗透后也会发生积聚现象。

生产实践结果表明，结构合理的陶瓷杯实际使用寿命一般在 3 ~ 4 年左右，陶瓷杯失去作用后，就成为全炭的内衬结构了。

（2）模压炭砖-小块陶瓷砌体复合炉缸结构的改进。现在是用电煅烧无烟煤为原料生产炭块或炭砖，各种指标完全可以满足现代大型高炉强化冶炼的需要。在最近几年的停炉调查中，还没有发现炉缸炭块的环状断裂问题。用焙烧的小块模压炭砖砌筑的炉缸内衬，更不存在环状断裂问题，只要胶结泥浆和施工质量达到规范标准，就不会发生从砌筑缝隙中钻铁而造成特殊侵蚀的问题。所以，现在复合炉缸结构中陶瓷砌体的主要作用是减少炉缸的散热损失，充分发挥提高铁水温度和降低焦比的作用。因此，希望陶瓷砌体的使用寿命越长越好。

3-77　如何延长陶瓷砌体的使用寿命？

答：延长陶瓷砌体的使用寿命的办法有两种：

（1）进一步提高陶瓷砌体耐火材料制品的质量（微孔、添加金属硅等添加剂），提高抵抗铁水的冲刷侵蚀和抵抗碱金属侵蚀的能力，但是，在陶瓷砌体理化性能提高的同时，成本也随之大幅度升高，但陶瓷砌体的使用寿命能否达到预期的效果，还有待生产实践的检验。

（2）在提高陶瓷砌体耐火材料制品质量的同时，再进行设计上的改进，把小块模压炭砖（或炭块）与小块陶瓷砌体砖进行咬合砌筑，彻底消除从下到上的通缝，见图3-2。在咬合砌筑中，一些设计人员和使用者担心由于炭块和陶瓷砌体的膨胀率不一样，会在咬合部位发生断裂。根据理论分析和试验研究，不会发生这种现象，理由如下：

1）经过计算，1.5mm 的砌筑缝隙完全可以消化两种不同材质耐火制品的不同热膨胀。

2）在正常的设计中，炭块（砖）和陶瓷砌体从炉底到风口组合砖之间虽然是独立砌筑，但并没

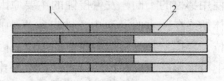

图 3-2　模压炭砖-小块陶瓷砌体
咬合砌筑结构示意图
1—模压微孔小块炭砖；2—陶瓷砌体砖
（长 230mm 和 325mm 搭配）

有因两种材料的热膨胀不同而留有不同的膨胀缝，基本上都是和风口组合砖直接接触。在某些高炉中修停炉时的调查中，并没有发现陶瓷砌体顶坏风口组合砖而形成的裂缝。

在高炉开炉后 48h 左右，陶瓷砌体就可以完成升温过程，与此同时也完成了热膨胀。而未焙烧的模压炭砖的焙烧，在温度高于 150℃后有一个结合剂软化、挥发分挥发、焦化、完成焙烧的过程，在结合剂受热软化时，未焙烧的模压炭砖具有准可塑性。未焙烧的模压炭砖在可塑阶段完全可以吸收陶瓷砌体的热膨胀，因此，对整体结构不会产生破坏作用。由于未焙烧的模压微孔炭砖直接和陶瓷砌体接触，根据生产实践，热面温度在 1000～1150℃的范围内，因此，完全可以完成焙烧。

除此之外，咬合砌筑还具有以下优越性：

（1）由于消除了从下到上的通缝，即使局部陶瓷砌体破损发生钻铁现象，也不会形成铁水积聚，因此，彻底杜绝了铁水夹层的形成。

（2）高炉生产 3～5 年以后，即使和炭块（砖）热面接触砌筑的陶瓷杯砖被冲刷侵蚀掉，咬合在两层炭块（砖）之间的陶瓷杯砖依然存在，这种结构和镶砖冷却壁类似。夹在两层炭砖之间的剩余陶瓷砌体砖，不但仍然能够发挥低导热的功能，而且还比全炭结构更容易形成凝结保护层，能继续发挥陶瓷砌体的（部分）作用。

若使用大炭块-陶瓷砌体的炉缸结构，由于两种砖加工和砌筑配合的困难，不易实现咬合砌筑，但通过台阶式的砌筑结构就可以避免出现上下的通缝，见图 3-3。

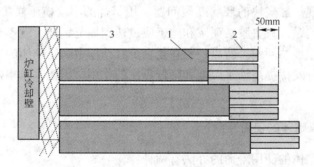

图 3-3　大炭块-小块陶瓷砌体梯形结构示意图
1—微孔大炭块；2—陶瓷砌体砖（长 325mm）；3—炭捣料（70～100mm）

3-78　如何合理选择炉缸部位耐火材料？

答：（1）按炉缸部位不同选择性能适宜的陶瓷砌体材料。高炉陶瓷砌体在炉缸内由于使用部位的不同，发生侵蚀的主要原因和机理也就不同，在铁口水平中心线以下，陶瓷砌体始终在铁水的浸泡中，铁口水平中心线往上 1500mm 左右是铁水和熔渣交替存在的部位，再往上是只有熔渣存在的部位。因此，在冷却强度适宜的条件下，铁口水平中心线以上可以形成渣皮保护层；而铁口水平中心线以下，只能形成由凝铁、石墨碳沉积物和渣、焦炭末混合组成的凝结保护层。因此，陶瓷砌体材料应该按工作条件的不同，选择性能也不完全一样的耐火材料。

当前，普遍有一个不正确的概念，即认为在中、小高炉上使用复合棕刚玉砖，大型高炉使用刚玉莫来石砖。实际上中、小高炉的冶炼强度远超过大型高炉，破坏作用并不比大型高炉低。

另外，国内外的研究结果表明，在炉缸内高温和还原气氛的条件下，铁水对复合棕刚玉砖表面的 SiC 润湿良好并发生如下反应：

$$mFe + nSiC \longrightarrow Fe_m SiC_n$$

该反应在炉缸内强还原气氛的条件下，1300℃ 左右就迅速发生。在 Si 含量未达到 33% 之前，该反应继续进行。当 FeSiC 溶于铁水中以后，上述反应一直进行下去，最后导致复合棕刚玉砖被损毁。因此，铁口中心线以下的复合棕刚玉砖，使用寿命一般在 2~3 年左右。所以，无论高炉大小，在铁口中心线以下部位都不宜使用复合棕刚玉砖，应该选用抗铁水侵蚀性能优异的耐火材料制品。表 3-6 列出了刚玉氮化硅制品与刚玉复合砖的性能比较。

表 3-6　刚玉氮化硅制品与刚玉复合砖的性能比较

项　目	刚玉氮化硅制品	刚玉复合砖
体积密度/g·cm^{-3}	3.35	3.15
常温耐压强度(1500℃×2h)/MPa	178.3	120.8
常温抗折强度(1450℃×2h)/MPa	40(烧后)	17.8
抗渣侵指数/%	5.23	10.0
抗铁侵指数/%	0.15	0.21

（2）根据冶炼生铁的品种选择性能适宜的陶瓷杯材料。矿石中含有钒、钛时，由于其在高炉冶炼时有护炉作用，在炉缸的冷却强度偏大时还容易导致炉缸炉墙结厚；如果冶炼强度低，炉温长期偏高，还会造成炉缸堆积，因此，入炉原料中含有一定量的钒、钛（铁水钒、钛含量达到 1% 左右）时，陶瓷砌体材料更不能选用复合棕刚玉砖和其他导热性比较好的砖，使用特级高铝砖和磷酸浸渍的高铝砖就可以完全满足高炉强化冶炼的需要。

3-79　如何选择炉缸部位组合砖材质？

答：（1）铁口组合砖材质的选择：铁口组合砖目前在设计中普遍采用复合棕刚玉砖或刚玉-莫来石砖，这两种材质耐铁水冲刷侵蚀的能力并不理想，在生产中表现出铁口深度不稳定。

根据鞍钢 2580m³ 和 1000m³ 高炉的生产实践，铁口应用铝-炭-碳化硅组合砖时，铁口深度比较稳定，而且容易维护。所以，选择铝-炭质组合砖比较适宜。

（2）风口组合砖材质的选择：风口组合砖目前在设计中也是普遍采用复合棕刚玉砖或刚玉-莫来石砖，由于风口组合砖是炉缸中温差最大的部位，因此，必须选择耐急冷急热性能和抗渣侵蚀性能都好的耐火材料。根据国外的经验和鞍钢 10 号高炉的生产实践，炭素材料比较好。

3-80　炭块-陶瓷杯内衬结构的冶炼规律变化是什么？

答：炉缸采用炭块-陶瓷杯内衬结构以后，高炉冶炼规律发生了明显的变化，主要表现在：

（1）炉缸耐火材料内衬层的温度梯度明显改变，靠近渣铁面的炉衬温度梯度提高。开炉半年以后陶瓷杯层和炭块接触面的温度，正常情况下在 800~950℃ 的范围内，如果低于 750℃（相差 100℃ 以上），表明炉缸炉墙结厚。

（2）铁水的物理热提高，同样容积的高炉，在生铁含 Si 量相差不大的条件下，有陶瓷杯和无陶瓷杯的相比，铁水温度提高 18~21℃。

（3）在正常生产的条件下，生铁含硅 0.35% 左右时，相当于无陶瓷杯层高炉生铁含硅 0.50%~0.55% 时的物理热水平。因此，生铁含硅可以降低 0.15%~0.20%，焦比平均降低 6~8kg/t。

（4）炉缸温度提高以后，渣铁的流动性改善，提高了炉况对外部条件变化的应变能力。

（5）当炉温连续（2~3 次铁）低于热制度规定的下限时，渣铁仍然可以正常流动。

（6）长时间休风（超过 8h 的休风）送风后出头一次铁时，渣铁的物理热提高，流动性改善，铁口容易处理。

（7）长时间炉温偏高（Si 在 0.5%~1.0% 的范围）并含硫较低时炉缸炉墙容易结厚，需要注意预防。

3-81　炉衬长寿的技术措施有哪些？

答： 在高炉冶炼中，炉腹、炉腰和炉身下部是炉料和煤气流冲刷磨损及热负荷最大、化学侵蚀最严重的部位。在精料水平提高以后，我国大多数高炉的炉料结构是 20%~30% 的球团矿和 80%~70% 的烧结矿。当球团矿的比例超过 20% 以后，球团矿还原膨胀产生热震（热冲击）的破坏作用，已成为炉衬破损的主要原因。

全冷却壁冷却结构的高炉，由于冷却壁凸台使用寿命也较短（一般在开炉两年以后就开始破损），在冷却设备刚开始破损时，只要处理及时还不会后对炉况造成大的影响。如果冷却设备破损数量较多，破损后又不能及时查出并关水，对炉况的影响更大。与此同时，合理的操作炉型受到破坏，炉况难以保持稳定顺行，所以，产量降低，焦炭消耗增加。根据统计结果，1000m³ 左右的高炉在冷却设备破损数量超过 20% 以后，产量降低 10%~20%、焦比升高 10~15kg/t 左右。

对于在炉腹-炉身下部采用铜冷却壁（炉身下部基本上只用一段）、薄壁炉衬结构的大型（不小于 2000m³）高炉，炉身中下部仍然使用球墨铸铁冷却壁，该部位球墨铸铁冷却壁一般在使用 4 年左右开始破损，不能和铜冷却壁保持同步。

因此，无论是大高炉，还是中小高炉，炉身下部至炉腹部位高温区炉衬的使用寿命仍然是影响高炉整体长寿的薄弱环节。

3-82　什么叫铜冷却壁？

答： 铜冷却壁能够延长炉体使用寿命的关键在于能迅速形成"渣皮"，当"渣皮"脱落后，铜冷却壁大约 13min 左右就可形成新的"渣皮"保护层，但托砖能力差，只能采用薄壁炉衬结构。由于各企业高炉的原燃料条件和操作制度的差异，即使按操作炉型设计炉型完全相同的高炉，在实际生产中形成的操作炉型却是不同的。所以，对炉况的稳定顺行有不利影响，对于容积大于 3000m³ 的大型高炉，由于原燃料条件比较好，中心气流比较发展，炉型对炉况顺行的影响表现不明显。而炉型对中、小高炉的影响就比较明显，由于铜冷却壁的冷却强度大，在炉况波动、成渣带区域高度发生变化时，还容易造成局部结厚，影响炉况的顺行。与此同时，铜冷却壁与"渣皮"的结合能力低，当"渣皮"达到一定厚度时，容易发生脱落。"渣皮"脱落进入炉缸高温区域后，降低了炉缸的温度，导致炉缸的渣铁温度大幅度降低，造成炉况大凉。如果处理不及时又发生灌渣，还会发生炉缸冻结。

另外，大高炉虽然在高热负荷区域（炉腹、炉腰和炉身下部第一代）使用铜冷却壁，但炉身下部第一代冷却壁以上仍然采用球墨铸铁冷却壁。由于球墨铸铁冷却壁使用寿命不能与铜冷却壁同步，因此，开炉 3~4 年后还需要进行维修。

3-83　什么叫组合冷却壁，有几种类型？

答：组合冷却壁分为铸铁-铜管组合和铸铁-无缝钢管组合两种结构。

组合冷却壁按结构分为两部分：普通铸铁冷却壁（冷却水管为蛇形管）、厚壁"U"型无缝管（或厚壁铜管）和特种耐火材料组合的冷却"模块"。

（1）铸铁-铜管组合冷却壁。这种结构的依据是：在高炉生产 2~3 年冷却壁破损后，为防止炉壳变形或烧穿，在破损的铸铁冷却壁上钻孔安装铜冷却棒。安装铜冷却棒后在原来破损的冷却壁处形成新的（渣皮）保护层，继续维持高炉的正常生产，其使用时间可以达到 3~4 年以上，一直使用到高炉进行中修时。

铸铁-铜管组合冷却壁的铜冷却管既有耐火材料保护，又有铸铁冷却壁的冷却保护，其使用寿命和冷却效果都远远超过铜冷却壁。因此，在生产中使用是没有任何风险的，可以有效地延长高炉炉体的使用寿命。

铸铁-铜管组合冷却壁的优点如下：

1）与铜冷却壁对比，可以大幅度地降低投资（价格是铜冷却壁的 1/5 左右），与此同时，耐火材料炉衬的厚度可以增加，在开炉后形成合理的操作炉型，更有利于炉况的稳定顺行。

2）中、小高炉炉腰下部至炉腹部位高热负荷区域采用铸铁-铜管组合冷却壁，使用铜冷却壁的大型高炉，炉身中下部选用铸铁-铜管组合冷却壁，都可以达到 6~8 年不用中修的使用目标；与此同时，可以使炉衬均匀侵蚀，保持操作炉型完整，保持炉况的稳定顺行，焦比降低，经济效益提高。

（2）铸铁-非金属冷却壁。铸铁-无缝钢管组合冷却壁的结构也是由两部分组成的，即蛇形管通冷却水的铸铁冷却壁和"非金属冷却壁"（厚壁无缝钢管 + 耐火材料）的技术组合。"非金属冷却壁"技术是乌克兰"模块"技术的改进和发展，在我国有十几座高炉应用，一般在 3~5 年后厚壁无缝钢管才开始破损。

铸铁冷却壁-非金属冷却壁（厚壁无缝钢管 + 耐火材料）组合吸收了铸铁冷却壁和非金属冷却壁技术的优点，厚壁无缝钢管在铸铁冷却壁的冷却保护下，比单独使用时寿命更长。因此，可以达到 5~6 年不破损的长寿目标。

如果采用浇注料固定砌砖，取消冷却壁凸台托砖，将彻底解决冷却壁凸台（或冷却板）破损关水后很快就被烧坏而失去托砖作用的弊端，炉衬的使用寿命可以进一步延长。

与此同时，由于砖衬的均匀侵蚀，更有利于形成操作炉型并保持操作炉型的稳定，这一优越性又克服了使用"模块"和"非金属冷却壁"时不能形成合理的操作炉型，因而在正常生产中经常发生崩料和滑料现象的缺陷，更有利于保持炉况的稳定顺行。

3-84 铜冷却壁和组合冷却壁合理搭配对延长炉体寿命的好处有哪些？

答： 针对高炉炉身下部、炉腰及炉腹的冷却设备使用寿命短、影响高炉一代使用寿命的问题，世界各国都进行了深入的研究，也相应采取了一些对策。但是对球墨铸铁冷却壁的安全工作温度必须低于 709℃，以及冷却壁的水管在浇铸过程中渗碳后脆化及晶相改变和球墨铸铁的伸长率在铸件内外差异大的问题一直没能有效地解决。因此，国外在十几年前就开始应用铜冷却壁，现在已经经过一代炉龄的考验，我国的一些大型高炉也开始在炉腹、炉腰和炉身下部高温区域应用。

（1）在大型高炉上如果采用铜冷却壁和组合冷却壁的合理搭配，也就是在高炉的不同部位分别选用适应该部位工作条件的冷却设备和耐火材料内衬，则可延长炉体的使用寿命；同时，开炉后由于砖衬均匀侵蚀，确保高炉能够形成合理的操作炉型，更有利于炉况的稳定顺行。因此，可以在不同容积的高炉上推广应用。

（2）铸铁冷却壁-非金属冷却壁（厚壁无缝钢管＋耐火材料）组合在制造成本上和双层冷却的铸铁冷却壁差别不大。因此，采用铸铁冷却壁-非金属冷却壁（厚壁无缝钢管＋耐火材料）的组合冷却壁，可以在不增加投资的条件下大幅度地延长炉体的使用寿命，因此，它可以说是中小高炉炉体冷却结构的最佳选择。

3-85 什么叫炉衬维修技术？

答： 冷却设备（冷却板和冷却壁）破损在正常生产中是不可避免的，关键是冷却设备破损时能够及时发现并处理，把对高炉冶炼的影响降到最低。另外，当冷却设备破损数量达到 30% 左右时，应该进行中修。

中修的方案基本有两种：一种是降料线至风口中心线，更换破损的冷却设备并进行喷补造衬。另一种是降料线至风口中心线以后打水降温，扒出炉缸中的停炉料，更换破损的冷却设备并进行砌砖。

采用第一种方案时，中修时间短，不用打水降温并扒出停炉料，有利于保护炉缸内衬的炭块。但根据国内外的实践经验，喷补炉衬的使用寿命一般为 12～18 个月左右。

采用第二种方案时，由于高炉已经生产几年了，风口组合砖已经破损，基本上是靠"渣皮"保护，正常生产没有任何问题，但在上面砌砖是行不通的，必须在风口下面的炭块上重新砌筑风口砖后才能再砌筑炉腹的衬砖。另外，由于工人要进入炉内工作，必须对炉缸的高温焦炭进行打水降温，打水降温后对炉缸的环形炭块有一定的破坏作用，根据以前的经验，多数高炉都是在打水停炉中修后发生问题而被迫进行大修的。与此同时，由于砌筑陶瓷杯和炭块时形成的从上到下的通缝，在开炉 2 年以后已钻铁并形成铁水夹层，停炉打水后使陶瓷杯彻底破坏，并可能使炭块发生环裂。

3-86 为什么说建立高炉长寿工作的预案制是十分必要的？

答： 在高炉长期生产过程中会遇到一些突发事件和特殊情况，各炼铁企业应制定一些重大突发事件和特殊情况处理的预备方案。预备处理方案是经过科学缜密的思考下制定出来的。执行预案制会使企业的生产和经济损失减少，高炉仍可得到长寿。对高炉长寿有影响的特殊情况有以下几种：

（1）突然停水、停电对冷却设备的保护处理。

（2）炉墙结厚、结瘤处理如何保护好耐火内衬。

（3）炉缸堆积的洗炉处理如何操作。

（4）铁口出水的判断和处理。

（5）炉役后期的炉缸维护，特别是对局部水温差升高的判断和处理等。

3-87　新式长寿炉体结构分为几种？

答：目前高炉炉体结构原则上可分为 4 种：

（1）密集式冷却板（铜冷却板）冷却结构：主要在我国 2000 m^3 以上的大型高炉上应用。优点是冷却板破损后可以不降料线进行更换，缺点是炉衬内型不规整，投资太高（铜冷却板目前价格为 8.0 万元/t 左右）。

（2）全冷却壁（铜冷却壁 + 球墨铸铁冷却壁）冷却结构：1500 m^3 以上的大型高炉在炉体的高温区选用铜冷却壁，薄壁炉衬。由于设计的炉型与实际操作炉型差异较大，炉型对精料水平高的大型高炉影响不大，但对于 2000 m^3 以下的中、小高炉，非操作炉型对高炉顺行的不利影响就比较明显。

（3）板壁结合的冷却结构：球墨铸铁镶砖冷却壁，托砖采用冷却板。

（4）凸台托砖的全冷却壁冷却结构：利用冷却壁的凸台托砖，炉腹至炉身下部选用双层冷却水管的冷却壁。

板壁结合的炉体结构和凸台托砖的全冷却壁结构是目前 2000 m^3 以下高炉常用的炉体结构。优点是炉衬砌砖，可以形成操作炉型；缺点是：冷却板（或冷却壁凸台）在开炉两年左右开始破损，破损关水后很快被烧掉，冷却板（或冷却壁凸台）被烧掉后砖衬失去支撑，发生局部脱落，砖衬脱落后又使冷却壁失去砖衬保护，很容易被烧坏；与此同时，砖衬局部脱落又造成炉型不规整，影响炉况顺行。

冷却壁破损后向炉内漏水，导致焦比升高，漏水过多时还容易发生铁口出铁时放炮事故或炉缸冻结事故。

鉴于板壁结合和凸台托砖的全冷却壁冷却结构存在的不足，笔者与东北大学的老师合作，开发出球墨铸铁冷却壁加小型"模块"的冷却结构（组合冷却壁），这种冷却结构改变了冷却壁凸台和冷却板托砖的方法。

3-88　新式长寿炉体结构有何优点？

答：（1）工作层的冷却水管性能保持不变。厚壁无缝管没在铸造过程中发生渗碳脆化，仍然保持强度高、韧性好、导热效率高的优点，并且单根水管的冷却强度远大于冷却壁壁体的冷却强度。

（2）厚壁无缝管和耐火材料工作层耐高温性能优越。该结构的热面工作层由于是由冷却水管与特种耐火材料组成的，安全工作温度可以达到 1400℃ 以上。在高炉内 1350℃ 的工作条件下，依然能够保持较高的强度和耐磨性，彻底克服了球墨铸铁冷却壁安全工作温度（不大于 709℃）的不足。

（3）新结构的工作层优于"模块"。由厚壁无缝管与特种耐火材料组成的热面工作层，耐火材料保护了厚壁无缝管，铸铁冷却壁和无缝管通水对特种耐火材料层起双重冷却作用，降低了耐火材料层的工作温度。因此，组合冷却壁的工作层比"模块技术"的使用寿命更长。

（4）该结构工作层耐冲刷磨损性能高。铸铁冷却壁（或铜冷却壁）在失去耐火材料保护层（砌砖或喷涂料）以后，铸铁（或铜）直接与高温煤气流和炉料接触，其耐磨性、耐高温能力远低于组合冷却壁的复合工作层，所以，组合冷却壁的性能优于铸铁冷却壁，更优于铜冷却壁。

（5）该结构工作层抗热震性能好。在铜冷却壁的薄壁炉衬结构中，选用的耐火材料抗热震性能极差。在组合冷却壁中选用的特种耐火浇注料，充分考虑了热震对高炉内衬的破坏作用，这就更有利于延长组合工作层的使用寿命。

（6）有利于降低高炉投资。铸铁-铜管组合冷却壁的价格仅是铜冷却壁价格的 1/3 左右，因此，用户可以大大降低新建（或大修）高炉的成本，还可以避免铜冷却壁经常发生"渣皮"脱落的弊端。

（7）有利于高炉保持操作炉型稳定。该结构彻底杜绝了现在采用冷却板（或冷却壁凸台）托砖，当冷却板（或冷却壁凸台）破损后砖衬失去支撑而发生脱落现象的发生。这样可以保持耐火材料内衬均匀侵蚀，保持操作炉型的完整，更有利于炉况顺行。

3-89 为什么说高炉炉缸安全标准有新变化？

答：当喷涂造衬等技术被成功应用之后，高炉的炉缸安全标准一般是判断高炉寿命的主要依据。但是在近几年内，国内相继出现了多起炉缸温度偏高的案例，引起很多厂家的重视和研究，特别是对个别高炉进行大修之后的仔细分析来看，所谓的炉缸温度偏高和高炉的选材有一定的关系，原来在普通黏土砖、高密度黏土砖以及普通高铝砖时代所定的一系列判断标准，有必要作出相应的修改。特别是现在高炉采用优质炭砖和高密度的刚玉陶瓷杯后，所定的旧版标准对新型的耐火材料有很大的不适应。

3-90 为什么说原定安全标准不适合新型修建高炉？

答：在过去几十年内，经过科研单位研究以及高炉工作者多年的现场经验，一般确定高炉的炉缸安全衡量标准为：高炉炉缸 2～3 段冷却器的热流强度在 29.308MJ/（$m^2 \cdot h$）之内是相对安全的，与之相对应的水温差一般在 1.5℃ 以内，当热流强度不小于 33.494MJ/（$m^2 \cdot h$）时，高炉就存在烧穿的危险，需要作出控制冶炼强度或者护炉等防护措施。当热流强度不小于 50.242MJ/（$m^2 \cdot h$）时，高炉安全状态已经比较危险，一般必须采取堵风口、减风、加含钛料、控制生铁钛含量在 0.15% 以上等措施来强行护炉。当热流强度不小于 62.802MJ/（$m^2 \cdot h$）时，一般要求高炉休风凉炉，以严防重大事故发生。

在对热流强度、水温差等有了参考后，随着热电偶的大量埋设，一般观测到炉底中心温度在 400℃ 以内，侧壁的温度在 600℃ 以内时相对是安全的。

以上水温差、热流强度以及埋设的热电偶标准对于先前的高炉炉缸工作状态起到了很好的监测效果，预防了重大安全事故的发生，对于高炉安全起到了至关重要的作用。但是高导热的优质炭砖和高绝热的刚玉陶瓷杯材料被应用后，情况发生了变化，主要表现在：使用新型材料后，一些高炉在开炉初期就出现热电偶温度快速升高，炉缸热流强度超标，水温差偏高的现象，由于炉缸安全指标严重超标，给炼铁管理者及高炉操作人员带来很大的恐慌。

这种情况在全国范围内都有发生，大小高炉都有，但基本都是近几年用炭砖和陶瓷杯结合的炉底、炉缸结构的高炉，之所以发生这种现象，作者认为这是因为原先的黏土质耐火材料的导热不能和炭砖相比，隔热不能和刚玉相比，因此当时高炉一般依靠厚的耐材来维护寿命，一般炉底砖层达到9层，随着砖衬的不断腐蚀，砖层减少，水温差、热流强度等指标就不断地升高，最后相对准确地判断出炉缸的安全状态。

3-91 应用高导热的炭砖后，炉缸温度升高的趋势如何？

答： 随着研究的不断深入，高炉工作者发现高炉的自保护是高炉寿命延长的重要措施，即利用强冷却手段把1150℃等温线控制在耐材以外，在高炉炉缸内部利用冷却形成自身的铁质保护壳，这样，高导热的炭砖被广泛地应用，但是在开炉初期，从开炉到达产，由于炉温自保护的铁质保护壳还没有生成；即使生成，随着开炉初期生铁成分的剧烈变化，保护壳也不易稳定存在。在没有铁质保护壳形成的状态下，虽然有一层隔热较好的陶瓷杯来进行隔热，但开炉初期的高温还是被高导热的炭砖很快传到冷却壁上，随后就表现出水温差偏高、热电偶温度偏高、热流强度偏高的现象；并且一般情况下，温度升高的趋势较快，曲线平滑，国内有过在开炉2周左右时间内热电偶温度升高到900℃的例子。伴随达产的进度和操作的逐渐规范，炉况逐步稳定，炉缸保护壳慢慢形成，炉缸各点的温度才慢慢回落。

但也有由于耐材质量差，例如炭砖或者某种耐材导热系数低，巨大的热梯度被包在炭砖内部，使得测量炭砖的热电偶温度偏高，而炉缸冷却壁水温差不高的情况。

3-92 高炉炉缸安全标准变化的依据是什么？

答： 根据大修高炉的实际情况，对于不同的耐材所建的高炉，应该选用不同的标准，特别是当耐材差别较大时，若还选用原来的标准来参考，就会出现较大的偏差，例如某高炉热流强度达到50.242MJ/($m^2 \cdot h$)以上，个别冷却壁水温差超过2℃，炉底中心的热电偶温度超过450℃，多方人员经过认真研究，依据安全生产的原则，结合该高炉的生成情况，决定对其进行大修处理。

该高炉在放完残铁、扒炉的过程中研究人员发现炉底、炉缸的侵蚀并不严重，炉底4层炭砖侵蚀不到半层，炉缸炭砖虽然有不规则的侵蚀，但也不是到了非常严重的地步，只是铁口部位略薄了一些。因此，对于不同的高炉，应该依据耐材的不同性能，详细计算耐材的侵蚀情况，不能根据一个标准就断定高炉的实际工作状态。但一定要注意最薄弱的环节，国内近几年炉缸烧穿基本都发生在铁口部位，有些高炉在投产很短的时间内就出现了问题，因此铁口部位不能以简单的侵蚀来衡量，也许由于炮泥质量低劣，几炉次的浅铁口后，高炉就有烧穿的可能。一般铁口部位的水温差测量的频次要高一些，特别是连续的浅铁口后更要加强检查。

3-93　炉缸的安全标准监测的必要性是什么?

答: 对于炉缸的安全标准监测,应该多种方法结合,最好实现在线连续测量,避免人为的误差造成误判断。目前国内较为先进的在线监测系统可以连续真实记录下各部位水温差的变化情况;依据耐材的性能、热流强度的变化可以间接形象地反映出炉内的侵蚀情况,当然,由于热电偶的使用,还可以直接测量出侵蚀情况,该热电偶一般可以实现高温测量,以断通来衡量铁水的侵蚀,例如当铁水侵蚀到该热电偶处,电路中断,操作者就可以非常直观地知道铁水在炉底、炉缸的位置。不过该办法也有缺点,由于埋设热电偶破坏了原来耐材的结构,曾经就发生过铁水沿热电偶流出的事故。

从各方面来看,在几十年前所定的炉缸安全标准和现在采用新型耐火材料的高炉有较大的差异,简单地利用原来的标准进行衡量就可能做出错误的判断。不过由于炉底、炉缸的安全标准涉及高炉安全以及人身和设备安全,从保守安全的角度来讲,一般人都不愿意更改,但是从技术进步的方面给予阐述和确定是必要的。炉缸的安全新标准能够帮助高炉实际工作状态作出更加合理和真实的判断和指导。

第4章　高炉开炉前的技术准备

第1节　高炉用原燃料准备

4-1　高炉炼铁使用的原料种类有哪些？

答： 高炉生产的主要原料是铁矿石及其代用品、锰矿石、燃料和熔剂。

高炉炼铁使用的原料种类有：

（1）含铁原料：高炉炼铁的含铁原料分为直接入炉原料及经过加工后入炉的原料。

1）直接入炉的含铁原料：包括天然块矿；烧结矿；球团矿。

2）不能直接入炉的原料：各种铁精矿；富矿粉；回收的各种含铁废弃物。

对含铁原料的要求为：粒度大于5mm的块状料。包括天然矿石和人造富矿（烧结矿、球团矿）。

铁矿石包括天然矿和人造富矿。一般含铁量超过50%的天然富矿可以直接入炉；而含铁量低于30%～45%的矿石直接入炉不经济，需经选矿和造块加工成人造富矿后入炉。

铁矿石的代用品主要有：高炉炉尘、氧气转炉炉尘、轧钢皮、硫酸渣以及一些有色金属选矿的高铁尾矿等。这些原料一般均加入造块原料中使用。

锰矿石一般只在生产高炉锰铁时才使用。

（2）燃料：包括冶金焦、焦丁、煤块、煤粉、重油、天然气和焦炉煤气等。

（3）熔剂及其他原料：碱性熔剂；酸性熔剂；其他辅料等。

4-2　可用于高炉生产的含铁矿物有哪些，各有何特点？

答： 工业用铁矿石是以其中含铁量占全铁量85%以上的该种含铁矿物来命名的。

氧化铁矿物：包括赤铁矿、磁铁矿、假象赤铁矿（磁赤铁矿）。

水合铁氧化物：各种褐铁矿、针铁矿等。

含铁碳酸盐：有利用价值的主要是菱铁矿。含铁白云石主要作为熔剂利用。

硫化铁矿物：主要成为矿石中的有害元素矿物。

含铁硅酸盐：是矿石中脉石的来源，如果选矿被选出则降低铁的回收率，不能选出则降低铁矿石的品位。包头铁矿中就有许多含铁硅酸盐。含铁矿物分为氧化铁矿（Fe_2O_3、Fe_3O_4）、含水氧化铁矿（$Fe_2O_3 \cdot nH_2O$）和碳酸盐铁矿（$FeCO_3$）。高炉炼铁用含铁矿物也就分成赤铁矿（Fe_2O_3）、磁铁矿（Fe_3O_4）、褐铁矿（$Fe_2O_3 \cdot nH_2O$）和菱铁矿（$FeCO_3$）。各种含铁矿物的化学式、组成及特性见表4-1。

表 4-1 各种含铁矿物的化学式、组成及特性

种类	矿物名	化学式	理论化学成分/%				密度 /g·cm^{-3}	硬度
			TFe	FeO	结晶水	其 他		
氧化物	磁铁矿	Fe_3O_4	72.4	31			5.18	5.5 ~ 6.5
	赤铁矿	$\alpha\text{-}Fe_2O_3$	70				4.8 ~ 5.3	5.5 ~ 6.5
	磁赤铁矿	$\gamma\text{-}Fe_2O_3$	70				4.9	
含水 氧化物	针铁矿	$\alpha\text{-}Fe_2O_3 \cdot H_2O$	62.9		10.1		3.3 ~ 4.3	5 ~ 5.5
	鳞铁矿	$\gamma\text{-}Fe_2O_3 \cdot H_2O$	62.9		10.1		3.3 ~ 4.3	5
	褐铁矿	$nFe_2O_3 \cdot mH_2O$	55.2 ~ 66.1		5.6 ~ 21			
硫化物	黄铁矿	FeS_2	46.5			S:53.5	5.0	6 ~ 6.5
	白铁矿	FeS_2	46.5			S:53.5	4.8	6 ~ 6.5
	磁硫铁矿	$Fe_{1-x}S$	61 ~ 63			S:37 ~ 39	4.5 ~ 4.6	3.5 ~ 4.5
碳酸盐	菱铁矿	$FeCO_3$	48.2				3.9	5.5 ~ 6.5
	铁白云石	$Ca(Mg,Fe,Mn)(CO_3)_2$	2.6 ~ 20.2			MnO:0.4 ~ 4.3, MgO 6.2 ~ 15.2 CaO:13.7 ~ 33.8	2.9 ~ 3.1	3.5
含铁 硅酸盐	鲕绿泥石	$(Mg,Fe,Al)_6(SiO_mAl)_4O_{14}(OH)_8$	33 ~ 42	33 ~ 42	1 ~ 1.7	SiO_2:23 ~ 27 Al_2O_3:15 ~ 20	3 ~ 3.5	2 ~ 3
	铁蛇纹石	$(OH)_{12}Fe_9^{2+}Fe_2^{3+}Si_8O_{12} \cdot 2H_2O$	38 ~ 43	29 ~ 45	9 ~ 10	SiO_2:32 ~ 34 Al_2O_3:0 ~ 1	3	1 ~ 2
	铁滑石	$Fe_3(OH)_2Si_4O_{10}$	38.7	29.2	9.5	SiO_2:32 Al_2O_3:1.0	3 ~ 3.2	1
	海绿石	$K(Fe,Mg,Al)_2Si_4O_{10}(OH)_2$	12 ~ 13	3 ~ 6	5 ~ 11	SiO_2:46 ~ 53 Al_2O_3:4 ~ 15	2.5 ~ 2.8	2

含铁矿物的特点为:

(1) 赤铁矿的特征是它在其断面上的划痕呈赤褐色,无磁性。质软、易破碎、易还原。含 Fe 量最高是 70%。但有一种以 $\gamma\text{-}Fe_2O_3$ 形态存在的赤铁矿,结晶组织致密,划痕呈黑褐色,而且具有强磁性,类似于磁铁矿。

(2) 磁铁矿在其断面上的划痕为黑色,组织致密坚硬,孔隙度小,还原比较困难。磁铁矿看做是 Fe_2O_3 和 FeO 的结合物,其中 Fe_2O_3 占 69%,FeO 占 31%,理论含 Fe 量为 72.4%。自然界中纯粹的磁铁矿很少见到,由于受到不同程度的氧化作用,磁铁矿中的 Fe_2O_3 成分增加,FeO 成分减少。当磁铁矿中的 FeO 成分减少到全铁量与 FeO 量之比 $m(\text{TFe})/m(\text{FeO})$ 大于 7.0 时,叫做假象赤铁矿;$m(\text{TFe})/m(\text{FeO}) = 3.5 ~ 7.0$ 时,叫做半假象赤铁矿;只有 $m(\text{TFe})/m(\text{FeO})$ 小于 3.5 时称为磁铁矿。磁铁矿具有磁性,这是磁铁矿最突出的特点。

(3) 褐铁矿是含有结晶水的氧化铁矿石,颜色一般呈浅褐色到深褐色或黑色,组织疏松,还原性较好。褐铁矿的理论含铁量不高,一般为 37% ~ 55%,但受热后去掉结晶水,含铁量相对提高,且气孔率增加,还原性得到改善。

(4) 菱铁矿为碳酸盐铁矿石,颜色呈灰色、浅黄色或褐色。理论含铁量不高,只有

48.2%，但受热分解放出 CO_2 后，不仅提高了含铁量，而且变成多孔状结构，还原性很好。因此，尽管含铁量较低，仍具有较高的冶炼价值。

4-3　含铁原料哪些可以直接入炉，哪些不能直接入炉？

答： 高炉炼铁含铁原料分为直接入炉原料及经过加工后入炉的原料。

（1）直接入炉的含铁原料包括：天然块矿、烧结矿、球团矿。

（2）不能直接入炉的原料包括：各种铁精矿、富矿粉、回收的各种含铁废弃物。

4-4　什么叫焦炭对 CO_2 的反应性及反应后强度？

答： 将样品在氮气保护下升温到反应温度。通入 CO_2 进行反应 120min。称取反应前后样品重量，将反应失重率作为焦炭对 CO_2 的反应性（CRI）。

反应后样品装入 $\phi130mm \times 700mm$ 的 I 型转鼓，以 20r/min 的速度转 30min 共 600 转。将转鼓测试后的样品进行筛分，大于 10mm 的部分所占的分数为反应后强度（CSR）。小型 CO_2 反应后强度试验装置图如图 4-1 所示。

4-5　国内外焦炭质量对比如何？

答： 国内外焦炭质量对比情况见表 4-2。

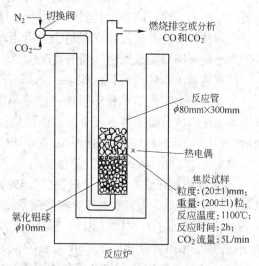

图 4-1　小型 CO_2 反应后强度试验装置简图

表 4-2　国内外焦炭质量对比情况　　　　　　　（%）

厂　名	水　分	灰　分	硫	M_{40}	M_{10}	CRI	CSR
瑞典乌克瑟勒松德厂	4.5	8.5	0.65	84	6.7	26	64
德国迪林根厂	2.8	8	0.81	83.5	5.3		
德国蒂森厂	4.7	9.2	0.59			22.7	66.3
英国雷德卡厂		10.0	0.60	87.1	5.8	24	67
意大利塔兰托厂		9.4	0.60	86.2	6.2	28.2	65.6
荷兰霍戈文厂			0.60	87.8	5.8		
美国加里厂	2.8	7.6	0.67				
美国克莱尔顿厂	2.3	8.2	0.72			25.5	63.5
鞍钢	4.9	12.54	0.56	79.15	7.32		
首钢	5.1	12.11	0.57	78.56[1]	7.86[1]	27.3[2]	64.6[2]
武钢	2.1	12.23	0.48	80.03	7.74		
宝钢	0	11.04	0.48	89.66	5.43	24.1	70.4

①为湿熄焦数据，且是从 M_{25} 换算而来；干熄焦 M_{40} 为 85.4%，M_{10} 为 6.0%；

②为湿熄焦数据，干熄焦 CRI 为 24.0%，CSR 为 66.5%。

4-6　什么叫精料，高炉精料的具体内容是什么?

答: 精料是指原燃料入高炉前，采取措施使它们的质量优化，成为满足高炉强化冶炼要求的炉料，在高炉冶炼使用精料后可获得优良的技术经济指标和较高的经济效益。

高炉炼铁应当认真贯彻精料方针，这是高炉炼铁的基础。精料技术水平对高炉炼铁技术指标的影响率在 70%，高炉操作为 10%，企业现代化管理为 10%，设备运行状态为 5%，外界因素（动力、原燃料供应、上下工序生产状态等）为 5%。高炉炼铁生产条件水平决定了生产指标的好坏。高炉工长的操作结果也要由高炉炼铁的生产条件水平和工长的操作技能水平来决定。用科学发展观来认知高炉炼铁的生产规律，要承认高炉炼铁是个有条件生产的工序。高炉工长要讲求生产条件，但不唯条件，重在加强企业现代化管理。

生产技术和企业现代化管理是企业行走的两个轮子，要重视两个轮子行走的同步性，否则会出现来回摇摆或原地转圈的情况。

做好精料工作的内容提法很多，例如有"高、熟、稳、匀、小、少、好"，也就是入炉品位要高，多用烧结矿和球团矿、筛除小于 5mm 的粉末，控制入炉矿的上限，保证粒度均匀，化学成分稳定等。较全面的提法是:（1）渣量小于 300kg/t;（2）成分稳定、粒度均匀;（3）具有良好的冶金性能;（4）炉料结构合理。

（1）"高"。1）入炉料含铁品位要高（这是精料技术的核心）。入炉矿含铁品位每提高 1%，炼铁燃料比降低 1.5%，产量提高 2.5%，渣量减少 30kg/t，允许多喷煤 15kg/t。2）原燃料转鼓强度要高。大高炉对原燃料的质量要求是高于中小高炉。如宝钢要求焦炭 M_{40} 为大于 88%，M_{10} 为小于 6.5%，CRI 小于 26%，CSR 大于 66%。一般高炉要求 M_{40} 大于 80%，M_{10} 小于 7%，CRI 小于 30%，CSR 大于 60%。3）烧结矿碱度要高（在 1.8～2.0）。

（2）熟。熟料比（指烧结矿和球团矿）要高。目前炼铁企业已不再追求高的熟料比，如宝钢熟料比为 81%。增加高品位块矿，可有效提高入炉料的含铁品位，有利于节能减排;减少造块过程中的能耗和环境污染。但我们认为熟料比不应小于 80%，否则炼铁燃料比会升高。

（3）稳。原燃料供应的数量、比例和质量要稳定。原燃料稳定是高炉生产的灵魂，也是当前我国高炉炼铁生产存在的最大问题。

（4）匀。原燃料的粒度和成分要均匀，这是提高炉料透气性的有效办法。大、中、小粒度的炉料混装会有填充作用，减少有效空间。一般要求 5～15mm 粒级所占比例小于 30%。焦炭在炉缸的空间要有 40%，这也是评价焦炭质量的标准之一。

（5）小。原燃料的粒度要偏小。球团矿为 8～16mm，烧结矿为 5～50mm，焦炭为 50～75mm，块矿 5～15mm。小高炉所用原燃料的粒度可偏小些。

（6）少。含有害杂质（S、P、F、Pb、Zn、K、Na 等）要少。希望炉料中含碱金属要小于 3%，Pb 含量小于 0.15%。

（7）好。矿石冶金性能好:软熔温度高（大于 1350℃），熔化区间窄（小于 250℃），低温还原粉化率低，还原率高（大于 60%）等。

4-7　天然块矿的种类、特点有哪些，对其要求是什么?

答:（1）天然块矿的种类包括:

1）国产富矿。主要是海南矿，含铁品位低，含硫高，含 SiO_2 高，多用于代替硅石调节碱度。

2）进口富矿。见表 4-3。

（2）天然块矿的特点为：

1）冶炼特点：配比通常不超过 15% ~ 20%，往往抗爆裂性差。

2）经济分析：比球团矿价格低，可以降低成本。

（3）对天然块矿的要求：

1）含铁量高，过去含铁量不小于 45% 就可以直接入炉，现在进口块矿通常要求含铁量达到 64% 以上。

2）含硫磷杂质低，强度适宜，热稳定性好。

3）粒度：8 ~ 30mm。

4-8　各种进口块矿有何特点？

答：（1）南非矿。Sishen 是南非主要的出口铁矿石矿山。该矿山属于堆积型苏必利尔湖式矿山，出口的矿石是经过重液选矿的优质矿石，含铁品位高，含磷和 Al_2O_3 低，低温还原粉化率低。由于距我国较远（16000km），运输费用较高。

（2）澳大利亚矿。

1）纽曼（Mt. Newman）和哈莫斯利（Hamersley）矿山属于堆积型苏必利尔湖式矿山，矿石含有少量的烧损，含铁品位高，含磷低，含 Al_2O_3 高。由于距离我国较近（7000km），运输费用较低。

2）罗布河（Robe River）及 Yandi 矿山属于堆积型河床堆积式矿山，由于含有部分褐铁矿，矿石含铁较低，含 SiO_2 和 Al_2O_3 高，往往用于烧结，烧结后品位较高但给烧结过程带来许多困难。距离我国较近（7000km），运输费用较低。

3）Koolyanobbing 矿山。属于高结晶水褐铁矿，只能用于烧结。烧结后品位较高但给烧结过程带来许多困难。距离我国较近（9000km），运输费用较低。

（3）巴西矿。

1）Minas Gerais 州铁四角地区依塔贝拉（Itabira）矿山等的特点：铁品位高，SiO_2 和 Al_2O_3 低。还原性差，距离遥远（21000km），运输费高。

2）Para 州北部卡拉加斯（Carajas）矿山的特点：铁品位高，SiO_2 和 Al_2O_3 低。还原性好，距离遥远（22000km），运输费用高。

（4）印度矿。果阿矿山的特点：铁品位较低，Al_2O_3 高，还原性较低。距离我国较近（8000km），运输费用较低，但需要通过马六甲海峡。

（5）智利及秘鲁矿。

1）智利矿。Romeral 矿山为接触交代型（或岩浆分化型）矿山，以磁铁矿为主，含硫高，往往还含有其他有害元素。距离我国（9500km）较远，运输费用较高。

2）秘鲁矿。Marcona 矿山以磁铁矿为主。由于是接触交代型矿山，含硫很高，还含有 Cu 等各种杂质。距离我国（9000km）较远，运输费用较高。典型天然块矿的成分及性能见表 4-3。

表 4-3　典型天然块矿的成分及性能

项　目	海南矿	南非矿	哈默斯利	纽曼矿	果阿矿	卡拉加斯	依塔贝拉
$w(TFe)/\%$	53.75	66.17	65.40	65.00	63.07	66.90	66.50
$w(SiO_2)/\%$	17.59	3.80	2.45	3.40	2.15	0.85	1.50
$w(Al_2O_3)/\%$	0.99	0.74	1.77	1.45	2.46	1.10	1.10
$RI/\%$	65.74	62.11	69.48		58.5	66.94	51.50
$RDI_{-3.15}/\%$	12.68	11.58	24.95			21.31[①]	26.50[①]
爆裂指数/%	0.2	3.84	5.8	1.0			1.0
$T_{10\%}/℃$	1167	1082	1012	1110	970	1103	970
$\Delta T_1/℃$	69	127	109	160	220	255	220
$T_s/℃$	1183	1182	1084	1395	1540	1211	1540
$\Delta T_2/℃$	319	228	340	105	20	267	20
$\Delta P_m/Pa$	8820	7644	7448	6223	2646	2009	2558
$S/kPa·℃$	2813.6	1742.8	2435.5	653.4	52.92	536.4	51.2

注：爆裂指数为小于5mm的百分数；$T_{10\%}$ 为软化收缩10%的温度；T_s 为开始熔化温度；ΔT_1 为软化区间，是收缩40%和10%之间的温度；ΔT_2 为开始滴落与开始熔化的温度差；ΔP_m 为滴落过程的最大压差；S 是熔滴特性，等于 $\Delta T_2 \times \Delta P_m$。

① $RDI_{-2.83}$ 的值。

4-9　什么是含铁矿粉烧结？

答：广义的烧结是指一定温度下靠固体联结力将散状粉料固结成块状的过程。炼铁领域内的烧结是指把铁矿粉和其他含铁物料通过熔化物固结成具有良好冶金性能的人造块矿的过程，它的产物就是烧结矿。某厂烧结用铁料的化学成分分别见表4-4和表4-5。

表 4-4　某厂烧结用铁料化学成分　　　　　　　　　　（%）

名　称	TFe	SiO₂	CaO	MgO	Al₂O₃	S	P	烧　损
印　粉	62.11	3.46	0	0	2.05		0	4.63
巴西粉	64.25	3.48	0.44	0.078	1.0		0.13	0.8
哈　粉	63.70	3.50	0.076	0.242	2.1		0.02	3.58
扬迪矿	60.05	3.99	0.18		1.29		0.05	9.46
钢　渣	20.41	13.42	41.60	8.25	3.58		3.10	3.23
铁　皮	70.80	1.30						0
高炉灰	25.27	8.35	7.18	1.95	3.08		0.86	43.05
炉　尘	44.72	6.55	18.48	7.25	3.14		2.82	6.17
返　矿	54.84	5.72	11.40	3.79	1.56	0.036	1.99	0.56
污　泥	46.54	3.79	16.92	1.86	1.77	0.16	4.46	5.19
布袋灰	22.20	7.50	7.16	1.34	3.70		0.95	48.9

表 4-5 某厂含铁原料化学成分分析结果 （%）

粉矿名称	TFe	FeO	SiO$_2$	CaO	Al$_2$O$_3$	MgO	TiO$_2$	S	P	烧损
姑 精	57.41	0.50	12.09	0.823	1.15	0.299	0.225	0.012	0.250	2.25
CVRD 粉	65.28	0.23	3.74	0.355	0.78	0.089	0.054	0.012	0.019	0.72
杨基粉	58.71	0.31	4.35	0.102	1.35	0.104	0.049	0.003	0.050	10.47
天普乐粉	62.36	1.76	3.84	0.029	1.94	0.067	0.115	0.003	0.049	4.47
恰那粉	63.01	0.31	3.97	0.130	2.12	0.085	0.104	0.012	0.065	3.19
FTC 粉	66.01	0.31	3.10	0.078	0.89	0.043	0.118	0.009	0.029	1.22
MBR 粉	67.00	0.42	1.46	0.120	1.20	0.060	0.190	0.010	0.050	1.30

4-10 烧结矿的种类和特点是什么？

答：烧结矿的种类有：

（1）酸性烧结矿：碱度（CaO/SiO$_2$）小于 1.0 的烧结矿。

（2）自熔性烧结矿：碱度在 1.0 ~ 1.35 范围的烧结矿。

（3）熔剂性（高碱度）烧结矿：碱度大于 1.5 的烧结矿。

特点为：

（1）原料适应性：烧结矿的原料适应性强，可利用处理各种粉尘及废料，但粒度过细不利于烧结。

（2）还原性：自熔性和熔剂性烧结矿容易还原，酸性烧结矿较难还原，但比天然矿易还原。

（3）强度：酸性烧结矿和高碱度烧结矿强度高，碱度在 1.3 ~ 1.6 范围的烧结矿强度最差。

（4）高温冶金性能：主要考察熔滴温度，滴落区间，低温还原粉化，还原性等。

典型烧结矿的特点见表 4-6。

表 4-6 典型烧结矿的特点

性 能	包 钢	宝 钢	马钢三烧	杭 钢	鞍钢总厂	东鞍山	芬 兰
w(TFe)/%	56.97	59.09	57.33	55.78	52.68	55.57	61
w(SiO$_2$)/%	5.96	4.47	5.03	4.91	8.04		4.20
w(FeO)/%	10.43	7.35	7.82	10.64	9.34	13.19	9 ~ 10
CaO/SiO$_2$	1.38	1.80	1.93	2.48	1.82	0.66	1.6 ~ 1.7
转鼓强度(JIS)/%	65.49	75.54	78.05	85.32	79.01	79.32	≥68(+6.3mm)

4-11 球团矿的种类和特点是什么？

答：球团矿是细精矿粉（ -200 目，即粒度小于 0.074mm 的矿粉占 80% 以上、比表面积在 1500cm^2/g 以上）加入少量的添加剂混合后，在造球机上加水，依靠毛细力和旋转运动的机械力造成直径 8 ~ 16mm 的生球，然后在焙烧设备上干燥，在高温氧化性气氛下

Fe_2O_3 再结晶的晶桥键固结成的品位高、强度好、粒度均匀的球状炼铁原料。它有以下特点：

（1）使用品位很高的精矿粉（浮选的赤铁矿精粉或磁选的磁铁矿精粉）生产，酸性氧化球团品位 68%，SiO_2 含量在 1% ~ 2%；

（2）无烧结矿具有的大气孔。所有气孔都以微气孔形式存在，有利于气-固相还原；

（3）FeO 含量低（一般在 1% 左右），矿物主要是 Fe_2O_3，还原性好。由于其 SiO_2 含量低，因此高温（1200℃）还原性更优于烧结矿和天然矿；

（4）冷强度好，每个球可耐 2800 ~ 3600N 的压力，粒度均匀，运输性能好；

（5）自然堆角小，在 24°~ 27°，在高炉内布料易滚向炉子中心；

（6）含硫很低，因为在强氧化性气氛下焙烧，可以去除原料中 95% ~ 99% 的硫；

（7）具有还原膨胀的缺点，在有 K_2O、Na_2O 等催化的作用下会出现异常膨胀；

（8）酸性氧化球团矿的软熔性能较差，即它的软化开始温度低，软熔温度区间窄，软熔过程中的 Δp_{max} 高，但它仍比天然富块矿的好，仍是合适炉料结构中高碱度烧结矿的最佳搭配料。

球团矿可分为：（1）酸性自然碱度球团矿：通常碱度小于 0.1。（2）低碱度球团矿：碱度在 0.3 ~ 0.8 的范围。（3）自熔性球团矿：碱度在 1.0 ~ 1.35 的范围。

国内外典型球团指标见表 4-7 ~ 表 4-9。

表 4-7　国内外典型球团指标

性　能	杭钢	鞍钢	首钢	巴西	秘鲁	印度	瑞典
$w(TFe)/\%$	58. 26	63. 19	64. 84	65. 87	65. 40	65. 00	67. 50
$w(SiO_2)/\%$	7. 02	8. 13	5. 5	2. 46	3. 83	3. 50	0. 95
$w(FeO)/\%$	0. 79	0. 58	3. 76	0. 57	1. 30	0. 50	0. 40
碱　度	0. 26	0. 05	0. 05	1. 04	0. 12	0. 03	0. 10
$RI/\%$	71. 9		63. 99	70. 0	61. 78		66. 7
$RDI_{-3.15}/\%$			22. 21	10. 0	9. 33		
$RSI/\%$			17. 64	13. 0	15. 68		14. 9
$T_{10\%}/℃$	1092	855	1015	889	1033		1085
$\Delta T_1/℃$	133	317	97	307	169		115
$T_s/℃$	1308	1470	1212	1350	1398		1315
$\Delta T_2/℃$	142	14	180	21	16		100
$\Delta P_m/Pa$	1803		3430	1579	3529		2350
抗压强度/N·球$^{-1}$	3021	2412	1809	3339	2275	2246	2283
皂土耗量/kg·t^{-1}	25. 9	14	26				

注：RSI 为体膨胀率；$T_{10\%}$ 为软化收缩 10% 的温度；T_s 为开始熔化温度；ΔT_1 为软化区间；ΔT_2 为熔化区间；ΔP_m 为滴落过程的最大压差；杭钢球团含 MgO 3.37%。

表 4-8　国内部分企业球团指标

生产工艺	竖 炉 焙 烧			带式机焙烧		链算机-回转窑	
生产企业	济 钢	新疆八一	杭 钢	鞍 钢	包 钢	承 钢	首 钢
$w(TFe)/\%$	64.18	62.35	58.26	63.19	62.59	56.05	64.84
$w(FeO)/\%$	0.61	1.29	0.79	0.58	2.11		3.76
$w(SiO_2)/\%$	4.98	6.52	7.02	8.13	7.86	7.26	5.5
CaO/SiO_2	0.19	0.37	0.26	0.05	0.1	0.11	0.05
抗压强度/N·球$^{-1}$	3410	2170	3021	2412		1546	1809
皂土消耗量/kg·t^{-1}	24.8	44.8	25.9	14	15.2	85.7	26.7

表 4-9　部分进口球团指标

生产工艺	巴 西		秘 鲁	印 度		瑞 典
生产企业	CVRD		马尔康纳	KIOLC	MANDOV	LKAB
$w(TFe)/\%$	65.87	66.11	65.40	65.00	64.00	67.5
$w(FeO)/\%$	0.57	0.23	1.30	0.50	0.50	0.40
$w(SiO_2)/\%$	2.46	3.01	3.83	3.50	2.2	0.95
CaO/SiO_2	1.04	0.29	0.12	0.03	1.18	1.10
抗压强度/N·球$^{-1}$	3339	2800	2275	2246	2387	2283
$RSI/\%$	13.0	13.0	15.68			14.9
$RI/\%$	70	68	61.78			66.7
$RDI_{-3.15}/\%$	10.0	7.0	9.33			

4-12　目前国内外高炉炉料结构大致分为几种类型?

答:(1)以单一自熔性烧结矿为原料;

(2)以自熔性烧结矿为主,配少量球团矿或天然块矿;

(3)以高碱度烧结矿为主,配天然块矿;以高碱度烧结矿为主,配酸性球团矿;

(4)以高碱度烧结矿为主,配酸性炉料;

(5)高、低碱度烧结矿搭配使用;

(6)以球团矿为主,配高碱度烧结矿或超高碱度烧结矿;

(7)以单一球团矿为原料。

4-13　什么叫矿石的冶金性能,它们是如何测定的?

答:生产和研究中把含铁炉料(铁矿石、烧结矿、球团矿)在热态及还原反应条件下的一些物理化学性能称为矿石的冶金性能,如还原性、低温还原粉化、还原膨胀、荷重还原软化和熔滴性。

(1)还原性是指在高炉冶炼的温度条件下,用还原气体(CO、H_2)夺取矿石中与铁结合氧的难易程度的一种量度,是评价矿石质量最重要的指标。但是直到现在还很难在实验室内完全模拟高炉冶炼实际条件测定矿石的还原性,也很难用现有测定法测得的数据来推算高炉生产指标。

（2）低温还原粉化性能。在 400～600℃铁矿石（特别是用富矿粉生产的和含 TiO_2 高的烧结矿）中 Fe_2O_3（尤其是骸晶状的）还原成 Fe_3O_4 或 FeO 时发生晶格变化，体积增大，同时还存在 CO 的析碳反应（$2CO = CO_2 + C$），在这种双重的作用下铁矿石产生裂缝，严重破裂，乃至粉化。这种还原粉化使料柱的孔隙度降低，透气性恶化，影响高炉生产指标。

（3）还原膨胀性能。铁矿石，尤其是酸性氧化球团矿，在还原过程中会出现体积膨胀、结构疏松并产生裂纹，造成其抗压强度大幅度下降，会给高炉生产造成难行和悬料。引起铁矿石还原膨胀的原因主要有 Fe_2O_3 还原成 Fe_3O_4，再还原成 FeO 所引起的晶格变化，以及 FeO 还原成金属铁时铁晶须的生成和长大。当原料中有起催化作用的 K_2O、Na_2O、Zn、V 等存在时，更会造成球团矿的异常膨胀，可达球团矿原体积的 300% 以上。生产上抑制还原膨胀的措施有：合理配矿，配加 MgO 等添加物，适当提高焙烧球团矿温度等。

（4）荷重还原软化性能和熔滴性能。在高炉冶炼过程中，随着温度的升高和还原反应的进行，铁矿石的形态发生变化，由固体转变为液体，但是它不是纯物质晶体，不能在一个熔点上转变，而是在一定温度范围内完成由固体变软再熔融的过程。这样矿石的软化性能需用两个指标来表达：软化开始温度和软化区间。一般将在荷重还原过程中收缩率为 4% 时的温度作为软化开始温度，而将收缩率到 40% 时的温度作为软化终了温度，两者温度差就定为软化区间。高炉冶炼要求软化开始温度高一些，区间窄一些以保持炉况稳定，有利于气-固相还原反应的进行。

第2节　高炉开炉用各种规程的编制

4-14　什么是高炉开炉规程，其主要内容有哪些？

答： 高炉开炉规程就是高炉开炉工作计划和各系统详细操作方法。

高炉的开炉是高炉一代连续生产的开始，开炉工作的好坏关系到能否尽快转入正常生产，而且影响开炉的一代寿命。本着"修好、开好、管好、低耗、长寿"的目标，对开炉工作做出安排。主要内容包括：

（1）指导思想、目标和要求。

（2）开炉的必备条件及检查确认。

（3）开炉重要参数的确定。

（4）开炉作业程序。包括热炉风的烘炉、高炉系统试压、试水和联合试车、高炉炉顶和装料系统联合试车、高炉烘炉。

（5）高炉配料计算。包括原燃料性能、配料计算参数、总焦比确定、配料计算和炉料填充。

（6）高炉装料。包括装料前准备工作，各系统应具备的条件，向高炉装料具体步骤。

（7）高炉点火送风。包括点火前的准备工作，如做好联系工作、检查动力系统；检查落实各阀门应处的状态；检查落实各部分人孔状态；炉顶无料钟工作正常；炉前做好出渣出铁的一切准备工作。

（8）出现异常情况的处理。

（9）开炉安全规定。

（10）开炉领导小组。

4-15　什么是高炉热风炉烘炉操作规程，其主要内容有哪些？

答：热风炉烘炉是高炉开炉准备的重点工作之一。烘炉工作顺利与否，既关系到整个工程项目的顺利实现，也关系到热风炉的使用寿命。热风炉烘炉是一项技术性比较强的工作，操作人员必须严格按照操作规程进行操作，确保烘炉工作的顺利进行并为高炉烘炉创造条件。主要内容包括：

（1）烘炉的目的；

（2）烘炉的基本要求；

（3）烘炉必须具备的基本条件；

（4）烘炉的工艺流程及烘炉计划顺序安排；

（5）烘炉的步骤和操作方法：包括烘炉步骤、烘炉操作要点和热风炉操作程序；

（6）烘炉煤气用量及压力要求；

（7）烘炉各项工作进度及检查确认；

（8）烘炉的安全注意事项；

（9）异常情况的处理；

（10）成立烘炉领导小组。

4-16　什么是高炉试漏规程，其主要内容有哪些？

答：为确保高炉烘炉顺利及开炉后的安全生产，在高炉烘炉前应进行全系统的试漏、检漏和堵漏工作。试漏介质为鼓风机输出的冷风。主要内容包括：

（1）试漏目的；

（2）试漏范围；

（3）试漏前主要完成的准备工作；

（4）通风试漏的必备条件；

（5）试漏方式和步骤；

（6）通风试漏的操作步骤；

（7）通风试漏中异常情况的处理；

（8）安全注意事项；

（9）试漏组织机构。

4-17　什么是高炉烘炉规程，其主要内容有哪些？

答：高炉烘炉规程主要内容包括：

（1）烘炉的目的；

（2）烘炉的基本条件；

（3）烘炉前的准备工作；

（4）烘炉操作；

（5）出现异常情况的处理；

（6）高炉烘炉的安全注意事项；

（7）高炉烘炉领导小组（见公司文件）。

4-18　什么是高炉开炉计划网络图？

答：某厂高炉开炉计划网络图见图 4-2。

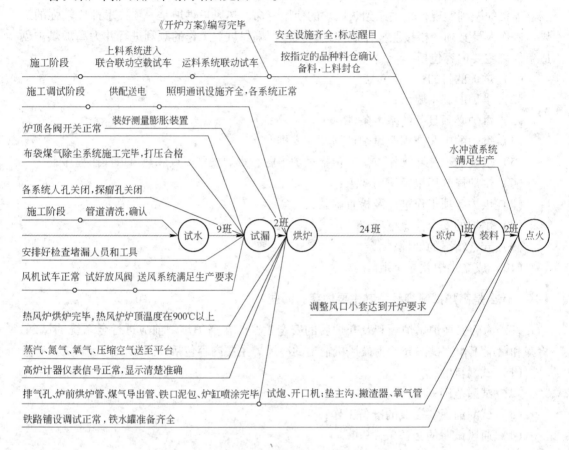

图 4-2　高炉开炉计划网络图

（每班 = 8h）

第 3 节　部分岗位日常操作规程

4-19　什么是工艺技术规程？

答：工艺技术规程是技术性指导文件，执行工艺技术规程规定的工艺参数，就能生产出质量合格的产品，偏离了工艺技术规程规定的工艺参数，就可能产生废品。

工艺技术规程是为了用最低的物耗最高的生产率生产出最好质量的产品而对该产品生产工艺过程所规定的具体的准确的工艺参数，简单地说是最佳工艺。

工艺技术规程主要是针对产品的。它包含产品的技术条件、原材料的技术条件、产品的工艺流程、在工艺流程中各工艺环节（岗位）的工艺参数规定、产品的检查和试验的规定等。

工艺操作规程主要是保证产品质量的有关设备操作及设备参数的控制与调整。安全操作规程主要是保护人身安全、防止设备事故发生的操作与控制。操作规程是设备的基本开机、停机的正常操作程序及操作。

4-20 原燃料的技术要求与管理内容是什么？

答：高炉生产中原燃料是基础，优质稳定的原燃料是高炉稳定顺行的必要条件。要对原燃料验收、数量分配、上料等环节进行控制，保证为高炉提供成分稳定、质量优良、数量充足的原燃料，满足高炉生产的需要。

（1）焦炭的进料管理。焦炭进厂后，料场工要现场收料，落实好焦炭的生产厂家、数量等信息，通知技术科和技术监督处取样。

料场工收料时如果发现焦炭水分超过10%，含粉率大于10%，要通知技术科和计调科进行处理。

技术部门负责焦炭的质量控制以及质量异议的处理，负责将焦炭的化学成分和物理性能及时通知计调科和高炉车间，便于指导高炉操作，严禁无成分焦炭入炉。不同焦炭要分开存放，焦炭垛之间的界限应清楚，同时焦炭品种必须标记清楚。

（2）烧结矿的进料管理。公司职能部门每天对烧结矿取样化验的结果，技术科进行分析核对后，反馈给计调科和高炉车间以便指导高炉操作。

技术部门定期、不定期对烧结矿进行取样化验，当烧结矿质量出现波动时负责联系技术监督、烧结厂等部门进行处理，保证烧结矿质量的稳定性。

原料车间负责对皮带上成品烧结矿含粉率的监督，将烧结矿含粉率等情况以流程卡的形式传递给高炉，如果发现烧结矿含粉率超标时要通知调度和技术科进行处理，减少粉末入炉。

高炉车间副工长每小时到槽下观察烧结矿的质量变化，每2h从槽下振动筛上取一次烧结矿，由技术科进行分析。发现烧结矿含粉率和粒度等级变化时，一方面要通知技术科和计调科进行分析和处理，另一方面要对高炉进行相应调剂。

（3）焦炭的变料管理。某公司使用的焦炭全部外购，焦炭品种多，质量变化大，为了合理使用焦炭，保证高炉的稳定顺行，要遵循如下原则：1）入炉焦炭必须有完整的理化性能指标，不同批次的焦炭以及存放时间较长的焦炭，技术科要分析化验，以保证入炉焦炭成分的准确性，杜绝无成分焦炭入炉。2）高炉变料前，计调科根据焦炭的库存和质量情况进行综合平衡，通过合理搭配既要保证各高炉使用焦炭的稳定性，又要减少变焦次数。3）在个别高炉炉况对焦炭有特殊要求时，要优先给予保证。

生产部门的变焦指令以变料通知单的形式进行传递，成本科、原料车间、高炉车间等部门对焦炭品种、存放位置、仓位、变焦时间等信息在通知单上填写确认后，最后传递给调度室。

4-21 什么是砌罐工艺技术规程？

答：（1）小修罐工艺技术操作规程。在确认铁水罐小修项目之后，将罐吊入罐坑，首先清除渗入砖缝的残渣铁，拆除损坏严重的耐火砖，确认损坏部位已经拆净后，才可以准备砌筑新砖。

将搅拌均匀的蜡石粉泥浆均匀涂抹到被修复的砖面上，根据损坏部位的需要，按罐形挑选合适的方砖，衬砖，用不同型号的蜡石、万能砖进行砌筑，每筑一层用蜡石粉泥浆进行浇灌，做到灰浆饱满。

砌筑完毕后，要用填料对罐嘴、罐沿进行填实，经过质量检查后，填写罐卡报计调科备用。

（2）中修罐工艺操作规程。确认铁水罐中修项目之后，由砌罐工下入罐内，将铁水罐顶立砖拆除，用天车将铁水罐吊到扣罐区域，将罐内所有砖衬、渣铁彻底清除，确认罐内无残留物后，吊回罐坑准备砌筑。

用搅拌均匀的蜡石粉泥浆砌筑罐底衬砖，约 300 块后，用蜡石砖砌筑铁水罐体 2 层衬砖，约 1800 块。按工艺要求，将罐底用铝碳砖粉进行砌筑，直至砌筑结束。

砌筑结束后，将罐嘴做好，用泡花碱搅拌蜡石填料对罐嘴罐沿进行填实。将罐内残留的废砖罐外填入木材、焦炭点火后顶入烤罐间。

通知煤气防护站经爆发试验确认无误后，进行煤气烘烤，夜班要安排专人值班观察，经过 48h 烘烤后，确认已经烘烤干净，填写罐卡，报计调科备用。

（3）大修罐工艺操作规程。用蜡石粉泥浆对罐底砌筑约 300 块衬砖，之后用蜡石砖对罐体进行整体砌筑，然后砌筑罐底砖，用铝碳粉泥浆砌筑铝碳砖；最后用泡花碱搅拌填料，将罐沿罐嘴填实拍紧，清除罐内残留物，填入木材，焦炭送入烤罐间烘烤 48h，填写罐卡，报计调科备用。

（4）烤罐工艺操作规程。煤气烤罐设施必须有专人操作，他人不得随意乱动。征得计调科的许可后，方可进行煤气烤罐作业。

煤气烤罐前，观察好风向，操作者站立于上风头方向。通知煤气防护站做煤气爆发试验，试验合格后方可点火。

点火前确认铁水罐对准位置，烧嘴在包盖下 200～300mm 处。点火时，先点燃引火物，后开助燃风机，微开助燃空气阀，再开煤气阀，点火后，再微调助燃空气和煤气阀，使火焰燃烧稳定。

第一次点火不着的情况下，应立即关闭煤气阀，打开助燃风机驱赶煤气 3min 后，再重复上述点火操作直至点燃为止。如连续三次点火不着则应停止点火，关好煤气阀，查明原因后再点。

烤罐过程中操作者要随时观察燃烧情况，保持火焰稳定燃烧。发现熄火后立即关闭水封柜煤气阀。

停止烤罐时，按切煤气操作进行，停止鼓风机运行，关闭助燃空气阀，再将烧嘴提包盖上约 200mm 处。

大修罐烘烤时间不小于 48h，烤好铁水罐后，填写罐卡包报计调科备用。除以上规程外，还应严格遵守公司其他有关煤气管理规定。

4-22 什么是抓渣天车工艺操作规程？

答：（1）某厂抓渣天车主要技术参数如下：

项目	抓斗能力/t	跨距/m	起升速度/m·min⁻¹	小车速度/m·min⁻¹	大车速度/m·min⁻¹	工作制度
北天车	10	31.5	40.3	44.5	96.3	重级
南天车	10	19.5	39.5	45.5	98.1	A6

（2）抓渣天车工艺操作规程。作业前的检查：交接班时，交班司机应将值班出现的问题详细地向接班人员交代，然后与接班司机共同检查起重机。检查的主要内容和顺序如下：

1）检查配电器上总闸开关是否断开，不允许带电进行检查。

2）检查抓斗经常满水部分钢丝绳抓斗的吊环后链销轴、滑轮组、抓斗是否有破损。

3）检查钢丝绳的断丝数或磨损量是否超过报废标准，卷筒是否有穿槽或叠压现象，固定压板是否牢固可靠。

4）检查制动器的工作弹簧、销轴、连接板和开口销是否完好，制动器不得有卡住现象。各安全装置应动作灵敏可靠。受电器在滑线上应接触良好。

经过必要的调整检修试验，符合要求后，填写交接班日志，若交接班司机无异议，签字后即可认为交接班完毕。

检查起重机上是否有遗留工具或其他物件，以免作业中坠落造成事故。

开车前要按规定将所有控制开关手柄扳至零位，并将仓口门开关及端梁门开关合上，鸣铃示警后方可开车。

（3）作业中的技术操作规程如下：

1）起车前司机首先向行驶方向瞭望，确认没有任何障碍物以后，起车要稳，逐挡加速。

2）捞渣工作以前应检查起升安全限位是否安全可靠，以免抓斗发生冒顶。确认安全后再进行捞渣工作。

3）操作过程中司机要做到眼不离钩，双手时常保持在大、小控制手柄上来控制抓斗的平稳。

4）捞渣时首先将抓斗全部张开，然后落下抓斗，抓斗到达渣池底部时控制吊绳和抓绳，控制手柄使抓斗闭合，同时根据实际情况调整大小车位置，使钢丝绳保持垂直。抓斗闭合后将抓斗上升至一定高度，把吊绳和抓绳的控制手柄开关扳至零位，将小车开到干渣池上方后开启抓斗将水渣存入干渣池内。重复以上动作将水渣捞完。

作业遇到以下情况司机必须鸣铃示警：开动大小车时；视线不清时（连续鸣铃）；与南车接近时；在其他紧急情况下。

司机在捞水渣过程中，要经常关注抓斗和钢丝绳，如发现损坏或钢丝绳有断丝情况，要马上停车检查，超过极限时严禁使用。

天车正常运转过程中，不能突然打反车变速行驶方向或作为停车手段。

工作中遇到设备故障或临时停电时，司机必须采取以下紧急措施：立即将抓斗落到地面，将控制手柄全部拉至零位，拉下闸刀总电源；如遇停电或齿轮装置发生故障，使抓斗不能下落时，则天车司机必须切断电源，联系调度维修。

在低气温捞渣前，应先空车运转试车。捞渣时要垂直平稳慢速上升，尽量防止机件受冲击力，避免脱套。

（4）作业完毕技术操作如下：

1）把天车开到指定位置，靠近操作室一侧跨端。将抓斗落到地面，拉直全部钢丝绳，以防风大将天车吹走，把所有控制手柄扳到零位，拉下闸刀总电源。不准将抓斗浸放在水池内。

2）清扫和擦拭天车。

3）按规定润滑。

4-23　什么是碾泥工工艺技术操作规程？

答：（1）碾泥技术操作规程如下：

1）根据配比要求，将沥青和熟料经地磅称好后，吊起倒入碾泥机内，开车碾制约10min，将沥青熟料搅拌碾碎后停车。

2）启动上料皮带 3、1、2。

3）按下 1 号或 2 号焦粉仓下的电动给料器，将焦粉放入下方的称量漏斗内至规定的配比重量要求。

4）将称量好的焦粉放于上料皮带上进入碾泥机。

5）向碾泥机内加入 40% 的黏土量，然后开动碾泥机工作，边碾制边加水，加水时间按加水量的要求约 20min 一次加完。

6）碾制 100min 后停车检查泥的质量，再将剩余的 60% 的黏土一次加入碾泥机中。

7）再开动碾泥机约 20min 停车检查，确认泥的质量合适后通知地面人员准备出泥。

8）将出好的泥集中堆放，抹平盖严。

9）待困泥时间达到 12h 以上后，方可供给高炉使用。

（2）新型炮泥干料碾制技术操作规程如下：

1）开机前确认碾泥系统运转是否正常。

2）将袋装炮泥干料按规定量（约 1t）一次装入碾泥机内。

3）开动碾泥机进行碾制，并按要求加水，加水量控制在 10min 内加完。

4）碾制 25min 后停车检查泥的软硬程度及水分大小。

5）调整水量后再开车碾制 5min 停车检查。

6）确认泥质量合适后，通知地面人员准备出泥。

7）将出好的泥集中堆放，抹平盖严。视天气情况采取相应保温保湿措施。

8）待困泥时间达到 12h 以上后，方可供给高炉使用。

4-24　什么是图拉法炉渣粒化系统岗位操作规程？

答：（1）高炉副工长。

1）岗位职责如下：

①按有关规定，联系、组织图拉法炉渣粒化系统的开、停机。掌握炉渣粒化系统的设备和运行情况，确保安全生产。

②组织炉渣粒化系统故障的处理，重要问题及时向上级报告。

③组织对炉渣粒化系统所有设备进行点检、润滑、维护。

④组织搞好炉渣粒化系统设备及环境卫生。

⑤询问了解其他岗位的生产准备情况，并向值班工长汇报。

⑥将上级有关指令传达给有关岗位。

⑦了解水渣外运情况，及时向厂调度汇报。

⑧搞好值班记录填写。

2）生产作业内容和标准：

①接到高炉出渣指令后，向皮带工、粒化脱水工等岗位发出信号。

②确认安全后，按照从远到近的顺序依次开启各条皮带机。

③按顺序启动循环泵、粒化轮、脱水器、压缩空气，注意循环各泵应每班倒换一次。

④在生产过程中，根据沟头工、粒化脱水工的报告和要求，调节各设备运行参数，保证熔渣冲制。

⑤在生产过程中，了解各岗位的信息，及时向值班工长汇报，保证系统正常运行，不延误高炉出净渣铁。

⑥接到高炉出完渣的指令后，向其他各岗位发出停机信号。

⑦出完渣 5min 内，停止粒化轮、循环水泵运转。

⑧气力提升泵、脱水器和皮带机，无特殊情况暂定长期工作。

3）特殊操作：

①根据现场高炉出渣情况，可以组织炉前改放干渣。

②根据现场高炉炉渣粒化情况，可以令粒化脱水工将粒化轮操作箱转换开关转"机旁"位置，并现场指挥调节粒化轮的转速，保证炉渣粒化。若粒化轮已处最高速位置，可以组织炉前对渣流进行适当的分流。

③根据现场水渣含水情况，可以令粒化脱水工将脱水器操作箱转换开关转"机旁"位置，并现场指挥调节脱水器转速，保证水渣脱水和皮带运输。

（2）沟头工（由大闸助手兼任）。

1）岗位职责如下：

①负责粒化轮前下渣沟头的维护与砌筑。

②负责高炉出渣过程中炉渣粒化效果的观察和报告。

③负责定期对粒化轮磨损情况进行检查。

④完成高炉副工长交办的临时任务。

2）工作内容如下：

①高炉出渣完毕后，按要求检查沟头情况，对损坏的部分进行修补，并根据渣量大小、温度高低、流动性好坏等炉渣性能变化的情况，对沟头进行适当预测性砌筑。

②在炉渣冲制过程中，观察炉渣粒化情况，并向高炉副工长、粒化脱水工提供准确的炉渣粒化信息。

③了解粒化轮的磨损情况，砌筑沟头时应考虑减轻渣流对粒化轮磨损较重部位的冲击，要求沟头砌筑成平型或者"W"型。

④在炉渣冲制过程中，及时清除下渣沟头的凝渣，共同完成本系统的生产任务。

⑤备好下渣沟头维护与砌筑用工具材料。

4-25 什么是铸铁机工艺技术操作规程?

答:(1)铸铁前检查好铁沟、小溜子是否干燥完好,确认铁水罐及罐嘴完好无误后方可挂钩。

(2)挂钩后,指挥主控操作工起罐翻铁。启动链条后,当链条运行至三分之一阶段时,开始放冷却水。链条运行至喷浆位置时开喷浆泵。

(3)大耙工、小耙工要控制好铁沟、小溜子的铁水流量,及时疏通铁沟、小溜子与铁水,确保铁水流量均匀,防止铁水外溢喷溅伤人。

铸铁过程中要密切注意链条运行情况,发现掉道、断链等异常现象,应及时停车处理。主控操作人员要严密查看电压表电压是否正常,超过400V低于380V时要停电检查,并掌握好运行的转速,控制在20m/min以内。铸铁完毕后,要将铸铁卡片填写好。

铸铁结束后,操作人员要将铁沟、小溜子模子中的残铁清理干净,将链条下、地坑内散落的铁块清除,为下次铸铁做好准备工作。

4-26 什么是皮带机工艺技术操作规程?

答:(1)认真执行交接班制度,工作中要精力集中,严细操作。

(2)上料前要检查设备是否正常,严禁设备带病工作。

(3)开机前观察设备上方、四周无人后方能操作。

(4)按上料程序,将5号、7号翻板打到正确位置。

(5)开机前先鸣铃警示,然后将操作开关置于联动位置。

(6)正常上料程序应先开前端皮带机,后开后端皮带机,停车时相反。

(7)上料时操作人员要巡回检查,随时注意设备运转情况,皮带跑偏时及时调整。

(8)上料时操作人员要注意上料的种类,有无错料、混料现象。

(9)矿槽工要跟车卸料,对仓入料,避免错料、混料等事故发生。

(10)出现非正常情况时要及时拉事故开关,处理完毕,开关复位后方能开车。

(11)如遇皮带压料、电机空转或电机启动不起来时,立即停车,汇报班长统一处理。

(12)停车后把操作开关置于零位。

第4节 规章制度的建立与生产报表

4-27 交接班制度的内容是什么?

答:(1)交接班制度的内容如下:

1)接班者必须提前15min到岗。

2)接班时劳动保护用品穿戴齐全,穿戴不全者及班前酗酒者严禁上岗。

3)交接班时必须现场对口交接,不准只留一人或代人交接班。下班未接班,上班人员不得离开岗位。

4)交接班发生事故时,原则上必须由当班处理,不得拖至下班。如协商好下班接班的,发生问题由下班负责,交接班必须按交接班标准交接。

5）交接班标准，必须做到"五清楚"、"五检查"、"八不接班"。

（2）交接班"五清楚"：

1）本班任务及设备运行情况要记录清楚。

2）原始记录、本班发生的主要事情及异常情况要记录清楚。

3）上班交给任务完成情况要记录清楚。

4）领导指示要清楚。

5）签名、记录要清楚。

（3）交接班"五检查"：

1）检查设备运行及保养情况。

2）检查卫生区域卫生情况。

3）检查上班完成临时任务的情况。

4）检查运行记录及上班完成情况。

5）检查工具、用具、仪器是否齐全。

（4）交接班"八不接班"：

1）设备不保养不交接。

2）设备异常不交接。

3）无明确指示、点检表填写不齐全不交接。

4）安全装置无记录、无明确指示不交接。

5）卫生区域未按现场定置管理规定维护不交接。

6）岗位不明确岗位责任人不交接。

7）工具、用具、仪器不齐全不交接。

8）休息室、更衣室不符合定置管理要求不交接。

交班双方签字后，交接班结束。

4-28 现场管理标准的内容是什么？

答：一治：治理粉尘污染。

二见：设备见本色，岗位区域见整洁。

三齐：劳动保护用品穿戴齐全，工具物品摆放完好齐全，安全环保设备运行管理标准齐全。

四无：无垃圾，无油污，无磕碰，无闲散设备。

五清洁：设备清洁，生产现场清洁，卫生区域清洁，休息室清洁，个人和公共物品清洁。

六不漏：不漏水，不漏风，不漏电，不漏油，不漏气，不漏料。

4-29 值班工长防凉的规定内容是什么？

答：（1）持续高冶炼强度，重负荷，炉温偏低时。

（2）连续滑料、崩料、悬料，炉况不顺时。

（3）长时间低料线时。

（4）焦炭灰分增多，水分增大，碱度低，强度下降时，或入炉品位升高时。

（5）炸瘤或大量炉墙黏结物脱落时。

（6）炉温急剧向凉，原因不明时。

（7）冷却设备长时间大量漏水时。

（8）长时间慢风操作，煤气流分布失常时。

（9）无准备的长时间休风时。

（10）布料或称量装置发生故障时，单点布料时。

（11）连续不能出净渣铁时，大量渣铁出不净时。

（12）热风炉出现故障时。

（13）因故停煤或大幅度减煤时。

（14）喷煤较大，因故减煤时。

（15）慢风时间较长时。

（16）无计划休风较长时。

（17）煤气流分布失常时。

（18）熟料率高，有一定幅度下降时。

（19）当焦炭强度下降，粒度过小时。

（20）原料粉末过多，炉况不顺时。

4-30　值班工长岗位安全操作规程内容是什么？

答：（1）上岗前必须穿戴好劳保用品。

（2）到第一层平台以上或到炉顶检查，必须两人以上，并有煤气防护员监督。

（3）到炉顶点检或取样的工作人员，必须由工长认真填写好上、下炉顶时间。

（4）放散阀、放风阀、遮断阀手柄使用完毕后，必须取下放到指定位置。

（5）取铁样时，样勺必须烘烤，防止样勺遇铁水放炮伤人。

（6）出铁放渣时，必须对铁水罐、铁沟、冲渣水进行确认，当冲渣水压不够时，严禁放水渣，换新铁水罐时，督促炉前对其进行烘烤。

（7）按时组织好放渣出铁，理论出铁量不允许大于安全容铁量，当理论出铁量接近安全容铁量时，要果断减风，并严禁放渣，尽快出铁。

（8）休风炉顶点火时，开爆发孔必须站在离爆发孔 2m 以外的侧面，用绳子拉开，注意煤气及烧伤。

（9）休风前必须先停氧、加湿，休风换风口时，倒流后方可指挥卸下火管进行风口更换。

（10）进行风口观察时，要先确认风口镜是否破裂，以防灼伤。

（11）铁口过浅时必须减风。

（12）为防止堵不住铁口致使铁水下地，铁罐要有余地，必要时提前堵口。

4-31　配管工岗位安全操作规程内容是什么？

答：（1）操作人员上岗前，必须穿戴好劳动保护用品。

（2）到一层平台以上或炉底巡检时，必须有煤气防护人员监护。

（3）对冷却系统阀门的管理要熟悉，严防误操作，禁止非岗位人员操作。

（4）在对冷却系统的破损进行检漏和处理时，上下同时作业要派专人监护，安全装备要安全可靠，严防煤气中毒。

（5）进行风渣口小套更换时，要严防烧烫伤，并防止煤气中毒。

（6）进行风口镜更换时，要站在风口两侧，观察风口正前方无人时方可更换，以免高压热风伤人。

（7）进行车丝机工作时，严禁戴手套，不准用手扯拉残丝，必须戴安全帽。

4-32　高炉生产报表有哪些？

答：（1）高炉生产报表包括：

第×号高炉生产日志；

高炉热风炉生产记录；

高炉配管记录；

高炉冷却设备记录表；

高炉布袋除尘记录；

高炉设备点检表；

高炉变料单；

高炉上料记录单。

（2）高炉生产记录本包括：

高炉工长交接班本；

高炉整理记录本；

高炉炉前交接班本；

设备缺陷整改记录本。

（3）基础管理记录台账包括：

高炉行政例会记录；

安全教育培训记录；

周一安全例会记录；

领导周六安全检查记录；

危险源（点）登记台账；

安全考核台账；

安全设施登记台账；

各类隐患整改台账。

4-33　什么是鼓风机操作联系制度？

答：（1）鼓风机高压电动机送电。鼓风机站值班人员接到调度室要求启动风机的指令时，鼓风机值班人员到高压电工值班室填写鼓风机送电申请，要求启动风机。

高压电工值班人员对高压电动机绝缘性进行检查（停机时间不超过 24h 以上可不用检查），并做好送电准备。

风机站做好开机准备后，电话通知高压值班人员送高压电。

高压电源送上后，高压电工值班人员经检查确认后，通知风机站可以启动风机。

（2）鼓风机高压电动机停电。风机站接到停机指令后，按正常程序停机。停机后，风机值班人员到高压值班室填写鼓风机停电申请，高压值班人员经确认后，停鼓风机高压电源，并电话通知风机站工作人员停电情况。

（3）值班室与鼓风机联系要求。炉内加减风必须由正副工长下达指令，其他任何人无权下达鼓风机操作指令，鼓风机接到指令后，和正副工长相互确认并做好记录，方能进行鼓风机操作。

（4）高炉复风。值班室正副工长确认放风阀处于全放风状态后通知鼓风机送风，鼓风机接到指令并确认后将风送到放风阀（风量暂定 1500m³/min），值班工长根据需要由放风阀加减风。当风加全后，由值班工长通知鼓风机加风。如果鼓风机还有放风，鼓风机可通过关闭放风的方式加风，当风放全后，可通过调整风机进口预旋器角度加风。

（5）调剂炉况加减风。高炉工长在正常调剂炉况时，可通过放风阀加减风，不必通过风机加减风。当炉况难行或其他原因造成风压升高快达到防喘振曲线时，则必须通过高炉放风阀减风，不能通过风机减风。

（6）高炉休风。高炉休风时，首先由高炉工长全开冷风放风阀进行休风，放风阀全开后，风机站可以根据高炉工长要求通过调整风机一段预旋器来减小风机出口流量。当一段预旋器达到最低角度（+55°），风机可通过手动放风阀降低风机出口流量。

（7）长期休风。高炉长时间休风（4h 以上）时，高炉工长通知调度室风机可以停机。风机在接到调度室的停机指令后，与高炉工长进行确认，在高炉允许的条件下，通知调度室停机，同时调度室要将下次开机时间通知风机，风机值班人员要在此时间以前做好开机准备。

第 5 章　高炉开炉前的工程验收

第 1 节　高炉设备订货与工程管理

5-1　抓好工程设备前期管理的重要性是什么？

答：设备是人们在生产或生活上所需的机械、装置和设施等可供长期使用，并在使用中基本保持原有实物形态的物质资料，是固定资产的主要组成部分。

国外设备工程学把设备定义为"有形固定资产的总称"，它把一切列入固定资产的劳动资料，如土地、建筑物（厂房、仓库等）、构筑物（水池、码头、围墙、道路等）、机器（工作机械、运输机械等）、装置（容器、蒸馏塔、热交换器等），以及车辆、船舶、工具（工夹具、测试仪器等）等都包含在其中了。

在我国，只把直接或间接参与改变劳动对象的形态和性质的物质资料看做设备。

生产设备是指直接或间接参加生产过程的设备，它是企业固定资产的主要组成部分。从这一定义出发，生产设备必须是直接作用于加工对象，使物质的形态或化学成分改变，而转化为一定的工业产品的设备或辅助完成产品加工的设备。

5-2　新设备入厂前包括哪些工作内容？

答：新购置（或自制）的设备在投入正式运行前的管理工作，一般应包括设备规划方案的调研、制定、可行性研究和决策；设备货源的调查、情报的搜集整理分析；设备投资计划的编制、费用预算、实施程序；设备采购、订货、合同及运输管理；自制设备的设计、制造、鉴定；设备的安装、调试、验收；设备的初期使用效果分析、评价及信息反馈等。

5-3　设备选型应遵循什么原则？

答：选型的原则是技术上先进、经济上合理、生产上适用。

（1）生产上适用——所选购的设备应与本企业扩大生产规模或开发新产品等需求相适应。

（2）技术上先进——在满足生产需要的前提下，要求其性能指标保持先进水平，以提高产品质量和延长其技术寿命。

（3）经济上合理——即要求设备价格合理，在使用过程中能耗、维护费用低，并且回收期较短。

5-4　设备选型需考虑的主要因素有哪些？

答：设备选型要统筹考虑设备的可靠性、安全性、经济性、技术性、防腐性、成套性、生产性、节能性、维修性、环保性等性能，且要掌握国内外新设备的信息。对引进国外设备要进行多方技术交流、询价、对比，认真谈判，选择先进、适用的设备。

（1）设备的可靠性：是指在规定的时间内、规定的条件下完成规定功能的能力。它表示一个系统、一台设备在规定的时间内，在规定使用条件下，无故障地发挥规定机能的程度。

（2）设备的安全性：是指设备在生产和使用过程中保证安全的程度。

（3）设备的经济性：是指设备在寿命周期内支出总费用的大小。

（4）设备的技术性：是指设备在使用过程中满足生产工艺要求的特性。

（5）设备的防腐性：是指设备本身具有的防止介质腐蚀的性能。

（6）设备的成套性：是指各类设备之间及主辅机之间配套的程度。

（7）设备的生产性：生产性即设备的生产效率。选择设备时，力求选择以最小的输入获得最大的输出的设备。

（8）设备的节能性：是设备对能源利用的性能，一般以设备单位开动时间内的能源消耗量来表示，如小时耗电量、耗汽（气）量；也有以单位产品的能源消耗量表示的，如每吨合成氨的耗电量等。

（9）设备的维修性：又称为可修性、易修性。它直接影响设备维护和修理的工作量和费用，维修性能好的设备一般是指设备结构简单，零部件组合合理，维修时零部件可迅速拆装，易于检查、易于操作，通用化和标准化，零部件互换性强，配件供应充足。

（10）设备的环保性：是指设备的噪声、泄漏或排放有害物质时对环境污染的程度。选择设备时要把噪声控制在标准范围之内，杜绝泄漏点，对排放的废气、废渣、污水要配备治理设施。

5-5 选择设备应如何考虑设备的维修性？

答： 人们希望投资购置的设备一旦发生故障后能方便地进行维修，即设备的维修性要好。选择设备时，对设备的维修性可从以下几方面衡量：

（1）设备的技术图纸、资料齐全。便于维修人员了解设备结构，易于拆装、检查。

（2）结构设计合理。设备结构的总体布局应符合可达性原则，各零部件和结构应易于接近，便于检查与维修。

（3）结构的简单性。在符合使用要求的前提下，设备的结构应力求简单，需维修的零部件数量越少越好，拆卸较容易，并能迅速更换易损件。

（4）标准化、组合化原则。设备尽可能采用标准零部件和元器件，容易被拆成几个独立的部件、装置和组件，并且不需要特殊手段即可装配成整机。

（5）结构先进。设备尽量采用参数自动调整、磨损自动补偿和预防措施自动化原理来设计。

（6）状态监测与故障诊断能力。可以利用设备上的仪器、仪表、传感器和配套仪器来检测设备有关部位的温度、压力、电压、电流、振动频率、消耗功率、效率、自动检测成品及设备输出参数动态等，以判断设备的技术状态和故障部位。

今后，高效、精密、复杂设备中具有诊断能力的设备将会越来越多，故障诊断能力将成为设备设计的重要内容之一，检测和诊断软件也成为设备必不可少的一部分。

（7）提供特殊工具和仪器、适量的备件或有方便的供应渠道。

此外，要有良好的售后服务质量，维修技术要求尽量符合设备所在区域的情况。

5-6　选择设备应如何考虑设备的操作性?

答: 设备的操作性属人机工程学范畴内容，总的要求是方便、可靠、安全，符合人机工程学原理。通常要考虑的主要事项如下:

(1) 操作机构及其所设位置应符合劳动保护法规要求，适合一般体型的操作者的要求。

(2) 充分考虑操作者的生理限度，不能使其在法定的操作时间内承受超过体能限度的操作力、活动节奏、动作速度、耐久力等。例如操作手柄和操作轮的位置及操作力必须合理，脚踏板控制部位和节拍及其操作力必须符合劳动法规规定。

(3) 设备及其操作室的设计必须符合有利于减轻劳动者精神疲劳的要求。例如，设备及其控制室内的噪声必须小于规定值;设备控制信号、油漆色调、危险警示等都必须尽可能地符合绝大多数操作者的生理与心理要求。

5-7　选择设备应如何考虑设备的可靠性?

答: 一般地说，设备的可靠性指的是机器设备的精度、准确度的保持性，机器零件的耐用性，执行功能的可靠程度，操作是否安全等。在衡量、比较、选择设备时，要根据所用设备的使用条件、环境及一些特殊要求，依照被选设备加工的产品质量指标，设备本身的性能结构和零部件的物理性能、化学成分，设备寿命年限，安全自控装置的可靠程度等技术参数，来进行综合考虑。同时要用辩证的分析方法，权衡利弊。如选用高速化设备可提高生产率，但不安全因素可能性增大。设备的自动化程度越高，结构越复杂，出故障的可能性也就越大。对于在高速、高压、易爆等条件下运转的设备，尤其要考虑到被选用设备的安全自动控制装置、连锁装置等的稳定可靠。

5-8　设备的维修性包括哪几个方面?

答: 设备的维修性是指设备保养与维修的难易程度。维修性好的设备可减少维修时间、降低维修成本。维修性好的设备应具备下列条件:设备系统设计合理，结构比较简单;零部件组合装配合理，维修时易拆、易装、易检查;零部件、配件的通用性、标准性、互换性好，易于选购;润滑性、密封性好，润滑油品易于替代，密封元件易于置换。

5-9　选择设备为什么必须考虑环保性?

答: 工业设备的环保性对保护环境、防止职业病等有着重要的影响。环境保护是一项基本国策，也是提高人民生活质量的一个重要方面。

在设备选型中，要注意所选设备开动后的噪声监测数据是否被控制在环保要求标准之内;设备使用中排放的废气（粉尘）、废渣、污水以及有毒、有害物质应配有相应的治理装置。工业装备改进和环境建设要同步规划和实施。

5-10　什么是设备的可靠性与可靠度?

答: 设备的可靠性是指设备的功能在时间上的稳定性，也就是设备或系统在规定时间内、规定条件下无故障地完成规定功能的能力。这种能力用概率的量表示，叫做可靠度。可靠度是系统、机器、产品或零部件在规定条件下和预期使用期限内完成其功能的概率，一般用符号 $R(t)$ 表示，其含义是在时间 t 内不发生故障的概率。

5-11　设备开箱检查应包括哪些内容？

答：（1）检查外观包装情况；

（2）按照装箱单清点零件、部件、工具、附件、备品、说明书和其他技术文件是否齐全；

（3）检查设备各部位、各零部件、附件等有无锈蚀和破损；

（4）核对设备基础图和电气线路图与齐备的地脚螺钉孔、电源接线口的位置及有关参数是否相符；

（5）对不需安装的备品、附件、工具等应妥善装箱保管，注意集中移交，防止丢失；

（6）保护好搬运及吊装装置，凡属未清洗过的滑动面严禁移动，以防损伤设备；

（7）做好详细的检查记录，对破损、锈蚀情况要拍照或作图示说明。

5-12　设备安装工程应如何实施？

答：（1）由设备管理部门提出安装工程计划及安装作业进度表，经主管领导批准后，由生产部门作为正式计划下达各有关部门执行。

（2）设计、技术、工艺部门提供安装平面位置图、基础图及施工技术要求。动力管理部门负责提供动力配线、水、气、汽等管路图及施工技术要求。

（3）设备安装单位按安装作业进度表及有关图纸和技术要求进行施工，设备管理部门会同设计、使用部门进行施工质量的现场监察、设计师验收和设备的调试。

（4）设备的安装计划实施情况由设备管理部门会同生产管理部门进行评价考核。

5-13　通过检查可掌握设备哪些技术状况？

答：通过检查可掌握以下 10 方面的情况：

（1）设备影响产品质量的问题和因素；

（2）设备故障对均衡生产的影响程度；

（3）设备出力与负荷能力是否达到设计或规定的标准；

（4）能源及物料消耗有无异常；

（5）安全防护与润滑装置是否完善和有效；

（6）主要零部件的磨损程度和损坏状况；

（7）操纵及控制系统是否灵敏可靠；

（8）设备完整状况；

（9）设备基础及安装质量是否符合技术要求；

（10）对环境污染的影响程度等。

5-14　设备故障按其发展情况可分为几类？

答：所谓设备故障，一般是指设备或系统丧失或降低其规定功能的事件或现象。

故障按其发展情况可划分为渐发性故障和突发性故障两类。

渐发性故障是由各种使设备参数劣化的老化过程发展而产生的，如零件的磨损、腐蚀、疲劳、蠕变等。

突发性故障是由于各种不得已因素及偶然的外界影响共同作用，超出设备所能承受的限度而产生的，如润滑突然中断、过载、超压等。

5-15　追查探索故障原因有哪些基本方法？

答：从设备、系统的功能联系出发，追查探索故障原因的基本方法有顺向分析法和逆向分析法两种。

顺向分析法亦称归纳法，它是从原因系统出发，按其功能联系，调查原因（下位层次）对结果（上位层次）的影响的分析法，也就是从设备系统的下位层次向上位层次的分析方法。故障模式影响与严惩度分析法是顺向分析法的代表。

逆向分析法亦称演绎法，是从上位层次发生的故障结果出发，向下位层次的故障原因进行分析的方法，也就是逆向地以结果向原因的分析方法，PM 分析法和故障树分析法是逆向分析法的代表。

5-16　什么是设备更新？

答：所谓设备更新，是指采用新的设备替代技术性能落后、经济效益差的原有设备。

设备更新可对设备的有形和无形磨损进行综合补偿，以保证简单再生产的需要，同时对扩大再生产起到一定的作用。设备更新一般不应是原样或原水平的设备去旧换新，而要根据需要，尽可能以水平高的设备替换技术落后的老设备，促进企业技术进步和提高经济效益。

5-17　什么是设备改造？

答：所谓设备改造，是指按照生产需要，用现代技术成就和先进经验来改变现有设备的结构，改善现有设备的技术性能，使之全部或局部达到新设备的技术性能。

设备改造是克服现有设备技术的陈旧状态，补偿无形磨损的重要方式。同时，对改造不经济或不宜改造的设备，应予以更新。设备改造是促进现有设备技术进步的有效方法之一，是提高设备质量的重要途径。因此，要依靠自己的力量，采用现代技术，对老旧设备进行改装、改造，走花钱少、见效快、符合我国国情的道路。

5-18　设备更新一般有几种方式？

答：设备更新一般有两种方式：

（1）原型更新。即用相同型号的新设备把使用多年、大修多次、再修复已不经济的旧设备更换下来。这种更新又称为设备更换。这种方式适宜在该型号设备能够满足工艺要求、暂无新型号可替换、或市场上一时买不到新型号设备的情况下采用。

（2）技术更新。即选用技术先进、性能好、效率高、耗能少的设备，替换技术性能落后又无修复、改造价值的老设备，这是更新的主要方式。

5-19 什么是设备的技术性能?

答: 设备的技术性能是技术规格、精度等级、结构特性、运行参数、工艺规范、生产能力的总称。设备技术性能的先进与落后,是反映企业生产技术水平高低的重要标志,是确定设备更新改造的主要依据之一。评价设备技术性能有以下几个方面:

(1) 设备精度的高低及其保持性,它对产品质量要求的满足程度及其稳定性;

(2) 设备生产效率的高低,即在单位时间内生产合格产品数量的多少;

(3) 设备的工作能力(出力)与能耗水平之比的高低;

(4) 设备的可靠性和维修性的优劣,即平均故障间隔期和平均修理时间的长短;

(5) 设备的机械化、自动化程度,它反映劳动强度的大小和劳动效率的高低。

5-20 设备验收交接有哪些程序?

答: 新置设备进厂后,经验查验收、安装调试,由有关单位根据规定的验收要求作出安装调试记录,经共同鉴定和有关人员签证后,移交设备管理部门进行设备编号、建立台账及档案;财务部门办理转入固定资产手续。然后,按规定程序交付生产使用。在用设备经大修或技术改造后,也要办理验收交接手续。有关技术文件、图纸资料和交接凭证记录应存入设备档案。

5-21 什么叫设备档案?

答: 设备档案是指设备从规划、设计、制造、安装、调试、使用、维修改造,直至报废更新的全过程中形成的图纸、文字说明、凭证和记录等文件资料和通过不断收集、整理、鉴定而建立的设备档案,它对搞好设备管理工作可发挥重要作用。

企业设备部门要为每台主要生产设备建立设备档案。档案卷目、编号、分类、整理应符合档案主管部门规定。精密、大型、重型、稀有、关键设备及进口设备的档案要进行重点管理。

5-22 设备档案资料有哪些主要内容?

答: 设备档案资料由以下内容组成:

(1) 设备选型和技术经济论证报告;

(2) 设备购置合同;

(3) 设备购置技术经济分析评价;

(4) 自制专用设备的设计任务书和鉴定书;

(5) 检验合格证;

(6) 设备装箱单及设备开箱检验记录(包括随机备件、附件、工具等资料);

(7) 进口设备索赔资料;

(8) 设备安装调试记录和验收移交书;

(9) 设备使用初期管理记录;

(10) 设备登记卡片;

(11) 开动台时记录;

(12) 使用单位变动情况记录;

（13）设备故障分析报告；

（14）设备事故报告；

（15）定期检查和监测记录；

（16）定期维护和检修记录；

（17）大修竣工验收记录；

（18）设备改造记录；

（19）设备封存（启用）单；

（20）设备报废记录；

（21）其他。

5-23　新设备的考核、考验应如何进行？

答：新设备经过安装、试车、移交，已有了初步的鉴定，但设计、制造和安装中存在的某些缺陷还未完全暴露出来，因此仍需进一步对新设备进行考核和考验。考核的重点是设备的性能、效率、产品质量、能量消耗、安全环保等指标是否达到设计要求及有关规定，达到标准才能正式验收。考核阶段一般为 1～3 个月。考验阶段主要是对设备的可靠性及薄弱环节进行考验，时间一般为 9～11 个月。两个阶段加起来一般为一年，也基本与进口设备索赔期一致。

5-24　设备试运转记录包括哪些内容？

答：设备经空运转和带负荷运转试验后，应作下列记录：

（1）设备几何精度、加工精度的检查记录，其他机械性能的试验记录；

（2）设备试运转的情况，包括发生的异常情况、故障情况及故障排除情况；

（3）无法调整和消除的问题，并归纳分析可能产生的原因；

（4）对整个设备试运转的人员，所用的工具、仪器，日期及评价意见进行记录。

5-25　什么叫 ABC 管理法？

答：ABC 管理法（ABC Analysis）是根据事物的经济、技术等方面的主要特征，运用数理统计方法，进行统计、排列和分析，抓住主要矛盾，分清重点与一般，从而有区别地采取管理方式的一种定量管理方法，又称巴雷托分析法、主次因分析法、ABC 分析法、分类管理法、重点管理法。它以某一具体事项为对象，进行数量分析，以该对象各个组成部分与总体的比重为依据，按比重大小的顺序排列，并根据一定的比重或累计比重标准，将各组成部分分为 ABC 三类，A 类是管理的重点，B 类是次重点，C 类是一般。

5-26　ABC 管理法的原理是什么？

答：ABC 管理法的原理是按巴雷托曲线所示意的主次关系进行分类管理。广泛应用于工业、商业、物资、人口及社会学等领域，以及物资管理、质量管理、价值分析、成本管理、资金管理、生产管理等许多方面。它的特点是既能集中精力抓住重点问题进行管理，又能兼顾一般问题，从而做到用最少的人力、物力、财力实现最好的经济效益。后来，1951 年，朱兰将 ABC 法引入质量管理，用于质量问题的分析，被称为排列图。1963 年，德鲁克将这一方法推广至全部社会现象，使 ABC 法成为企业提高效益的普遍应用的管理方法。ABC 库存分类管理方法就是以库存物资单个品种的库存资金占整个库存资金的累计百分数为基础，进行分级，按级别实行分级管理。

5-27　ABC 管理法的主要步骤是什么？

答：（1）收集数据，列出相关元素统计表。

（2）统计汇总和整理。

（3）进行分类，编制 ABC 分析表。

（4）绘制 ABC 分析图。

（5）根据分类，确定分类管理方式，并组织实施。

5-28　举例说明 ABC 管理法如何使用？

答：我们以库存管理为例来说明 ABC 法的具体应用。如果我们打算对库存商品进行年销售额分析，可参照以下步骤进行：

（1）收集各个品目商品的年销售量、商品单价等数据。

（2）对原始数据进行整理并按要求进行计算，如计算销售额、品目数、累计品目数、累计品目百分数、累计销售额、累计销售额百分数等。

（3）做 ABC 分类表。在总品目数不太多的情况下，可以用大排队的方法将全部品目逐个列表。按销售额的大小，由高到低对所有品目的顺序进行排列；将必要的原始数据和经过统计汇总的数据，如销售量、销售额、销售额百分数填入；计算累计品目数、累计品目百分数、累计销售额、累计销售额百分数；将累计销售额为 60% ~ 80% 的前若干品目定为 A 类；将销售额为 20% ~ 30% 左右的若干品目定为 B 类；将其余的品目定为 C 类。如果品目数很多，无法全部排列在表中或没有必要全部排列出来，可以采用分层的方法，即先按销售额进行分层，以减少品目栏内的项数，再根据分层的结果将关键的 A 类品目逐个列出来进行重点管理。

（4）以累计品目百分数为横坐标，累计销售额百分数为纵坐标，根据 ABC 分析表中的相关数据，绘制 ABC 分析图。

（5）根据 ABC 分析的结果，对 ABC 三类商品采取不同的管理策略。

ABC 分类法还可以应用到质量管理、成本管理和营销管理等管理的各个方面。

在质量管理中，我们可以利用 ABC 分析法分析影响产品质量的主要因素，采取相应的对策。例如，我们列出影响产品质量的因素包括，外购件的质量、设备的状况、工艺设计、生产计划变更、工人的技术水平、工人对操作规程的执行情况等。我们以纵轴表示由前几项因素造成的不合格产品占不合格产品总数的累计百分数，横轴根据造成不合格产品数量的多少，按从大到小的顺序排列影响产品质量的各个因素。这样，我们就可以很容易地将影响产品质量的因素分为 A 类、B 类和 C 类。假设通过分析发现外购件的质量和设备的维修状况是造成产品质量问题的 A 类因素，那么我们就应该采取相应措施，对外购件的采购过程严格控制，并加强对设备的维修，解决好这两个问题，就可以把质量不合格产品的数量减少80%。

5-29　ABC 管理法的推广应用情况如何?

答: ABC 分析法还可以应用在营销管理中。例如企业在对某一产品的顾客进行分析和管理时,可以根据用户的购买数量将用户分成 A 类用户、B 类用户和 C 类用户。由于 A 类用户数量较少,购买量却占公司产品销售量的 80%,企业一般会为 A 类用户建立专门的档案,指派专门的销售人员负责对 A 类用户的销售业务,提供销售折扣,定期派人走访用户,采用直接销售的渠道方式,而对数量众多,但购买量很少,分布分散的 C 类用户则可以采取利用中间商、间接销售的渠道方式。

应当说明的是,应用 ABC 分析法,一般是将分析对象分成 A、B、C 三类。但我们也可以根据分析对象重要性分布的特性和对象的数量大小将其分成两类或三类以上。

第 2 节　各工序工程验收与系统完善

5-30　高炉开炉各工序《确认表》如何划分?

答: 按系统划分成以下部分:

供料系统: 原料场、卸料机、皮带等。

装料系统: 槽上(卸料机、皮带)、槽下(秤斗、闸门、主皮带)等。

鼓风机: 鼓风机电机、增速器、液力偶合器、稀油站。

水泵房: 软水制备等。

煤气系统: 阀门、管道、放散、支架、排水系统、试漏、严密性试压。

煤气柜: 加压站、混合站等。

热风炉: 助燃风机、各阀门、换热器等。

煤气干法除尘: 入口、出口眼镜阀,防爆膜、脉冲阀等。

煤气湿法除尘: 洗涤塔、文氏管、脱水器、调压阀组、比绍夫洗涤塔等。

出铁场与槽下除尘: 除尘风机、布袋箱、吹扫系统等。

渣铁处理系统: 水冲渣、TULA 冲渣(轮法)、INBA 冲渣、铸铁机等。

出铁场: 炉前吊车、泥炮、开口机、堵渣机、摆动流嘴、预制渣铁沟等。

仪表与自动控制系统: 仪表、计算机程序、PLC 自动控制设备等。

运输: 铁路、机车、汽运、汽车吊等。

其他: 照明、通讯、消防、报警、监控等。

5-31　热风炉烘炉检查确认表包括哪些内容?

答: 某厂热风炉烘炉检查确认表见表 5-1。

表 5-1　某厂热风炉烘炉检查确认表

项　目	负责单位	确认单位	确认签字
热风炉、热风管道强度和严密性试验	工程指挥部 安环科 设备科	燃气车间	

项　目	负责单位	确认单位	确认签字
双预热管道强度及严密性试验合格	工程指挥部 安环科 设备科	燃气车间 高炉车间	
高炉风口弯头处堵胶板	工程指挥部 安环科	燃气车间 高炉车间	
热风炉联动连锁微机操作试车合格，计器仪表及微机控制系统达到烘炉要求	工程指挥部 安环科 设备科 机动车间	燃气车间 计控室	
助燃风机试车合格	工程指挥部 安环科 设备科	燃气车间	
软水冷却系统试运转，热风炉冷却系统通水合格	工程指挥部 安环科 机动车间	燃气车间 设备科	
现场照明及通讯完善，现场清理整顿达标，安全标志齐全明显，走梯完整	工程指挥部 安环科 设备科 计控室	燃气车间	
烘炉用工具准备	工程指挥部 机动车间 设备科 安环科	燃气车间	

5-32　高炉炉内值班室检查确认包括哪些内容？

答：某厂高炉炉内值班室检查确认表见表 5-2。

表 5-2　某厂高炉炉内值班室检查确认表

值 班 室				
内　容		岗位确认人	签　字	备　注
各种原燃料及溶剂按指定仓号入仓				
装料确认	所有筛面派专人检查，防易燃物入炉			
	装料至风口时核对料			
	卷扬工专人监视漏料情况，要按顺序和程序上料			
	装料至 5.0m 时核对料			

值班室

内　容	岗位确认人	签　字	备　注
装料前 1h，5 号风机送风至放风阀处			由鼓风机站负责
氮气、氧气、蒸汽、压缩空气送至平台			
封闭各部人孔			
各仪器孔封闭			
点火前各阀门状态检查　放风阀全开			
炉顶放散阀全开，重力大小放散阀开			
遮断阀关			
倒流休风阀开，冷风大闸关			
煤气调压阀组全开			
均压阀关，均压放散阀开			
准备送风，热风炉处焖炉状态			燃气车间负责

5-33　高炉烘炉确认表包括哪些内容？

答：某厂高炉烘炉检查确认表见表 5-3。

表 5-3　某厂高炉烘炉检查确认表

项　目	负责单位	确认单位	确认签字
有两座热风炉拱顶温度达 900℃以上	燃气车间	燃气车间	
高炉、热风炉、煤气除尘系统漏点已全部处理	工程指挥部	燃气、高炉	
高炉用压缩空气、氧气、蒸汽、氮气送至平台	工程指挥部	计调科	
放风阀、炉顶放散阀、大小均压阀、遮断阀达标	工程指挥部	高　炉	
高炉计器仪表及微机控制系统达到烘炉要求	工程指挥部	计控室	
上料系统所有设备安装结束，单机试车达正常状态，可进入微机控制和进行炉顶装料设备联动的空载联合试车	工程指挥部	设备科	
炉前出铁场具备准备生产条件	工程指挥部	高　炉	
煤气除尘系统具备联合试车条件	工程指挥部	燃气车间	
冲渣系统具备试水条件	工程指挥部	机动车间	
风口平台、出铁场及相关工作场地通讯齐备、照明正常	工程指挥部	高　炉	
铁路铺设完毕，具备通车标准	工程指挥部	计调科	
炉缸保护层喷涂完毕	工程指挥部	高　炉	
炉缸泥包糊好、煤气导出管安装完毕	新 1 号高炉	高　炉	

项　目		负责单位	确认单位	确认签字
炉皮各层排气孔及阀门安装完毕		工程指挥部	高　炉	
本体各阀门绑扎好开关标志达规程要求		工程指挥部	高　炉	
高炉本体各部按规程要求供水		设备科	配管班长	
安装好膨胀测量装置，达烘炉规程要求		工程指挥部	计控室	
准备好烘炉用 5 号风机		工程指挥部	设备科	
做好湿分分析准备工作		燃气车间	燃气车间	
烘炉前各阀门应处状态检查确认	放风阀全开、炉顶及重力大小放散阀全开	高　炉	高　炉	
	煤气切断阀全关	高　炉	高　炉	
	均压及均压放散全开	高　炉	高　炉	
	煤气除尘系统放散阀全开	燃气车间	燃气车间	
	各热风炉的冷风阀、冷风小门、热风阀全关	燃气车间	燃气车间	
	冷风大闸、风温调节阀全关	燃气车间	燃气车间	
	倒流休风阀全开	燃气车间	高　炉	
	送风系统及高炉本体人孔全部关闭	高　炉	高　炉	

5-34　高炉配管工作确认表包括哪些内容？

答：某厂高炉配管工作检查确认表见表 5-4。

表 5-4　某厂高炉配管工作检查确认表

配　管			
内　容	岗位确认	签　字	备　注
工业水及软水设备运行正常，水量、水压达设计要求，给排水能力匹配			由设备科负责
水量水压所有计器仪表检测准确，显示清楚			由计控室负责
水系统各阀门开关灵活到位	配管班长		
各部水量水压按要求控制	配管班长		
备 $\phi110$mm 风口小套 5 个，$\phi100$mm 风口小套 4 个，风口窥视镜 16 个	配管班长		
备品备件充足（水阀、水管、活节、石棉带、铁丝、镜片、胶管等）	配管班长		

5-35　高炉开炉前试漏工作煤气系统确认表包括哪些内容？

答：某厂高炉开炉前试漏工作煤气系统检查确认表见表 5-5，煤气系统分段检漏工作确认表见表 5-6。

表 5-5　某厂高炉开炉前试漏工作煤气系统检查确认表

工 作 项 目			工作负责单位	签字	确认单位	签字
高炉本体、煤气除尘系统施工结束，具备试漏条件			工程指挥部		燃气车间 高炉	
炉顶装料设备单机试车正常			工程指挥部		设备科 高炉	
高炉主要的计器仪表安装完成，微机画面显示正常，量值准确			工程指挥部		计控室	
烘炉导管、煤气导出管安装完成			工程指挥部		高炉	
冷、热风，煤气系统，炉顶人孔封好			工程指挥部		燃气车间 高炉	
风口平台、出铁场施工结束，整顿好			工程指挥部		高炉	
高炉各层灌浆孔和排气孔阀关严			工程指挥部		高炉	
高炉放风阀、炉顶放散阀试车完成，做好全开和全关标记			工程指挥部		高炉	
试漏用 5 号风机确保正常运行			工程指挥部		机动车间 设备科	
煤气除尘系统各阀门试车完成			工程指挥部		燃气车间 设备科	
安排好检查人员和检查工具			工程指挥部		高炉 燃气车间	
试漏前各阀门状态的确认	热风炉部分	高炉放风阀全开				
		热风炉处焖炉状态				
		混风大闸关闭				
		混风调节阀关闭				
		高炉各阀处休风状态				
	高炉本体部分	热风炉处焖炉状态				
		倒流休风阀关闭				
		混风大闸及调节阀全开				
		铁口、渣口、火管、弯头严密				
		热风管及炉体人孔关闭				
		探瘤孔、排气孔、取样孔关闭				
		大小钟关闭				
		大小均压阀关闭				
		炉顶及设备、除尘器蒸汽阀关闭				
		炉顶放散阀、重力小放散阀关闭				
		遮断阀关闭				
		重力大放散阀及除尘系统放散阀全开				
	高炉本体及除尘系统	高炉放风阀全开				
		热风炉处焖炉状态				
		倒流休风阀关闭				
		混风大闸及调节阀全开				
		铁口、渣口、火管、弯头严密				
		热风管及炉体人孔关闭				
		探瘤孔、排气孔、取样孔关闭				
		大小钟关闭				
		大小均压阀关闭				
		炉顶及设备、除尘器蒸汽阀关闭				
		炉顶放散阀、重力小放散阀关闭				
		遮断阀全开				
		重力大放散阀及除尘系统放散阀关闭				

表 5-6　某厂高炉开炉前煤气系统分段检漏工作确认表

项　目		签字确认
热风炉部分	按试漏要求检查各阀所处状态进行签字	
	调度通知启动风机，试漏前 30min 把风送到放风阀	
	开冷风均压阀和冷风阀	
	工长关放风阀，将冷风压力加到 40~50kPa 稳定住	
	开始检漏：用手感、目视检查漏点	
	发现漏点做好记录，并用粉笔画好标志	
	等待指示：无严重漏点继续严密性试验	
	将冷风压力加到 80kPa 并稳定住	
	刷肥皂水检漏，发现漏点做好标记，堵漏	
	等待指示：堵漏后进行强度试验，加冷风压力至 120kPa 保压 30min	
	三座热风炉依次进行上述步骤的实验	
高炉本体部分	按试漏要求检查各阀所处状态进行签字	
	调度通知启动风机，试漏前 30min 把风送到放风阀	
	开冷风均压阀和冷风阀	
	工长关放风阀，将冷风压力加到 40~50kPa 稳定住	
	开始检漏：用手感、目视检查漏点	
	发现漏点做好记录，并用粉笔画好标志	
	等待指示：无严重漏点继续严密性试验	
	将冷风压力加到 80kPa 并稳定住	
	刷肥皂水检漏，发现漏点做好标记，堵漏	
	等待指示：堵漏后进行强度试验，加冷风压力至 120kPa 保压 30min	
高炉本体及除尘系统	按试漏要求检查各阀所处状态进行签字	
	调度通知启动风机，试漏前 30min 把风送到放风阀	
	开冷风均压阀和冷风阀	
	工长关放风阀，将冷风压力加到 40~50kPa 稳定住	
	开始检漏：用手感、目视检查漏点	
	发现漏点做好记录，并用粉笔画好标志	
	等待指示：无严重漏点继续严密性试验	
	将冷风压力加到 80kPa 并稳定住	
	刷肥皂水检漏，发现漏点做好标记，堵漏	
	等待指示：堵漏后进行强度试验，加冷风压力至 120kPa 保压 30min	
	实验结束，高炉处休风状态	

5-36　上料系统开炉确认表包括哪些内容？

答：某厂上料系统开炉检查确认表见表 5-7。

表 5-7　某厂上料系统开炉检查确认表

上 料 系 统

项　目	标准或要求	岗位确认	签　字	备　注
称量系统	各秤闸门开关灵活到位	卷扬班长		
	秤值准确	卷扬班长		
振动筛	设备安装质量符合要求	卷扬班长		
	机旁及自动运行正常	卷扬班长		
给料机（12 个）	设备安装质量符合要求	卷扬班长		
	机旁及自动运行正常	卷扬班长		
主皮带（南、北）	设备安装质量符合要求	卷扬班长		
	运行正常可靠	卷扬班长		
平皮带（返矿两根、返焦两根）	设备安装质量符合要求	卷扬班长		
	运行正常可靠	卷扬班长		
斜皮带（返矿两根、返焦两根）	设备安装质量符合要求	卷扬班长		
	运行可靠正常	卷扬班长		
料车（东、西）	符合设计要求	卷扬班长		
	运行及控制正常	卷扬班长		
上、下罐，齿轮箱	设备安装质量符合要求	卷扬班长		
	运行控制正常	卷扬班长		
上料闸，调节阀	开关到位、严密	卷扬班长		
	运行及控制正常	卷扬班长		
下料闸，调节阀	开关到位、严密	卷扬班长		
	运行及控制正常	卷扬班长		
探尺（东西）	运行灵活可靠、符合要求	卷扬班长		
	控制正常	卷扬班长		
旋转溜槽	设备安装质量符合要求	卷扬班长		
	运行控制正常	卷扬班长		
一、二均压阀，均压放散阀	设备安装质量符合要求	卷扬班长		
	运行控制正常	卷扬班长		
卷扬机	设备安装质量符合要求	卷扬班长		
	运行控制正常	卷扬班长		
液压站、炉顶、槽下	压力达到设计要求	卷扬班长		
	油温正常、油位正常	卷扬班长		
	运行控制正常	卷扬班长		

5-37　炉前系统开炉前检查确认包括哪些内容？

答：某厂炉前系统开炉前检查确认表见表 5-8。

表 5-8 某厂炉前系统开炉前检查确认表

炉 前			
项 目	岗位确认	签 字	备 注
铁口泥套做好并烤干	炉前总技师		
主沟、铁沟、流嘴垫好并烤干	炉前总技师		
渣沟垫好	炉前总技师		
撇渣器（大、小）做好并烤干	炉前总技师		
开口机经验收合格			由设备科负责
泥炮调试合格			由设备科负责
冷却炮头水管准备好	炉前总技师		
炮泥、黄沙、木柴准备好	炉前总技师		
液压站（油压、油温、油位）达要求	炉前总技师		
天车经验收合格			由安环科负责
渣口泥套做好烤干，渣沟做好	炉前总技师		
堵渣机验收合格（备用堵耙 5 个）	炉前总技师		
火渣池垒好	炉前总技师		
火管弯头备品各一套	炉前总技师		
泥炮打水管	炉前总技师		
铁水罐准备好	炉前总技师		
炉前所用工具材料备足备齐（氧气管、氧气瓶、氧气带、扒子、耧耙等）	炉前总技师		

第 3 节　各系统设备联合试车

5-38　怎样进行开炉前的设备联合试车？

答：试车的范围较广，凡是运转设备都需进行试车。试车可分为单体试车、小连锁试车和系统连锁试车；又可分为试空车（不带负荷）和试重车（带负荷）。试车顺序是由单体到系统连锁，由试空车到试重车，只有试重车正常后才可开炉生产。

5-39　设备试车的目的是什么？

答：（1）检验各种设备的安装是否符合标准规范，是否能正常运转；

（2）实测各种设备运转的技术性能是否符合出厂标准；

（3）检验各种设备的运行参数是否达到设计指标，能否满足生产需要；

（4）检验各种设备的安全装置是否符合国家规定标准，运行是否可靠，以确保安全生产；

（5）需要国家安监部门验收的特种设备，试车合格后向主管部门报批，批准后才能投入使用。

5-40 如何进行炉前设备液压站调试?

答：(1) 启动液压泵，观察起泵电流及运转是否正常；

(2) 升压后观察压力变化，是否能达到正常试车需要的标准；

(3) 油箱内油位、油温是否正常，伴冷、伴热是否能正常投入；

(4) 带负荷时检查油压是否稳定，带动设备时设备的运行是否正常，泄压速度是否满足设备运行的要求。

因为泥炮和开口机都是由液压传动的，因此，必须把液压系统调试正常后才能进行泥炮和开口机的试车。

5-41 如何进行炉前开口机调试?

答：首先对开口机进行单项试运转，然后逐项检验：

(1) 检验开口机钻杆对位情况，如果不能对准铁口中心要调整悬臂，使钻杆对正铁口中心；

(2) 检验开口机钻杆的工作角度，保持工作角度和设计的铁口角度一致；

(3) 检验悬臂旋转带动钻杆前进后退时的油压变化，如果油压不能满足生产需要，应按设计标准调整节流阀；

(4) 调整凿岩机 (钻孔) 旋转及冲击油压，确保开炉后满足开铁口按时出铁的需要。

5-42 如何进行炉前泥炮调试?

答：首先对泥炮进行单项试运转，然后逐项检验：

(1) 观察泥炮与铁口对位情况，如果对位不准要及时调整；

(2) 装泥试验打泥情况，测算打泥速度，标定打泥量，测定一格泥的质量，活塞行程及打泥指针的对应关系；

(3) 检验打泥时油压是否符合设计标准，以满足开炉后出铁时在不同条件下都能确保堵住铁口的操作要求。

5-43 如何进行炉前吊车调试?

答：首先对吊车进行单项试运转，然后逐项检验：

(1) 检查吊车运行是否正常，确定吊车走行的极限位置和大、小钩的上升极限位置；

(2) 检查大梁的挠度是否符合标准规定，核定最大起重能力是否符合设计标准；

(3) 报国家职能部门进行检查验收，验收合格后才能投入使用。

5-44 水冲渣试车的目的是什么?

答：首先检验水泵的电机是否正常运转 (脱机试验)，然后带动水泵运行并检验：

(1) 检验水冲渣泵站各高低压供电设备是否能满足需要；

(2) 检测各种泵的技术性能是否符合设计标准；

(3) 检验供水管道和补水管道有无漏点，试压是否达到设计标准；

（4）检验水冲渣泵站各设备的运行参数并进行调试，确保水压达到冲渣的标准要求；

（5）试水时检查冲渣流嘴处水流喷射情况，水渣沟有无呛水现象，电液阀门是否灵活等，发现问题及时解决，保证开炉后冲渣时满足高炉生产的要求。

5-45　如何进行鼓风机调试？

答：鼓风机是高炉生产的关键设备，只有鼓风机运行正常以后才能进行高炉整体系统的试压和试漏并进行高炉烘炉。同时，鼓风机又是机组，只有全部条件满足后才能试车。

鼓风机组（轴流风机）试车的基本条件如下：

（1）所有动力介质（高低压电、冷却水、仪表气源、低压氮气）满足试车条件，具体如下：

高压电：10000V；

低压电：380V/220V；

冷却水压：0.4MPa；

仪表气源：0.45～0.6MPa（用于空气过滤器）；

低压氮气：0.45～0.6MPa（用于防喘振阀、止回阀）；

高压氮气：大于0.6MPa（氮气瓶用于动力油站蓄能器）。

（2）动力油站：将冲洗油排出，将油箱内清理干净，检查滤油器滤芯，重新装满新油（新油装入时必须经过过滤，过滤精度为5μm）。

（3）润滑油站：油站冲洗合格后，清洗过滤器滤芯，重新注入合格的润滑油，检查各系统阀门所处的位置是否正确，检查液位是否达到要求，启动电动油泵，检查油站仪表元件是否达到要求，检查过滤器及冷油器切换是否灵活。

（4）高位油箱。油系统冲洗合格后，放掉高位油箱中的污油，再充入干净的润滑油。

（5）润滑油管路系统。在润滑油站及高位油箱满足要求后，通过调整进油支管上的节流阀螺钉调整润滑油支管路压力，参数如下：

润滑油总管压力：0.2～0.25MPa；

风机进油支管（径向及推力轴承）：0.15MPa；

齿轮箱进油支管：0.15～0.2MPa；

电机进油支管：0.05MPa。

（6）空气过滤器及进气管道的要求。空气过滤器及进气管道必须清理干净，绝对不允许有任何硬质颗粒存在。空气过滤器进行清灰试验，压差报警连锁试验，要求滤后含尘浓度不大于1.0～1.5mg/m³；最大阻力损失不大于1000MPa。

（7）止回阀、电动蝶阀及排气管道。止回阀通气试验合格，电动蝶阀通电试验后达到开关灵活可靠，排气管道为高温高压管道，确认完全符合要求，工艺管道其余阀门动作可靠。

5-46　鼓风机试车前准备工作有哪些？

答：（1）系统主要阀门阀位：风机出口电动蝶阀——关；风机出口止回阀——关；风机防喘振阀——开；排气管线其余阀门关闭。

（2）确认所有仪表显示，控制系统及安全保护连锁等设备做到灵活可靠，全部调校、模拟试验完毕。

（3）确认齿轮箱与风机联轴器及护罩连接到位，各连接螺栓无松动现象。

（4）确认风机动力油站冲洗干净，伺服阀安装到位，动作灵敏可靠，缸体动作正常，位置显示正确。低油压自锁保护试验可靠。

（5）确认风机静叶角度在最小启动角 14°，释放可靠。

（6）检查水、电、气等共用工程条件应到位，且供应正常。

5-47 鼓风机机组润滑油、动力油系统如何调试？

答：（1）检查油箱液位及润滑油总管支管压力。

（2）检查油温是否在 25～35℃ 之间。

（3）确保动力油站蓄能器充氮压力为 6.4MPa。

（4）确认压力表、压力表变送器、压力开关打开。

（5）保证润滑油总管压力为 0.2～0.25MPa，动力油维持在 12.5MPa。

（6）确保高位油箱充满油。

5-48 鼓风机机组运行如何操作？

答：（1）投入盘车装置，检查各单位应无异常声音，盘车时间不少于 20min。

（2）电机合闸，机组迅速提速，必须密切注意观察盘车装置脱开情况。

（3）电机合闸后若运行正常，静叶角度应由 14° 迅速释放至 22°，并可适当增大静叶角度。

（4）机组在此角度运行 1～2h 后，如果机械运转稳定，各检测数据合格，可进行性能测试。

（5）根据测试性能曲线，由仪表专业进行防喘振模拟试验，但要求绝对可靠。

（6）根据测试曲线结果，调整静叶角度在不同的工况点运行，建议每个工况点运行 2h。

（7）在机组启动及运行过程中，详细记录启动电流、启动时间、启动电压，并应每隔 20min 记录一次轴温、轴振动、轴位移、电压、电流、功率、润滑油压力、温度、动力油压力、温度等参数，各指标符合技术条件则可视为风机运转合格。

（8）机组停机后，启动盘车装置，在轴承温度小于 40℃ 时，停盘车装置。

（9）如果遇停电，则人工盘车，直至机组冷却至常温。

机组运行后测定喘振曲线，绘制出喘振曲线后可进行工艺送风。在机组无故障连续运行 72h 后可给高炉送风进行试漏等工作。

5-49 热风炉液压系统设备如何试车？

答：（1）检查液压泵、控制阀门、液压管道安装是否符合规定标准，各种阀门开关是否灵活。

（2）启动液压泵，检查液压管路有无泄漏点。

（3）检查液压泵电机工作状态：有无异声，振动是否在标准范围内，温度是否正常等。

（4）观察液压泵的压力是否在正常的范围内，超出规定范围要及时调整。

（5）液压泵工作正常后带动各个阀门工作，检测蓄能器的工作压力能否满足重点阀门（混风阀，热风阀，煤气切断阀，煤气燃烧阀，冷风阀，通冷风切断阀，空气燃烧阀）的开关需要。

（6）检查液压泵的冷却和伴热系统能否正常投入工作。

热风炉的各种阀门（调节阀门除外）都是液压传动，必须将液压站调试正常后才能进行各种阀门的调试。

5-50 热风系统单体如何试车？

答：（1）检查各种阀门的安装是否符合标准规定，开关是否灵活与能否开关到位；

（2）检查电动传动的各个阀门开、关是否到位，不正常时要及时进行调整，调整正常后设定极限位置，确保满足生产需要；

（3）检验手动操作时安全连锁是否可靠。

5-51 热风炉助燃风机如何调试？

答：首先检验风机电动机运转是否正常，然后带动鼓风机试运转，接着逐项检验：

（1）检查风机及其附属设备安装是否符合标准，确认试车条件是否具备。

（2）确认风机进出口阀和风机放散阀开关是否灵活好用。

（3）手动盘动电机，检查是否有划卡扇叶现象。

（4）先使电机连续运转 2h，然后再调试风机。

（5）按照顺序启动风机：打开助燃风机空气管道放散阀；全开风机进口阀，关闭备用风机出口阀；打开风机出口阀至全开；启动助燃风机，逐步打开进口阀至全开。

（6）检查风机运行状态是否正常：振动情况，异音，温度。

（7）检查风机电机工作：电流、电压。

（8）风机运行应持续 4h，观察其运行情况。

5-52 如何进行热风炉联合联动试车？

答：（1）首先现场关闭热风炉各系统阀（不包括冷却水的阀门）；

（2）按操作顺序动作各阀，测定阀体动作时间是否符合设计要求；

（3）检查自动控制程序是否运行正常；

（4）联合联动试车内容如下：

1）由燃烧转焖炉操作；

2）由燃烧转送风（或由焖炉转送风操作）；

3）由送风转燃烧操作；

4）由送风转休风操作（包括倒流休风）；

5）由休风转送风操作。

5-53 热风炉冷却系统如何试车？

答：（1）所有冷却阀门的进、出水调试；

（2）供排水管道试压后是否正常；

（3）热风炉供水系统流量、压力是否达到正常标准；

（4）检查自清洗过滤器运行是否正常。

5-54 布袋除尘试车的目的和意义是什么？

答：布袋除尘试车的目的是：

（1）检查布袋除尘系统各设备的安装是否符合标准规范；

（2）检查受压设备是否达到安全规定的标准；

（3）通过试车检查各设备运行是否正常，发现问题后及时进行整改，确保高炉生产后能够顺利地接受高炉煤气，并保证整个系统符合安全规定标准。

试车内容包括：

（1）各种阀门调试：气动卸灰球阀，气动钟式卸灰阀，电磁脉冲阀，进出口煤气蝶阀，进出口煤气盲板阀（眼镜阀），荒煤气气动放散阀，净煤气手动放散阀，仓壁振动器等；

（2）对加湿机及相关阀门进行单体调试；

（3）N_2 清堵装置调试；

（4）PLC 自动控制装置调试。

联动调试是模拟高炉生产时处理煤气的程序投入自动控制运行状态，发现问题及时解决。

5-55 炉顶设备调试的目的是什么？

答：（1）通过试车检查炉顶各设备的技术性能是否符合设计要求。

（2）通过试车检查各设备的安全防护装置是否齐全、可靠。

（3）检查炉顶各设备的运行参数并调试至符合生产要求标准。

5-56 如何进行炉顶设备单体试车？

答：炉顶无料钟系统及各个控制阀门系统由液压传动，因此，首先进行炉顶液压站试车，包括：

（1）液压站调试；

（2）干油站调试；

（3）探尺调试；

（4）上料主皮带（或主卷扬与料车）试车；

（5）上下密封阀调试；

（6）料流调节阀调试；

（7）布料溜槽（或大小钟）调试；

（8）均压放散各阀调试。

上料系统联合联动试车是模拟正常生产时的上料过程，进行空负荷联合联动试运行。在高炉装料时再进行带负荷试车。

5-57　上料系统试车的目的是什么？

答：（1）检查确认上料系统各设备的性能，皮带机是否跑偏，了解各称量斗、振动筛的供料能力；

（2）调整各手动闸门开度至相当位置；

（3）检查皮带跑偏开关、拉线开关等是否好用并可靠。

5-58　如何进行供料设备单体试车？

答：（1）上焦炭系统设备的单体试车；

（2）上矿石系统设备的单体试车；

（3）槽上运料判断，卸料小车的单体试车；

（4）返焦、返矿设备的单体试车；

（5）称量装置（电子秤）调试，对好零点后专职计量人员再用砝码对电子秤进行标定。

模拟正常生产时的供料过程，进行空负荷联合联动试运行。

供料、上料（包括均压的各个阀门）设备在高炉装料过程中进行热负荷联合联动试运行，发现问题及时调整，确保开炉后正常供料、上料，确保高炉冶炼的正常进行。

5-59　如何进行铸铁机试车？

答：（1）铸铁机（链带）试车（包括变频调试）；

（2）吊车（或倾翻卷扬）调试；

（3）喷浆设备调试；

（4）喷水冷却装置调试；

（5）电磁吊试车。

在单体试车合格的基础上再进行联合联动试车。联合联动试车运行正常后进行带负荷试车（装料）。在试车中发现问题及时进行整改，保证开炉后设备运转正常，确保炉况稳定顺行，尽快达到设计指标。

5-60　高炉炉顶和装料系统如何联合试车？

答：高炉系统大联合试车：高炉系统特别是运料、上料和炉顶装料设备进行联合试车和带负荷试车非常重要，它直接关系到开炉的成败。要求联合试车连续运转的时间大于 48h。

模拟操作：为考验设备和提高岗位工人操作水平，要进行一周的模拟操作。要严格执行试车规程。

5-61　怎样进行开炉前的设备检查？

答：开炉前对工业建筑与结构进行全面检查是十分必要的，如检查高炉中心线与装料设备的中心线是否垂直重合；各风口的中心线是否在同一水平面上，与炉缸中心是否交于一点；炉顶装料设备安装是否水平等。它们的误差值都必须在允许误差范围内，这是高炉设备安装必须达到的要求，否则会给高炉造成先天缺陷，严重影响生产技术经济指标与寿命。此外，在开炉前应指定专人对各种设备进行全面检查，包括计器信号是否正常，炉体各孔洞是否堵好焊好；各处照明是否符合要求；各阀门是否做好开关记号，并做到该关的关上，该开的开着；料尺是否对好零点等。只有一切正常后才能点火开炉。

5-62　什么叫严密性试验，其标准如何？

　　答：为了保证煤气管道和煤气设备区域的空气符合国家规定的卫生标准，防止煤气中毒，应使煤气管道和煤气设备完全严密。因此，大修、改建或新建的煤气管道和设备在投产前所进行的打压试漏过程称为严密性试验。只有合格后，才准交付使用。

　　严密性试验的标准是：

　　（1）室内或厂房内部的管道和设备的试验压力为煤气计算压力加 15kPa，但不少于30kPa，试验持续 2h，压力降不大于 2%。

　　（2）室外或厂房外部的管道和设备的试验压力为煤气的计算压力加 5000Pa，但不少于 20000Pa，试验持续时间为 2h，压力降不大于 4%。压力降（即泄漏率）的计算公式如下：

$$A = \frac{1 - P_2 T_1 / (P_1 T_2)}{t} \times 100\%$$

式中　A——每小时平均泄漏率，%；

　　P_1，T_1——试验开始时管道内空气的绝对压力和绝对温度；

　　P_2，T_2——试验结束时管道内空气的绝对压力和绝对温度；

　　t——试验时间，h。

5-63　怎样进行开炉前的试风？

　　答：开炉前试风主要是检查送风系统的管道及阀门是否严密，各阀门操作是否灵活可靠等。试风的步骤是，先试冷风及热风管道，然后再试热风炉炉体及各种阀门。试风前应先将高炉各风口的吹管卸下，用铁板将各风口弯头封死，然后打开各风口的窥孔。试冷风及热风管道时，将各热风炉的热风阀及冷风阀关严，打开混风阀，通过风机控制一定的送风压力（一般为高炉工作压力的 60%～100%），然后检查管道，发现漏风处要做好标记，以便试风后进行修补。管道试风完毕后，将热风炉的废风阀打开，如发现有风，则说明冷风阀或热风阀可能漏风，需进入热风炉内检查漏风情况。最后试烟道阀，将热风炉灌满风，关冷风阀及热风阀，10min 后，根据风压下降情况检查烟道阀是否漏风。同时可进行热风炉炉体的漏风检查。

5-64　怎样进行开炉前的试汽？

　　答：高炉使用蒸汽的地方不多，主要是煤气管道系统与保温系统。试汽时，事先应将放汽管打开，然后再将蒸汽引入高炉汽包，以便将凝结水排除。再逐个打开通往煤气管道的蒸汽阀门，并打开相应的放散阀，检查蒸汽是否畅通，阀门是否灵活、严密。

第4节　高 炉 试 水

5-65　怎样进行开炉前的试水?

答：高炉冷却水总管和冷却器在安装前已进行过试压。开炉前的试水主要是检查以下几项内容：

（1）全部冷却设备正常通水后是否仍能保持规定的水压。

（2）炉身上部的冷却器或喷水管出水是否正常。

（3）排水系统是否正常畅通。

（4）水管连接处有无漏水现象。

试水方法是先将各冷却器阀门关死，将水引至各个多足水管里，并打开多足水管下面的卸水阀门，先将管道内的杂物冲洗干净，然后关上卸水阀门。从炉缸开始，逐个打开冷却器阀门，将水引入各个冷却器，直至最上层冷却器为止。逐层试验，逐层检查。全部通水后再检查供水能力与总排水是否畅通。

5-66　高炉系统试水条件和试水标准是什么?

答：（1）高炉试水的必备条件是：

1）所有冷却设备、阀门、管道、过滤器安装完毕，打压试验达到设计要求。

2）所有阀门开关灵敏好用。

3）所有冷却设备、阀门、管道内没有异物。

4）所有排水槽、排水沟清扫干净。

此外，还应满足风口高压供水系统已处正常生产状态；炉缸冷却用水达到供水条件；软水闭路循环系统已满足向高炉供水要求。

（2）试水标准如下：

1）高炉、热风炉及其他各冷却设备供水流量、压力达到设计标准。

2）所有冷却设备进、出水畅通无阻，各供水管道没有漏点。

3）供、排水系统的阀门开关灵活到位，仪器仪表运转显示正常，灵敏准确无误；

4）供水系统的过滤器运行正常，确保杂物不能进入冷却设备，保证冷却设备工作正常。

水量和水压要达到表 5-9 规定的标准；确认所有冷却设备有进水，有出水；确认所有冷却设备不向炉内漏水，也不向外流水；排水管路、集水斗、排水槽和排水沟畅通无阻，并不向外溢流。

表 5-9　水量和水压标准

部　位	水压/MPa	水量/m³·h⁻¹	水种类	备　注
风口、渣口小套	1.6	936	加水压	
风口、渣口大套及冷却壁	0.6～0.8	1865		
炉腹以上冷却壁	0.4～0.5	2739	软　水	先普通水试压

部　位	水压/MPa	水量/m³·h⁻¹	水种类	备　注
冷却壁凸台	0.4~0.5	784	软　水	先普通水试压
炉底水冷管路	0.4~0.5	374	软　水	先普通水试压
热风炉	0.4~0.5	750	软　水	先普通水试压
冷风大闸及倒流阀	0.4~0.5	750	软　水	先普通水试压

5-67　高炉系统试水的目的是什么？

答：为保证高炉开炉之后冷却设备的正常运行，使一代炉龄达到设计目标，开炉前要对高炉全系统进行试水并做好堵漏工作。

(1) 检查各通水阀门、管道、冷却设备的严密性，是否有漏水。

(2) 检查冷却系统各设备的施工质量及工况运行状态。

5-68　高炉系统的试水程序是什么？

答：泵站试车正常后进行各冷却设备的试水，具体程序如下：

(1) 首先对各个供水水泵进行电动机试运转，然后带动水泵进行瞬时运转，正常后再分别对各个供水系统进行试水；

(2) 高炉冷却设备试水（高压水：风口装置；常压水：炉底水冷和各层冷却壁）；热风炉高温阀门试水；

(3) 水冲渣试水（供水、补水）；

(4) 各辅助设备试水（各风机的轴承冷却等）。

5-69　高炉系统试水如何操作？

答：(1) 把各设备末端放水阀门全部打开，给水后各末端阀门有水流出，水中不带空气及杂物时关上。

(2) 末端排气阀关上后，把水压提到 0.15~0.20MPa，检查各冷却设备的排水头出水是否正常，管道、阀门是否漏水，若漏水严重应及时停水处理。

(3) 检查基本不漏水后，将水压提到正常水平（风口处不小于 0.60MPa，冷却壁过滤器处为 0.35MPa），稳定 30~60min，全面检查各设备工作情况。

(4) 确认各处均不漏水，排水畅通无阻，则说明达到生产要求。

安全注意事项：冬季试水时，必须防止各冷却设备内的存水结冰膨胀造成设备被胀坏。如果试水后不能立即烘炉，必须用压缩空气把各冷却设备内部的存水吹扫干净。

高炉试水时的注意事项如下：

(1) 各种冷却设备按一定顺序挂好标记牌；

(2) 保证各冷却点有进水和出水，严防只有进水没有出水；

(3) 软水闭路循环冷却的高炉上下联箱进出水管一定要对号入座，不能连错；

(4) 确认各冷却点和管路阀门不向炉内漏水，也不向外部跑水。

5-70 高炉风口高压供水系统具备正常生产状态的条件是什么？

答：（1）系统管路试压合格（工作压力 +0.5MPa）；

（2）水泵出口压力和流量达到设计规定标准；

（3）水泵运行正常，法兰、接头不漏水，阀门开关灵活和到位；

（4）计器仪表运行正常，灵敏正确，达到规定误差。

5-71 炉缸冷却用水达到供水要求的条件是什么？

答：（1）管路试压合格（工作压力 +0.5MPa）；

（2）阀门开关到位和灵活；

（3）给排水管路清扫干净；

（4）过滤器不漏水。

5-72 软水制备系统已正常生产的条件是什么？

答：（1）系统管路和阀门试压合格；

（2）系统管路阀门开关到位、灵活和不漏水；

（3）盐水泵、过滤器、Na 离子交换器等设备经联合试车合格；

（4）已生产出合格的软水，并贮存于贮水箱内。

5-73 软水闭路循环系统具备向高炉供水的要求是什么？

答：（1）总给水和回水管路试压合格（工作压力 +0.5MPa）；

（2）循环泵、补水泵和加药泵运行正常，倒换灵活可靠；

（3）系统阀门不漏水，补水电磁阀灵活好用；

（4）膨胀罐压力自动调节装置灵敏准确；

（5）换热器风扇运行正常，倒换灵活，无异常杂音；

（6）计器仪表运行正常，灵敏可靠，信号清楚。

5-74 高炉试水排水系统清扫准备工作有哪些？

答：（1）排水管、排水槽和排水沟清扫干净；

（2）集水斗内杂物清净，保证集水斗水量不外溢；

（3）排水管和排水槽不漏水；

（4）防尘罩焊接牢固，保证不向排水槽内漏灰。

5-75 系统给排水阀门如何确认？

答：（1）系统冷却设备、阀门、管件安装完毕，无漏点；

（2）各冷却点有进水有出水，准确无误；

（3）各冷却设备编码挂牌，对号准确；

（4）水冷齿轮箱停止供水。

5-76　计器仪表运行正常如何判定？

答：（1）各系统冷却水温度、压力、流量仪表已正常运行，零点准确；

（2）各层平台压力表（弹簧）经计量室鉴定合格。

5-77　各阀门开关状态的条件是什么？

答：（1）关炉台下过滤器入口阀，开出口阀；

（2）关各层配水围管入口总阀，开出口总阀；

（3）关炉底水冷管入口总阀，开出口总阀；

（4）关风渣口小套入口总阀，开出口总阀；

（5）开风口、渣口的进、出口阀；

（6）关下联箱入口总阀，开出口总阀；

（7）开上联箱进出口总阀；

（8）开各冷却壁进、出口总阀；

（9）开各排气孔阀门；

（10）关热风炉软水进口总阀；

（11）关炉顶自动打水阀门；

（12）关水冷堵渣机进口阀；

（13）关上升管管座冷却水进口阀。

5-78　接工业水管和堵盲板如何操作？

答：（1）关软水闭路系统供水总阀，堵盲板；

（2）关软水闭路循环系统回水总阀，堵盲板；

（3）在软水供水总阀出口接 325mm 工业水管道；

（4）在软水回水总阀入口接 325mm 排水管道。

5-79　试水前厂内外联系工作有哪些？

答：（1）试水前 2 天通知给水厂，做好试水准备工作；

（2）试水前 1h 通知调度室和各高炉工长，注意水压变化；

（3）各高炉水压降低时，通知给水厂启动备用水泵；

（4）各高炉水压低于正常值 80% 时，按规定采取减风措施。

5-80　如何调整水量和水压、检查和处理？

答：（1）调整水量和水压，逐渐达到规定水平：

1）调整顺序为：首先调整炉缸，达到规定水平后再依次调整炉底、炉腹以上冷却壁和带有凸台冷却壁；

2）水压不足时可适当关小总排水阀门；

3）水量分配可在软水闭路循环试水期间检查时再重新调整。

（2）检查漏点：

1）检查顺序：炉缸、炉底水冷管路，炉腹以上冷却壁，带凸台冷却壁；

2）检查部位：管路、阀门、活节等部位；

3）检查内容：泄漏点，用粉笔划上标志；各冷却设备进出水情况，不来水的要透开，确保有进水有出水，不得失误；通过风口检查炉壁砌体，是否有明显的水印或流水，并查清水源；检查排水管、排水斗、排水槽和排水沟等的排水情况，保证不漏水，不溢流，排水畅通无阻；对查出有问题的部位和缺陷要作出明显标志，并认真填写在记录本上。

（3）缺陷处理：

1）对查出的问题登记造册，分门别类送施工单位处理；

2）对处理好的缺陷也要进行记载，不得漏项；

3）处理完缺陷后，进行系统管路清洗，时间为 2~4h，然后将工业水放掉。

第5节 热风炉与高炉各系统试漏

5-81 试漏的目的是什么？

答：为确保高炉烘炉顺利及开炉后的安全生产，在高炉烘炉前应进行全系统的试漏、检漏和堵漏工作。试漏介质为鼓风机输出的冷风。

（1）查出漏点，进行堵漏，确保开炉后不泄漏煤气；

（2）检查送风系统、热风炉、高炉本体、煤气除尘系统全流程的工况运行情况；

（3）检查有关阀门的工作状况、严密性和整个系统的强度情况。

5-82 试漏范围包括哪些？

答：系统试漏范围包括：高炉本体、热风炉、热风管道、上升管、下降管、重力除尘器、半净煤气管道、布袋除尘等。

5-83 热风炉试漏时冷风流程如何？

答：鼓风机→冷风管道→冷风阀→热风炉（热风阀全关，冷风大闸关，炉顶放散阀开，冷风不进入高炉）。

5-84 高炉和煤气除尘系统试漏时冷风流程如何？

答：鼓风机→冷风管道→混风管道→热风总管和围管→高炉→上升管→下降管→重力除尘器→半净煤气管道→布袋除尘→调压阀组（热风炉冷风阀全关、热风阀全关、冷风大闸和冷风调节阀全开，冷风不进入热风炉，至调压阀组结束）。

5-85 通风试漏的必备条件是什么？

答：（1）高炉本体、送风系统、煤气除尘系统（布袋除尘可在开炉前具备投产条件）施工结束，无重大遗留问题。

（2）高炉系统、煤气除尘系统各阀（放风阀、混风调节阀、炉顶放散阀、均压阀、均压放散阀、煤气切断阀等绑好开关到位标记）试车完成，开关正常。

（3）高炉的主要计器仪表安装完毕，信号反馈到微机，微机显示画面清楚准确，特别是风量、风压、炉顶压力测量参数必须准确、可靠、调节灵活。

（4）炉顶设备（大、小钟）单机试车结束，确保下罐上、下密封阀关闭严密。

（5）炉体的送风装置（风渣铁口、风管、弯头）安装完，接触严密。

（6）烘炉导风管及煤气导出管安装好，糊好铁口泥包。煤气导出管在铁口外面用钢板封住。

某厂烘炉导管的规格与安装尺寸见表 5-10。

表 5-10　某厂各风口烘炉导管的安装尺寸

风口号数	插入水平长度（距风口）/m	插入垂直深度（距风口中心线）/m	备注
4 号，10 号，16 号	1.8	3.1	烘炉导管
2 号，8 号，14 号	1.5	2.7	直径
6 号，12 号	1.0	2.3	89mm

铁口煤气导出管用 ϕ133mm 无缝管制作，管的炉内部分（铁口泥包以外）全钻孔（管的圆周方向钻 5 排 10mm 的孔，轴向孔距为 50mm）。

（7）冷风系统、热风系统、高炉炉顶、煤气系统的人孔全部封闭。

（8）各层探溜孔阀门、排气孔阀门关严。

（9）高炉本体各层平台、出铁场及煤气除尘系统施工的剩余材料、废物清理干净，达到定置标准。

（10）照明及通讯设施完备。

（11）工程指挥部安排好检查堵漏人员和检查工具。

5-86　高炉系统试漏如何分段？

答：试漏分成 3 部分进行：

（1）热风炉部分；

（2）高炉本体部分；

（3）高炉本体及除尘系统同时进行。各部分进行试漏、严密性试验及强度实验，试漏用 5 号风机。

5-87　具体的试漏步骤是怎样的？

答：第一步：试大漏。

逐步将风压升至 40～50kPa，由工程人员进行漏点检查，如出现严重的漏点必须立即休风处理，小的漏点待试漏完成后一并处理。

第二步：严密性试验。

试漏处理结束后，逐步将风压升至 80kPa，用肥皂水（工程施工单位准备）详细检查焊缝及法兰连接部位，保压 120min，试完后及时安排堵漏工作。

第三步：强度实验。

在严密性试验及堵漏工作结束后，高炉本体部分及布袋除尘系统进行强度实验。逐步将风压升至 140kPa，保压 30min。但需加好炉顶及重力放散阀的配重，避免吹开。

5-88　通风试漏的操作各阀状态是什么?

答：试漏前各阀状态如下：

(1) 热风炉部分试漏前各阀状态如下：

1) 高炉放风阀处全开状态；

2) 热风炉处全焖炉状态；

3) 混风大闸及调节阀处关闭状态；

4) 高炉各阀处休风状态。

(2) 高炉本体部分试漏前各阀状态如下：

1) 高炉放风阀处全开状态；

2) 热风炉处全焖炉状态，倒流休风阀处关闭状态；

3) 混风大闸及调节阀处全开状态；

4) 铁口、渣口、火管、弯头严密不漏风；

5) 热风管、炉体人孔、探瘤孔、排气孔、煤气取样孔处全关闭状态；

6) 上、下密封阀处关闭状态；

7) 均压放散阀及均压阀处关闭状态；

8) 炉顶及设备、重力除尘蒸汽阀处关闭状态；

9) 炉顶放散、重力小放散及遮断阀处关闭状态；

10) 重力大放散及布袋除尘系统放散处全开状态。

(3) 高炉本体及除尘系统试漏前各阀状态如下：

1) 高炉放风阀处全开状态；

2) 热风炉处全焖炉状态，倒流休风阀处关闭状态；

3) 混风大闸及调节阀处全开状态；

4) 铁口、渣口、火管、弯头严密不漏风；

5) 热风管、炉体人孔、探瘤孔、排气孔、煤气取样孔处全关闭状态；

6) 大小钟处关闭状态；

7) 均压放散阀及均压阀处关闭状态；

8) 炉顶及设备、重力除尘蒸汽阀处关闭状态；冷风大闸、冷风调节阀全开；

9) 炉顶放散阀及重力大小放散阀处关闭状态，遮断阀处全开状态；

10) 重力除尘以后煤气放散阀及布袋除尘系统放散阀处关闭状态。

5-89　热风炉试漏、严密性及强度实验操作程序如何?

答：(1) 按试漏要求检查各阀所处状态，进行确认签字；

(2) 炼铁调度室通知启动风机，并在试漏前 30min 把风送到放风阀；

(3) 开冷风均压阀和冷风阀；

(4) 由值班工长关放风阀回风，将冷风压力加到 40 ~ 50kPa 并稳定住；

(5) 开始检漏，用手感、目视检查漏点；

(6) 发现漏点做好记录，并用粉笔画好标志；

(7) 无严重漏点可继续升压进行严密性试漏；

（8）将冷风压力加到 80kPa 并稳定住；

（9）刷肥皂水进行检漏，发现漏点画好标记，待试漏完成休风时处理；

（10）待严密性实验结束且堵漏后，进行强度实验，风压逐步加至 120kPa，保压 30min。

3 座热风炉依次进行以上 3 项实验，全部实验结束后高炉休风，通知风机停风。

5-90　高炉本体试漏、严密性及强度实验操作程序如何?

答：（1）按试漏要求检查各阀所处状态，进行确认签字；

（2）炼铁调度室通知启动风机，并在试漏前 30min 把风送到放风阀；

（3）由值班工长关放风阀回风，将冷风压力加到 40 ~ 50kPa 并稳定住；

（4）开始检漏，用手感、目视检查漏点；

（5）发现漏点做好记录，并用粉笔画好标志；

（6）无严重漏点可继续升压进行严密性试漏；

（7）将冷风压力加到 80kPa 并稳定住；

（8）刷肥皂水进行检漏，发现漏点画好标记，待试漏完成后休风时处理；

（9）待严密性实验结束且堵漏后，进行强度实验，风压逐步加至 120kPa，保压 30min。

5-91　高炉本体及除尘系统试漏、严密性及强度实验操作程序如何?

答：（1）按试漏要求检查各阀所处状态，进行确认签字；

（2）炼铁调度室通知启动风机，并在试漏前 30min 把风送到放风阀；

（3）由值班工长关放风阀回风，将冷风压力加到 40 ~ 50kPa 并稳定住；

（4）开始检漏，用手感、目视检查漏点；

（5）发现漏点做好记录，并用粉笔画好标志；

（6）无严重漏点可继续升压进行严密性试漏；

（7）将冷风压力加到 80kPa 并稳定住；

（8）刷肥皂水进行检漏，发现漏点画好标记，待试漏完成后休风时处理；

（9）待严密性实验结束且堵漏后，进行强度实验，风压逐步加至 120kPa，保压 30min；

（10）实验结束后，高炉处于休风状态。

5-92　通风试漏中的异常情况如何处理?

答：（1）风压达不到规定压力：

1）检查鼓风机送风情况，如风量不足可再增加风量；

2）检查放风阀是否关到位；

3）检查冷风管道有无漏风现象；

4）检查冷、热风阀，烟道阀，倒流阀是否关严。

（2）试漏压力超过规定范围：高炉放风阀放风，调整风量。

（3）冷、热风阀没有关严，风窜到热风炉：

1）如果已将燃烧炉吹灭，立即停止燃烧；

2）立即放风，将漏风的阀门关严；

3）漏风的问题解决后再重新试漏。

（4）试漏过程中发生炉皮或管道开裂：

1）立即用放风阀将风全部放掉；

2）关冷风大闸休风；

3）打开炉顶放散阀；

4）通知鼓风机停止拨风；

5）组织人员处理开裂事故。

5-93 试漏安全注意事项是什么？

答：（1）试漏时非检查人员一律撤出现场并做好警戒；

（2）检查人员在没得到指令之前，在指定地点待命，不得在高炉周围逗留；

（3）试漏时没有领导小组的指令，试漏系统各阀门任何人不许乱动；

（4）冷、热风阀必须关严，停止烧炉；

（5）注意铁口通道严密情况，漏风严重时要停止试漏；

（6）试漏过程中经常和鼓风机取得联系，出现问题及时处理；

（7）如果出现意想不到的问题时，一切行动要听从指挥，不得乱跑、乱窜。

试漏前主要完成的准备工作见表 5-11。

表 5-11 试漏前主要完成的准备工作

工 作 项 目	工作负责单位	验收单位
高炉本体、煤气除尘系统施工结束，具备试漏条件	工程指挥部	炼铁厂
炉顶装料设备单机试车正常	工程指挥部	炼铁厂
高炉主要的计器仪表安装完成，微机画面显示正常，量值准确	工程指挥部	炼铁厂
烘炉导管、煤气导出管安装完	银钢公司	炼铁厂
冷、热风，煤气系统，炉顶人孔封好	工程指挥部	炼铁厂
风口平台、出铁场施工结束，整顿好	工程指挥部	炼铁厂
高炉各层灌浆孔和排气孔阀关严	工程指挥部	炼铁厂
高炉放风阀、炉顶放散阀试车完成，做好全开和全关标记	工程指挥部	炼铁厂
试漏用 5 号风机确保正常运行	工程指挥部	炼铁厂
煤气除尘系统各阀门试车完成	工程指挥部	炼铁厂
安排好检查人员和检查工具	工程指挥部	炼铁厂

5-94 通风试漏组织的组成是怎样的？

答：（1）成立通风试漏小组：

组　　长：组长由工程总指挥担任。

副组长：副组长由炼铁厂、燃气厂、修建公司、机动处、安全处的领导担任。

成　　员：成员为炼铁厂总调、工程科、机动科、能源科、工区指挥长、高炉炉长、热工主任和燃气厂、修建公司的工程负责人等。

（2）通风试漏小组由领导小组组长负责，试漏工作由试漏领导小组主持。高炉工长进行送风、休风操作。

第6节　各工序备品、备件、工具、材料的准备

5-95　什么是备件，什么是备品？

答：（1）为使已到更换周期的零部件，按要求及时地更换下来，确保设备正常运行，而必须储备一定数量的零部件，称为备件。

（2）在设备维修更换的备件中，有一些是成套整体更换的部件或设备，如减速机、泵、阀等，这些在库内储备的部件叫备品。

备品备件通称备件。在设备维修工作中，为了缩短修理停歇时间，应按照储备原则事先准备好零（部）件或单体设备。

备件又可分为：

（1）关键备件：备件中精度高，加工周期长，采购困难，对生产的影响大，占用资金多，需重点加强管理的零部件。

（2）易损件：备件中使用寿命较短，易损坏的零部件。

5-96　企业储备的备件通常有哪几类？

答：备品配件通称备件，是为了缩短检修停歇时间而事先准备供检修时更换的零部件。

企业储备的备件通常有：

（1）易损件，即使用寿命较短的备件。

（2）关键件，即加工周期长、采购难、对生产的影响大、占用资金多、需重点加强管理的备件。

（3）标准件，即结构、规格及各项技术参数均符合国家标准或行业标准，在各种设备中广泛采用的零部件。

（4）通用配件，即设备上的通用件，它既是主机制造厂广泛采用的配套件，也是社会上设备维修需要的量大面广的零配件。

（5）根据状态监测、修前预检、检修消耗记录以及其他特殊规定必须储备的零部件。

5-97　备件管理工作的主要任务是什么？

答：（1）及时有效地为设备维修提供合格的备件。

（2）重点做好关键设备所需备件的供应工作。

（3）做好备件使用情况的信息搜集与反馈工作。

（4）在保证备件供应的前提下，尽可能减少备件的资金占用量。

（5）有进口设备的企业，要做好备件国产化工作。

5-98　备件管理的工作内容是什么？

答：（1）备件的技术管理，主要负责技术基础资料的搜集与技术定额工作。

（2）备件的计划管理，主要负责计划工作。

（3）备件的库房管理，主要负责备件库存工作。

（4）备件的经济管理，主要负责经济核算与统计分析工作。

5-99　影响备件管理成本的因素有哪些？

答：影响备件管理成本的因素主要有以下几个：备件资金占用率和周转率；库房占用面积；管理人员数量，备件制造采购质量和价格；备件库存损失等。备件管理人员应努力做好备件的计划、生产、采购、供应、保管等工作，压缩备件储备资金，降低备件管理成本。

5-100　什么是备件的计划管理？

答：备件的计划管理是指备件计划人员通过对备件需求量的预测，结合本企业的生产总能力、年度维修计划及市场备件供应情况来编制备件生产、订货、储备和供应等计划；同时要求做好各项计划的组织、实施和检查工作，以保证企业生产和设备维修的需要及备件管理的经济性，即减少资金占用和备件积压。

5-101　备件日常管理如何采用 ABC 管理法？

答：ABC 管理法又称 ABC 分类法，是运用统计方法从多个项目或多种影响因素中找出主要矛盾的管理方法。这种方法已经成为很多先进企业运用成熟而且不可或缺的管理方法。

ABC 管理法用于备件管理，是通过对备件的品种、资金占用量、重要程度、消耗频率等因素的统计、分析，确定管理的重点对象和一般对象，分别采取不同的管理对策，以取得较高的工作效率和较好的经济效果。一般地说，ABC 管理法分为以减少储备资金为控制重点的 ABC 管理和以减少消耗成本为控制重点的 ABC 管理。

（1）以减少储备资金为控制重点的 ABC 管理。根据各项备件耗用的金额占当期备件耗用总金额的比重依次排序，同时人为地划定一个标准将备件分为 A、B、C 三类。A 类是指金额大、数量少、对码头生产影响大的项目；比重次之的划为 B 类；低值易耗的备件划为 C 类。

A 类备件的品种约占全部备件品种的 5%～10%，而资金占用额却占全部备件资金总额的 60%～70%；B 类备件的品种约占全部备件品种的 20%～30%，资金占用额占全部备件资金总额的 20% 左右；C 类备件品种最多，占全部备件品种的 60%～70%，但资金占用额却仅占全部备件资金总额的 15% 以下。

（2）以减少消耗成本为控制重点的 ABC 管理。为了达到降低设备维修成本、减少备件消耗的目的，以各种类规格备件消耗的金额或备件的单价为统计分析排列对象，按消耗金额比例进行分类控制。

A 类备件消耗品种累计数占总消耗品种的 5%～10%，累计消耗金额占总消耗的

50%~70%；B类备件消耗品种累计数占总消耗品种的20%~30%，累计消耗金额占总消耗的20%~30%；C类备件消耗品种累计数占总消耗品种的60%~70%，累计消耗金额占总消耗的20%以下。

5-102 什么是特种设备？

答：特种设备是指在安装维修和使用过程中易发生人身伤亡和设备事故的设备。

目前国家规定的特种设备有：电梯、起重机、厂内机动车辆、客运架空索道、游乐设施和防爆电器。

5-103 什么是压力容器，什么是压力管道？

答：压力容器指盛装气体或液体，承载一定压力的密闭设备。

压力管道指利用一定的压力，用于输送气体或液体的管状设备。

5-104 压力容器按使用压力分哪四种？

答：（1）低压容器 $P = 0.1 \sim 1.6\text{MPa}$；

（2）中压容器 $P = 1.6 \sim 10\text{MPa}$；

（3）高压容器 $P = 10 \sim 100\text{MPa}$；

（4）超高压容器 $P > 100\text{MPa}$。

5-105 压力管道按使用压力分哪五种？

答：（1）低压管道 $P < 1.6\text{MPa}$；

（2）中压管道 $P = 1.6 \sim 10\text{MPa}$；

（3）高压管道 $P = 10 \sim 42\text{MPa}$；

（4）超高压管道 $P > 42\text{MPa}$；

（5）真空管道 $P < 0\text{MPa}$。

5-106 什么是无损检测？

答：所谓无损检测，是指在不损伤和不破坏材料或设备结构的情况下，对材料或设备零件的物理性能、工作状态和内部结构实行检测，并根据所测的不均匀性或缺陷等来判定材料及设备、构件是否正常的一种检测技术。

基本方法有超声、射线、磁粉、渗透、泄漏、中子射线探伤及声发射技术。

5-107 什么是超声波探伤？

答：所谓超声探伤法，是指由电振荡在探头中激发高于20kHz的声波（即超声波），超声波入射到构件后若遇到缺陷全被反射、散射或衰减，再经探头接收变成电讯号，进而放大显示，则可根据波形来确定缺陷的大小、部位和性质，并由相应的标准或规范确定缺陷的危害程度。

探伤中常用的超声波频率范围约为0.5~2520kHz，其中常用的是1~520kHz范围。

第 7 节　基本备品备件清单

5-108　炉前系统开炉应准备哪些备品备件?

答: 关键易损备品和材料满足生产要求;

图纸资料齐全; 开炉前必备 A 类备件, 详见订货清单;

开炉前必备炉前备品: 更换风口、烧氧气、捣制砂口、打夯机等工具齐全; 风口弯头各 30 个, 风口拉杆 30 个, 炮头 5 个, 钻杆 10 个, 风口 10 个, 二套 3 个, 渣口 5 个, 大套 2 个; 碳化硅砖套 30 个; 河沙、焦粉、炮泥、沟泥等炉前散装材料齐全, 并运至炉台; 重点关键备品备到机旁; 关键油脂、胶圈、皮带等材料备到库房 (详见材料清单)。

送风装置:

(1) 风口小套: ϕ115mm, 长 310mm, 斜 7°, 20 个;

　　　　　　ϕ110mm, 长 310mm, 斜 7°, 10 个;

(2) 风口中套: 4 个;

(3) 风口大套: 2 个;

(4) 火管、弯头: 改造后备若干;

(5) 包覆式不锈钢石墨垫片: 各 30 个;

(6) 视孔盖: 改造后备若干;

(7) 弯头与直吹管改为分体式, 便于更换。

泥炮部分:

(1) 炮身总成: 1 套;

(2) 打泥油缸: 1 件;

(3) 泥塞、泥膛: 各 1 件;

(4) 转炮油缸: 1 套 (V 型组合密封);

(5) 连杆: 2 件 (代铜套、关接轴承);

(6) 炮头: 20 件;

(7) 炮脖子: 2 件;

(8) 油管、密封圈: 各 100 根、100 个;

(9) 泥炮机炮头与支臂连接改为分体式, 便于更换炮头。

开口机部分:

(1) 小车: 1 台;

(2) 车轮: 1 套;

(3) 链条: 20m;

(4) 振打杆 (前尾): 10 根;

(5) 螺母 (钻套): 20 件;

(6) 钻杆、钻头: 100 根;

(7) 旋转油马达: 2 套;

(8) 齿轮: 2 件, 各 100 根、100 个。

炉前天车：

（1）钩头：1 个；

（2）定滑轮：1 套；

（3）ϕ300mm 制动器：1 套；

（4）大、小车的电机、减速机：各 1 件；

（5）减速机、车轮的轴承同型号：各 2 件。

5-109　高炉鼓风站专用备件有哪些？

答：（1）自洁式空气过滤器（型号为 ZKL3200），过滤精度为 2mm，无锡市宏博净化设备有限公司生产（包括滤筒一套 136 个）。

（2）三相异步电动机 Y200-6，18.5kW，海门市天盛电机有限公司生产；齿轮油泵：ZCY38163-1，流量为 38m³/h，辅助油泵总成一套（包括联轴节）。

（3）双筒网式过滤器 SLQ-100，精度为 0.025mm，滤芯 1 套，过滤网片 20 片，启东江海液压润滑设备厂生产。

（4）全包不锈钢石墨垫片 ϕ1000mm × 10 个（1m 阀用）、ϕ500mm × 10 个（500mm 阀用）。

（5）聚四氟乙烯板，2mm、3mm 各 10kg。

（6）调节阀（防喘振阀）ZDRWH-6，直径为 500mm，重庆华林机械有限公司生产，备品一个。

风机全套气封及油封：1 套；

风机推力瓦、滑动轴承：1 套。

5-110　供料及上料系统开炉应准备哪些备品备件？

答：（1）减速机、电机、联轴器：各备 1 套；

（2）制动器总成：2 套；

（3）卷扬大绳、左、右旋：各 1 套；

（4）天轮：1 套（轴承备 2 套）；

（5）料车前轮、后轮总成：1 套；

（6）均压阀、均压放散阀：各 1 套；

（7）均压油缸、均压放散油缸：各 2 套（压力 25MPa）；

（8）无料钟布料溜槽：备 1 个；

（9）上料闸，下料闸，上、下密封油缸：备 1 件（压力 25MPa）；

（10）上、下密封圈：各 2 件；

（11）炉顶大放散的阀盖、阀座：各 2 件；

（12）重力除尘的放散阀：备 1 套；

（13）探尺箱的重锤、链条：备 4 套；电机、制动器：备 1 套；

（14）槽下筛的筛面：各备 2 套；

（15）振动筛的振动电机：备 3 件；振动筛的减振弹簧：备 2 套；

（16）振动给料机振动电机：备 2 件；

（17）振动给料机吊挂弹簧：备若干；

（18）机尾滚筒：备 1 套，轴承若干；

（19）电液推杆：备 2 个，称斗油缸：备 5 个、中间称油缸：备 2 个；

（20）返矿、返焦皮带电机、联轴器：备 1 套；

（21）电机、联轴器、减速机：备在现场；

（22）偶合器及易熔塞、梅花块：备若干；

（23）各滚筒的轴承：备若干；

（24）卸料小车的电机：备 2 台；

（25）卸料小车减速机：备 1 台；

（26）炉顶放散阀、重力除尘放散阀的卷扬机的制动器、制动头：备 1 套。

5-111　液压站开炉应准备哪些备品备件？

答：（1）先导溢流阀：备 2 件；

（2）油泵：备 1 件；

（3）电机、联轴器：备 1 套；

（4）电磁换向阀：备 2 个、手动换向阀：备 4 个；比例控制阀：备 2 个；

（5）回流滤油器总成：备 1 套，滤芯 3 套；

（6）甘油系统换向阀：备 2 个；

（7）压差开关：备 2 个；

（8）油管、接头、O 型圈、组合垫：备若干。

5-112　仪表自动化（电气）部分备件有哪些？

答：（1）卷扬操作台转换开关按钮，自复位开关及现场操作箱的指示灯、按钮、转换开关。

（2）卷扬机凸轮控制器。

（3）矿槽阀门控制开关信号的接近开关。

（4）施耐德 PLC 的处理器，CPU 分站通信模块。

（5）高炉上密封阀、节流阀、放散阀、均压阀、下密封阀、料流阀的接近开关。

（6）中间继电器若干。

（7）主卷零压交流接触器，包括辅助触点。

（8）布料器编码器。

（9）液压站电磁阀插座。

（10）热电阻（高炉用）。

5-113　配管及水系统开炉应准备哪些备品备件？

答：（1）$\phi 40\text{mm} \times 4\text{mm}$ 无缝钢管：1t；

（2）金属软连接（配风口小套）：配 1 套；

（3）水泵的叶轮、轴、轴套、联轴器：若干；

（4）水泵总成：备 1 套。

5-114　热风炉、煤气除尘系统开炉应准备哪些备品备件?

答：(1) 热风阀、燃烧阀：备 2 套；

(2) 冷风、废气充压阀：备 2 套；

(3) 石墨垫片：各规格备 5 个；

(4) 金属软连接管：各 2 根；

(5) 电动执行器：各规格备 2 套；

(6) 调压阀组总成：备 1 套；

(7) 链条：各规格备 10m；

(8) 布袋：备 1500 条（花板 ϕ138mm，布袋尺寸 ϕ130mm × 6200mm，氟美斯针刺毡）；

(9) 龙骨：备 100 套；

(10) 眼镜阀硅胶密封圈：各 100m；

(11) 眼镜阀（气动）DN700mm：4 套；

(12) 蝶阀：DN700mm（气动）：4 套；

(13) 电磁脉冲阀：20 套；

(14) 脉冲阀内电磁头、膜片（大、小）：各 50 件；

(15) 电动卸灰球阀 DN300mm：备 4 个；

(16) 电动卸灰球阀 DN400mm：备 1 个；

(17) 星形卸料阀：备 10 个；

(18) 刮板机减速机、电机总成：备 1 套；

(19) 刮板机、提升机链条：备 1 套；

(20) 高压胶管 ϕ8mm × 5mm　DN5mm：200m；

(21) 包覆式石墨垫片（人孔的）：备 20 个；

(22) 电磁换向阀（气动阀用）：备 20 个；

(23) 气动球阀：DN200mm：备 5 个。

5-115　防护站开炉应准备哪些备品备件?

答：(1) 自动苏生器：4 台（重庆安全仪器厂）；

(2) 备用氧气瓶：10 个；

(3) 铜制工具：1 套；

(4) 正压式空气呼吸器（巴固）备件瓶：10 个。

5-116　渣铁处理系统开炉应准备哪些备品备件?

答：图拉法水冲渣系统：

(1) 粒化轮：1 套（包括轴承座、联轴器）；

(2) 外筛网、内筛网：1 套；

(3) 侧筛网：1 套；

(4) 变频电机：各 1 台；

（5）气力提升机：备 2 套；

（6）冲渣泵：备 2 台（总成）。

5-117　铸铁机开炉应准备哪些备品备件？

答：（1）铸铁模、链条：若干；

（2）托轮、支架：100 个；

（3）连接杆：100 个。

第 6 章　热风炉与高炉的烘炉

第 1 节　热风炉的烘炉

6-1　热风炉烘炉的目的是什么?

答：高炉、热风炉烘炉是高炉冶炼工艺过程的开始，是高炉、热风炉生产的重要内容之一，它不仅关系到炉体寿命、产量、质量及设备利用率，而且对安全、经济的经营生产也具有十分重要的意义。因此，应予以足够的重视。

(1) 缓慢地除去热风炉耐火砌体中的水分，避免水分大量急剧蒸发时使砖衬产生爆裂而损坏砌体;

(2) 使耐火砌体均匀、缓慢而又充分地膨胀，避免砌体因热应力集中或晶体转变而被损坏，以提高其使用寿命;

(3) 使热风炉内逐渐积累热量，保证高炉烘炉和开炉所需要的风温。

新建、大修或长期停止使用的热风炉，投产之前必须烘炉。烘炉的方法和时间依其砌体材质而定。

6-2　为什么高炉、热风炉烘炉要制定操作规程?

答：热风炉烘炉是高炉开炉准备的重点工作之一。烘炉工作顺利与否，既关系到整个工程项目的顺利实现，也关系到热风炉的使用寿命。热风炉烘炉是一项技术性比较强的工作，操作人员必须严格按照操作规程进行操作，确保烘炉工作的顺利进行，并为高炉烘炉创造条件。

6-3　热风炉烘炉的基本要求是什么?

答：(1) 升温速度必须和砖体的膨胀率相适应，膨胀率大时（如硅砖）升温速度需缓慢，使其线膨胀稳定在一个适当的范围;

(2) 在350℃前是水分大量蒸发阶段，升温需谨慎，并在300℃保持5个班的恒温，在600℃时再恒温一定时间，并避免火焰直接与砖体接触;

(3) 按烘炉曲线升温，温度偏差尽量控制在±10℃范围内;

(4) 要时刻注意废气温度的控制。

6-4　热风炉烘炉必须具备的基本条件是什么?

答：烘炉以前需做好如下准备工作:

(1) 三座热风炉及热风管道施工完毕，达到质量要求标准;

(2) 热风炉系统（包括本体、热风管道）的冷态强度试验及严密性试验完毕，达到设计要求。

（3）热风炉煤气管道严密性试验合格，将高炉煤气、焦炉煤气引到热风炉前。水封注满水，达到设计要求，具备烧炉条件；

（4）冷却系统软水闭路循环投入正常使用，监测装置调试完毕，工作可靠，达到设计要求；

（5）两台助燃风机及燃烧炉小助燃风机试车结束，达到设计要求；

（6）各计器仪表和指示信号运行正常，特别是拱顶温度、点火孔温度、煤气压力、煤气及助燃空气流量保证准确可靠；

（7）热风炉系统各阀门动作灵活可靠、极限正确，单机试车达到标准，微机控制及液压系统必须联动、连锁试车完毕，达到设计要求标准，具备正常生产条件；

（8）双预热装置施工结束，冷态气密性试验、试漏合格并把煤气引到燃烧炉（如果施工未完毕，旁通管施工必须完成，堵盲板将双预热器彻底隔断，助燃空气、高炉煤气可以不经预热装置进入热风炉）；

（9）如在热风炉烘炉期间，高炉内常有人施工，热风炉与高炉必须做彻底的隔断，即在高炉风口弯头处堵胶板，将热风系统与高炉彻底隔断；

（10）通讯和照明设施完备；

（11）热风炉系统所有人孔封闭（点火人孔、煤燃阀前人孔除外，拱顶排汽人孔打开并安装上涨测量标尺），封人孔前热风炉、管道，特别是空气、煤气管道内的杂物必须确认清扫干净，检查确定各蝶阀位置及设档；

（12）热风炉周围及各层平台施工剩余材料、垃圾清理完毕；

（13）操作人员经过培训且考试合格后上岗并模拟生产操作 4 个班；

（14）准备好烘炉用的双环式煤气盘 6 套(ϕ550mm 和 ϕ350mm，另加一个弯头，由 32mm 无缝管均匀地钻 ϕ4mm 的圆孔，间距 25mm）和各种工具、材料及岗位操作记录和图表等；

（15）将压缩空气管道接到热风炉，安装好接头及控制阀门；

（16）编制好烘炉规程，并组织有关人员学习。

准备工作要求充分、严格、全面。

6-5　画出热风炉烘炉工艺流程图。

答：热风炉的烘炉拟采用煤气作为燃料，其工艺流程如下所示：

（1）助燃空气→助燃风机→热交换器→空气调节阀、空气切断阀→热风炉→烟道阀→烟囱

（2）煤气→煤Ⅱ阀→煤气调节阀→煤Ⅰ阀→热风炉→烟道阀→烟囱

6-6　什么叫热风炉烘炉曲线，为什么要制订烘炉曲线？

答：将烘炉时必须遵守的升温速度与保温时间之间的关系曲线称为烘炉曲线。烘炉曲线是为了保证烘炉质量，在烘炉过程中有可以遵循的标准而制订的。烘炉时炉温上升速度应符合事先制订的烘炉曲线的规定，做到安全烘炉。当然在烘炉过程中想使炉温上升速度完全符合理想的烘炉曲线是比较困难的，实际炉温上升时总会有波动，但不应偏离烘炉曲线太远，否则可能产生不良后果。

6-7　耐火黏土砖和高铝砖砌筑的热风炉的烘炉曲线如何，为什么？

答：用耐火黏土砖和高铝砖砌筑的热风炉的烘炉曲线如图 6-1 所示。这种烘炉曲线是

比较常用的烘炉曲线，也比较简单。

大修或新建的热风炉按图 6-1 中烘炉曲线 I 烘炉。先用木柴或焦炉煤气盘烘烤，其炉顶温度不应超过 150℃，之后改用高炉煤气，炉顶温度每 8h 提高 30℃，达到 300℃后恒温 16h，以便排除砌体中的水分。以后每 8h 升温 50℃，达到 600℃后，每 8h 提高 100℃。如果炉子比较潮湿，砌体中的水分较多时，可考虑在 600℃再恒温 3~4 个班（24~32h）。总共烘炉时间为 6~7 天。

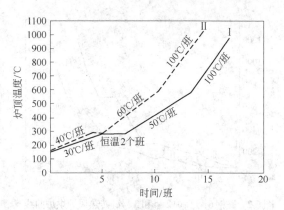

图 6-1　黏土砖、高铝砖热风炉烘炉曲线
（每班为 8h）

中修或局部修理的热风炉，烘炉曲线按图 6-1 中烘炉曲线 II 进行，烘炉初期炉顶温度不应超过 150℃，之后每 8h 提高 40℃，炉顶温度达到 300℃时，保温 8h，以后改为每 8h 升温 60℃，达到 600℃后，每 8h 提高 100~150℃，烘炉时间一般为 3~4 天。

6-8　硅砖热风炉烘炉曲线如何，为什么是这样的？

答： 我国最早硅砖热风炉烘炉的实践是 20 世纪 70 年代鞍钢的 6 号高炉热风炉，虽然烘炉时间较长，但是，却开创了我国硅砖热风炉烘炉的先河，同时，也积累了一定的经验。

鞍钢 6 号高炉热风炉共有 3 座马琴外燃式热风炉，在结构上炉顶和上部高温区采用了硅砖砌筑。在烘炉过程中试验了两种烘炉方式。2 号和 3 号热风炉采用加热炉烟气烘炉，实际烘炉时间 3 号炉为 40 天，2 号炉为 34 天，而计划烘炉为 35 天。1 号炉采用高炉热风烘炉，整个烘炉过程需时 25 天。2 号炉和 3 号炉计划和实际烘炉曲线如图 6-2 所示，1 号炉烘炉曲线如图 6-3 所示。硅砖热风炉的烘炉曲线是最复杂的一种，从烘炉曲线可以看出，有很多恒温阶段，这些恒温阶段的作用如下：

（1）在 200℃保温 2 天，目的是排除砌体中的机械附着水分，同时也兼顾了 γ-鳞石英向 β-鳞石英，继而向 α-鳞石英的转化。

（2）在 350℃保温 2 天，有利于继续排除砌体深度上的水分。此外，在这个温度附近砖中可能存在 β-方石英向 α-方石英的转化，它伴随着较大的体积膨胀，保温时间长可以减少砌体厚度方向上的温度差，避免砌体损坏。

（3）在 700℃保温 3 天，可以使砖中可能残存的 β-石英向 α-石英转化。同时，可使距离高温面较远的砖中的结晶水析出，以及 SiO_2 完成晶形转化。

由于在温度小于 600℃时，硅砖有较大的体积膨胀率，所以低温阶段升温速度尽可能控制得慢些。高温阶段（700℃以上）可适当加快升温速度。

6 号高炉硅砖热风炉的烘炉是成功的，应注意的是，烘炉时间较长，实际上可缩短时间。由于缺乏烘硅砖热风炉的经验，3 座热风炉烘炉阶段的转换温度波动大，应加以避免。在 700℃恒温阶段，由于烟道抽力不足（特别是两座高炉共用一个烟囱的情况），促使燃烧器自动灭火而引起温度波动较大。

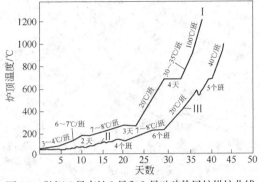

图 6-2　鞍钢 6 号高炉 2 号和 3 号硅砖热风炉烘炉曲线

I —计划烘炉曲线；II —2 号炉实际烘炉曲线；

III —3 号炉实际烘炉曲线

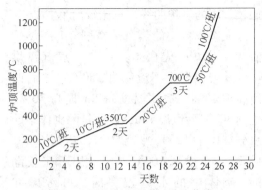

图 6-3　1 号热风炉计划烘炉曲线

6-9　卡鲁金顶燃式硅砖热风炉的烘炉操作是如何改进的？

答：近年来，俄罗斯卡鲁金（KALUGIN）顶燃式热风炉具有结构紧凑、高温长寿、热效率高等突出优点，在我国钢铁行业迅速得以应用。青钢于 2004 年先后建成投产的两座 500m³ 高炉，分别于 2004 年 9 月 17 日至 10 月 16 日和 10 月 30 日至 11 月 21 日对卡鲁金（KALUGIN）顶燃式硅砖热风炉进行为期 30 天和 23 天的烘炉操作。

青钢两座 500m³ 高炉应用的卡鲁金顶燃式硅砖热风炉烘炉操作及其改进情况为：改进后 5 号高炉热风炉实际烘炉 30 天，改进后 6 号高炉热风炉实际烘炉 23 天，均取得良好效果。改进前后卡鲁金（KALUGIN）顶燃式硅砖热风炉烘炉曲线分别如图 6-4 和图 6-5 所示。图 6-6 为霍戈文（Hoogovens）供鞍钢新 1 号高炉（3200m³）硅砖热风炉为期 20 天的烘炉曲线。

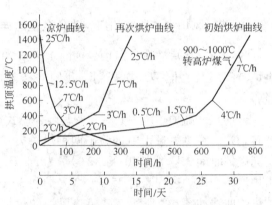

图 6-4　改进前卡鲁金（KALUGIN）顶燃式硅砖热风炉烘炉曲线

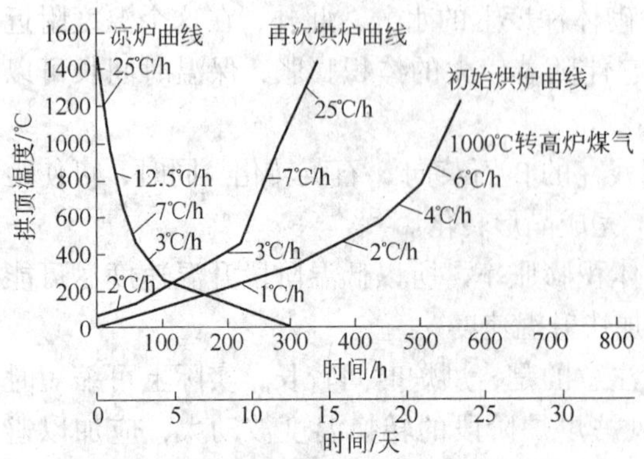

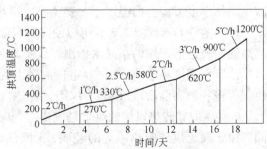

图 6-5　改进后卡鲁金（KALUGIN）顶燃式硅砖热风炉烘炉曲线

图 6-6　霍戈文（Hoogovens）供鞍钢新 1 号高炉（3200m³）硅砖热风炉烘炉曲线

6-10 卡鲁金顶燃式热风炉结构方面有何特点？

答： 青钢两座 500m³ 高炉热风炉采用俄罗斯卡鲁金顶燃式热风炉，如图 6-7 所示。500m³ 高炉热风炉设计工艺参数见表 6-1。

表 6-1 青钢 500m³ 高炉卡鲁金顶燃式热风炉设计工艺参数表

参 数 名 称		计算结果	参 数 名 称	计算结果
热风炉座数		3	消耗量：风量/m³·min⁻¹	1900
总高度/m		33.200	煤气耗量/m³·h⁻¹	37042
一个工作周期/h		2.25	空气量/m³·h⁻¹	25179
送风期/h		0.75	烟气量/m³·h⁻¹	59795
温度/℃	拱顶	1370	格子砖高度/m	17.040
	热风	1250	蓄热室断面积/m²	26.4
	冷风	150	加热面积/m²	21593
	助燃空气	220	格子砖质量/t	540
	高炉煤气	220	煤气热值/kJ·m⁻³	3203
	烟气，平均	348	空气过剩系数	1.10
	烟气，最大	550	高热值附加/%	0.00
格子砖形式		19孔，φ30mm	热效率/%	76.01

卡鲁金顶燃式热风炉是前苏联冶金热工研究院在 20 世纪 70 年代研究开发出的一种顶燃热风炉，于 1982 年在下塔吉尔冶金公司的 1513m³ 高炉上建成，该顶燃热风炉的特点是：

（1）燃烧用的煤气和助燃空气的环道和喷口安置在热风炉的炉壳内，这样可以节省热风炉组的占地面积。

（2）在热风炉球顶的基部设有一环形燃烧器，有 50 个小直径陶瓷质烧嘴，煤气与助燃空气混合良好，保证在 1.0 ~ 1.5m 的高度上完全燃烧，彻底消除了燃烧脉动。

（3）燃烧器上设有调节装置，可使各烧嘴燃烧产生的烟气流量均匀地分布到蓄热室的断面上，其不均匀程度在 ±5% 以内，整个周期内，蓄热室横断面上的温度分布不均匀程度在 ±（2% ~3%）。

（4）热风炉拱顶、炉墙、格子砖和炉壳加热均匀而且对称，拱顶只有一个热风出口孔，保证热风炉拱顶在高温下的稳定性。

（5）取消了内燃式或外燃式热风炉独立的燃烧室，将拱顶空间作为燃烧室，煤气燃烧采用安装在拱顶的喷气-涡流烧嘴来进行。

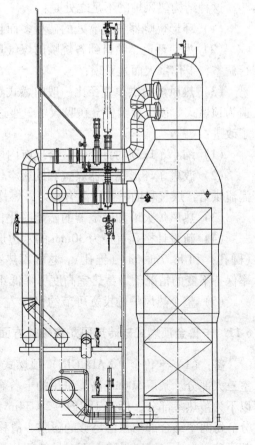

图 6-7 青钢 500m³ 高炉采用的俄罗斯卡鲁金顶燃式热风炉立面图

（6）提供非常好的煤气燃烧条件，废气中一氧化碳的浓度低，NO_x 低于 50×10^{-6}。

（7）热风炉内（燃烧室和蓄热室之间）无热"短路"现象，温度应力下降。

（8）热风炉阻力较小，烧嘴在满负荷运行时也能满足操作要求。

（9）燃烧时绝对没有脉冲波动和振动，空气过剩系数为 1.03。

（10）对耐火砖炉衬没有直接的火焰冲击及局部过热。

（11）预燃室内一般温度较低，平均为 900℃。

（12）顶燃式热风炉蓄热面积比内燃式增加 20% ~30%。

（13）顶燃式热风炉比外燃式热风炉的结构稳定性更强，结构均匀对称，气流分布和传热更均匀。

（14）热效率更高，顶燃式热风炉燃烧期高温烟气由上向下流动，烟气流动过程中向蓄热室传热，在高度方向上形成了均匀稳定的温度场分布。热风炉送风期，冷风由下向上流动，温度由低变高，这是一种典型的逆向强化换热过程，提高了热效率。

（15）布置紧凑，占地面积小，在高炉容积相同的条件下，顶燃式热风炉比内燃式热风炉节约钢材及耐火材料 30% 左右，从而直接减少了热风炉的投资。

在不进行维修的情况下，热风炉的寿命由硅砖和拱顶来确定，可以达到 30 年，投资明显降低。

这种结构热风炉的不足之处是：

（1）环形燃烧器各烧嘴处的砖型多而且复杂；

（2）为使环道、喷口到各烧嘴的煤气量均匀分配，需要在热风炉投产前用调节装置进行调整，工作量大而且繁琐；

（3）热风炉的拱顶直径比一般内燃式热风炉大，不利于将现在生产的内燃式热风炉改造为顶燃式。创造者卡鲁金在吸收了 3 座这种结构热风炉工作经验的基础上，对该结构作了改进：

（1）缩小了球顶的直径，适合现有内燃式热风炉改造应用；

（2）改进了环形燃烧器煤气和助燃空气的供给方式，取消调节装置，改为微机控制的涡流供给，煤气和助燃空气混合很好，燃烧完全；

（3）热风炉火墙和燃烧器的砖型简化；

（4）新设计格孔直径为 30mm 的六边形格子砖（带有 19 孔），加热面达到 $48.0m^2/m^3$（圆孔）和 $48.7m^2/m^3$（锥孔），这样蓄热室内的热交换系数提高了 1.5 倍，在热风炉的功率保持不变的情况下，蓄热室高度可降低 40% ~50%；

（5）整个热风炉的投资可节约 50% 左右。

6-11　卡鲁金顶燃式硅砖热风炉在砌筑方面的主要特点是什么？

答：（1）卡鲁金（KALUGIN）顶燃式硅砖热风炉整体上可分为蓄热室、拱顶和预燃室三大部分。某厂 $500m^3$ 高炉采用的卡鲁金（KALUGIN）顶燃式硅砖热风炉标高 18.19m 以下为蓄热室部分；标高 18.19 ~28.34m 为拱顶部分；标高 28.34 ~33.70m 为预燃室部分。每两个结合部均预留足够的膨胀、滑移缝。在实际生产中，如同金属膨胀节一样，各部可独立自由胀缩、滑移。而对另外部分，砌体不产生影响。拱顶和预燃室的载荷均通过炉壳直接作用于炉底基础上。

（2）蓄热室部分根据温度要求不同自下向上采用 RN-42、HRN-42、YHRS 三种不同材质的 19 孔格子砖。在结合界面采用逐渐过渡、花砌的办法，以消除两种不同材质耐火砖因性能差异而出现的问题。

（3）卡鲁金（KALUGIN）顶燃式硅砖热风炉核心部分——预燃室（属专利产品），在设计上较为独特。预燃室分为煤气和助燃空气两大室。每个室均有两排多个通气孔道。除助燃空气有一排孔道沿垂直方向进入燃烧室外，其他孔道均按一定角度沿燃烧室近切线方向进入。在燃烧室内气流形成螺旋状以达到煤气和助燃空气充分混合和完全燃烧的目的。在全高炉煤气作为燃料的情况下，设计热风温度可达 1250℃。在材质上采用 ML-72（莫来石堇青石）、HRN-48（低蠕变黏土砖），并且，在砌筑上可根据不同部位、不同用途采用混砌的形式。

6-12 卡鲁金顶燃式硅砖热风炉烘炉是如何进行的？

答： 青钢两座 500m³ 高炉采用的俄罗斯卡鲁金顶燃式热风炉均采用天津热能设备厂专用内燃式烘炉器进行烘烤。烘炉器安装在热风炉顶部燃烧器的下部点火孔上。该设备用柴油做燃料，产生的热气体经配风系统调节送风温度。送风系统出口风速达到 80m/s，可产生很大的动能，搅动燃烧产物循环使炉内温度均匀，提高了烘烤质量。

烘炉以前需做好如下准备工作：

（1）热风炉的修建和检修工作全部完成，并达到质量要求。

（2）热风炉系统各阀门必须进行全部联合、连锁试车，各机电设备运转正常。

（3）热风炉冷却水通水正常。

（4）各仪表必须正常运转，保证准确可靠，特别是炉顶温度、废气温度、煤气压力表必须保证好用。

（5）各热风炉试漏合格，漏点处理完毕。

（6）烟囱烘好，具有抽力。

（7）如热风炉烘炉期间，高炉内常有人施工，热风炉与高炉必须做彻底的隔断。

（8）一切烘炉设施全部安装完毕。提供三相 380V 动力电源，24h 不间断，供 3 台 18.5kW/台的助燃风机和油泵及现场照明使用。

（9）准备好可装约 10t 柴油的油罐。

（10）提供不间断压缩空气气源，压力不小于 0.6MPa。

（11）烘炉报表台账等数据记录及材料器具准备完毕。

值得一提的是，烘炉后转换工作要快，准备好封堵点火孔用的陶瓷纤维卷、堵孔专用砖和泥浆，最大限度地减少进入炉子里的冷空气。

用高炉煤气点炉不要拖太长时间，炉顶温度最好不要低于 800℃。

6-13 热风炉陶瓷燃烧器的烘烤曲线如何？

答： 在装有陶瓷燃烧器的热风炉上，在热风炉烘炉以前，必须对陶瓷燃烧器进行单独的烘烤。一般采用焦炉煤气盘烘烤陶瓷燃烧器，煤气盘如图 6-8 所示。

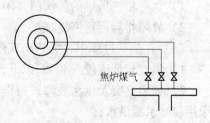

焦炉煤气

图 6-8　烘热风炉陶瓷燃烧器用煤气盘

这种煤气盘直径的大小，要依据燃烧器和火井的直径而定，一般分 $\phi800mm$、$\phi600mm$、$\phi400mm$、$\phi200mm$、弯头等。

将 $\phi38mm$ 无缝钢管，管壁上钻 $\phi4mm$ 的孔若干个，放置在陶瓷燃烧器的煤气道中，从陶瓷燃烧器的点火孔插入燃烧室一支镍铬-考铜热电偶测温。

内燃式热风炉（4 号高炉热风炉）陶瓷燃烧器的烘烤曲线如图 6-9 所示。烘炉时应特别注意火焰不要直接接触预制块。

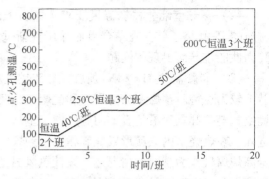

图 6-9   热风炉陶瓷燃烧器烘烤曲线
（每班为 8h）

6-14   热风炉烘炉过程中会有哪些异常情况出现，如何处理？

答： 在热风炉烘炉过程中，会有许多异常情况出现，举例说明如下：

（1）在烘炉过程中，突然升温太快。处理方法为：

1）立即控制升温速度，可采用减少煤气量，增加空气量来达到；

2）采用各种措施后较长时间炉顶温度仍高于规定值，不要强制压回，可在原地等待进度。

（2）在烘炉过程中，炉顶温度升温过慢，怎样调节也达不到规定进度。处理方法为：

1）停止一味地强烧；

2）找温度上不去的原因，观察煤气量使用情况，检测设备是否准确；

3）待查清原因后，再按烘炉曲线升温。

（3）在烘炉过程中，自动灭火。处理方法为：

1）重新点火；

2）如点不着要查找原因，针对不同情况分别给予处理：

①若烟道积水，那么抽净即可；

②若烟道温度低，无抽力：一般发生在烘炉初期，可启动助燃风机，吹 3~5min，使烟道中的气体流动起来；也可在烘炉以前烘一下烟囱；若是烘炉后期灭火，主要是因为烟囱高度不够，抽力不足或是两座高炉共用一座烟囱，互相影响所致，可采用强迫燃烧烘炉，若炉顶温度上得太快，可用间歇烧炉的方式烘炉。温度应大体上被控制在烘炉曲线要求的范围内。

（4）在烘炉过程中，突然出现煤气中断或助燃风机停转的现象。处理方法为：

1）立即将热风炉的各阀门关闭，只开废风阀保温；

2）故障排除后再恢复烧炉。

（5）在烘炉过程中，突然出现停水。处理方法为：

1）温度较低阶段（400℃以下），可以无水烘炉；

2）如果是突发供水故障，根据炉顶温度情况，烘炉初期可无水烘炉，烘炉中后期可采用临时水源供水；

3）烘炉原地恒温，待查清停水原因且烘炉恢复正常后，再按烘炉曲线升温。

6-15　热风炉烘炉过程中应注意哪些问题?

答：（1）烘炉连续进行，严禁停歇。

（2）烘炉废气温度不大于350℃。

（3）炉顶温度大于900℃，可向高炉送风烘高炉。烘高炉过程是烘热风炉的继续，炉顶温度应逐渐升高，严禁过快。

（4）烘炉时，应定时分析废气含水量。根据水分的情况决定各恒温期的长短。

（5）烘炉时，应严密注视炉壳膨胀情况，避免损坏设备。

（6）开始烘炉时，应采用木柴或焦炉煤气引燃，防止煤气爆炸。

（7）装有陶瓷燃烧器的热风炉在烘炉时，为保证炉顶温度稳定上升，烘炉初期可采用炉外燃烧的废气进行烘烤或采用煤气盘烧焦炉煤气烘烤。

6-16　烘炉时火井过凉，点炉点不着怎么办?

答：热风炉烘炉时火井过凉，点炉点不着，有以下措施可采用：

（1）转助燃风机，烟道气流畅通。

（2）点自燃烘炉，然后再强制燃烧。

（3）必要时，在烟道和烟囱根部的人孔处堆放木柴，浇上燃料油或火油并点火，增加烟囱的抽力。

6-17　点炉点不着可能是何原因，如何处理?

答：点炉点不着的原因很多，主要有：

（1）炉顶温度较低，炉子太凉，点炉困难。

（2）煤气、助燃空气配比不当。

（3）老炉子的阻力太大。

（4）烟道积水过多，烟道掉砖，抽力小。燃烧产物不能及时排出。

（5）火井掉砖，封住燃烧口时也点不着炉。

当由于种种原因点炉点不着时，往往采取下列措施：

（1）如果是老炉子，炉子无抽力，可先用助燃风机转几分钟，待炉内有抽力后，再进行点炉。

（2）如果是老炉子，格子砖紊乱，堵塞严重，可强迫点炉，即给上火碗，给上煤气，同时启动助燃风机进行点炉（这是较危险的，一般情况下不宜采用）。

（3）如果烟道积水过多点不着炉，可先将烟道水抽掉，再进行点炉。

（4）如果是火井烟道掉砖多，堵塞了燃烧口和烟气出口，可组织扒砖，扒完砖后，再进行点炉。

6-18　为什么规程规定，在点炉时必须先给火，后给煤气?

答：根据煤气爆炸的条件分析，发生爆炸的原因一是形成爆炸性的混合气体浓度，二是达到着火点。如果先给煤气的话，可能在某一时刻里，煤气与空气达到爆炸性混合气体浓度，假如此时给火，两个条件同时具备，就要发生煤气爆炸。相反，如果先给火，再给上煤气，在没有形成爆炸性混合气体浓度时就可燃烧，则避免了煤气爆炸。为此，必须先给火，后给煤气。

6-19 什么叫"喷炉"，发生"喷炉"有哪些原因？

答：在热风炉燃烧中的回火和小爆震造成的回喷现象，称为喷炉。

引起回火或喷炉的原因很多，主要有：

（1）煤气压力波动或不足；

（2）空气压力不足；

（3）炉子凉，炉顶温度在 700℃ 以下；

（4）炉子抽力小，格孔堵塞严重；

（5）热风炉的烟气不能及时排除；

（6）煤气、助燃空气的配合比不当。

点炉时发生"喷炉"可能引起震动，炉墙掉砖，对热风炉的寿命有影响，有时还会发生喷火伤人。

6-20 什么叫"三勤一快"？

答："三勤一快"是热风炉操作的基本工作方法，它的内容是：在热风炉操作中，勤联系，勤调节，勤检查和快速换炉，称为"三勤一快"。

（1）勤联系。经常与高炉、燃气调度室、煤气管理室等单位联系高炉炉况、风温使用情况、煤气平衡情况、外界情况的各种变化，做到心中有数。

（2）勤调节。就是注意观察燃烧的热风炉顶温度和废气温度的变化情况，调整好煤气与空气的配合比，在较短的时间里，把炉顶温度调整到最佳值，然后保温，增加废气温度，科学、合理烧炉。

（3）勤检查。就是对所属设备的运转情况，炉顶、炉皮、三岔口、各阀门及冷却水、风机等各部位进行必要的巡回检查，发现问题及时处理。

（4）快速换炉。就是在风压、风温波动不超过规定的前提下，准确、迅速地换炉，以获得较长的燃烧时间，提高热风炉效率。

6-21 如何根据火焰来判断燃烧是否正常？

答：在可以直接观察到火井内火焰情况的热风炉上，可根据火焰情况来判断燃烧是否正常，分以下三种情形：

（1）正常燃烧。所谓正常燃烧，即煤气和空气的配合比适合。此时，火焰微蓝而透明，通过火焰可以清楚地看见火井砖墙。炉顶温度上升。

（2）空气过多。火焰明亮，呈天蓝色，耀目而透明，火井看得很清楚，但发暗。废气温度上升。

（3）空气不足。火焰混浊而呈红黄色，个别带有透明的火焰，火井不清楚，或全看不见。炉顶温度下降，且烧不到规定最高值。

6-22 净煤气压力过低时为什么要撤炉？

答：为了保证整个煤气管网的安全运行，尤其是管网末端用户煤气压力波动较大时，为防止煤气压力过低，管网产生负压，吸进空气，产生爆炸，鞍钢执行的煤气纪律规定：煤气压力低于 1000Pa（100mm H_2O）时，必须主动撤炉。

6-23　热风炉助燃风机马达停电时应如何处理？

答：热风炉正常燃烧时，如遇到停电，助燃风机停转。应按下列程序处理：

（1）关焦炉煤气；

（2）关煤气闸板；

（3）切断电源；

（4）查找原因。

处理后再进行点炉。

6-24　炉顶温度超出规定时如何控制？

答：一般说来，高铝砖热风炉的炉顶温度规定小于 1350℃，硅砖热风炉的炉顶温度规定小于 1450℃。因故超出规定时，可采用停烧焦炉煤气、减少煤气量或增大空气量的办法来控制。绝不可采用增加煤气量的办法来控制，这主要是因为煤气增加后，不能完全燃烧，而从烟道排出，浪费了能源，同时也不安全。

6-25　热风炉烘炉的安全注意事项有哪些？

答：（1）参加烘炉人员必须经培训合格后方可上岗操作；

（2）烘炉时要注意人身安全，特别是要严防煤气中毒、高空坠落和物体打击事故的发生；

（3）烘炉的最高拱顶温度不得超过 1000℃，最高废气温度不得超过 300℃；

（4）高炉煤气点火时要侧身操作，煤气阀和煤气调节阀要手动操作。高炉煤气未点燃时，应迅速关闭煤气阀，待自然抽风 10min 后重新点火；

（5）在煤气区域工作要站在上风侧，防止煤气中毒；

（6）全过程各阶段的操作必须服从统一指挥，未经指挥同意，任何人不得乱动设备和私自动火。

第 2 节　高 炉 烘 炉

6-26　怎样进行高炉烘炉？

答：烘炉的目的是缓慢排除砖衬中的水分。烘炉的重点是炉缸炉底，否则开炉后放出大量蒸汽，不仅会吸收炉缸热量，降低渣铁温度，使开炉操作困难，而且水分快速蒸发，大量蒸汽从砖缝中跑出，可能使砖衬开裂和炉体膨胀而受到破坏，影响高炉使用寿命。烘炉一般用热风，但也有用木柴、煤气和煤燃烧烘炉的。热风烘炉最方便，它不用清灰，烘炉温度上升均匀，容易掌握。不过它要在热风炉提前竣工的条件下才有可能，应千方百计创造条件用热风烘炉。

用热风烘炉的准备工作包括：首先安装风口、铁口的烘炉导管，将部分热风导向炉底中心。风口导管应伸到炉缸半径2/3处，距炉底1m左右，一般有1/3～2/3的风口装上导管就够了。铁口导管伸到炉底中心，伸入炉缸内的部分钻些小孔，上面加防护罩，防止装料时堵塞。其次是安装炉缸、炉底表面测温计。使用炭捣或炭砖砌筑的炉底、炉缸，应在表面砌好黏土砖保护层，防止烘炉过程中炭砖被氧化。

用热风烘炉一般有两个温度相对稳定区，一是300℃左右稳定2～3个班；二是500℃左右稳定到烘炉结束开始降温为止。烘炉终了时间应根据炉顶废气湿度判断，当废气湿度等于大气湿度后，稳定两个班以上，即可开始凉炉。一般烘炉时间为6～8天。图6-10为某厂4号高炉的烘炉曲线。

烘炉的风量（单位为 m³/min）开始时稍大一些，一般相当于高炉容积，小高

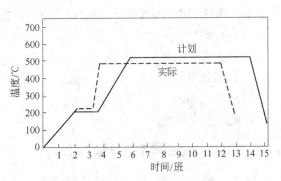

图6-10 某厂4号高炉的烘炉曲线

炉可以大于此数，大高炉相当于高炉容积的80%左右。随着水分的蒸发，顶温升高，风量要相应减少。料钟式高炉的顶温不得超过400℃，无料钟高炉不得超过300℃，密封室温度要保持在50℃以下。

烘炉时应注意：

（1）铁口两侧排气孔和炉墙所有灌浆孔在烘炉时都应打开，以便及时排出水汽，烘完炉后再封上；

（2）烘炉期间炉体冷却系统要少量通水（约为正常时的1/2）；

（3）烘炉中，托圈与支柱间、炉顶平台与支柱间的螺丝应处于松弛状态以防胀断，要设膨胀标志，检测烘炉过程中各部位的膨胀情况（包括内衬和炉壳）；

（4）炉顶两侧放散阀保持一开一关，轮流工作，每班倒换两次，倒换时先开后关；

（5）烘炉结束前要进行一次休风，检查炉内有无漏水和着火现象；

（6）烘炉期间除尘器和煤气系统内禁止有人工作。

6-27 高炉烘炉的目的是什么？

答：（1）使高炉耐火材料砌体内的水分缓慢地蒸发，并得到充分地加热；

（2）使整个炉体逐步加热到接近生产状态，避免因快速膨胀而损坏炉体。

6-28 高炉烘炉的基本条件是什么？

答：（1）有两座热风炉拱顶温度达到900℃以上，风温满足烘炉要求；

（2）高炉、热风炉煤气除尘系统经过试漏、检漏，漏点已全部处理完；

（3）高炉用的压缩空气、氧气、蒸汽等已送到风口平台，具备生产条件；

（4）高炉放风阀、炉顶放散阀、均压阀、均压放散阀、煤气切断阀、除尘器放散阀等各阀门试车结束，开关灵活、到位，达到要求标准；

（5）高炉计器仪表及微机控制系统调试基本完成，各项参数（流量和压力等测试数据准确可靠）、功能、画面显示、打印记录均达到要求标准，可正常投入使用；

（6）上料系统所有设备安装结束，单机试车达到正常状态，可进入微机控制，进行和炉顶装料设备联动的空载联合试车；

（7）炉前出铁场施工基本结束，具备准备生产条件；

（8）煤气除尘系统施工基本结束，具备单机和联合试车条件；

（9）冲渣系统施工基本结束，具备试水条件；

（10）风口平台、出铁场及相关工作场地通讯齐备，照明正常；

（11）铁路铺设完成，基本具备通车标准；

（12）炉缸保护层喷涂完毕；

（13）炉缸泥包糊好，煤气导出管安装完毕，炉皮各层排气孔及阀门安装完毕。

6-29　高炉烘炉前的准备工作有哪些？

答：（1）编制高炉烘炉工作计划，制定烘炉升温曲线；模拟训练（7天）。

1）运料系统、上料系统、高炉本体大联合运转；

2）改变装料程序；

3）改变布料方法；

4）改变运料程序；

5）改变工作方式。

（2）高炉本体各阀门绑扎好开、关到位标志，特别是放风阀、炉顶放散阀、煤气切断阀要达到下列要求：

1）放风阀：开关灵活，方向明确，标志清楚；

2）炉顶放散阀：开关灵活，方向明确，极限位置准确，南、北阀分清；

3）煤气切断阀：开关到位，关闭严密，标志清楚、明确。

（3）各种计器仪表运转正常，特别是冷风流量、冷风压力、热风压力、炉顶压力、热风温度、炉顶温度等仪表必须计量准确，缺一都不能烘炉。

（4）高炉炉体各部位供水标准为：

1）软水闭路循环在风温不大于500℃之前可继续充水，500℃之后正常供水，水量为正常水量的三分之一；

2）工业循环水正常供水（风口、渣口必须确保），水量为正常时的四分之一；

3）水冷炉底通最小水量。

（5）安装好膨胀测量装置。

1）位置安两层：热风围管平台，炉口平台；

2）各上升管方向，以框架为标准点。

（6）烘炉前各阀门应处的状态为：

1）高炉放散阀全开，炉顶及重力大小放散阀全开；

2）煤气切断阀全关；

3）均压放散阀全开；

4）煤气除尘系统放散阀全开；

5）各热风炉系统的冷风阀、冷风小门、热风阀全关；

6）冷风大闸关，风温调节阀关；

7）倒流阀开；

8）送风系统、高炉本体的人孔全部关闭；

9）无料钟上下密封阀、眼镜阀全关；

10）除尘器煤气切断阀上人孔关闭。

（7）其他。

1）委托燃气化验室在烘炉期间，每班做一次湿分分析（炉顶废气）；

2）准备好烘炉用风机；

3）准备好下炉缸的梯子和照明；

4）烘炉前各项工作要认真，具体见烘炉检查确认表。

6-30 如何安装烘炉导管？

答：（1）烘炉导管为"Γ"型，下端为喇叭口；

（2）每隔一个风口装一个烘炉管，共 15 个烘炉管；

（3）导管直径为 φ108mm；

（4）规格与安装见表 6-2。

表 6-2 某厂各风口烘炉管的安装尺寸

风 口 号 数	插入水平长度（距风口）/m	插入垂直深度（距风口中心线）/m
5 号，25 号，26 号	4.5	3.2
1 号，9 号，13 号，17 号，21 号	3.5	2.7
3 号，7 号，11 号，19 号，23 号，27 号，29 号	2.5	2.2

6-31 如何安装铁口煤气导出管？

答：（1）铁口煤气导出管用 φ159mm 无缝管制作，管的圆周方向钻 φ10mm 孔 7 排，纵向孔距为 50mm，管的炉内部分全钻孔；

（2）铁口煤气导出管插入炉内 6m，管子要埋在垫底焦里。

6-32 高炉炉体各部，风口、渣口给水量为多少为宜？

答：（1）软水闭路循环为正常水量的三分之一；

（2）风口、渣口为正常水量的四分之一；

（3）水冷炉底通最小水量。

6-33 如何安装好膨胀装置？

答：（1）位置安三层：热风围管平台、炉口平台、下罐平台；

（2）方向：各上升管方向，以框架为标准点。

6-34 高炉烘炉操作确认表包括哪些内容？

答：某厂高炉烘炉操作确认表见表 6-3。

表6-3　某厂高炉烘炉前设备确认表

项　目	负责工作单位	确认单位
烘炉前的模拟训练： （1）正常生产模拟； （2）反事故模拟； （3）运料、上料、高炉联合大试车	炼铁厂工程科，机动科、自动化科、高炉及其他生产单位	高炉开炉指挥部
高炉系统，煤气除尘清洗系统联合通风试漏	炼铁厂工程部、修建公司、燃气厂、高炉开炉指挥部	炼铁厂机动科，高炉
软水闭路循环系统，高炉各冷却设备通水运转正常	炼铁厂工程科	炼铁厂高炉
计器仪表、微机画面显示准确，打印记录正常，冷风流量、冷风压力、炉顶压力、热风压力、热风温度、炉顶温度、气密箱温度等一定要准确可靠	炼铁厂工程科计量厂自动化所	高炉
烘炉炉底加热管的准备和安装	炼铁厂管道工段	高炉
铁口煤气导出管的准备和安装	炼铁厂炉前技师室管道工段	高炉炉前技师室
气密箱的冷却，同 N_2，通风机确保正常运转	炼铁厂工程科	高炉
各层平台安装膨胀装置	高炉	炼铁厂高炉
烘炉期间炉顶废风湿分化验	燃气厂化验室	厂总调联系
准备铁梯子两个，炉内照明	炼铁厂	高炉
烘炉前各阀门所处的状态	高炉放风阀灵活好用，并处于全开状态	炼铁厂工程科	炼铁厂机动科，高炉
	无料钟上、下密封阀，眼镜阀全开	炼铁厂工程科	炼铁厂高炉
	炉顶放散阀全开，煤气切断阀关		炼铁厂高炉
	均压放散阀开，一、二次均压阀关		炼铁厂高炉
	送风系统的人孔、高炉本体的人孔全关闭	炼铁厂工程科	炼铁厂热工、高炉
	冷风大闸、风温调节阀关		炼铁厂热工、高炉
	除尘、清洗系统所有放散阀全关		炼铁厂高炉
	各热风炉的冷风阀、冷风小门、热风阀全关		炼铁厂热工
	倒流阀开		炼铁厂热工
	除尘器煤气切断阀上的人孔关闭		炼铁厂热工
	气密箱的通 N_2 冷却装置正常并开通	炼铁厂工程科	炼铁厂机动科、高炉
	气密箱冷却通水，软水闭路循环运转	炼铁厂工程科	炼铁厂高工科、高炉

6-35　高炉烘炉操作原则和烘炉曲线是什么？

　　答：高炉烘炉以风温升温为依据，以风量为调剂手段，以炉顶温度相制约，按烘炉曲线进行烘炉，时间预计为 7~8 天。烘炉曲线如图 6-11 所示。

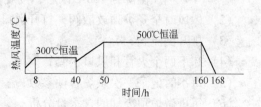

图6-11　高炉烘炉曲线

6-36 高炉烘炉时气流的通路如何？

答：

```
冷风 ──→ ┌─ 热风炉 ─┐ ──→ 热风总管 ──→ 高炉 ──→ 通过炉顶放散阀放入大气
          └─ 混风管道 ─┘                      └──→ 通过铁口煤气导出管放入大气
```

6-37 高炉烘炉参数如何控制？

答：高炉烘炉参数控制包括：

（1）烘炉时间大于 7 天；

（2）高炉炉顶温度不大于 250℃；

（3）旋转溜槽齿轮箱内温度小于 50℃；

烘炉参数见表 6-4。

表 6-4　烘炉参数

风温区间/℃	升温速度/℃·h⁻¹	时间/h	风量/m³·min⁻¹	炉顶温度/℃
100~300	20	8	300~500	<300
300 恒温	0	32	500~700	<300
300~500	20	10	400~600	<400
500 恒温	0	110	300~500	<400
500~1000	-30	8	300~500	

6-38 高炉烘炉的操作步骤是什么？

答：（1）关上倒流阀；

（2）打开风温调节阀和冷风大闸；

（3）微关高炉放风阀回风，风量为 200~300m³/min，10min 后打开冷风小门、热风阀，风量加到 300~500m³/min，在升温过程中逐渐开冷风调节阀；

（4）风温达到 300℃后保持恒温，风量偏大时可适当减风；

（5）达到恒温时间后继续进行升温，在冷风阀开启 50% 以后可以通过风温自动调节来控制风温，在此之前只能用开、关冷风小门调节风温；

（6）在炉顶温度超过规定温度时，应适当减风或降低风温。

6-39 高炉凉炉的操作步骤是什么？

答：（1）当风温降到 100℃以后，按规程进行高炉休风；

（2）休风时全开炉顶放散阀，打开风口窥视孔大盖；

（3）打开倒流阀；

（4）卸下两个火管和风口小套；

（5）每小时记录一次烘炉各项参数；

（6）每班做炉顶废气的含水量分析；

（7）烘炉终了时炉顶废气湿分应与大气湿分接近。

6-40　高炉烘炉出现异常情况如何处理？

答：（1）风口破损应立即更换；

（2）炉内着火时：

1）按规程休风；

2）打开倒流阀；

3）卸下几个火管和风口小套；

4）鼓风机停风；

5）热风炉停止烧炉；

6）待炉内煤气、氮气检验合格，温度小于50℃以后，方可进入炉内检查。

（3）局部漏风严重，立即进行休风处理。

（4）炉顶温度大于300℃时：

1）减小风凉；

2）还可适当地减风温。

（5）气密箱内温度大于50℃时：

1）检查气密箱冷却系统，如水量少要增加水量；

2）检查通 N₂ 冷却情况，如果量少，可以增大 N₂ 气量；

3）适当地降低炉底温度，可通过减少风量或风温来实现。

6-41　高炉烘炉的安全要点是什么？

答：（1）严防铁口区域炭砖烧损；

（2）严防向炉内漏水；

（3）严防煤气中毒。

6-42　高炉烘炉的安全注意事项有哪些？

答：（1）烘炉操作人员必须认真学习"烘炉规程"后方能上岗操作；

（2）烘炉的有关设备和各阀门，除烘炉操作人员外其他人员一律不准乱动；

（3）炉顶液压设备和润滑设备严禁漏油，以防火灾事故发生；

（4）铁口、风口附近禁止闲杂人员逗留；

（5）恒温500℃时可休风一次，检查有无着火或漏水现象；

（6）注意观察风口拉杆的变化，根据风温变化进行调整；

（7）烘炉期间炉顶放散阀只开一个，每4h倒换一次，倒换时先开后关，严禁同时开关；

（8）烘炉期间铁口两侧的排气口要打开；

（9）烘炉期间除尘器和煤气干法除尘系统严禁有人工作；

（10）烘炉期间严格控制炉顶温度；

（11）炭砖炉底、炉缸表面要砌好保护砖，要求砖缝灰浆饱满；

（12）铁口通道要捣固严密，严防窜风烧坏炭砖；

（13）烘炉初期风温很低，为保证鼓风机安全，冷风大闸和冷风调节阀全开，冷风阀全开，应用冷风小门调整风温，冷风阀未全开之前，禁止使用冷风调节阀调节风温。

第7章 高炉开炉配料计算

第1节 高炉开炉配料计算的基础数据

7-1 开炉配料计算应考虑哪些问题?

答:进行开炉配料计算前应测定或选定以下计算条件:

(1) 高炉各部的容积;

(2) 开炉使用的原料、燃料、熔剂等的化学成分、堆密度;

(3) 选定开炉全炉焦比与正常料焦比;

(4) 确定炉缸的填充方法;

(5) 选定生铁成分与炉渣碱度,一般要求渣中 Al_2O_3 含量不大于 16%;

(6) 选定铁、锰、硫等元素在渣铁、煤气中的分配率;

(7) 确定开炉使用料种之间的比例;

(8) 选定炉料压缩率;

(9) 选定焦炭或矿石的批重等。

开炉配料计算的方法很多,常用的有以 1t 焦炭为单位的计算法和以 1t 铁为单位的计算法。

7-2 开炉配料计算对原燃料的要求有哪些?

答:开炉配料计算对原燃料的要求主要有:

(1) 炉料必须粒度均匀,粉末少,还原性良好;

(2) 焦炭强度高:$M_{40} > 73\%$,$M_{10} < 8.5\%$,灰分低于 14%,硫分低于 0.7%;

(3) 天然矿:锰矿和石灰石的粒度为 10~50mm,粒度小于 5mm 的粉末小于 5%;

(4) 开炉选料必须满足造渣制度需要,渣中 Al_2O_3 含量不大于 18%,否则要配入少量低 Al_2O_3 含量的物料,以改善炉渣流动性能。

7-3 开炉料总焦比的确定原则是什么?

答:合适的总焦比对开炉进程有决定性的影响。影响总焦比的因素主要有:炉容大小,原料种类,开炉方法,烘炉质量,风温水平和起始风量大小等。

(1) 炉容大小:小高炉热损失大,直接还原度高,炉缸耗热量多,故一般 600m³ 和 2500m³ 高炉相比,总焦比应提高 10%~20%;

(2) 原料种类:天然矿较人造富矿难还原,石灰石用量多,炉缸热耗量大,故一般采用天然矿开炉比采用人造富矿开炉,总焦比要相应提高 15% 左右;

（3）炉缸填充方式：采用枕木填充炉缸开炉，容易点火，不易悬料，出铁顺利，但由于炉缸中无焦炭，故采用枕木开炉的总焦比要相应提高 15% 左右；

（4）开炉起始风量：开炉起始风量一般按风压控制，为避免悬料，保证炉缸热量充足，起始风压不大于 0.08MPa，每小时下料速度为一批左右。

据鞍钢经验：枕木、天然矿开炉总焦比为 3.5～4.0t/t；枕木、人造富矿开炉总焦比为 3.0～3.5t/t；焦炭、天然矿开炉总焦比为 3.0～3.5t/t；焦炭、人造富矿开炉总焦比降低至 2.5～3.0t/t。

7-4　怎样选择开炉焦比？

答： 选择适宜的焦比对开炉进程有决定性的影响，焦比过高，既不经济，又可能导致炉况不顺；焦比过低，炉缸温度不足，出铁困难，有事故影响时还容易造成炉缸冻结。

开炉料总焦比和炉缸填充方式有关，见表 7-1。

冷风开炉焦比（t/t）不小于 5.5。

影响开炉料总焦比的因素有：

（1）开炉方式（全焦或炉缸填充木柴）；

（2）原、燃料种类及质量（是否用块矿及炉渣中 Al_2O_3 的含量）；

（3）风温水平；

（4）烘炉程度。

表 7-1　开炉料总焦比

炉缸填充	人造富矿		天然块矿	
	总焦比 /t·t^{-1}	正常料焦比 /t·t^{-1}	总焦比 /t·t^{-1}	正常料焦比 /t·t^{-1}
枕　木	3.0～3.5	0.9～1.0	3.5～4.0	1.1～1.2
焦　炭	2.5～3.0	0.8～0.9	3.0～3.5	1.0～1.1

开炉时由于炉衬、料柱的温度都很低，矿石未经预热和还原直接到达炉缸，直接还原增多，渣量大，需要消耗的热量也多，所以开炉焦比要比正常焦比高几倍。具体数值应根据高炉容积大小、原燃料条件、风温高低、设备状况及技术操作水平等因素进行选择。一般情况是：

炉容/m^3	100 以下	100～500	500～1000	1000 以上
吨铁焦比/t·t^{-1}	>3.5	3.0～3.5	2.5～3.0	2.5～3.0

在开炉焦比和后续料负荷的选择上，首钢的经验是：不过分追求过低的全焦焦比，以保证开炉顺利，而开炉后，后续料负荷及时加重且幅度大一些，以利于尽快把炉温降到合适范围。

7-5　高炉开炉的工作要求是什么？

答：（1）原燃料数量和质量符合质量标准，满足生产要求；

（2）供料、装料和返矿返焦系统连续联合试车大于 48h，热风炉、炉前、冲渣等关键工艺和设备满足生产要求；

（3）热风炉和高炉烘炉，达到冶炼技术规程标准；

（4）高温冷却系统试水合格，水量和水压达标，给排水能力匹配；

（5）高炉、热风炉送风系统和煤气系统管路试压合格；

（6）各种备品、备件和材料齐备，保证投产要求；

（7）环保设备与高炉同步投产；

（8）各种安全保护设施齐备，灵敏可靠；

（9）工作环境达到标准；

（10）各种规章制度完善齐全。

7-6　开炉送风如何确定工作风口？

答：过去高炉开炉一般认为，初期风量小，不易吹透中心，一般都采取堵部分风口或风口加圈措施。而如今大多数厂开炉只堵部分风口，而不必风口加圈。堵风口的作用如下：

（1）开始送风时风量太小易发展边缘，堵部分风口有利于吹透中心，抑制边缘气流；

（2）风口砖套易于破坏，盲目扩大风口会影响炉况顺行；

（3）堵风口操作方便，一旦需要增大风口面积无须休风。

7-7　开炉造渣制度选择的原则是什么？

答：（1）保持合适碱度，冶炼合格生铁；

（2）配入少量锰矿，改善渣铁流动性能，控制生铁含锰 0.8%；

（3）必要时配入少量低 Al_2O_3 含量物料，改善炉渣流动性能，控制渣中 Al_2O_3 含量不大于 18%；

（4）低 Al_2O_3 含量物料加在空料中。

开炉料炉渣碱度控制：

（1）烧结矿开炉：$m(CaO)/m(SiO_2) = 0.95 \sim 1.00$；

（2）天然矿开炉：$m(CaO)/m(SiO_2) = 1.00 \sim 1.05$。

控制 Al_2O_3 在渣中的含量不大于 16%，如果 Al_2O_3 含量大于 16%，必须使 MgO 含量不小于 8.0%。

第 2 节　高炉装料

7-8　炉料填充方式如何？

答：开炉炉缸最需要热量，正常生产时炉腹以下也基本上为焦炭所填充，故高炉下部应尽量多加焦炭，避免先凉后热。炉料填充顺序见表 7-2。

表 7-2　炉料填充顺序

部　位	焦炭开炉	枕木开炉	部　位	焦炭开炉	枕木开炉
炉　喉	正常料	正常料	炉　腰	空料	空料
炉身上部	正常料	空料 + 正常料	炉　腹	空料	净焦
炉身中部	空料 + 正常料	空料 + 正常料	炉　缸	净焦	枕木
炉身下部	空料 + 正常料	空料	死铁层	净焦	枕木

7-9 装料有何要求？

答：装料条件为：

(1) 高炉炉顶和装料设备经联合试车合格达到规定标准；

(2) 高炉试水、试漏和烘炉过程出现的缺陷得到处理；

(3) 原燃料得到足够的保证，禁止开炉过程待料休风；

(4) 出铁场和原料系统、环保设施与高炉同步投产。

7-10 进入炉缸工作的安全规定有哪些？

答：(1) 进入炉内工作要有专人负责，统一指挥；

(2) 卸下风管和风口，弯头处堵盲板（橡胶板或薄铁板），与高炉做有效隔断；

(3) 打开渣口，保持向炉内自然通风；保持炉内空气流通；

(4) 热风炉停止燃烧；

(5) 开放散阀和倒流阀；关热风炉冷风阀、冷风小门、冷风大闸、热风阀；

(6) 防止高空坠物：布料溜槽锁住，眼镜阀关上，上升管加保护网，无料钟停止运转；

(7) 切断煤气和 N_2 来源；气密箱 N_2 密封改空气密封；

(8) 进入炉内空气标准：CO 分析不大于 $30mg/m^3$，空气分析含氧量不小于 20.6%，炉内温度小于 50℃。

7-11 装填充炉料如何操作？

答：(1) 校正称量设备，确保灵敏准确；

(2) 装料前炉长要亲自审查料单，各料单按规定顺序编号，装一个送一个，不得失误；

(3) 装料过程工长要注意观察模拟盘程序和周期变化情况，出现问题及早解决；

(4) 采用焦炭开炉时，净焦装完后要从风口观察情况，是否符合要求，料面到最后 10m 左右，要进一步核对装入数量的准确性。

7-12 什么叫带风装料，它有什么特点？

答：在用焦炭填充炉缸、冷矿开炉时，在鼓风状态下进行装料叫带风装料。它的主要特点是：缩短烘炉后的凉炉时间，加快开炉进程；改善料柱透气性，有利于顺行；减轻炉料对炉墙的冲击磨损；蒸发部分焦炭水分，有利于开炉后的高炉操作。20 世纪 60～70 年代带风装料开始在小型高炉上使用。湘钢的两座 $750m^3$ 高炉都采用带风装料，规定装料前炉内温度和装料时的风温差不超过 300℃，风量约为炉容的 1.5 倍。开炉后炉况顺行，炉缸热状态良好。采用带风装料时风温要严格控制，不允许在装料过程中炉内着火。

7-13 装料前准备工作有哪些？

答：(1) 风口面积：开炉初期用较小直径的风口为宜。根据设计用直径 160mm 风口；开炉用直径 140mm 风口或风口内镶碳化硅套，内径为 140mm；工作风口用一半即可，偶数风口工作，其余用炮泥堵上。

（2）向矿槽装料：供料系统通过电子计算机联合试车，连续运转后，在原料车间主任主持下，按下列程序向矿槽装料：提前 1 ~ 2 天储备好焦炭、烧结矿、球团、锰矿、天然矿、硅石、石灰石。

（3）炉缸填充枕木：加工填充枕木由专人负责，高炉人员参加。保管妥当，可提前一周加工。加工后按长度不同，分别堆放。往高炉运输时，按每层不同长度组合输出，准备两台辊式输送机。

（4）进入炉内安全措施（详见 7-11 问）。

（5）拆除烘炉装置：进入炉内拆除烘炉装置应在炉前总技师主持下进行，进入前确认安全措施；拆除烘炉管；检查炉缸情况，有无漏水现象；安装铁口煤气导出管，捣固好铁口通道，炉外封死铁口。

（6）向高炉装料。系统达到装料条件，验收合格后，在公司指令下，开始向高炉装料。装料工作在开炉领导小组主持下进行。

1）各阀门状态：热风炉除倒流阀、废气阀开启外，其他阀门一律关闭；煤气系统、炉顶放散阀、均压放散阀、除尘器放散阀、清灰阀全部开启，煤气切断阀，一、二次均压阀全部关闭；高炉放风阀开启；无料钟气密箱用空气密封和冷却，启动检修风机，置换氮气和冷却箱体。

2）各人孔封闭：检查、封闭冷、热风系统人孔；封闭除尘器人孔；封闭炉身各层平台灌浆孔；开启炉顶无料钟下人孔。

3）装料顺序：装垫底焦，扒平；送风后的装料采用螺旋布料，料线 1.5m，焦批重 20t，矿石批重 35.468t；装枕木至风口；装净焦 5 批；装空料至炉身下部，空料和正常料综合装入；料线装到 4m 后开始装正常料，并进行测料面工作。

4）装料制度：具体装料制度见"开炉填充料清单"。

5）无料钟布料性能和料面测定：布料功能验收试验，下料曲线的检查与调整，下料曲线和料闸开口度的检验和调整，无料钟布料面形状进行测量。

7-14 高炉装料条件是什么？

答：高炉装料条件即是正常生产条件，故装料前必须进行严格的检查验收，达到下列标准才能进行装料：

（1）原燃料数量和质量达标：烧结矿理化性能达到规定质量标准。粒度小于 5mm 的粉末率，烧结出厂和入高炉前要小于 5%，5 ~ 10mm 的小于 30%；烧结矿 $w(TFe) > 53\%$，碱度 $m(CaO)/m(SiO_2) = 1.8$；球团矿为 30% ~ 50%，$w(TFe) > 61\%$，自然碱度约 0.1；炉料结构规定，球团矿为 30% ~ 35%，烧结矿为 65% ~ 70%，基本上不加石灰石。烧结矿和球团矿稳定，焦炭灰分小于 13.0%，$w(S) < 0.7\%$，$M_{40} > 74\%$，$M_{10} < 8.5\%$，粒度大于 80mm 进行破碎。

（2）联合试车合格：运料、装料、返焦返矿和炉顶装料系统通过计算机空试和带负荷联合试车合格，连续试车时间大于 48h，缺陷得到处理；自动化系统操作可靠，各项参数、功能、画面显示、打印报表均达到竣工标准；各种计器仪表及计量设施灵活准确，验收合格；各种保护设施安全可靠；通讯设施满足生产要求。

（3）关键易损备品和材料满足生产要求（详见5-108问）。

（4）动力系统满足生产要求：高炉、热风炉各部水量、水压、水质达到规定标准，确认不往炉内漏水，炉缸水和高压水加逆水阀联网；高炉蒸汽管路畅通，炉台压力在0.5MPa以上；炉顶氮气管路畅通，压力在0.5MPa以上，氮气流量为6000m³/h；高炉、热风炉焦炉煤气压力在4kPa以上；压缩空气管路畅通，压力在0.6MPa以上。

（5）热风和煤气系统：热风炉已具备生产条件，炉顶温度在1100℃以上；未施工完毕热风炉与高炉以及其他热风炉隔断；除尘器清灰阀开关灵活，操作可靠；高压调节阀组操作灵活好用；煤气清洗系统具备接受煤气条件。

（6）高炉本身验收合格：东西两个出铁厂全部形成，具备出铁条件；吊车、开口机、泥炮、堵渣机试车验收合格；渣铁沟、砂口、铁口泥套和渣口糊好，并用煤气烤干；炉顶检修风机试车合格；炉顶自动打水装置灵活好用；

（7）渣铁运输满足生产要求，渣铁道试运合格；渣铁罐数量充足，下渣罐配带壳渣罐或垫底渣罐；运输满足每日出16次铁的要求；铸铁车间具备翻铁条件；铁路线满足清灰、装水渣要求。

（8）水冲渣系统具备生产条件：水冲渣系统试车合格，给排水能力匹配，水压水量满足冲渣要求；三泵房冲渣泵试车合格；双阀室试车合格；溢水流管路畅通；皮带、扒渣机、吊车检修合格。

（9）喷煤系统形成：喷煤系统管路形成；喷煤罐组试压合格；各阀门灵活，开关到位；罐组和管路中杂物清净；计器、计量、控制系统准确可靠。

（10）环境安全、防火卫生达到标准：环保设施与高炉同步投产，粉尘排放浓度小于100mg/m³，工作环境要做到机械光、马达亮、地面平、玻璃明；渣铁道清扫干净；防火设施好用，防火工具器材齐全；各种安全标志醒目、安全。

7-15　开炉炉缸填充枕木的目的是什么？

答：（1）易点火，有利于炉料下降，有利于开炉的煤气安全。

（2）送风后易于炉料下降，有利于开炉炉况顺行。

（3）便于均匀加热炉缸，方便开铁口。

7-16　填充枕木前的准备工作有哪些？

答：（1）死铁层的填充，铁口中心线以下铺一层枕木，其他用焦炭填充，这部分焦炭称为垫底焦。

（2）填充枕木容积的确定。

（3）枕木的填充方法。

（4）枕木用量的确定。

（5）枕木的准备。

（6）工具材料的准备。

7-17　装枕木如何操作？

答：（1）首先将枕木按不同规格加工好，并将同一规格的堆放在一起；

（2）装枕木前先装一批净焦垫底扒平，之后炉顶设备停止动作；

（3）从死铁层开始装枕木至炉缸上沿；

（4）枕木按井字排列，间距相当于枕木宽度。

第 3 节 料 面 测 量

7-18　测量料面的目的是什么？

答：（1）测定合适的 $\gamma_{焦}$、$\gamma_{矿}$。

（2）测定不同料线合适的 $\alpha_{焦}$、$\alpha_{矿}$。

7-19　测量料面需用人数及工具有哪些？

答：测料面需 5 人，3 人在炉顶观察料面及料罐并做好记录，2 人在主控室，1 人操作微机，1 人做记录；需强力探照灯 1 个、秒表 1 块。

7-20　料面测量具体方法如何？

答：（1）$\gamma_{焦}$ 的测定：装净焦时节流阀开度从 36° 开始每减 2°（任意溜槽角度）布一批，每布完一批，记录布料时间及溜槽旋转圈数。记录 4 ~ 5 批即可确定合适 $\gamma_{焦}$。

（2）$\gamma_{矿}$ 的测定：从装第一批正常料开始 $\gamma_{矿}$ 从 36° 开始每减 2°（任意溜槽角度）布一批，每布完一批，记录布料时间及溜槽旋转圈数。记录 4 ~ 5 批即可确定合适 $\gamma_{矿}$。

（3）$\alpha_{焦}$、$\alpha_{矿}$ 的测定：料线到 3.0m 时，根据测定的 $\gamma_{焦}$、$\gamma_{矿}$ 将每批矿、焦分 4 次布到炉内，$\alpha_{焦}$、$\alpha_{矿}$ 从 26° 开始，每布完 1 次矿或焦，观察料面堆尖离炉墙的大致距离并做记录后 $\alpha_{焦}$ 或 $\alpha_{矿}$ 增加 2°，每布完 1 批矿或焦探料线。每布完 2 批矿和焦，$\alpha_{焦}$、$\alpha_{矿}$ 重新从 26° 开始。依次循环至装完料。

7-21　怎样使用开炉的风量？

答：开炉风量按高炉容积大小、炉缸填充方法、点火方式、设备可靠程度不同而有所不同。一般开炉使用的风量为高炉容积的 0.8 ~ 1.2 倍（约为正常风量的 50%）。高炉容积大，用填焦法填充炉缸，设备可靠程度较低，故障多时应采用偏下限的风量；相反，高炉容积小，用填柴法填充炉缸，设备可靠程度较高时可选用偏上限的风量。采用热风点火时，开始送风即可接近开炉风量；而用人工点火时，开始送风一定要小，以免大风将火吹灭，然后再根据风口引火物的燃烧情况逐渐加大送风量直到接近开炉风量。对不清理炉缸的中修开炉，送风量也要小一些（应靠近下限），以减慢炉料的熔化速度，延长加热炉缸的时间。开炉时，要均匀地堵部分风口（一般堵 50% 的风口），以获得接近于正常生产时的鼓风动能。

点火后的加风速度根据设备可靠性与技术操作水平而定。待出第一炉铁后，便可根据各方面的情况决定加风速度。如生铁质量合格，炉温充足，设备正常，加风速度可很快达到高炉容积的 1.8 倍以上。

第 8 章　高炉开炉与出铁操作

第1节　高炉开炉各工序工作

8-1　高炉开炉工作的指导思想和目标是什么？

答：高炉的开炉是高炉一代连续生产的开始，开炉工作的好坏关系到能否尽快转入正常生产，而且影响开炉的一代寿命。

（1）指导思想：充分准备，安全稳妥，预期达标。

（2）目标为：

1）人身、设备、操作事故为零；

2）炉温较高，渣铁畅流；

3）炉况稳定顺行；

4）两个铁口同步投产，点火后一个月达产；

5）不中修一代寿命 10 年以上。

8-2　检查落实各部分人孔状态包括哪些内容？

答：（1）送风系统人孔全部关闭；

（2）高炉本体的人孔全部关闭；

（3）煤气除尘清洗系统的人孔全部关闭；

（4）煤气取样机关闭；

（5）各计器电偶孔严密。

8-3　炉顶无料钟工作正常包括哪些内容？

答：（1）无料钟各阀门工作正常，开关到位；

（2）液压、润滑、水冷、N_2 系统处于正常工作状态；

（3）装料周期程序和旋转溜槽旋转、倾动准确可靠；

（4）料流调节阀灵活准确；

（5）各温度、压力、流量、液位等控制系统灵敏、准确，安全报警系统好用。

8-4　高炉炉缸脱硫易于进行的条件有哪些？

答：（1）有足够的自由 CaO，要求炉有适当高的碱度；

（2）有足够的热量；

（3）炉渣黏度要低些。

8-5 高炉旋转布料溜槽可以实现多少种布料方式？

答：高炉布料器专利名称为"无固定点螺旋布料器"，其作用是使炉料在炉喉截面上均匀分布。布料方式可分为：单环布料；多环布料；螺旋布料；定点布料（扇形布料）等。

8-6 为什么规定同种料料槽要轮流漏料？

答：由于原料生产过程不可能每时每刻都保证配比均匀，因此，某段时间的料可能有较大差别，利用同种料料槽轮流漏料的方法，可以避免因成分差别造成的影响，有利于高炉炉况稳定。

8-7 如果炉顶液压站不升压该如何操作？

答：先倒换至备用系统，然后如仍不升压，则应查找电器原因，找电工并报告值班室。同时可手推液压电磁阀判断是否是电磁阀的问题，如确实是电磁阀的问题，采取手推方法维持上料

8-8 高炉上料的准确性如何保证？

答：严格按料单设置秤值，随时注意秤零位的变化，发现异常及时调整，随时注意自动补偿的工作状况，发现异常及时处理，加强巡回检查，发现料堆与秤值不符迅速找出原因。

8-9 如何保证入炉料含粉率始终处于较低水平？

答：随时检查筛面料层厚度，发现过厚时及时关小下料嘴；随时检查烧结矿的质量，发现含粉过多时关小料嘴，减薄料层，使粉末尽量筛净。如有潮湿炉料粉末堵塞筛孔，要经常振打或疏通。

8-10 高炉冷却结构的基本要求有哪些？

答：（1）有足够的冷却强度，能够保护炉壳和炉衬。
（2）炉身中上部能起支撑内衬的作用，并易于形成内型。
（3）炉腹、炉腰、炉身下部易于形成渣皮以保护内衬和炉壳。
（4）不影响炉壳的气密性和强度。

8-11 光面冷却壁、镶砖冷却壁、支梁水箱在高炉内什么部位使用？

答：光面冷却壁用于炉底、炉缸；镶砖冷却壁用于炉腹、炉腰、炉身；支梁式水箱用于炉身中上部。

8-12 冷却器结垢冲洗的五种方法是什么？

答：（1）高压水冲洗；（2）蒸汽冲洗；（3）压缩空气冲洗；（4）沙洗；（5）酸洗。

8-13　冷却设备漏水的主要危害有哪些?

答:高炉冷却设备漏水发现不及时,造成的危害有:
(1) 易造成炉凉、风口漂渣、灌渣;
(2) 易造成炉墙黏结;
(3) 易造成局部炉缸堆积;
(4) 损坏炭砖炉衬;
(5) 严重时会造成炉缸冻结。

8-14　为什么冷却壁水管要防渗碳?

答:试验表明,冷却壁断裂的主要原因是除了材质本身外,在铸造过程中水管渗碳使水管性能发生变化,为了延长冷却壁的使用寿命,防止水管渗碳,应在铸造前涂上防渗碳涂料。

8-15　为什么要规定最低水速?

答:在一定结构的冷却设备中,水速与水的流量有关,规定最低水速范围除了保证冷却强度的要求外,主要是防止水的悬浮物沉淀。高炉冷却水中悬浮物含量不得大于200mg/L,否则应采取措施使之降低。

8-16　热负荷与冷却水量有什么关系?

答:高炉各部位的用水量与该部位的热负荷密切相关。不同部位的热负荷差别较大,它随着高炉结构和炉衬侵蚀情况而变化,开炉初期热负荷小,炉役后期升到最高,因此冷却水量也应随着增大。可见,高炉生产的不同时期,冷却水量是不同的。

8-17　高炉冷却用水有什么原则?

答:高炉用水以节约为原则合理利用,为节约用水和用电以及减少水污染,应采取串级循环用水法,即高一级的排水作低一级的供水。

8-18　冷却制度对水压有什么要求?

答:不同容积的高炉所要求的冷却水压是不同的,其原则是冷却水压力必须大于炉内压力,特别是风口和渣口的水压一般比风压大 0.1MPa。当水压降低和水流量减少时,应立即减风,避免风口烧坏等事故发生。

8-19　简述高炉冷却的形式。

答:当前高炉冷却的形式有水冷、风冷和汽化冷却三种。而水冷又有工业水冷却和软水密闭循环冷却两种。各高炉由于生产和冶炼条件不同,所采取的冷却形式、结构、材质及冷却制度也不尽相同。高炉大多采用工业水冷却,而大型高炉则普遍采用软水密闭循环冷却,汽化冷却已逐步被软水密闭循环冷却代替,300~1000m³ 高炉也有这种发展趋势

8-20　炉顶高压操作的意义是什么?

答:高压操作有利于增加风量,提高冶炼强度,促进炉况顺行,从而增加产量,降低

焦比，达到强化冶炼的目的。

8-21　为什么把铁中含硅作为炉温的判断标准？

答：硅是难还原元素，还原硅所消耗的热量是还原相同数量铁耗热量的 8 倍，因而常常把还原出硅元素的多少作为判断高炉热状态（炉温）的标准。

8-22　哪些因素影响炉渣黏度？

答：影响炉渣黏度的因素比较多，主要有：渣温；渣碱度；炉缸堆积；炉渣中的有些成分会影响炉渣黏度，MgO、MnO、FeO 等能减少炉渣黏度；Al_2O_3、CaO 等有时升高炉渣黏度。

8-23　什么是煤粉的流动性？

答：煤粉易吸附气体，使得煤粒表面形成气膜，使煤粉颗粒之间摩擦力减小。另外煤粒均为带电体，且都是同性电核，具有相斥作用，所以煤粉具有流动性。

8-24　什么是煤的着火温度？

答：在氧气（空气）和煤共存的条件下，把煤加热到开始燃烧时的温度叫做煤的燃点或着火温度。

8-25　煤粉输送到高炉的必需条件有哪些？

答：要保证煤粉能顺利输送到高炉，第一是在喷煤管道中煤粉不发生沉降。第二是输送气体的压力除可克服管路中各种阻力引起的压力损失外还必须大于高炉炉缸内的压力。

8-26　气阻对煤粉制粉出力的影响有哪些？

答：煤粉的制备是在负压下进行的，在磨制煤粉过程中操作、控制调整，实际上是对气阻的调整，从而保持气团相的正常进行。制粉工艺各部位都有规定的流速和阻损，超过或达不到规定的流速，将导致整个工艺系统工况失常，制粉能力下降。

8-27　喷吹罐自动升压的原因有哪些？

答：（1）充压阀失灵、不严；
（2）混合器前堵塞，喷吹压力反向倒灌罐内；
（3）单罐并列阀门不严密；
（4）操作人员失误；
（5）电磁滑阀出现故障，开关失灵。

8-28　高炉提高燃料喷吹量及其效果应采取什么措施？

答：（1）喷吹含碳高的无烟煤；
（2）富氧鼓风；
（3）进一步提高风温；

（4）改进喷吹方法，如采用广喷、匀喷、雾化，提高煤粉细度、预热喷吹物等；

（5）改善矿石的还原性和透气性；

（6）保持高炉稳定顺行。

8-29 煤为什么会氧化、自燃？

答：煤中的碳、氢等元素在常温下都会发生反应，生成可燃物 CO、CH_4 及其他烷烃类物质，而煤的氧化又是放热反应，如果该热量不能及时散发，在煤堆或煤层内就会越积越多，使煤的温度升高，煤的温度升高又反过来加速煤的氧化，从而放出更多的可燃物质和热量，当温度达到一定值时，这些可燃物质就会燃烧而引起自燃。

8-30 重力除尘器的工作原理是什么？

答：荒煤气经中心导管后体积膨胀，流速降低及煤气方向改变，而灰尘由于惯性作用不易被改变，从而沉降于除尘器的底部，故要求气流速度必须低于沉降速度，这样灰尘才不会被带走。

8-31 简述热风炉炉壳晶间应力腐蚀机理。

答：晶间应力腐蚀的机理是炉壳钢材与腐蚀介质接触，在钢材表面形成电解质，有高的电势，在电化学作用下，使钢板对应力腐蚀有更高的敏感性，晶界的碳化物是腐蚀应力集中之处，引起钢板破裂，裂缝沿晶界向钢材母体延伸、扩大，而热风炉的拱顶温度在 1400℃以上，因此炉壳会发生晶间应力腐蚀。

8-32 简述蓄热面积与蓄热能力的关系。

答：蓄热面积是热风炉的主要参数，用每立方米高炉容积的蓄热面积表示。这个值越高，说明热风炉的蓄热能力越大，允许缩小风温与热风炉拱顶的温度差，从而向高炉提供更高的风温。目前热风炉的蓄热面积一般为 $70 \sim 90 m^2/m^3$。在现代高风温热风炉上，这个数值偏小了，因为现在高炉强化冶炼，加热的风量增加很多，所以今后应采用在单位送风的条件下一座热风炉每分钟加热 $1 m^3$ 鼓风所拥有的蓄热面积作为指标来判断热风炉的加热能力。

8-33 简述高炉直吹管的作用。

答：高炉直吹管是风口装置的一个重要组成部分，尾部与弯头相连接，端头压住风口小套，它不仅输送热风，而且在我国喷吹煤粉的高炉上，直吹管上还设有煤枪插入管。为抗高温和降低热损失，高炉直吹管体内还有耐火衬，两端的球面接头用耐火钢制造。高风温高炉与风口小套接触的球面接头上设有水冷。

8-34 高炉送风制度应考虑的原则是什么？

答：（1）应与料柱透气性相适应，维持一个合适的 ΔP；

（2）形成良好的炉缸工作状态，得到合理的煤气分布；

（3）充分发挥鼓风机能力，稳定使用合理的大风量是选择送风制度的出发点。

8-35　生铁铸块使用什么设备?

答：高炉炼出的生铁主要是直接以液态用铁水罐运送炼钢厂使用。在炼钢时不需要铁水时，为了不使高炉停产，只好把高炉炼铁生产的铁水用铸铁机平衡生产，将铸造铁或制钢铁铸成铁块，以备后用。大中型炼铁厂都建有专门的铸铁车间，小高炉则将铸铁机建在出铁场上，出铁时直接将生产铸成铁块，极少数小铁厂还有在出铁场上用铁模铸块的。

铸铁机是一种倾斜向上装有铁模和链板的循环链带式机，它由一列或两列带有铸铁模的链带（具有传动机构和拉紧装置）、铸铁模喷浆器、冷却铸铁模及生铁块喷水装置等组成。铸铁机分为固定辊轮式（链带沿着装在不动支架上的辊轮运动）和移动辊轮式（辊轮固定在链环上，链带运行时，辊轮沿导轨运动），现代结构的铸铁机一般为固定辊轮式。铸入铁水的铁模在向上运行一段距离后（一般为全长的 1/3），铁水表面冷凝，开始喷水冷却（耗水量在 $1.0 \sim 1.5 t/t$），当链条运行到上端翻转时，已经凝固的铁块脱离铁模，落入运送车上，空链带从铸铁机下面返回，途中由喷浆器向铁模喷一层 $1 \sim 2mm$ 的石灰或混合浆，以防止粘模。

8-36　铸铁生产的特点是什么?

答：铸铁生产的特点为：

（1）平衡全厂生产铁水。在联合企业中，铸铁机担负着炼钢厂过剩、停产检修和特殊需要用户的铁水的浇铸工作；

（2）在单独的炼铁厂，铸铁机直接担负着高炉生产的所有铁水的浇铸工作；

（3）高温下连续作业；将铁水凝固成块状；

（4）生产环境恶劣；工作、设备条件较差。

高炉炼铁生产对铸铁生产的基本要求是：

（1）由于高炉生产是连续不断的，因此要求铸铁生产的主要设备必须保持良好状态；

（2）原材料准备充分；

（3）铁块处理及时。

8-37　铸铁机的特性、工艺操作、技术要求是什么?

答：（1）铸铁机属于高炉渣铁处理的专用机械设施；

（2）在高温下连续作业，将液体铁水铸成铁块；

（3）工艺简练，产品技术要求高；

（4）为降低成本必须认真操作，铁块要均匀、不超重、不甩稀；

（5）提高成品率，提高铸铁质量，减小铁块表面粗糙度，不混铁号，保证产品质量。

8-38　铸铁机的生产能力主要取决于哪些方面?

答：（1）铸铁模浇铸块度的大小；

（2）链带的速度；

（3）链带的长度；

（4）铸铁模的间距；

(5) 铸铁设备的作业率。

8-39　链带掉道的原因有哪些?

答:(1) 主、从动星轮偏移;

(2) 星轮两侧不水平;

(3) 链带使用期过长;

(4) 链带运行中遇有障碍物;

(5) 链带过紧或过松。

8-40　含钒、钛铁水对铸铁生产有哪些不利影响?

答:(1) 粘罐现象严重,罐龄减小;

(2) 脱模率不高,铁损量大;

(3) 炭包存铁量增大,且维护不便;

(4) 职工劳动强度增大;

(5) 经济效益不好;

(6) 生产率也会受影响。

8-41　影响脱模率的主要因素有哪些?

答:(1) 铸铁模抗热应力的能力;

(2) 铸铁模内表面形状;

(3) 一次冷却强度;

(4) 喷浆效果;

(5) 铸铁模的维护。

8-42　对铁流嘴的质量和性能的要求有哪些?

答:(1) 结构紧密,不漏铁;

(2) 表面平整;

(3) 铁流分配均匀;

(4) 寿命长;

(5) 容易维护。

8-43　铸铁过程中的主要控制技术参数是什么?

答:(1) 铁水罐起升速度;

(2) 链带运行速度;

(3) 冷却强度;

(4) 喷浆压力。

8-44　铸铁的铁损包括哪些方面?

答:(1) 炭包和撇渣器内的残铁;

（2）铁流沟内的残铁；

（3）铁流嘴内的残铁；

（4）平台下机头处的残铁；

（5）链带运行中飞溅的残铁；

（6）铁水罐扣出的残铁；

（7）小块碎铁。

8-45　如何提高生铁块表面质量？

答：（1）翻铁要均匀，随时调整铁水流量，开关水及时准确，做到铁模不打泡，铁块不甩稀；

（2）喷浆要及时，做到铁模喷的不要过慢；

（3）及时管理落地铁块，防止铁水流入铁模影响其表面质量。

8-46　高炉开炉如何送蒸汽、氮气、氧气、压缩空气？

答：（1）点火前 2h 炉前各部和除尘器通蒸汽，保证管路畅通，炉顶放散阀冒蒸汽。气包压力大于 0.5MPa；

（2）气密箱通 N_2，保证 N_2 压力略高于炉顶压力。N_2 罐压力大于 0.5MPa；

（3）压缩空气送至炉前和煤粉罐风包，压力大于 0.65MPa；

（4）炉缸、风口给排水水压正常；

（5）软水闭路循环系统循环正常，热风炉水量和水压达到正常状态。高炉软水闭路循环系统，开炉初期的水量为正常水量的 50%。

第 2 节　高炉开炉点火

8-47　点火前的准备工作有哪些？

答：装料完毕，未发现重大设备问题，原燃料等系统具备点火条件，各岗位人员全部按规定上岗，准备就绪，开炉小组确认后就可以点火。

点火前的准备工作主要有：

（1）点火前 24h 开炉领导小组组织确定各单位具备点火送风条件。

（2）开炉时需要堵的风口全部堵严、堵实。

（3）全部吹管装好、装严，经炉前检查，确保不漏风，全部大盖装好，窥视孔镜明亮。

（4）送风前 8h 通知启动风机，风机各系统阀门灵活，程序可靠，热风炉拱顶温度保证在 1100℃ 以上。

（5）送风前 4h 完成下列工作：

1）检查送风系统、煤气系统各部位的人孔是否封好，各部位阀门是否处于长期休风状态；

2）通知风机送风到放风阀（之前确认放风阀处于放风状态）；

3）工长通知看水工，对中压水按开炉计划控制（开炉初期水量为正常水量的70%），高压水提至正常水平；

4）检查送风系统设备是否装正、装严、装好，发现问题及时调整。

（6）送风前2h，完成下列工作：

1）封好炉顶人孔；

2）炉顶通蒸汽，蒸汽包压力大于0.5MPa；

3）煤气系统通入蒸汽，保正压，驱赶空气；

4）气密箱通 N_2；

5）氧气、压缩空气送至炉前，压力大于0.65MPa；

6）焦炉煤气送至炉前；

7）炉前做好一切出铁准备工作。

（7）检查落实各阀门应处的状态：

1）高炉放风阀全关；

2）高炉炉顶放散阀全开；

3）煤气切断阀关；

4）均压放散阀开，均压阀关；炉顶上、下密封阀关，眼镜阀打开；

5）除尘清洗系统各放散阀开；

6）热风炉各阀门处于休风状态；

7）除尘器清灰阀门关。

（8）检查各部位人孔状态：

1）送风系统人孔全部关闭；

2）高炉本体人孔全部关闭；

3）煤气系统人孔全部关闭；

4）各计器电偶孔严密。

8-48　点火操作的基本原则是什么？

答：点火后24h是常温的炉内装入物升温、开始还原的时期和生成的渣铁熔融物初次排出的时期，操作的基本原则如下：

（1）确定适宜的加风速度，同时避免在软熔带形成期，透气性变坏而造成炉况难行减风；

（2）使炉内 O/C 分布合适，确保装入物的升温、还原，同时加热各部耐材，形成合适的软熔带形状；

（3）从铁口送入压缩空气和氧气，使炉缸充分加热，储备足够的炉缸热量；

（4）准确掌握炉内生成的渣量，确保稳定地出渣铁，选择适宜的初次出渣铁时间。

8-49　点火送风程序是什么？

答：（1）接到送风命令后，按规程执行，通知热风炉关倒流阀，开冷风阀、热风阀，点火送风；

（2）检查风口状况，送风风口是否明亮，吹管内是否干净（不干净的组织力量捅净），不送风的风口是否吹开，若有严重漏风的送风风口要及时处理。

8-50 点火 24h 内的参数如何调整？

答：（1）风量：操作方针以稳定顺行为主，加风严格按计划进行，严格控制鼓风动能和压差，必须保证风速在 150m/s 以上，开风口速度不宜过快，要与风量、鼓风动能和设备运行状况相匹配；具体加风速度视炉况实际进程而定，初期加风要谨慎，以保证下料顺畅为原则，软熔带形成时期采取守风量、慢加风，甚至减风的方法进行过渡，待风压恢复正常水平，顺行良好后，可继续加风并适当加快速度；

（2）风温：在负荷料下达后，可考虑加风温。一次调节量不大于 20℃，但在第一次出铁前，原则上应不大于 750℃；

（3）负荷：送风后如下料正常并引煤气，软熔带形成期顺利度过后至出铁前，可考虑提一次负荷，出铁正常后，可加快提负荷速度；

（4）初次出铁时间确定：现场根据风量进行计算（约 60~80t 铁，时间 18~20h）；

（5）炉温：点火后如出铁正常，则后续操作的主要任务是在保证充足的铁水温度的条件下尽快降低生铁含硅量，送风 48h 后目标硅含量为 1.5%~2.0%，3 天后争取降至 1.0%，主要手段是调整负荷和风量；

（6）风温：在炉况顺行的情况下，尽量提高风温水平以保证渣铁物理热，为降硅创造条件；

（7）开风口：每日开风口不超过 3 个，初期可快些，后期要放慢，若设备运转正常，高炉稳定顺行，5~7 天风口可全开；

（8）喷煤：若炉况稳定顺行，设备运行正常，风温大于 900℃，风量大于 2000m³/min，可考虑重负荷喷煤。

8-51 送风点火包括哪些内容？

答：送风点火具备条件如下：

（1）开炉领导小组下令后，通知热风炉关倒流阀、开冷风阀、热风阀、送风点火；

（2）送风点火和鼓风参数：风压 0.06MPa，风量 2000m³/min（2500m³ 高炉），风温 750℃，送风风口数 16 个 ϕ140mm；

（3）送煤气的条件：所有送风风口全部完全燃烧，炉顶煤气分析含 O_2 量小于 0.6%，炉顶煤气压力大于 3kPa；按引煤气规程执行。

8-52 怎样进行开炉点火操作？

答：点火表示一代高炉生产的开始。点火前应先进行下列操作：

（1）打开炉顶放散阀；

（2）有高压设备的高炉，一、二次均压阀关闭，均匀放散阀打开，无料钟的上、下密封阀关闭，眼镜阀打开；

（3）打开除尘器上的放散阀，并将煤气切断阀关闭，高压高炉将回炉煤气阀关闭，高压调节阀组各阀打开；

（4）关闭热风炉混风阀，热风炉各阀处于休风状态；

（5）打开冷风总管上的放风阀；

（6）将炉顶、除尘器及煤气管道通入蒸汽；

（7）冷却系统正常通水；

（8）检查各人孔是否关好，风口吹管是否压紧。

完成上述操作后即可进行点火。点火的方法有热风点火和人工点火两种。热风点火是使用700℃以上的热风直接向高炉送风。最好使用蓄热较高的靠近高炉的热风炉点火，这样可以得到较高的风温，易将风口前的引火物和焦炭点着。这种点火方法很方便，但是风温不足的高炉不能采用。人工点火是在每个风口前，填装一些木柴刨花、棉丝等引火物，在炉外把铁棍烧红，然后将铁棍伸入风口点燃引火物。不管使用哪种点火方法，为了保证点火顺利，可在风口前喷入少量煤油。

8-53 送风点火如何操作？

答：（1）点火前的准备：

1）点火风口数量为50%～60%，堵塞的风口要用硬泥堵严，以防自动吹开，如采用缩小风口直径开炉，则风口套直径为100mm，为保证强度，最好采用SiC材质的砖套；

2）制作渣铁口泥套，捣制好主沟和砂口，并用煤气火烤干；

3）重新确认开口机、电炮和堵渣机，经试车合格，安装质量达标；

4）封闭好炉顶人孔，各部位试蒸汽，确保管路畅通，炉顶放散阀要见蒸汽；

5）联系发电厂调度室启动鼓风机，送风前2h风量送到放散阀。

（2）送风点火：

1）联系燃气厂和鼓风机准备送风；

2）通知热风炉送风；

3）初期按风压操作，风压不大于0.06MPa，风温大于700℃；

4）铁口喷出的煤气用焦炉煤气火点燃，设专人看管，不许熄火；

5）工作的风口前焦炭全部燃烧，炉顶压力达3000Pa，煤气经爆发实验合格，向燃气厂煤气管网送煤气。

8-54 如何恢复炉况？

答：（1）注意抓好出铁操作，一般送风后16～20h出第一次铁；

（2）增加出铁次数，每2～2.5h出一次铁，适当控制打泥量，使铁口深度逐渐接近正常水平；

（3）出第一次铁后可逐渐打开堵塞的风口，相应增加风量，如设备正常运转，一般5～7天封口可全部打开；

（4）按压差操作，每增加一个送风风口，可相应提高风压0.01MPa；

（5）增加焦炭负荷，控制炉温，出第一次铁后按700kg/t焦比变料,预计此炉温下Si含量约为2.0%,开炉料过后进行第二次变料,入炉焦比变为600kg/t,即冶炼铸造铁的正常焦比。

8-55 如何提高炉子寿命？

答：开炉后半年左右，操作对炉子寿命影响最大，必须从烘炉、装料和点火的强化速度抓起。

（1）加强烘炉工作，烘炉时间不能低于 7 天，无料钟高炉烘炉时间不小于 10 天；

（2）增加正装比例，开炉初期风量少，容易造成边缘发展，整装比例不低于 50%，原燃料条件好的高炉可采用矿焦分装；

（3）冶炼 10 ~ 15 天低牌号铸造铁，Si 含量为 1.25% ~ 1.75%，增加炉缸石墨碳堆积；

（4）顶压不宜恢复太快，开炉半个月达正常顶压 60%，一个月后达到正常顶压；

（5）开炉后强化速度不宜过快，开炉两个月后系数达 2.0t/（m³·d），半年可达到设计水平。

8-56　送风后的高炉操作包括哪些内容？

答：（1）操作方针以稳定顺行为主，按恢复计划进行，强化速度要稳中求快，维持较低的冶铁强度和适当的风速，保持充足的炉温，根据设备原燃料数量和质量情况制定适宜的操作计划。

（2）工作风口的恢复。开风口速度不宜过快，遵守以下原则：设备正常，原燃料能满足增加产量的需要；铁口正常，渣铁出净；风口均匀、活跃，炉况稳定顺行。

开风口的顺序为：沿两个铁口方向，依次对开，每增加一个风口相对增加风量 100 ~ 200m³/min。开风口的速度为每天 1 个，5 ~ 10 天左右风口可全部打开。

（3）炉温控制。降低炉温速度不宜过快，调整速度如下：正常料接近风口区域，增加矿石批重，焦比降至 750kg/t，生铁含硅 2.50% ~ 3.00%（维持 3 ~ 5 天）；变料 1 天后，增加矿石批重，综合焦比降至 700kg/t，生铁含硅 2.00% ~ 2.50%（维持 3 ~ 5 天）；再过 1 天继续增加焦炭负荷，焦比降至 650kg/t，生铁含硅 1.00% ~ 1.20%（维持 2 天）；以后炉温逐渐降低甚至生铁含硅降至 0.75% ~ 1.00%。开炉 10 天左右，如设备正常，原燃料充足，改炼制钢铁，生铁含硅 0.50% ~ 0.70%。

（4）提高炉顶压力的原则为：设备正常，铁口不来水，炉况稳定顺行；开炉后 16 个风口常压操作，送风 3 天后，如铁口不来水，顶压可提到 0.05MPa；20 个风口工作，顶压可提到 0.08MPa；25 个以上风口工作，顶压可提到 0.12MPa。提高顶压 0.01MPa 可相应加风 2% 左右。顶压提高后，要注意风速变化，保持风速不低于 130m/s。

（5）装料制度调整。注意水温和煤气流的变化，防止边缘发展。调整原则为：保持两条通道，边缘 CO₂ 高于中心，达到炉况稳定顺行。料线 1.5 ~ 1.7m；开炉正常料批重 35.468t，随着风量增加，矿石批重可相应增加，10 天后批重可达 40t，调整装料制度，采用螺旋布料；球团矿和烧结矿混装还是分装要根据气流分步调整。

8-57　高炉恢复炉况开风口的原则是什么？

答：一般来说，目前各厂高炉原燃料条件都比较好，装备水平也不错，操作人员素质也比较高。无论是新开炉还是休风恢复炉况，开风口速度都适宜加快。一定要遵守以下原则：

（1）设备正常，无故障休风；

（2）原燃料保证充足供应；

（3）风口明亮、活跃，炉缸工作均匀；

（4）铁口正常，炉温充沛，物理热好，渣铁畅流，渣铁按料批出净；

（5）下料均匀、正常；风量、风压对称；

（6）炉况稳定顺行。

第3节　高炉开炉引高炉煤气、焦炉煤气、天然气

8-58　开炉后回收煤气引气的条件是什么？

答：开炉时，煤气中 CO 及 H_2 含量很高，易发生爆炸，加上送风初期风量较小，炉料不能正常下降，常发生悬料、崩料现象，因此开炉初期的煤气一般都放散掉，而不进行回收利用。回收利用煤气引气的条件是：炉料顺利下降，基本消除了悬料与崩料现象；风量稳定在较高水平，炉顶煤气压力在 3kPa 以上。

8-59　高炉开炉引高炉煤气前准备工作有哪些？

答：（1）从高炉至各用户及高炉煤气设施煤气柜全部管道按国家标准施工完毕。整个高炉煤气系统经试压合格，各附属部件齐全（放散阀、人孔、排水器、膨胀节、取样点等）；机电设备调试合格，放散塔、喷煤车间支管阀门安装完毕。各阀门试车正常，计算机监视画面正常，除开末端放散阀以外，确认系统封闭（施工单位、生产管理部门）。

（2）各岗位操作人员到岗，区域职责划分明确，各种规章制度健全。

（3）防护用具及作业工具齐备，会使用、会维护。

（4）煤气系统及阀门的状态按规定要求在如下指定位置：

1）高炉炉顶放散阀开（或一开一关）；

2）煤气遮断阀关；

3）高炉炉顶均压阀关，均压放散阀开；

4）净煤气眼镜阀、蝶阀关；

5）布袋除尘箱体各入口、出口眼镜阀、放散阀开；

6）荒煤气冷却装置入口、出口眼镜阀关；

7）荒煤气冷却装置旁通蝶阀开；

8）管网末端放散阀开；

9）重力除尘大放散阀开；

10）重力除尘小放散阀关；荒煤气末端放散阀开。

（5）制定并投入运行"引煤气危险作业"指示图表。

8-60　引煤气标准是什么？

答：（1）高炉送风 5h，风量稳定后，主控室通知煤气化验室取煤气进行化验，以后每半小时取一次样；

（2）由上升管煤气取样孔取混合煤气，分析氢、氧含量，并把结果及时汇报主控室；

（3）当氢含量 4%、氧含量 1%，煤气经爆发试验合格，当班工长请示安全负责人和

作业长同意后按操作规程引煤气；

（4）引煤气后及时按顶压 30~50kPa，风量 1000~1200m³/min 控制操作。

8-61 高炉开炉引高炉煤气作业程序如何？

答：分两步引煤气：

（1）第一步先把高炉煤气引入大布袋箱至净煤气眼镜阀前；

（2）第二步将高炉煤气引入管网至各用户末端放散阀处，放散、吹扫合格后，关闭各末端放散阀，合格待用。

具体程序如下：

（1）高炉引煤气作业：

1）根据高炉风后，炉况恢复正常，具备引煤气条件后，由开炉指挥部研究决定进行引煤气作业；

2）开高炉煤气遮断阀（副工长）；

3）关一个高炉炉顶大放散阀（副工长）；

4）开荒煤气旁通蝶阀（燃气）；

5）开箱体入口、出口眼镜阀（燃气）；

6）在末端放散 10min，取样化验合格，可进行引净煤气作业。

（2）引净煤气程序为：

1）确认净煤气主管及各用户系统人孔关闭（燃气）；

2）净煤气末端放散阀开（燃气）；

3）开净煤气眼镜阀（燃气）；

4）各末端放散阀见煤气后 20min 后，取样化验，并做爆发试验合格后，关闭末端放散阀，引净煤气完毕（燃气）。

8-62 高炉开炉引高炉煤气时眼镜阀打不开怎么办？

答：确认电源、传动机构是否有电，若电动不好使可关严蝶阀，手动开启电动后，再打开蝶阀即可。若故障较大时可采用高炉切煤气，在低压下检查处理完毕后，再次进行引煤气作业。

8-63 高炉开炉引高炉煤气时眼镜阀关不严怎么办？

答：检查关不严的原因，根据不同情况采取不同的措施。若压紧装置不好使，处理后压紧即可。若因阀体较重，关不严，找厂家处理，如能施加支撑关严亦可，若关不严，采取停用措施，抢修后恢复。

8-64 高炉开炉引高炉煤气的安全措施有哪些？

答：（1）各单位对参加人员进行安全教育，熟悉"引煤气危险作业指示图表"。

（2）高炉煤气管道沿线不应有任何泄漏。非作业人员撤离现场。

（3）处理煤气下风向 40m 内禁止明火源、机车和行人通行。设警戒岗哨。

（4）停煤气管道经处理煤气后要做采空气样分析，含氧量大于 17% 后方准动火。

（5）施工单位动火必须办理动火作业票方准施工，不得违章作业。

（6）焦炉煤气管道或混合媒气管道动火时要往管内通入蒸汽。

（7）焦炉煤气管道停送煤气时排煤气或空气要往管内通入蒸汽。

（8）一切行动必须听从指挥，统一行动。

第 4 节 出第一次铁操作

8-65 怎样安排好开炉的炉前工作？

答：开炉的炉前工作主要是喷吹渣铁口和出渣出铁。

（1）喷吹渣铁口：喷吹时间随炉缸填充方法而定。用填柴法开炉时到达炉缸的焦炭是红热的，对加热炉缸有利，渣铁口的喷吹时间可以短一些，一般 2~3h 就可以了。用填焦法开炉时，炉缸焦炭是冷的，应利用喷吹渣铁口将高温煤气导向炉缸，促进炉缸的加热，因此喷吹时间应长一些，最好喷到渣铁口见渣为止。大型中修不清理炉缸的高炉开炉时，因炉缸有冷凝的渣铁，也应多喷渣铁口。

为了便于拔出渣铁口的喷吹导管，导管可以是两段连接而成的。一段在炉内，一段在炉外，到时拔出炉外部分就可以了。也可使导管不伸出炉外，这样就不用拔了。

（2）出渣出铁：开炉后的第一次铁能否顺利流出，是整个开炉工作的重点，因此出铁前应从组织与技术措施上做好铁口难开、流速过小或过大、铁口冻结等方面的充分准备。出第一次铁的时间根据炉缸容铁量而定，一般达到正常许可容铁量的 1/2 左右就可以出第一次铁，约在 10~20h 不等。开炉送风后顺利，风量大，容易加风，下料快，出第一次铁的时间就早；死铁层越深，出第一次铁的时间越晚。有渣口的高炉应先放上渣。中修开炉时因炉缸冷凝渣铁多，炉缸容铁量少，出第一次铁的时间应早一些，一般在点火后 16h 左右出铁，而且往往先不放上渣，待铁口正常出三次铁后再放上渣。

8-66 高炉炉前出铁前需要具备的条件是什么？

答：（1）主沟、渣沟具备出铁条件，主沟底部铺一层免烘烤捣打料，两侧和渣沟铺好黄沙和焦粉；撇渣器大井、过道眼用一块钢板挡住，下面填焦粉，上面垫一层捣打料；

（2）炉前液压站工作正常，开口机、泥炮调试合格；

（3）铁口泥套完好；有水炮泥、无水炮泥备足；挖掘机在炉台待命；

（4）各种物资材料（氧气管、氧气带、铁沟料、黄沙、冲击棒、钻杆、钻头等）、工具、备件（风口中套、风口小套、吹管、更换风口工具、捅风口工具等）运到炉前；

（5）铁水罐到位，冲渣系统工作正常。

8-67 炉前操作的任务是什么？

答：（1）密切配合炉内操作，按时出净渣、铁，保证高炉顺行；

（2）维护好出铁口、出渣口、渣铁分离器及泥炮、堵渣机等炉前主要设备；

（3）在工长的组织指挥下，更换风口、渣口及其他冷却设备；

（4）保持风口平台、出铁场、渣铁罐停放线、高炉本体各平台的清洁卫生。

8-68 炉前做好出渣出铁的准备工作包括哪些内容？

答：（1）割掉铁口煤气导出管堵板；

（2）做好渣铁口泥套，并用煤气火烤干；

（3）垫好砂口主沟和渣铁沟，糊好渣铁罐溜嘴，并用煤气火烤干；

（4）搞好砂口，并用煤气火烤干；

（5）上好风口和风管，偶数风口工作，奇数风口用炮泥堵上。

8-69 送风后的炉前操作包括哪些内容？

答：（1）送风后应立即检查各风口有无漏风情况，如漏风严重，应马上休风重新上严；

（2）由铁口喷吹出的煤气，用焦炉煤气火或木柴点燃，待铁口喷出渣铁后用炮泥堵上；

（3）送风点火后，16~20h 出一次铁，如果超出 20h 仍出不来铁，可用富氧枪直接加热铁口；若用渣口放渣，要特别注意带铁情况；

（4）出第一次铁后，为防止铁口来水及再次出铁困难，应尽量增加出铁次数，原则上 2h 一次；

（5）设备正常，渣铁物理热充足，流动性良好，渣碱度适宜可以放上渣，原料条件好的高炉可以不放上渣。

8-70 预防铁水跑大流的措施有哪些？

答：（1）按时出净渣铁；

（2）做好泥套并烤干；

（3）铁口深度合适；

（4）钻头大小要合适；

（5）砂口工作正常。

8-71 放好上渣有什么意义？

答：（1）及时放渣，放好渣可以改善炉缸料柱的透气性，有利于风压稳定；

（2）炉渣放出后，炉缸倒出空间，有利于炉料下降，提高产量；

（3）放好上渣可减少下渣对铁口的冲刷侵蚀，有利于铁口的维护。

8-72 炉前的常见事故有哪些？

答：（1）铁口跑大流；

（2）砂坝过铁，进入水冲渣沟，造成水冲渣沟爆炸；

（3）烧坏泥炮嘴；

（4）渣口爆炸；

（5）风口漏水；

（6）铁水冻结撒渣器。

8-73　引起渣口爆炸的原因有哪些?

答：（1）连续渣铁出不净，操作上又没采取适当措施，铁水面上升，放渣带铁；

（2）炉缸工作不活跃，有堆积现象，渣口附近有铁水积聚，放渣时将铁水带出；

（3）渣口漏水发现不及时。

8-74　引起风口破损的原因有哪些?

答：（1）连续渣铁出不净，操作上又没采取适当措施，铁水面上升，渣铁分离不好；

（2）炉缸工作不活跃，有堆积现象，风口附近有铁水积聚；

（3）风口内部结构不合理，风口冷却强度不足；

（4）焊接质量欠佳；

（5）风口材质有问题。

8-75　维护好铁口的主要措施有哪些?

答：（1）按时出净渣铁；

（2）放好上渣；

（3）严禁潮铁口出铁；

（4）打泥数量稳定适当；

（5）固定适当的铁口角度；

（6）改进炮泥质量。

8-76　炮泥的塑性与哪些因素有关?

答：（1）与湿度有关，湿度大塑性好；

（2）与配制原料的粒度大小有关；

（3）在其他条件一定时，炮泥的湿度大是不允许的，要满足炮泥的塑性要求，不能靠加湿度，而应在缩小原料粒度上下工夫。

8-77　铁口长时间过浅又难以恢复，应采取哪些措施?

答：（1）在操作上要加强铁口的维护，必须在渣铁出净后堵铁口，力争使铁口深度逐渐增加，避免铁口进一步变浅；

（2）缩小、加长或堵死铁口上方两侧的风口（视具体情况而定），使铁口区域的渣铁相对平稳；减轻渣铁对铁口区域炉墙的冲刷侵蚀，使铁口深度较快地恢复到正常水平；

（3）改变铁种，由炼钢铁改为铸造铁，增加铁水黏度，减轻铁水对铁口的冲刷；

（4）提高炮泥质量，有条件时改用无水炮泥；

（5）必要时采取高压改常压和降低冶炼强度来恢复铁口深度。

8-78　如何避免下渣事故发生，一旦下渣大量过铁应如何处理?

答：（1）为避免下渣过铁而造成事故，垫砂闸时一定将残铁抠净，垫闸时一定要踩实并在下次钻铁口之前烤干，防止出铁时砂闸被冲开或"咕嘟"开；

（2）在堵铁口前砂闸不能捅得太狠，避免下渣大量过铁；

（3）一旦发生下渣事故应立即堵上铁口，防止下渣过铁太多，以减少事故损失。

8-79　临时撇渣器有什么作用？

答：临时撇渣器的作用是：既要预防第 1、2 炉铁炉凉，铁量小易冻结，又要预防因铁口开得大，铁流大的现象出现。

8-80　开炉时怎样保护大撇渣器？

答：开炉初期或炉况失常、炉子大凉时，为了防止撇渣器凝死，通常做法是把撇渣器的大井、过道眼下面填实焦粉，上面用一块钢板挡住并垫一层捣打料，暂时停用的方法。同时，把主沟用焦末、捣打料垫成旱沟的形式，在原撇渣器旁边也采用焦末和捣打料垫造一条副沟，设立一个临时的小型撇渣器，在炉况顺行之前铁水从副沟通过，以免撇渣器冻结。待铁水状态稳定之后，再通过撇渣器。

8-81　怎样改善炉渣流动性？

答：（1）根据生产的铁种和原料条件，确定合理的炉渣成分是十分关键的。有条件的地方使用部分白云石做熔剂，提高渣中 MgO 含量以改善流动性；

（2）MnO 虽然能改善炉渣流动性，但正常情况下外加锰矿经济损失太大，Mn 进入炉渣里也是一种浪费；

（3）保证充足的炉缸热量，渣水物理热充足，是提高渣水流动性、减少渣中带铁的重要条件。

8-82　长期休风、封炉复风后对炉前操作有哪些要求？

答：长期休风和封炉由于休风时间长，炉内积存的渣铁和炉缸焦炭随温度下降凝固在一起，复风后短时间内很难将铁口区加热熔化。因此要求炉前做好以下工作：

（1）复风前做好以下准备工作：

1）复风前（约 8h）用开口机以零度角（水平位置）钻铁口，要将铁口钻得大一点，钻通后直到看见焦炭为止。当开口机钻不动时应用氧气烧，烧到远离砖衬内壁 0.5m 以上深度时再向上烧，烧到炉内距墙 1.5m 仍不通时，可用炸药将凝固的渣焦层炸裂，使复风后煤气能从铁口喷出以加热炉缸铁口区。

2）根据休风时间长短及开铁口的情况，决定是否用一个渣口作临时备用出铁口。方法是拆下渣口小套和三套，按出铁要求安装一个与三套同样大小的临时铁口，并准备好临时堵铁口的泥枪。

3）做好临时撇渣器，既要预防第 1、2 炉铁炉凉，铁量小易冻结，又要预防因铁口开得大，铁流大的现象出现。

4）准备比正常时多的河沙、焦粉、草袋、烧氧气的材料工具等。

5）人员要合理安排，尤其是采用临时备用铁口出铁时，要在铁口与临时铁口同时安排两组人力。

（2）出铁操作：

1）铁口喷煤气时间尽量长一些，争取到铁口见渣为止。

2）随时注意风口变化，如果出现料尺过早自由活动及风口涌渣现象应尽早打开铁口。

3）当凝固的渣焦层很厚，用炸药炸也无效时，应立即组织在临时铁口出铁，同时留一部分人继续烧铁口。

4）当铁口烧开但铁流凉而过小时，应将铁水挡在主沟内，以免其在撇渣器冷凝。只有当铁流具有一定流速时，才能将铁水放入撇渣器并撇上焦粉保温。

8-83　严重炉凉和炉缸冻结对炉前操作有哪些要求？

答：此时炉前应随炉况的变化紧密做好配合工作。重点是及时排放冷渣冷铁。

（1）为保持渣口顺利放渣，应勤放勤捅，一旦铸死，应迅速用氧气烧开。

（2）铁口应开得大一些，喷吹铁口，使之多排放冷渣铁，消除风口窝渣。

（3）加强风口直吹管的监视工作，防止自动灌渣烧出。

（4）如炉缸已冻结，不能排放渣铁时，应休风拆下一个渣口的小套和三套，做临时铁口以排放炉内冷渣铁，直到热炉能从铁口出铁为止。

8-84　开炉的炉前工作有哪些特点？

答：大、中修开炉，铁口上方没有凝固渣铁焦层，只是炉缸与炉料都是凉的。它不同于正常出铁，也与长期休风、封炉复风后的炉前操作不同，主要表现在以下方面：

（1）开炉前要搞好炉底炉缸的清理。大修后主要是清除炉底的泥浆与废料，中修后的清理量更大一些，要将炉底铁口区积存的渣铁清理得越干净越好，至少要在铁口方向清出一条通道，安装的铁口导管要有一定的角度。

（2）为争取中修开炉后能延长铁口喷吹时间，导管的里端要垫两块耐火砖，架空导管，防止炉底刚有液态冷渣就将导管铸死，使铁口不能喷吹。

（3）要用炮泥在炉内铁口附近做一个大泥包作为开炉后维护铁口的基础泥包。

（4）开铁口角度要平。

8-85　出铁口的构造如何？

答：出铁口设在炉缸最下部的死铁层之上，是一个通向炉外的长方形孔。根据高炉大小一般设计其宽度为 200~260mm，高度为 275~450mm（小高炉的铁口更小）。出铁口主要由铁口框架、保护板、铁口框架内的耐火砖套及用耐火泥制作的泥套组成，如图 8-1 所示。平时用耐火泥堵塞整个孔道，并在炉缸内衬的外面形成一个保护内衬的耐火泥泥包。出铁时，用开口机将堵塞的耐火泥钻开一个圆孔，使铁水流出，渣铁出完后，又重新用耐火泥将

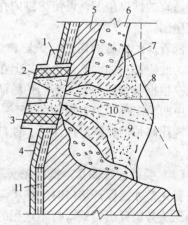

图 8-1　铁口结构示意图

1—铁口框；2—铁口砌砖；3—泥套；
4—炉壳；5—炉缸与炉底砌砖；6—渣皮；
7—旧泥包；8—泥包前硬壳；9—泥包；
10—出铁孔道；11—冷却壁

圆孔堵塞好。

8-86　怎样维护好出铁口，出铁口的合理深度是多少？

答：保持足够的铁口深度，是按时出净渣铁及维护铁口的关键。高炉投产后，由于渣、铁的冲刷和化学侵蚀，铁口区的砖衬侵蚀得很快，当被侵蚀到接近四周的冷却壁时，就会威胁高炉的安全生产，所以要在每次出完铁后用泥炮将耐火泥打入炉内一定深度，使其不仅起堵塞孔道的作用，还要在铁口区被侵蚀处形成泥包，以弥补被侵蚀的砖衬。为了保证安全生产，要求铁口泥包的深度比炉缸内衬厚一些，合理的铁口深度一般是炉缸原内衬至炉壳厚度的 1.2～1.5 倍。

维护好出铁口，应做好如下几点：

（1）要开好流铁孔道。出铁时炉缸内的渣、铁从四周汇向铁口，孔道靠近内壁部分侵蚀较快，因此，开孔时应外面稍大，里面稍小，并应防止钻歪。孔径大小要根据高炉大小而定，并考虑控制铁水流速，一般在每分钟 4～8t，过快过慢对铁口维护都不利。

（2）出铁口必须烤干，不能带潮泥出铁。因为孔道壁的潮泥与高温铁水接触，引起水分急剧蒸发，产生爆炸喷溅，使流铁孔道断裂，对出铁口的维护十分不利。

（3）要选择好的耐火炮泥。维护出铁口主要靠耐火泥在炉内形成泥包，因此，要求耐火泥有足够的耐火度，抗渣、铁冲刷与侵蚀的能力；要有好的导热性和透气性，能在两次出铁的间隔时间内完全干燥，还要有一定的可塑性，以便形成泥包。

（4）有渣口设备的高炉要尽量放好上渣，减少从铁口排出的下渣量。

（5）每次要出净渣、铁。一般要求实际出铁量与理论计算量的差值不大于 15%，也不要过分喷吹铁口，这对铁口维护有害，尤其是高压操作时要严禁大喷吹铁口。

（6）出铁口角度要合理。出铁口角度是指所开流铁孔道与出铁口水平中心线的夹角。保持适宜的铁口角度，可使炉缸内存有适当的残铁，起保护炉底的作用，同时使铁口泥包稳定坚固。

随着高炉炉龄的增加，炉缸、炉底被侵蚀区域不断扩大，残铁减少，铁水也逐渐下移，为此应适当加大铁口角度。但在一定的操作条件下，铁口角度应相对固定，不宜经常变动。根据鞍钢的经验，不同炉龄期适宜的铁口角度为：开炉时为 0°～2°；一年后为 5°～7°；中期为 10°～12°；后期为 15°～17°。

现代高炉的死铁层加深后，铁口角度就变化很小了，有时甚至一代高炉都维持在同一角度。

（7）要维护好泥套。铁口泥套是用特制的泥套泥利用泥炮的压炮装置压制而成的，只有泥套完整才能保证堵口时泥炮头与泥套严密吻合，使耐火泥顺利打进铁口内，不至于产生炮泥从旁边冒出、铁口打不进泥的现象。

8-87　对堵铁口用炮泥有什么要求，它由哪些原料组成？

答：堵铁口用炮泥在生产中起着重要的作用，它首先要很好地堵住出铁口；第二由它形成的铁口通道要保证平稳出铁；第三要能保持出铁口有足够的深度来保护炉缸。任何一项功能完成得不好，将引发事故，所以对炮泥有如下要求：

（1）良好的塑性，能顺利地从泥炮中堆入铁口，填满铁口通道。

（2）具有快干、速硬性能，能在较短的时间内硬化，且具有较高强度，这决定着两次出铁的最短间隔（这对强化而且只有一个铁口的高炉来说有着决定性的意义）和堵口后允许的最短退炮时间（这对保护泥炮嘴有重要意义）。

（3）开口性能好。

（4）耐高温渣铁冲刷和侵蚀的性能好，在出铁过程中铁口通道孔径不应扩大，以保证铁流稳定。

（5）体积稳定性能好且具有一定的气孔率，保证堵住铁口通道后，在升温过程中不出现过大的收缩造成断裂，适宜的气孔率使炮泥中的挥发分能顺利地外逸而不出现裂缝，总之要保证铁口密封得好。

（6）对环境不产生污染，为炉前工作创造良好的工作环境。

任何单一的耐火材料都不能满足上述各种要求，常用几种原料配制。目前炮泥分为两大类：有水炮泥和无水炮泥。

（1）有水炮泥用于低压的中小高炉，最新的配方为：35%左右的焦粉，20%～30%的黏土粉，10%～15%沥青，5%～10%熟料，加水15%左右混合后在碾泥机上碾制。为适应高炉强化的要求，现在还常添加碳化硅（SiC）、蓝晶石（$Al_2O_3 \cdot SiO_2$，其中含 Al_2O_3 62.92%，SiO_2 37.08%）和绢云母（$K_2O + Na_2O$ 3%～7%、SiO_2 71%～77%、Al_2O_3 14%～18%）等。

（2）无水炮泥以其铁口通道内无潮湿现象、强度高、铁口深度稳定、出铁过程中孔径变化小、不会造成跑大流等优点而广泛应用于强化冶炼的大中型高炉上。其配方是20%～40%焦粉，20%左右的黏土粉，10%左右的沥青，10%～30%棕刚玉，10%碳化硅，5%～7%绢云母，13%～14%的结合剂。结合剂有脱晶蒽油和树脂两种。树脂炮泥的优点是焦化时间短，堵口后20min即可退炮，而且环境污染小。无水炮泥的配方中焦粉、沥青和棕刚玉的量是随高炉炉容、顶压和强化程度而变的：炉容越大，顶压越高，强化程度越大，焦粉量越低，沥青和棕刚玉的量越多。

现代高炉炮泥质量优化的重要原因在于使用了 SiC、蓝晶石、绢云母、棕刚玉等。加 SiC 是利用它的耐侵蚀、抗高温氧化和抗热震性能；加蓝晶石是利用其高温膨胀性控制线变化率和能增加炮泥的黏结强度，提高炮泥的耐用性；加绢云母是利用其含有钾、钠氧化物，使烧成温度降低，因而使炮泥快干、速硬，缩短堵口后的退炮时间（由不加绢云母时的40～50min 缩短到加绢云母后的25～30min），同时它还能增加炮泥的塑性；加棕刚玉是利用其抗化学腐蚀性好。

炮泥的选择应根据炉容大小、顶压高低、强化程度、泥炮和开口机的工作能力和炮泥成本等因素来确定。

8-88　什么叫撇渣器，怎样确定它的尺寸？

答：撇渣器又称砂口，它位于出铁主沟末端，是使渣铁分离的设施，是出铁过程中利用渣铁密度的不同而使之分离的关键设备。

工作原理：利用渣铁密度的差别，使沉在下面的铁水经过砂口眼（或叫过道孔）进入小井，然后上升进入铁沟，而在铁水上面的炉渣则因大闸的阻挡经砂坝流入下渣沟。小井

底部有一残铁孔，在修理砂口时从此处放出
小井内的积铁。

　　修理砂口需要较长时间，在高炉只有
一个铁口时往往要修一次砂口丢一次铁，
现在有两种解决办法：使用吊装活动砂口
和设置双砂口（一主一副或轮流使用和检
修，或主要使用主砂口，在主砂口修理时
才用副砂口）。大型高炉撇渣器与大沟成
为一个整体。砂口（撇渣器）断面示意图
如图 8-2 所示。

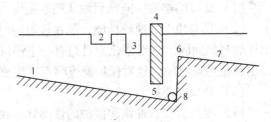

图 8-2　砂口（撇渣器）断面示意图
1—主沟；2—砂坝；3—砂闸；4—大闸；
5—砂口眼；6—棱；7—铁沟；8—残铁眼

8-89　炉前使用的铁沟料等如何配制？

　　答：炉前操作中除使用堵口炮泥外，还使用铁沟料、砂口料和泥套料等。目前铁沟使
用的有捣打料和浇注料两种。由于浇注料的优点突出（寿命长、耗量少、通铁量大于 10
万吨以上），使用范围正逐步扩大，在大中型高炉上有替代捣打料的趋势。

　　（1）捣打料。由粒状和粉状料组成的散料体，属于自烧结定型耐火材料，经强力捣打方
式施工，然后烧烤 40min 左右制得。现广泛使用的主要是 Al_2O_3-SiC-C 系列，一般 Al_2O_3 含量
低的（45% ~ 55%）与 SiC 含量高的（10% ~ 20%）搭配，而 Al_2O_3 含量高的（70% ~
75%）与 SiC 含量低的（3% 左右）搭配。中小高炉的捣打料中有的还不配加 SiC 料。

　　捣打料具有良好的可用性和施工方便等特点，可用风动捣固机或电动打夯机夯打，因
其中配有炭素材料，所以烧烤时应避免其与火焰直接接触。

　　（2）浇注料。浇注料是以纯铝酸钙水泥为结合剂，与耐火骨料和粉料配制的 Al_2O_3-
SiC-C 质的铁沟料，经加水搅拌振动浇注成型，养护烘烤后使用。浇注料的关键是要使用
粒度小于 5μm 的超微粉。各厂使用的浇注料的组成不完全相同，例如首钢在 20 世纪 90 年
代初开始使用的浇注料的组成是：焦粉 40% ~ 50%，黏土 15%，刚玉 25%，SiC 20% ~
25%。国外超低水泥浇注料中 80% Al_2O_3 的水泥仅占 2%，而加入 4% 硅微粉、2% 金属添
加剂、分散剂和 0.2% 稳定剂。

　　砂口用泥料应力求与主沟料相同，甚至要用比主沟料更优良的材质，使用捣打料或浇
注料要根据现场情况而定。大型高炉上 100% 使用浇注料与主沟料一起筑衬。泥套在生产
中的工作条件恶劣，它应具有良好的体积稳定性（在 400 ~ 1300℃ 范围内体积变化较小）、
抗氧化能力、抗渣铁冲刷和侵蚀能力。泥套用料也分为捣打和浇注两类。一般中小高炉只
有一个铁口，都采用捣打料，配方分为矾土和刚玉两种。矾土类：粗矾土 20%，细矾土
13%，黏土粉 36%，沥青 14%，焦粉 17%，外加水 10% ~ 12%；刚玉类：粗棕刚玉 23%，
细 15%，SiC 15%，黏土粉 32%，沥青 10%，蓝晶石 5%，外加水 10% ~ 12%。很多中小
高炉直接用炮泥做泥套，这不利于铁口维护。浇注料泥套的寿命比捣打料泥套的寿命长 3
倍，但制备工艺要求严格，时间较长，所以它适用于多铁口的大高炉。泥套浇注料的配方
基本上与主沟浇注料相同。

8-90　出铁前要做哪些准备工作？

　　答：做好出铁前的准备工作是保证正常作业、防止事故发生的先决条件，出铁前的准

备工作有：

（1）做好铁口泥套的维护，保持泥套深度合格并完整无缺口。

（2）每次出铁前开口机、泥炮等机械设备都要试运转，检查其是否符合出铁要求。

（3）每次出完铁堵口拔回泥炮后，泥炮内应立即装满炮泥，并用水冷却炮头，防止炮泥受热后干燥黏结，妨碍堵铁口操作。

（4）检查撇渣器，发现损坏现象影响渣铁分离时应及时修补。采取保存铁水操作时，出铁前应清除上面的凝结渣壳，挡好下渣砂坝。

（5）清理好渣、铁沟，挡好沟上各罐位的砂坝。检查渣铁沟嘴是否完好；渣、铁罐是否对正；罐中有无杂物；渣罐中有无水；冲水渣时检查喷水是否打开；水压与喷头是否正常。

（6）准备好出铁用的河沙、焦粉等材料及有关工具。

8-91　正常出铁的操作与注意事项是什么？

答： 正常出铁的操作包括：按时开铁口，注意铁流速度的变化，及时控制流速；铁罐、渣罐的装入量应合理；出净渣、铁；堵好铁口等几个步骤。应注意的事项是：

（1）开铁口时钻杆要直；开孔要外大内小。当发现潮气时，应用燃烧器烤干后方可继续开钻；为了保护钻头，不应用钻头直接钻透。

（2）出铁过程中应随时观察铁水流速的变化，发现卡焦炭铁流变小时，应及时捅开；若铁口泥包断裂，铁流加大，出现跑大流时，应用河沙等物加高铁沟两边，防止铁水溢流。

（3）防止渣、铁罐放得过满；推下渣时要注意铁口的渣、铁流量的变化，防止下渣带铁。

（4）堵铁口前应将铁口处的积渣清除，以保证泥炮头与铁口泥套严密接触，防止跑泥；开泥炮要稳，不冲撞炉壳；压炮要紧、打泥要准，应根据铁口深度增减打泥量。因意外故障需在未见下渣或很少有下渣的情况下堵铁口时，要将泥炮头在主沟上烤干烤热后再堵，防止发生爆炸。

8-92　出铁操作有哪些指标？

答： 出铁操作的考核指标主要有 4 个：

（1）出铁正点率。连续生产的高炉为了保持炉况稳定，必须按规定时间出铁。计算公式是：

$$出铁正点率 = \frac{正点出铁次数}{实际出铁次数} \times 100\%$$

（2）铁量差或出铁均匀率。实际出铁量与理论出铁量的差为铁量差。

（3）高压全风堵口率。高压全风量堵铁口不仅对顺行有利，而且有利于维护铁口的泥包形成。计算公式是（常压高炉只计算全风堵口率）：

$$高压全风堵口率 = \frac{高压全风堵铁口次数}{实际出铁次数} \times 100\%$$

（4）铁口深度合格率。为了保证铁口安全，每座高炉都规定有必须保持的铁口深度范围。每次开铁口时实测深度符合规定者为合格。计算公式是：

$$铁口深度合格率 = \frac{深度合格次数}{实际出铁次数} \times 100\%$$

8-93　渣口操作有哪些要点，如何考核？

答：渣口操作要点如下：

（1）做好放渣前的准备工作，主要包括：

1）清理渣沟内残渣，叠好拨流闸板。

2）用渣罐的高炉，检查各罐位的渣罐是否配到位，罐内是否有盖、有积水等；冲水渣的高炉，检查冲渣水量水压是否达到规定水平。

3）检查堵渣机是否灵活，放渣工具是否齐全。

4）检查渣口是否漏水，各套固定楔子是否处于紧固状态，泥套是否完好。

（2）放渣过程中应注意：

1）放渣时间。确切的时间应按下料批数核算，一般在堵铁口后 50min 左右炉渣已超过渣口中心线时，开始放渣。有两个渣口的先放低渣口，再放高渣口。如果打开渣口往外冒煤气，没有渣或渣流很小，说明炉渣尚未到达渣口水平，此时应堵上渣口，稍后再放。

2）放渣后注意观察渣流和渣口情况，特别要注意渣中带铁情况（根据渣流表面细小火星多少来判断），如果带铁严重，应堵上渣口片刻再放，以避免渣口烧坏。如发现渣口破损应立即堵上，并报告工长，待出完铁后，休风更换。

3）如果炉缸内积存渣量过多，可同时用两个渣口放渣。

4）铁口打开后，上渣流仍然较大时，可以再放一段时间后堵渣口。

（3）考核指标。有渣口的高炉，从渣口排放的炉渣称为上渣，从铁口排出的炉渣称为下渣，上渣率是指从渣口排放的炉渣量占全部炉渣量的百分比。

考核渣口工作的指标，有的厂用上渣率，有的厂用上下渣比。

$$上渣率 = \frac{上渣量}{上渣量 + 下渣量} \times 100\%$$

$$上下渣比 = \frac{上渣量}{下渣量}$$

一般要求上渣率要在 70% 以上，上下渣比为 3:1。上渣率及上下渣比高，说明上渣放得多，从铁口流出的渣量就少，减少了炉渣对铁口的冲刷和侵蚀作用，有利于铁口的维护。

大型高炉不设置渣口，渣口操作考核指标已丧失它的意义。

（4）渣口事故及处理。渣口事故有以下几种：

1）渣口堵不上。事故发生原因有堵渣机塞头运行轨迹偏离中心线、泥套破损使塞头不能正常入内以及两者带有凝铁等。这要求加强堵渣机的维护及交接班时的试堵，保持泥套和塞头完好，堵不上可酌情减风堵，或人工用堵耙堵好。

2）渣口冒渣和自行流渣。这是由于换上新渣口时没有上严，塞头退出过早或过猛，小套固定销松动等。要严格按规程换渣口，清理干净后再换，换上新的渣口要上严拧紧；不要过早拔堵渣机，拔时先用锤击打活塞头再拔；如发现渣壳薄和自行流渣现象应立即堵上渣口。

3) 渣口爆炸。这是由于炉缸内铁水面过高超过渣口，炉缸堆积使渣口附近有积铁，以及渣中带大量铁，如果渣口小套漏水则更易造成爆炸。防止渣口爆炸事故发生要求当炉缸存铁过多而不能正点出铁时，应减风控制渣铁生成，存有数量；严禁坏渣口放渣；发现渣中带铁严重时，应立即堵渣口；处理炉缸冻结或严重堆积时应用砖套制成渣口放渣等。

8-94　有哪些常见的出铁事故，如何预防和处理？

答：较常见的出铁事故有：

（1）跑大流。这是铁口没有维护好，未能保持完整而坚固的泥包和出铁操作不当使开口太大或钻漏造成的。铁流因流量过大失去控制而溢出主沟，漫过砂坝流入下渣沟，不但会烧坏渣罐和铁道，而且如果不能及时制止，发生突然喷焦，后果更加严重。为此必须维护好铁口，开铁口时控制适宜的开口直径，严禁潮泥出铁。如遇这种情况应及时放风，控制铁水流速制止铁流蔓延，并根据情况提前堵口。如果喷出的大量焦炭积满主沟，泥炮无法工作，则应紧急休风处理。

（2）铁口自动跑铁。这是由铁口过浅，炮泥的质量太差，或因泥套破损没有打进泥等情况引起的。因无出铁准备故容易造成严重后果。为了预防这种事故发生，除维护好铁口和铁口泥套，保证炮泥质量外，还应及早做好出铁准备并配好渣铁罐。如果事故一旦发生，则应根据跑铁严重程度采取放风堵口或紧急休风处理等措施。

（3）铁口或渣口放炮。铁口有潮泥会引起放炮，使铁口跑大流。若渣口漏水未能及时发现，带水作业的渣口遇渣中带铁，也会造成渣口爆炸事故，严重时可把渣口小套崩出，遇到这种情况应及时放风或休风处理。

（4）铁口连续过浅。铁口连续过浅是铁口维护工作中的重大失误，它极易造成"跑大流"、喷焦、堵焦、炉缸铁口区冷却器烧坏等事故，发展下去还能导致炉缸损坏。造成的原因是多方面的，如炉前工作不好（堵口出现跑泥、跑渣、跑铁），生产组织不好（配罐不及时、连续晚点出铁，甚至被丢铁次），炮泥质量不稳定等。有时铁口上方冷却器（包括风口）漏水也会造成铁口过浅。

为防止出现铁口连续过浅现象，应认真工作、避免失误；维护好设备，保持正常出铁秩序，保持炮泥质量，维护好铁口泥套。如果出现过浅现象时，应抓好上述工作，还应堵铁口上方风口，改常压出铁，逐步将铁口泥包补上去。

（5）铁口堵不住，渣铁外溢。这种现象常在外界（渣铁罐已满，下渣大量过铁，冲渣沟打炮，砂口不过铁等）导致渣铁未出净被迫堵口时出现。也可能在以下情况时出现：泥套破损使炮头不能与铁口紧密吻合；泥炮发生故障或炮泥过硬不能顺利打泥；铁口过浅，打入的泥漂浮而使堵口不实；铁口周围未清净残存的积渣和积铁使炮口不能到位，无法对准铁口等。

防止铁口堵不住的主要措施是科学的生产管理和严格执行操作规程。针对上述产生铁口堵不住的原因，采取相对应的办法来消除。而一旦出现铁口堵不住的现象，就要与炉内联系，采取减压、放风甚至停风等措施将口堵住，如果是渣铁未放净，应动用备用罐或尽快配罐，将渣铁出净。

（6）铁水落地。这是炉前出铁的恶性事故，轻则出不净渣铁被迫堵口，重则铸死和烧坏铁道，使高炉不能生产。造成这种事故的原因有改罐不及时，或摆动流嘴失灵使铁罐过满；铁沟维护和修垫不好，铁水渗漏而烧坏下边结构；活动主沟和砂口接头处没有搞好等，这些原因都会造成铁水落地。

防止铁水落地发生主要要加强操作者的责任心，严格按照规程操作，加强对铁沟、摆动流嘴的维护等。

（7）砂口烧漏或凝死。其后果是烧坏设备，铁水外溢流入冲渣沟发生爆炸。造成砂口烧穿漏铁的原因是修补制度未严格执行；砂口使用时间过长，严重侵蚀；主沟和砂口接合部不牢固。造成砂口铸死的原因是炉凉渣铁温度过低；无计划休风时间过长，而小井中的铁未放掉；出完铁未清理，未加保温料；小井内存铁过少，气候严寒使铁水温度降低；砂口结盖，出铁前未处理等。

8-95　开炉前操作注意哪些事项？

答：（1）开炉初期渣铁流动性不好，带铁严重，准备足够的带壳渣罐；

（2）中修开炉出第一次铁之前，禁止用渣口放渣；

（3）中修开炉恢复铁口角度要稳步进行；

（4）保持砂口通道畅通，用焦粉或稻壳保温。

8-96　怎样确定出铁次数？

答：出铁次数通常是按照高炉强化冶炼程度及每次的最大出铁量不应超过炉缸的安全容铁量来确定。一般按安全容铁量的 60% ~ 80% 定为每次出铁量。安全容铁量是渣口中心线至铁口中心线之间炉缸容积的 60% 的容铁量。实际生产中由于炉缸炉底不断侵蚀，这些铁量的流出时间与出完铁后重新熔炼生成的铁水达到计划出铁量所需时间之和就是两次出铁间的间隔时间。间隔时间被 24h 除就是每天的出铁次数（取整数值）。

现在我国高炉强化程度较高，利用系数中小高炉在 $3.0 ~ 4.0 t/(m^3 \cdot d)$ 以上，大型高炉也在 $2.0 ~ 3.0 t/(m^3 \cdot d)$ 以上，所以出铁次数都达到 15 次或更多。多铁口的高炉，铁口轮流出铁，已接近连续出铁。

8-97　什么叫富氧枪，其功能是什么？

答：富氧枪是一种从铁口插入式安装的大计量氧气燃烧器，用于处理炉缸冻结事故的炉前操作的一种工具。该装置封闭操作，节省材料，更重要的是直接加热炉缸，有效地烧漏"隔断层"，加快恢复速度。富氧枪结构示意图见图 8-3，实物图见图 8-4。

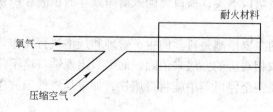

图 8-3　富氧枪结构示意图

图 8-4　富氧枪实物图

处理炉缸冻结的重点是处理铁口和风口：

（1）用氧气烧开铁口，设法让炉内渣铁流出来，只要能争取一两个风口能进风和定期放出渣铁，则恢复是有希望的。

（2）发现炉缸冻结时，必须及时大量加净焦，一次可加 10~20 批，并大幅度减轻焦炭负荷，停止喷吹；把风温提高到最高水平；减少熔剂量，降低炉渣碱度。

（3）如果炉缸严重冻结，从铁口放不出铁时，可用氧气向上烧铁口，使其与上方相邻的两个风口连通。用铁口上方的两个风口进风，坚决立足于从铁口出渣出铁。

（4）如果从铁口也放不出铁，则用富氧枪协助加热炉缸，富氧枪是一种从铁口插入式安装的大计量氧气燃烧器，用于处理炉缸冻结事故的炉前操作的一种工具。富氧枪供氧量大，封闭操作，节省材料，更重要的是直接加热炉缸，有效地烧漏"隔断层"，加快恢复速度。

富氧枪是最直接的加热器。焦炭的迅速燃烧产生大量的热量提高炉缸温度，渣铁才得以顺利流出。富氧枪结构简单，制作容易，操作方便，成本较低，使用起来非常得心应手。

一般性质的炉子大凉，采用富氧枪加热炉缸，5~6h 见效，8h 出来第一次渣铁。

8-98　用富氧枪恢复炉况如何操作，效果如何？

答：待炉温转热时，首先恢复渣口的正常工作，然后逐渐增加进风口，用大量氧气烧开铁口，争取恢复铁口的正常工作。

炉前工作是重点，要组织好人力、物力，分配好力量，任务明确，落实责任，统一指挥，雷厉风行。

处理炉缸冻结主要是增加热源，迅速提高炉缸温度，排出凉渣铁，尽快恢复正常。采取方法主要有：

（1）部分风口送风。在全部处理完来渣风口、风管后采取铁口两侧各开两个风口，并将这 4 个风口内的渣铁扒出，尽量与铁口烧通，便于熔化的渣铁从铁口流出。

（2）集中或分散加焦。由于炉缸温度低，必须增加热量，从炉顶加入的净焦迅速下达，开部分风口是一可行方法。

开风口的原则：风口内燃烧明亮、活跃，渣铁畅流，风量、风压对称，煤气流稳定；沿铁口两侧扩展式开风口（图 8-5）；渣铁出净，每次开 1~2 个风口。

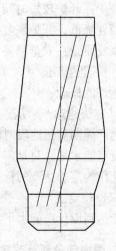

8-99　使用富氧枪的安全注意事项是什么？

答：高炉操作要全面判断。对于炉子大凉事故，事先各种参数都有征兆。操作人员和管理人员存有侥幸心理，对炉

图 8-5　沿铁口两侧扩展式开风口示意图

凉危害估计不足，在追求产量的手段全部用尽后，没有采取及时减风措施，在操作管理上责任没有落实，没有抓好工序控制。

在处理炉子大凉或炉缸冻结事故过程中，要首先找出造成事故的主要原因：是漏水，还是长期低炉温，还是综合作用。根据具体情况分别采取不同的行之有效的措施恢复炉况。作好长时间恢复的准备，切不可急于求成。

富氧枪的使用成为处理炉缸冻结，或新开炉恢复的一个十分有效的手段。富氧燃烧的位置在铁口部位，直接给炉缸下部供热，而风口、渣口供热都达不到这样的效果。特别是冻结的炉子大部分是由于渣铁流动性差，甚至形成阻碍铁下到炉缸底部的"隔断层"，这种情况下只有富氧枪才能具有由下往上，热量不散失，效率高的特点，熔化渣铁，提高炉缸温度非常迅速。另外，富氧枪容易制作，安装方便，深得高炉工作者的欢迎。

处理高炉炉缸冻结操作要不断地出铁，1~1.5h 出一次，并多喷一会儿，把炉缸里的凉渣铁尽量排干净，加速恢复速度。铁口一定要堵住。要保证渣铁物理热，适当降低炉渣碱度。每小时上料 2~3 批为宜。

恢复期间尽量避免休风，以打风口为主。切不可盲目休风打风口，因为此时风口前端的凉渣铁尚未熔化彻底，少量的已化开的渣铁还没有下到炉缸底部，还有来渣发生的可能。相反，自然熔化，待时机成熟，风口可以不打自开。

要全力保护好炉前设备，严防风口烧穿烧坏设备和电缆等。

第 5 节　炉况调节与操作

8-100　大型高炉开炉炉况恢复原则及达产概念是什么？

答：随着世界钢铁工业迅速发展，我国各地新建炼铁大型高炉的数量也迅猛增加，高炉开炉炉况恢复技术也随之不断发展。大型高炉开炉达产时间与中小高炉差距迅速缩小，许多高炉在开炉较短时间内即达到了设计的冶炼指标。使高炉开炉达产时间缩短、产能提高、消耗降低，开炉恢复技术日臻成熟。

恢复原则：安全稳妥，稳扎稳打，循序渐进，步步为营，适时调整，灵活跟进，把握机遇，快速达产。

达产的概念：

（1）快速达产。从点火开炉出第一炉铁水到第一次达到设计产能时间，被称为达产时间或达产周期。虽这段时间内炉况不是很稳定，但它表明高炉各项操作参数调整基本达到或接近产能水平，只是需要进一步精调稳定而已，对高炉达产有一定实际意义，目前国内均以此作为高炉达产的标志。

（2）稳定达产。在快速达产的基础上，产量指标间断或持续在设计产能水平上，月或旬累计达到设计产能水平。

8-101　国内部分新、改建高炉开炉情况如何？

答：国内部分大型高炉达产情况如表 8-1 所示。

表 8-1　国内大型高炉达产情况

炉例\项类	马钢四铁2号高炉	涟钢新建高炉	鞍钢6号高炉	武钢6号高炉	宝钢4号高炉	本钢7号高炉	武钢7号高炉	太钢新高炉
炉容/m³	2500	2200	3200	3200	4350	2850	3200	4350
开炉日期	2003-10-13	2003-12-4	2004-4-8	2004-7-14	2005-4-27	2005-9-5	2006-6-29	2006-10-13
达产日期	2003-11-10	2004-1-7	2004-7-8	2004-7-28	2005-5-3	2005-9-12	2006-7-2	2006-10-27
达产天数/天	27	33	90	12	6	7	4	14
达产系数	2.01	2.00	2.00	2.08	2.25	2.12	2.08	2.10

8-102　国内高炉开炉达产恢复经验是什么？

答：（1）设计合理，建设质量好。

（2）设备管理科学化，设备故障率低，备品备件准备充分，故障处理及时。

（3）原燃料质量好且准备充足，运输及时、生产组织顺畅。

（4）高炉操作基本制度选择调整合理、调整及时，炉况稳定。

（5）炉前渣铁排放及处理及时。

（6）强化生产指挥与管理，技术措施得力。在炉况顺行、渣铁温度充沛的前提下，适时调整焦炭负荷，增加喷煤、富氧。

8-103　高炉达产恢复的三个阶段是什么？

答：第一阶段：适应恢复期。该阶段高炉主要完成以下几方面的任务：一是搞好热储备，从开炉焦比的确定与正常料的焦炭负荷，都要为高炉提供充足的热源。确保开炉精辟炉缸内具有充足的潜热，保证渣铁温度充沛并具有良好的流动性。高炉潜热充足，对外界印象的适应能力越强，操作上也就有更多的调剂与应急手段。二是适应高炉设备运行中随时出现的故障与处理。据资料介绍，新开炉后的高炉设备休风率一般都在7%左右。特别是在新建高炉上，应用了一些新工艺、新技术之后，开炉前联动试车与调试时间短，而有一些设备必须在热试过程中再调试才能达到其设计能力。三是操作人员的适应。从炉内到炉前，从工艺到设备需要一定的适应期，通过一定时间的适应方能进入角色，发挥他们的主观能动作用。如热风炉操作、原料上料操作、炉前出渣出铁操作、水冲渣的使用、渣铁罐的调配以及设备故障点的查找与处理等。所以说，这一阶段也是直接影响达产的关键阶段。

第二阶段：调整巩固期。对高炉各系统的主要设备问题暴露处理后，基本进入调试期，使高炉操作相对稳定下来。进入操作制度与操作参数的粗调阶段。一是调整送风制度，加快开风口上风速度；二是调整上矩阵布料，加大矿批重，加重负荷降低炉温；三是炉前出渣出铁基本步入正常有序阶段。高炉准备喷吹与富氧工作。此阶段也是操作制度调整最频繁、动重最大的时期，焦炭负荷不断增加，Si含量疾速下降；风口逐渐打开，送风风量逐渐增大，冶炼强度迅速提高。这个阶段的速度既可快又可慢，如果外界条件好，操作制度调整合理，达产速度将有加快的可能。

第三阶段：优化稳定期。高炉上料、装料、送风、煤气冷却水等系统设备、控制系统、原燃料供应、炉前出渣出铁全部进入正常状态，高炉操作制度与操作参数进行精调阶段。一是风量使用已接近全风水平；二是通过负荷调整，炉温降到了较低水平；三是喷煤、富氧可以同步跟进，风温使用水平得到了提高。此时高炉进入稳定顺行状态，也就是达产之时。在达产基础上再行微调，即进入达产后技术经济指标优化中。

大型高炉开炉达产恢复三个阶段具体参数调整及控制范围如表 8-2 所示。

表 8-2　某高炉开炉达产恢复参数控制范围

参数 时段	利用系数 /t·(m³·d)⁻¹	风量/%	风速 /m·s⁻¹	风温 /℃	炉顶压力 /kPa	w(Si) /%	R渣	焦炭负荷	喷煤	富氧
第一阶段	0.5~1.0	正常的 30~50	240	900~100	≤80	3.5~2.5	0.9~0.95	2.0~3.0	—	—
第二阶段	1.0~1.8	正常的 50~80	240	1000~1100	80~150	2.5~1.5	0.95~1.0	3.5	试喷 50%	—
第三阶段	1.8~2.3	正常的 80~95	250	≥1100	150~200	1.5~0.5	1.0~1.10	≥4.0	全喷	富氧

8-104　影响开炉达产恢复的因素有哪些？

答：（1）建设施工收尾部分尚未全部结束，施工现场混乱，遗留问题尚未整改完毕，可能还有一些问题尚未暴露出来。

（2）原燃料的生产准备与供应、铁路运输等物流是否可靠与流畅需进一步调整与完善。

（3）上料系统、装料系统、送风系统、煤气处理系统、炉前设备、渣处理系统的设备问题有待暴露、调试、磨合与适应。

（4）操作人员新人多、技术素质的提高以及熟练程度，都要有一个学习掌握和提高的过程。

（5）高炉基本操作制度合理与否及操作参数优化有待在开炉实践中进行摸索、调整、总结和巩固提高。

8-105　开炉达产应注意的问题是什么？

答：国内新建大型高炉，一般均应用国际国内先进的技术和工艺。开炉第一个月，因设备调试工艺磨合造成的休风率在7%左右，特别是上料系统造成的低料线情况较为常见，高炉被迫减风、慢风或休风。这也是炉况恢复的大忌。如若不慎，一是造成烧坏炉顶设备，二是会使高炉中下部冷却设备过早破损，导致操作炉型不合理影响一代炉龄寿命。

8-106　高炉运行状态判断的手段有哪些？

答：因原燃料质量的变化，气候变化，设备运行状态的不稳定，以及多种外界因素变化（动力、原燃料供应、上下工序生产状态等）的影响，高炉运行状态总是在变化之中，判断高炉运行状态的重点内容是炉况向热还是向凉，变化的趋势有多大。

判断的手段有两种：

（1）经验观察。看原燃料质量、风口、渣铁样、煤气燃烧颜色等。看风口要勤，接班、班中、交班均要看（凉热趋势、风口工作均匀度、煤枪工作状态等）。看出铁 Si 和 S

的含量、变化。看出铁的火光、烟雾、流动性、凝固速度和形状。每次出铁出渣均要取样（外观、断口、冷却收缩，出铁出渣过程中温度的变化等），并样品要保存一个班，以资对比参考。通过炉顶摄像和休风时观察炉顶布料，料面状态，可判断煤气流运行状态、分布、有无偏料。管道、塌料，以及布料的效果眼睛观察最直观，最早，最准确，是判断高炉运行状态最科学的依据。工长们应予以高度重视。

（2）仪器仪表数据反映。重点是热风压力，透气性指数，料尺，炉顶和冷却系统温度等的变化。

热风压力对高炉运行状态变化最敏感，可看出高炉运行走势，是高炉运行，休复风操作的重要依据。

热风压力和风量表是高炉运行状态的最重要反映，包括了高炉行程的综合情况，如煤气与炉料相适应情况，料柱透气性与热制度的发展趋势等。同样的风压升高，所反映的内容可能是不一样的，要作具体分析。高炉向热、渣铁放不净、管道行程堵塞、原燃料粉末增多，矿石冶金性能变化（软熔温度、软熔区间、低温还原粉化率）等均会造成风压升高，不同情况所采取的处理措施也不一样。

炉顶煤气的压力、温度和成分表明高炉能源利用率、铁矿石间接还原程度，以及炉顶煤气分布情况。如煤气 CO_2 各点相差大于 3% 以上，说明有偏料现象。炉顶煤气温度各点相差不大于 $30 \sim 50℃$ 为正常。

透气性指数可及时反映出炉料的透气性，煤气流变化，炉况凉热走势。透气性指数是风量除以压差的值，表示某个高炉炉料透气性状态。其值在一定条件下是有个故定的参考数，大于这个参考数表明高炉有管道行程，小于这个参考数表明高炉难行，更小时表明高炉要悬料。

料尺的变化可及时反映出高炉稳定顺行状态，炉温变化趋势，是复风操作的重要依据。

料尺突然下降超过 300mm 以上叫崩料，两尺相差 300mm 时叫偏料，料尺停滞两批料时间叫悬料。两尺相差很大，但装一批料后，两尺相差缩小很多时，一般是由管道行程引起的现象。料尺下降速度是直接反映炉料运行状态，也是高炉顺行的重要标志，是工长判断和调剂炉况的重要依据。

其他仪表数据反映的数据，如风量、风温、炉顶温度和煤气曲线、炉热指数、炉身和冷却系统温度等均代表出高炉运行走势。这些数据要联合进行技术分析，并要取出一段时间跨度来进行技术分析才科学合理。

8-107　高炉炼铁的操作手段有哪些？

答：（1）送风制度的调整（又称下部调剂）。包括：风量（反映在风压和压差），风温、富氧、脱湿鼓风、风速（风口径、长度、角度）、鼓风动能，以及喷煤对风量的影响等。

（2）热制度的调整。调整焦炭负荷，风温，喷煤比。对冷却水进行调整（又称中部调剂）。

（3）装料制度的调整（又称上部调剂）：

1）固定因素：炉喉直径和间隙，大钟倾角，行程，下降速度，炉身角。

2) 可调因素：料线，矿批重，装料顺序，布料器运行，无料钟布料，可调炉喉板等。

上部调剂和下部调剂要相互配合，使煤气流合理分布，炉缸活跃，提高能源利用率，实现高炉操作优化等。

(4) 造渣制度的调整。炉渣性能包括流动性，熔化性（长渣和短渣），稳定性，脱硫能力等。

炉渣性能的调整方法有：碱度（二元，三元，四元），加 MgO（适应高 Al_2O_3 量），低碱度排碱金属，提高脱硫能力等。

8-108　送风制度、热制度、装料制度、造渣制度之间的关系如何？

答：高炉顺行的前提是科学合理地选择送风制度和装料制度。

煤气流合理分布的基础是下部调剂送风制度，这对高炉生产起决定性作用。

维持高炉顺行的重要手段是上部调剂装料制度，用科学布料来优化煤气流的再分布。

炉缸热量充沛、生产稳定的前提是高炉热量收支平衡。

保证炉况顺行、炉体完整、脱硫能力强的条件是优化造渣制度。

四个基本操作制度是相互依存，相互影响的。煤气流的分布是否合理取决于送风制度和装料制度。炉缸热量充沛与否取决于热制度和送风制度。

8-109　高炉操作调剂炉况的原则是什么？

答：高炉操作以下部调剂为基础，上下部调剂相结合，实现高炉顺行稳定生产。

(1) 建立预案制，尽量早发现，早预测炉况波动的性质和程度，及早采取相应措施，杜绝重大事故发生。

(2) 在操作上是早动、少动，力求减少人为因素对炉况造成波动的幅度。

(3) 要掌握各调剂量所产生的作用内容，起作用的程度。

(4) 依据对炉况影响的大小及经济损失的程度，操作参数调整的顺序为：喷煤→风温（调湿）→风量→料制→焦炭负荷→净焦。

8-110　调剂手段实施后，多长时间后对高炉生产起作用？

答：(1) 变动喷煤比会在 3 ~ 4h 后起作用，是实现高炉高效化（全风量，最高风温操作）的最好手段，是料速调整的首选手段，可确保实现炉缸热制度稳定，生产指标最佳的目标。

(2) 调剂风量一般在 1.5 ~ 2h 起作用。降风温要损失焦比，改变软熔带位置，对合理炉型有影响。

(3) 改变装料制度，特别是调整焦炭负荷，加净焦要在一个冶炼周期后起作用。改变装料制度会对煤气流分布有较大影响，调整焦炭负荷对热平衡会有影响。

调负荷最好不变动焦批重（一般要求焦层厚为 0.5m，宝钢在 0.8m 左右），保证焦炭透气窗作用不发生变化，以保证煤气流稳定。

(4) 调剂风量、富氧、脱湿会立即见到效果。

8-111　送风制度的调整包括哪些内容？

答：高炉炼铁以风为本，要尽量实现全风量操作，并且要稳定送风制度，以维持好合理炉型，使煤气流分布合理，炉缸活跃。

选择风量的原则：风量必须要与料柱透气性相适应，建立最低燃料比的综合冶炼强度在 $1.0 \sim 1.1 t/(m^3 \cdot d)$ 的概念，是高炉炼铁节能降耗工作的重要指导思想。

冶炼每吨生铁消耗风量值（不富氧）如表 8-3 所示。

表 8-3 不富氧条件下冶炼每吨生铁消耗的风量值

燃料比/kg·t⁻¹	540	530	520	510	500
消耗风量/m³·t⁻¹	≤1310	≤1270	≤1240	≤1210	≤1180

风机的选择为：送风量为炉容的 2 倍左右。目前中小高炉大多数是选择大风机。高炉采用大鼓风机是普遍趋势。如长钢 1080m³ 高炉采用 AV63 大风机，利用系数为 $3.5 t/(m^3 \cdot d)$。如 500m³ 高炉采用大风机，利用系数为 $4.0 t/(m^3 \cdot d)$。

（1）固定风量操作。进行脱湿鼓风可使一年四季送风量均衡。

稳定操作制度，三个班的要求要统一，实行固定风量操作。要求各班装料批数小于 ±2 批料。风量波动不大于正常风量的 3%。

（2）调剂风量的原则和方法。每次调剂风量要在总风量的 3% 左右，二次加风之间的时间要大于 20min，加风量每次不能超过原风量的 10%。

以透气性指数为依据进行风量调整。为了节能，由鼓风机来加减风，风闸全关，一般炉热不减风。炉凉时要先提高风温，提高鼓风温度，增加喷煤量，不能制止炉凉时可适度减风（5% ~ 10%），使料速达到正常水平。

低料线作业时间大于半小时要减风，不允许长期低料线作业。

休风后复风一般用全风的 70% 左右（风压、压差不允许高于正常水平），待热风压力平稳或有下降趋势时才允许再加风，加风后的热风压力和压差不允许高于正常水平。

煤气流失常时，应以下部调剂为主，上部调剂为辅。

（3）不同容积高炉风速和鼓风动能的选择见表 8-4。

表 8-4 不同容积高炉风速和鼓风动能的选择

炉容/m³	100	300	600	1000	1500	2000	2500	3000	4000
炉缸直径/m	2.9	4.7	6.0	7.2	8.6	9.8	11.0	11.8	13.5
鼓风动能/kJ·s⁻¹	15~30	25~40	35~50	40~60	50~70	60~80	70~100	90~110	110~140
风速/m·s⁻¹	90~120	100~150	100~180	100~200	120~200	150~220	160~250	200~250	200~280

冶炼强度升高，鼓风动能降低，原燃料质量好的高炉风速和鼓风动能较高，喷煤量提高，鼓风动能低一些，但也有相反情况，富氧后，风速和鼓风动能均要提高，冶炼铸造铁的风速和鼓风动能比炼钢铁低。风口数目多，鼓风动能低，但风速高。矮胖多风口的高炉，风速和鼓风动能均要提高。高炉炉容扩大（生产中后期），风速和鼓风动能均要增加。

一般情况下，风口面积不宜经常变动。

（4）冶炼强度的选择。根据炼铁学理论：

高炉利用系数 = 冶炼强度 ÷ 燃料比

使用提高冶炼强度的办法来提高利用系数是不科学的。这是中小高炉使用大风机，进行高冶炼强度冶炼，来实现高产所采用的普遍办法。这是一种高能耗，高污染的做法。宝钢吨铁风耗为 950m³/t 左右，而中小高炉为 1200 ~ 1500m³/t。风机产出 1m³ 风的能耗（标煤）为 0.85kg/t。生产实践表明，高炉操作经济的冶炼强度在 1.0 ~ 1.1t/(m³·d)。冶炼强度在 1.1t/(m³·d) 以上时，冶炼强度每升高 10%，焦比升高 1.4%，炉渣脱硫能力降低。

高炉增产的正确方法是：降低燃料比，提高富氧率和炉顶压力。

用炉腹煤气量指数取代冶炼强度来衡量高炉强化程度是最科学的方法，其定义为：单位炉缸面积上产生的炉腹煤气量。操作较好的高炉炉腹煤气量指数在 58 ~ 66，最高为 70。

（5）富氧。富氧鼓风可提高产量，炉腹煤气量减少，吨铁煤气量减少，有利于提高喷煤比（风口前理论燃烧温度提高）。所以，富氧要与提高喷煤比相结合。

风中含氧量由 21% 增至 25%，可增产 3.2% ~ 3.5%；风中含氧量由 25% 升到 30%，可增产 3%。富氧 1%，可增加喷煤量 15 ~ 20kg/t，煤气发热值提高 3.4%，可增产 4.76%，风口面积要缩小 1.0% ~ 1.4%。

为高炉专门配备变压吸附制氧设备也是一个不错的选择。因为不受炼钢富余氧量变化的制约，含氧量也不用那么纯，85% 即可，成本也低（1m³ 氧气电耗变压吸附制氧设备为 0.3kW·h，而深冷制氧为 0.5kW·h），运行灵活。

（6）脱湿鼓风。理论上风中每增加 1% 的湿度，需要通过提高 72℃ 风温来补偿，每 1% 的湿度相当于 8g/m³ 鼓风。风中每增加 1g 水，需要 9℃ 热风来补偿。实际高炉鼓风含 1g/m³ 水后，会有 H_2 的产生，有利于铁矿石还原，是个放热反应。实际鼓风增湿 1g/m³，只要 6℃ 风温来补偿。

无喷煤的高炉采用加湿鼓风可使用高风温炼铁，有利于增产降焦。

（7）高压操作。炉顶煤气压力大于 0.03MPa 叫高压操作。由常压改为 80kPa 高压后，鼓风量可增加 10% ~ 15%，相当于提高 2% 风量，再提高压力后，所增加风量为 1.7% ~ 1.8%；可以推动煤气压差发电装备 TRT 运转。

提高顶压 10kPa，可增产（10±2）%，降焦比 3% ~ 5%，有利于冶炼低 Si 铁，提高 TRT 发电能力，降低炉尘量。

高压操作不利于 SiO_2 的还原，由于强化了渗碳过程，故有利于冶炼低硅铁；一定程度地降低了焦比。高压操作煤气体积减小，流速降低，压头损失减少，有利于煤气热值充分传递给炉料，促进高炉顺行和节能，允许加风量 2.5% ~ 3.0%。

8-112　装料制度的调整包括哪些内容？

答：高炉煤气流的合理分布取决于装料制度与送风制度的相互配合。优化装料制度可使炉内煤气分布合理，改善矿石与煤气接触条件，减少煤气对炉料下降的阻力，避免高炉憋风、悬料。提高煤气利用率和矿石的间接还原度，可降低焦比，促进高炉生产稳定顺行。

（1）装料制度包括：装料顺序，炉料批重，布料方式，料线等。

（2）双钟炉顶设备装料方式：

正同装 OOCC↓　正分装 OO↓CC↓半倒装 COOC↓倒分装 CC↓OO↓　倒同装 CCOO↓。

大钟倾角一般为 50° ~ 53°，大钟行程一般为 400 ~ 600mm。

加重边缘装料的影响：由重到轻，正同装→正分装→混同装→半倒装→倒分装→倒同装。

（3）无料钟炉顶设备。一批料，流槽旋转 8 ~ 12 圈，矿和焦的 α 角差为 2° ~ 4°。

$$\alpha_0 = \alpha_c + (2° ~ 4°)$$

可实现单环、多环、扇形，螺旋，定点布料，中心加焦。大高炉可选择 α 角 12 个档位。

无料钟布料易形成的料面为：周边平台和中心漏斗，促进边缘和中心两股气流共同发展。

（4）布料效应。使用不同炉料，加重边缘效应为天然矿石→大粒度球团矿→小粒度球团矿→烧结矿→焦炭→小粒度烧结矿。

石灰石要布到中心，防止边缘产生高黏度的炉渣，使炉墙结厚。

（5）矿批重的选择。矿批重具有均整料面的功能，又有配合装料次序改变炉料纵深分布的功能。

每座高炉均有一个临界矿批重，当矿批重大于临界矿批重时，再增大矿批重，会有加重中心的作用。过大矿批重会加重边缘和中心的作用。不同容积的高炉建议矿批重见表 8-5。

表 8-5　不同容积的高炉建议矿批重

炉容/m³	100	250	600	1000	1500	2000	3000	4000
炉喉直径/m	2.5	3.5	4.7	5.8	6.7	7.3	8.2	9.8
矿批重/t	>4	>7	11.5	17	>24	>30	>37	>56
炉喉矿层厚/m	0.51	0.46	0.41	0.40	0.43	0.45	0.44	0.46
炉喉焦层厚/m	0.65	0.59	0.44	0.43	0.46	0.48	0.47	0.49

目前，原燃料的质量不断改善，有降低矿批量的趋势。大高炉的焦批厚在 0.65 ~ 0.75m，不宜小于 0.5m。宝钢焦批在 800mm。调负荷一般不动焦批，以保持焦窗透气性稳定。焦批的改变对布料具有重大影响，操作中最好不用。

高炉操作中不轻易加净焦，只有在出现对炉温有持久影响的因素时才用（如高炉大凉，发生严重崩料和悬料，设备出现大故障等），而且只有在净焦下达炉缸时才会起作用。加净焦的作用为：有效提炉温，疏松料柱，改善炉料透气性，改变煤气流分布。根据情况采取改变焦炭负荷的方法比较稳妥，不会造成炉温波动。调焦炭负荷不可过猛，变铁种时，要分几批调剂，间隔最好为 1 ~ 2h。

冶炼强度提高，矿批重要加大。喷煤比提高，要加大矿批重。

加大矿批重的条件为：边缘负荷重、矿石密度大改用密度小时（富矿改贫矿）、焦炭负荷减轻。

减小矿批重的条件为：边缘煤气流过分发展；在矿批重相同的条件下，以烧结矿代替天然矿；加重焦炭负荷；炉龄后期等。

改变装料顺序的条件为：调整炉顶煤气流分布，处理炉墙结厚和结瘤，开停炉前后等。

为解决钟阀式炉顶布料不均现象，可使用布料器消除炉料偏析。

布料器类型有 3 种：

1）马基式旋转布料器。可进行 0°、60°、120°、180°、240°、360° 六点布料。仍有布料不均现象，易磨损。

2）快速旋转布料器。转速为 10～20r/min，布料均匀，消除堆角。

3）空转螺旋布料器。与快速旋转布料器结构相同，旋转漏斗开口为单嘴，没有密封。布料器不转时要减轻焦炭负荷 1%～5%。

（6）可调炉喉。大型高炉有可调炉喉。宝钢 1 号高炉有 24 块可调炉喉板，有 11 个挡位，可使料面差由 0.75m 变至 3.58m，对炉内料面影响较大。

（7）料线。料线越高，则炉料堆尖离开炉墙越远，故使边缘煤气流发展。料线应在炉料碰炉墙的碰撞点以上。每次检修均要校正料线零点。

中小高炉炉料线在 1.2～1.5m，大型高炉在 1.5～2.0m。装完料后的料线仍要有 0.5m 的富余量。两个料线 R 下降相差要小于 0.3～0.5m。料线低于正常规定值 0.5m 以上时，或时间超过 1h，称为低料线。低料线作业 1h，要加 8%～12% 的焦，料线深超过 3m 时，要加 10%～15% 的焦炭。

高炉长时间低料线工作时，就应休风，也不允许长期慢风作业，否则会造成炉缸堆积和炉墙结厚。

（8）判断装料制度是否合理的标准。煤气利用率：$CO_2/(CO+CO_2)$ 值，0.5 以上为好，0.45 左右为较好，0.4 以下为较差，0.3 以下为差。

煤气五点分析曲线：馒头型差，双峰型有两条通道，喇叭花型中心发展，平坦形（双燕飞）最好。

炉顶温度较好的标准：中心 500℃ 左右，四周 150～200℃。四周各点温差不大于 50℃。

CO_2 含量表示能源利用情况：2000m³ 以上高炉应在 20%～24%；1000m³ 左右高炉为 20%～22%；1000m³ 以下高炉为 18%～20%。

8-113　热风制度的选择包括哪些内容？

答：高炉炼铁热量来源：碳燃烧（焦炭、煤粉）占 78%，热风带入的热量为 19%，炉料化学反应热为 3%。

（1）炉缸热量表示方式为：

物理热：铁水和熔渣的温度，一般为 1350～1550℃，正常值为 1450℃。

化学热：生铁含 Si 量。制钢铁控制在 0.3%～0.7%，Si 含量在 0.5% 为宜。铸造铁为在指定质量要求范围，两次铁含 Si 波动小于 ±0.2%。

风口区理论燃烧温度：（2150±50）℃。

炉渣碱度也可以表述炉缸工作热状态。炉渣熔化温度是炉缸温度调整手段之一。

（2）影响热制度的因素包括：

1）影响炉缸温度方面的因素有：风温、富氧、喷煤、鼓风温度和湿度、焦炭负荷，炉料下降速度、矿石含铁品位等。影响热量消耗方面的因素有：原燃料数量和质量、炉内间接还原程度、冷却水冷却强度（包括漏水）、煤气热能利用、高炉操作水平（料速、崩料、悬料等）。

2）影响炉内热交换的因素有：煤气流分布和流速，布料方式，炉料传热速度和热流比，炉料粒度、密度和气孔形式。

3）炼铁设备和企业管理因素包括：炼铁设备运行状态，冷却设备是否漏水，称量的准确度，高炉操作水平（四个制度稳定）。

8-114　造渣制度的选择包括哪些内容？

答： 高炉造渣制度要满足高炉冶炼的要求，即渣铁易分离，脱硫能力强，炉渣流动性好（黏度低），稳定性好。

（1）对造渣制度的要求。在优化配矿时，要选择初成渣生成晚，软熔区间窄，对炉料透气性有利，初渣中 FeO 含量少的矿。

希望炉渣熔化温度在 1300 ~ 1400℃，黏度小于 10P（1P = 0.1Pa·s）左右，可操作的温度波动范围大于 150℃。要求炉渣能自由流动的温度为 1400 ~ 1500℃，黏度小于 2.5P（1P = 0.1Pa·s），黏度转折点温度大于 1250 ~ 1300℃。

（2）炉渣在正常温度下要有良好的流动性和稳定性。希望炉渣从流动到不流动的温度范围比较宽，称之为长渣。温度波动 ±25℃，二元碱度波动 ±0.5 时，有稳定的物理性能。

有足够的脱硫能力，在炉温和碱度适宜的条件下，硫负荷小于 5kg/t，硫的分配系数为 25 ~ 30，硫负荷大于 5kg/t 时，分配系数为 30 ~ 50。对高炉衬砖侵蚀能力较弱。在炉温和碱度正常的条件下有较好的熔化性、流动性、稳定性、脱硫性，能冶炼出优质生铁。

（3）炉渣性能对高炉冶炼的影响。高炉内成渣区是炉料透气性最差的地方，占高炉煤气压头损失的 70% ~ 80%。所以要求炉渣熔化温度高，熔化区间窄，流动性好。

初成渣中含有一定的 FeO，可改善初渣的流动性，在下降过程中，FeO 被直接还原成金属铁，是个吸热反应。温度低时，初渣可能会凝固，降低料柱的透气性，引起炉墙结厚、结瘤。终渣中 FeO 含量降低 1%，渣温提高 20℃。渣中 FeO 含量小于 0.5% 为正常值。

渣中 CaO、MgO 的浓度高有利于脱硫，FeO 含量高不利于脱硫。低料线会使炉渣脱硫能力降低。

含 CaF_2 的矿石，易生成低熔点的炉渣，对脱硫不利，且侵蚀耐火砖。用含 CaF_2 的矿石进行洗炉有较好的效果。

提高 MgO 含量可改善 Al_2O_3 含量高的炉渣流动性。Al_2O_3 含量达 18% 的炉渣，配加 12% ~ 15% 的 MgO 后，炉渣性能得到改善。建议 MgO 在球团生产中配加，比加在烧结矿中有利。一般炉渣中 MgO 含量为 7% ~ 8%。

炉渣流动性最好的成分为：炼钢铁 $m(CaO)/m(SiO_2)$ 在 1.05 ~ 1.2，铸造铁 $w(CaO)/w(SiO_2)$ 在 0.8 ~ 1.05，MgO 含量在 6% ~ 9%。

CaO + MgO 含量在 48% ~ 50% 为宜。MgO 不超过 20%。

（4）造渣制度的调整。熔剂炉料要避免加到炉墙边缘，防止炉墙结厚和结瘤。洗炉剂要加到炉墙边缘，碎铁等金属附加物要加到中心。

（5）不同铁种对二元炉渣碱度要求。硅铁要求炉渣碱度为 0.6 ~ 0.9，铸造铁为 0.8 ~ 1.05，炼钢铁为 1.05 ~ 1.20，锰铁为 1.2 ~ 1.7。

8-115　什么叫中部调剂，如何进行中部调剂？

答： 调剂高炉中部区域（炉腹至炉身下部）炉体冷却系统的冷却制度，使之有适宜的热流强度，有益于形成合理炉型，进而促进煤气流的优化。中部调剂也是治理炉墙结厚的好办法。

热流强度是通过监测冷却水的温差来计算，操作炉型控制和煤气流分布对其影响较大。

冶炼炼钢铁时炉腹和炉腰区的热流强度应在 $30 \sim 40MJ/(m^2 \cdot h)$，冶炼铸造铁为 $38 \sim 50MJ/(m^2 \cdot h)$。

正常冶炼的高炉冷却设备水温差值为：炉腹、炉腰为 $6 \sim 8℃$，不能长期低于 $5℃$。炉身下部为 $4 \sim 6℃$，中部为 $3 \sim 5℃$，上部为 $2 \sim 4℃$。

调剂水压幅度一般在 $\pm 20kPa$，但下限不得低于 $50kPa$，避免水速过低。上限不超过 $150kPa$（夏季南方企业可高一些）。

8-116 高炉炼铁操作制度调整的原则是什么？

答：（1）建立以预防为主的工作思路：对炉况波动做出准确的判断。及早、少量进行科学调整，把炉况大波动消灭在萌芽之中。

（2）各操作参数要有灵活可调的范围，要留有余地。

（3）正常生产条件下，先采用下部调剂手段，其次为上部调整，再次为调整风口面积。特殊情况下采用上下部同时调剂。

（4）恢复炉况，首先恢复风量（高炉炼铁以风为本），处理好风量与风压的关系，相应恢复风温和喷煤，最后调整料制。

（5）长期不顺行的高炉，风量与风压不对应，采用上部调剂无效时，要果断缩小风口面积，或堵部分风口。

（6）炉墙侵蚀严重，冷却设备大量破损时，不宜采取强化操作。

（7）炉缸水温差高，要及早采取钒钛矿护炉，提高炉温等措施，堵部分风口，提高部分冷却设备冷却强度等。

（8）建立综合分析炉况的工作制度，每周每月有技术分析会，各工长炉长参加，集思广益，科学判断炉况，提出高炉下一步操作方针。高炉炼铁以风为本，要尽量实现全风量操作，并且要稳定送风制度，以维持好合理炉型，使煤气流分布合理，炉缸活跃。

选择风量的原则：风量必须要与料柱透气性相适应，建立最低燃料比的综合冶炼强度在 $1.0 \sim 1.1t/(m^3 \cdot d)$ 的概念，是高炉炼铁节能降耗工作的重要指导思想。

8-117 什么叫"高炉操作指导书"，有何用途？

答："高炉操作指导书"规定了高炉基本操作参数选择，如热风压力的使用，原、燃料条件；热量的使用，如焦丁使用、风温使用、炉温控制等；高炉炉渣碱度调整；特殊炉况处理，如连续崩滑料、低料线、雨季操作指导；切煤气操作、慢风加焦、炉凉预防及处理、料速控制等各项内容。

"高炉操作指导书"不同于"高炉工艺技术规程"，它简明扼要，实用性更强。

8-118 高炉基本操作参数如何选择？

答：（1）原、燃料充足，成分稳定。

烧结矿：$w(TFe) > 55\%$，R 为 $1.85 \sim 2.00$，过筛，无混料。

焦炭：水分小于 8%，$M_{25} > 90\%$，$M_{10} < 8\%$，$w(S) < 0.65\%$。

（2）热风压力的选择：

1）正常生产热风压力因炉而异，自主确定。

2）上限热风风压因炉而异，自主确定。

超过上限热风风压要适当减风降压。

8-119　热量的使用都规定了哪些内容？

答：（1）焦丁使用。因故停焦丁时，按 $0.5 \sim 0.75$ 折算系数补加焦炭。

（2）风温使用：

1）风温水平 850℃ 以上，每次用风温不大于 30℃，每小时加风温不大于 100℃，每两次风温使用间隔 10min 以上。

2）风温水平 850℃ 以下，每次风温使用不大于 50℃，每小时加风温不大于 150℃，每两次风温使用间隔 10min 以上。

3）如果后面有重负荷下达，要提前 2h 以上用相对应的风温。

（3）炉温控制：

1）铁水炉渣温度控制范围：$1450 \sim 1505$℃。

2）渣铁温度禁止低于 1430℃。

3）Si 含量控制范围：$0.4\% \sim 0.7\%$。

8-120　高炉炉渣碱度如何调整？

答：（1）高炉炉渣碱度控制范围 R_2：$1.12 \sim 1.20$，以能满足铁水质量为准，可根据铁水中 S 含量的高低，在控制范围内进行调整。

（2）正常生产条件下，炉渣碱度控制中下限。

（3）连续 3 炉 S 含量小于 0.020%，炉渣碱度可以降低 0.02。

（4）焦炭含 S 量升高 0.1%，炉渣碱度需要提高 0.01；如果铁水中 Si 含量升高 0.1%，入炉炉渣碱度降 0.015。

（5）通过调整炉料结构进行炉渣碱度调整时，首先调整海南矿和另一块矿的配比，其次再调整烧结矿与块矿的比例。

8-121　特殊炉况处理是如何规定的？

答：（1）连续崩滑料。连续崩滑料首先应分清炉热还是炉凉。崩料大于 1.0m 以上要记录清楚。

1）炉热崩料：

①一般间隔时间比较长，崩料、滑料前风压上升，顶压缓慢下降，顶温升高，透气性差，风口较亮；崩滑料后，炉况转顺较快。

②炉热造成崩滑料恢复风温不宜高于 800℃。但要防止热势过后，炉况转顺，在低风温作用下料速加快而造成炉温下滑，故恢复时以每间隔 10 批补加焦 $0.5 \sim 1.0$t 为宜。

③如炉温处于上限且 Si 含量在 0.8% 以上，崩滑料 1 次以内且料线小于 2.5m，可少

加或不加焦，如崩滑料 1 次以上，按表 8-6 规定加焦。

表 8-6 崩滑料造成低料线参考加焦量

料线/m	<2.5	3.0~3.5	3.5~4.0	4.0~5.0
加焦量/车·次⁻¹	0.5 (1.0t)	1~1.5	1.5~2	2.5~4

2）炉凉崩料：

①一般间隔时间短，且下料快，崩滑料前，风压不上升，顶压不降低，崩滑料前后透气性变化不大，顶温低，风口显暗。

②炉凉崩料首先减风至不崩料为宜（要求一次减到位），上用风温，观察风口是否有转热迹象。

③换炉要掌握好时机，避免再次崩滑料。

④如果不是负荷引起的崩料，负荷可以不动或少动，采取加净焦的办法。

⑤如果是负荷重引起的崩料，则加净焦的同时按正常操作轻负荷，加净焦按炉温下行管理办法加。

⑥采取以上措施 3h 以后，如炉温回升，不要急于加风，可用风温或风压调剂顺行，撤风温不超过 50℃，待轻负荷下达后再逐渐加风，加风幅度要小，间隔时间要长，避免再次崩滑料。

（2）低料线。

1）2.0m 以上空料线，要每批记录清楚。

2）小低料线未减风，考虑到炉温基础及半小时之内恢复正常料线，可不加焦或少加 0.5t。

3）低料线较深（2.5~3.5m）时，减风量 100~200m³/min，以控制顶温，具备上料条件后，按空料线加净焦。回风速度要与上料速度匹配，严禁低压赶料线。

4）出现大于 3.5m 料线时，若 0.5h 能恢复上料必须大减风，若 0.5h 不能恢复上料必须休风处理。送风上料后，按低料线加净焦的办法进行加焦，回风速度也要与上料速度匹配。按边赶料边加风的原则进行。

5）赶料线至料线 2.0~2.5m 时，适当控制上料速度，防止料压得过死而出现难行。

6）低料线下达要及时减风，防止出现炉况难行。

7）低料线加焦按表 8-7 进行。

表 8-7 某厂 500m³ 高炉低料线加焦量

料线时间/h	低料线深度/m	净焦量	料线时间/h	低料线深度/m	净焦量
1	≤2.0m	0.5t	1	3.0 左右	1 车
1	2.5 左右	1.0t	>1	>3.0	1.5 车

以上加焦以 1h 为时间单位，空料线时间不足 0.5h 的，加焦按空料线 1h 进行。炉况难行造成的低料线按崩滑料空料线加焦。

8-122 雨季操作指导是如何规定的？

答：（1）雨天炉温控制范围规定：1460~1505℃。

（2）批重调剂：根据情况酌情缩小矿批 5% ~ 10%。控制班料批（折合成正常料批）比正常料批少 2 批料左右。

（3）风量、风压控制：控制风压比正常生产风压上限低 2 ~ 5kPa，风量控制按降压力控制适当减风。

（4）压差控制：控制压差不高于正常生产时的压差。

（5）负荷调剂：根据原燃料入炉粉末多少，酌情校正干焦比。按以往经验，干焦比应较正常增加 1% ~ 4%。因雨天空气湿度大，负荷调整时要考虑鼓风加湿作用，下雨后要酌情稍减 5kg/t 左右焦比。水分焦下达前，要适当提前 2 ~ 3h 轻负荷 5 ~ 10kg/t 干焦比。

（6）风温使用：风温使用仍然按正常生产时的风温，不必有意撤风温，以保证充沛炉温。

（7）富氧使用：雨天操作时不能减少富氧的使用量，以保证炉缸温度充沛。

（8）若因水分过高顶温低，可适当增加倒装比例。

（9）雨天应增加水分化验次数，高炉至少 2h 做一次水分分析，根据变化及时补加水分焦。

（10）雨天要加强清筛工作，槽下工必须清干净振筛。

（11）对于雨天的休风或坐料后复风，要求进度比正常生产慢些，复风风量不高于全风量的 70%，每次加风量不得超过 100m³/min，间隔时间不能低于 15min，每次加风温不得超过 30℃，间隔时间不能低于 20min。

8-123　切煤气操作是如何规定的?

答：（1）切煤气前应先减风，切煤气后控制压差不高于正常生产时的压差。

（2）切煤气小于 0.5h 时，根据情况可加 0.5t 或不加焦，0.5h 以上原则每小时补加 1.0t 焦。

8-124　慢风加焦是如何规定的?

答：减风到正常风量 90% 以下视为慢风。

慢风加焦按每小时加焦 1 ~ 1.5t 进行。

8-125　炉凉预防及处理是如何规定的?

答：（1）铁温、渣温在中上限时，铁水 Si 含量连续两炉低于控制下限：

1）铁水 Si 含量低于控制下限 0.1% 以内：

①风温有余地时，上用风温 30 ~ 80℃，如果负荷重则轻负荷 8 ~ 10kg/t；

②风温无余地时，加焦 1 ~ 2 车，如果负荷重则轻负荷 8 ~ 10kg/t。

2）铁水 Si 含量低于控制下限 0.1% 以上：

①风温有余地时，2h 内上用风温 80 ~ 100℃；如果负荷重则轻负荷 8 ~ 10kg/t；

②风温无余地时，高炉加焦 2 ~ 4 车，如果负荷重则轻负荷 10 ~ 12kg/t。

（2）铁温、渣温在中下限，铁水 Si 含量处于中上限时：

1）当出现一炉炉温低于下限炉温时要及时上用风温 30 ~ 80℃控制，如果后面没有轻负荷或净焦等，要按早减风少减风原则适当减风控制，防止炉温继续下滑。

2) 当出现两炉以上（含两炉）炉温下滑，或一炉炉温下滑大于 20℃ 或 Si 含量下滑 0.15% 以上情况者，如风温有余地则上用风温 30~80℃，如后面没净焦或轻负荷下达，则应考虑按早减风少减风原则控制，防止炉温继续下滑。

3) 原则上不允许出现连续三炉（含三炉）以上炉温连续下滑现象。

（3）铁温、渣温低于 1430℃：

1) 如果炉温是上行趋势：提炉温不能过急，风温使用要按照每次上用风温不大于 30℃，每小时不大于 100℃ 的原则上用风温。如果能控制凉势，要以保高炉顺行为首要任务。可以少减风或不减风，如果后面有加焦下达，且此时处于减风状态，还应考虑适当加风。

2) 如果炉温是下行趋势：

①风口向凉，无下渣皮现象，减风 20% 控料速，酌情上用风温 50~100℃，同时加焦 1~2 车，2h 后，风口无明显返热，再加焦 2~3 车，同时轻负荷 10~15kg/t；2h 后风口无明显返热且渣铁温度无明显回升，可加焦 4~6 车，隔 5 批，再加焦 2 车。

②风口下渣皮，但无明显涌渣，减风 40% 并集中加焦 4~6 车，隔 5 批加焦 2 车，再隔 5 批加焦 2 车；风口大量下渣皮且风口被渣皮糊死，风温必须全用，集中加焦 8~12 车，隔 5 批加焦 4 车，再隔 5 批加焦 2 车。

③风口涌渣时，适当增加风压 10~30kPa，防止火管烧穿，事故扩大，必须集中加焦 12~16 车，隔 5 批加焦 4 车，再隔 5 批加焦 2 车。

④出现冷悬料时除风口、火管出现事故被迫休风外，不得进行休减风；风口涌渣时，应根据风机承受能力适当加风，至风口不灌渣为止。

⑤出现冷悬料时要及时组织炉前尽快出铁，尽量出净渣铁，争取自动崩下，没有把握时不许坐料，防止风口灌渣。

8-126　料速控制是如何规定的？

答：（1）料速要求均匀、稳定。

（2）当出现 1h 超过小时料速时，要上用风温控制料速。

（3）当接近或已出现 2h 超计划料速时要适当减风控制，尽量做到早减风少减风，并补加焦 0.5~1.0t。高炉减风 1~3 度（风机静叶角度）。

（4）减风控制料速过程中，料速一旦有减缓趋势要及时加回风量。

8-127　多出渣铁加焦规定内容是什么？

答：（1）多出铁数量的定义为实际铁量与理论铁量之差；估产误差的定义为实际铁量与估计产量之差。估产误差要求小于当前一批料的理论铁量。

（2）每多出 5~10t 铁加焦炭 1.0t。

（3）多出铁未及时加焦或加焦数量不足，属估产原因应追究副工长责任。

（4）如实际多出铁而估产没有多出，待实际产量出来后，要补足多出铁应加的焦。

（5）如果累计满 20t 以上铁没出来属炉前设备及操作或铁罐原因，预计下次铁能出来，按每 10t 补焦 0.5t 先加焦，待铁出来后再补足多出铁应加的焦炭，按每 10t 补加 0.5t 净焦。

（6）一次多出铁 20t 以上时，除要适当加焦外，还要适当减风控制 20~60min，根据情况及时加回。

（7）多出渣应及时加焦。估算该炉次多出多少渣量，按每吨渣加焦 200kg 补焦。

（8）多出渣后料速有加快现象时应及时减风将料速控制在正常范围之内。

第 6 节　高炉设备检查与维护检修

8-128　什么是点检定修制？

答：点检定修制就是一套加以制度化的比较完善的科学的设备管理方法，其目的是通过对设备按照规定的检查周期和方法进行预防性检查（即点检），取得设备状态信息，制订有效的维修策略，把维修工作做到设备发生事故之前，使设备始终处于受控制状态的管理方式。点检定修就是以点检为核心的全员设备检修管理体制，可以使设备在可靠性、维护性、经济性上实现协调优化管理。在点检定修制中，点检人员是设备管理的责任主体，既负责设备点检，又负责设备全过程管理，点检、运行、检修三者之间，点检员处于核心地位。

点检定修制分点检和定修两个部分。

8-129　什么叫点检？

答：点检是指为了维持生产设备原有的性能，通过人的观察（视、听、嗅、味、触觉）或使用简单的工具、仪器，按照事先设定的周期和方法对设备上的某一规定的部位（点）进行有无异常的预防性周密检查的过程，以使设备的隐患和缺陷能够得到早期发现、早期预防、早期处理，这样的设备检查过程称为点检。它包括运行人员的日常点检、点检人员的定期专业点检和精密点检 3 个层次的点检工作。

在实施点检作业的过程中，可以把日常点检、专业点检和精密点检有机结合。点检人员应做到按点检设备的五大要素（紧固、清扫、给油脂、备品备件管理、计划检修）及四保持（保持设备的外观整洁、结构完整、性能和精度、自动化程度）的要求，认真点检，一丝不苟，不轻易放过任何异常迹象。并利用手头工具，对短时间内可以处理的简单缺陷进行消除。合理安排设备缺陷的消缺工作，认真填写点检日志和设备分析报告。

8-130　设备点检的体系是什么？

答：设备点检制度是以设备点检为中心的设备管理体制。专职点检人员既负责设备的点检，又负责设备管理，是操作和维修之间的桥梁与核心。点检体系由五个方面组成：岗位操作人员的日常点检；专业点检人员的定期点检；专业技术人员的精密点检；专家的技术诊断和倾向性诊断；技术专家的精度测试检查，见表 8-8。

表 8-8　点检体系

名　称	方　式	执行人员	工　作　手　段
日常点检	24h 内定时	操作员与值班维修人员	设备结构知识、感官＋经验
定期点检	白班定时	专业点检员	机械、电气、仪表、水、液压等一般知识，工具、仪器＋经验

名　称	方　式	执行人员	工　作　手　段
精密点检	白班计划	专业点检员与维修人员	专业知识、经验＋精密仪器＋理论分析技术诊断和倾向性
诊断	按项目定期计划	点检员与维修技术人员	机械、电气、仪表、水、液压等全面知识、经验＋诊断仪器＋分析技术
精度测试检查	定期	点检员与专业技术人员	设备知识、经验＋精密仪器＋分析判断能力

设备点检由操作人员、专业点检人员、专业技术人员、维修技术人员等"全员"的力量，在不同专业和不同阶段协调于同一目标下，使这些各类专业技术各个层次的人员相互配合、协调，形成完善有效的设备管理体系。

8-131　设备点检制的基本内容是什么？

答： 按照规定的人员和时间周期要求，用确定的方法检查设备的指定部件，依据标准判断设备的技术状况和决定维护检修工作的设备维护管理制度，叫点检制。

点检制的基本内容有：

（1）实行全员管理，特别是生产工人要参加力所能及的检查和维护工作。

（2）要有专职点检员，按设备分区进行管理。

（3）点检员不只是检查设备，一定要有管理职能，并应按其责任给予相应的权力。点检员的管理职能主要是：检查和掌握设备状态，管理和分析事故，制定修理计划，提出维修资料计划和费用预算等。

（4）要有一套科学的点检标准、账卡和制度。

（5）加强动态管理，实行三级点检，即生产点检、专业点检和精密点检。

8-132　点检制包括哪些内容？

答：（1）定点。预先设定设备的故障点，明确点检部位、项目和内容，使点检有目的、有方向地进行。

（2）定量。结合设备诊断和趋势分析，进行设备劣化的定量管理，测定劣化速度，向状态检修过渡。

（3）定周期。预先分类确定设备的点检周期，并根据积累的经验和科技研究成果进行修改和完善。

（4）定标准。预先规定判断设备对象异常的点检标准，点检标准是衡量或判别点检部位是否正常的依据，也是判别该部位是否劣化的尺度。

（5）定点检作业卡。预先编制点检作业卡，包括点检设备群和区域定义、点检路线、点检周期、点检方法、点检工具等，它是点检员开展工作的指南。

（6）定记录。点检信息有固定的记录格式，便于信息管理和传递。点检记录包括作业记录、异常记录、故障记录和趋势记录。

（7）定点检处理流程。点检处理流程规定了对点检结果的处理对策，明确了处理的程序。急需处理的隐患和缺陷，由点检员直接通知维修人员立即处理。不需要紧急处理的问题，则纳入检修计划中待日后解决。这简化了设备维修管理的程序，使应急反应速度快，维修工作落实好。点检处理程序还规定了要对点检处理活动进行反馈、检查和研究，不断修正点检标准，提高工作效率，减少失误。

8-133　高炉设备点检标准是什么？

答： 某厂高炉设备点检标准见表8-9。

表8-9　高炉设备点检标准

点检项目	评判标准	点检方法	点检周期
冷却系统	冷却水出水温度小于55℃	仪测	每天
	冷却水流量大于550m³/h	仪测	每天
	冷却水水位不小于700mm	仪测	每天
炉本体	无开焊发红现象	目测	每天
大钟装置	密封性能好，无泄漏	目测	每天
	本体无磨损	仪测	每年
	油缸运行同步	目测	每天
	油缸各接头处无漏油	目测	每天
小钟装置	密封性能好，无泄漏	目测	每天
	拉杆无磨损，升降无卡阻现象	目测	每天
	油缸工作正常无泄漏	目测	每天
	本体无磨损	仪测	每年
空转布料器	运行平稳，无异音	目测听音	每天
	齿厚磨损小于25%	仪测	每年
	本体无磨漏	目测	每天

8-134　什么叫定修？

答： 定修是对点检结果进行分析，掌握设备部件的劣化程度，适时安排故障处理，以时间为基础的预约维修方式。从搜集设备状态信息入手，进行倾向管理、定量分析，结合计划检修，有效实施设备维修，使设备检修从预防性检修向预知性检修转变。同时根据点检结果和维修需要编制维修费用预算计划、备品备件和材料计划，控制维修成本。通过定修所要收集的状态信息开展其他工作；修改点检标准、给油脂标准及点检计划，对设备管理工作提出改进意见。

实行点检定修制，点检人员是设备的管理者，运行人员是设备的使用（操作）者，检修人员是设备的维修者，运行方、点检方、检修方是一个有机的统一整体，缺一不可。只有三方都发挥各自的作用，做好自己的工作，尽到自己的责任，点检维修制才能有效地实施。其中点检人员处于核心地位，是设备维修的管理者。要强调点检人员的设备主人观念，点检人员必须对其管辖区域的设备全权负责，其职责是严格按标准进行点检，并承担制订和修改各类设备技术标准，编制和修订点检计划，编制检修计划、材料和备品备件计划及维修费用计划等任务。

8-135　点检定修制的特点是什么？

答：（1）实行全员、全过程管理是点检定修制的基本特征。表现在参加点检活动的人员除了专职点检员外，还包括生产运行人员和管理人员。全过程管理还表现在点检活动贯穿在设备的运行、检修、技改以及日常维护的全过程。

（2）专职点检员按专业分工管理。实行专业分工负责制，这是点检制的实体、点检制的核心和点检活动的主体。

（3）点检员是管理者。点检制的精髓是管理职能层次减少，管理重心下移，把对设备管理的全部职能按专业分工的原则落实到点检员。

（4）点检四大标准的建立和运用。点检是一整套科学的管理工程，是按照严密的规程标准体系进行管理的。设备的维修技术标准、点检标准、给油脂标准、维修作业标准等管理标准，被称为点检制的四大标准。这些标准是点检活动的科学依据。

（5）强调生产、检修、管理三者的统一性和协调性。

（6）点检制把传统的静态管理方法推进为动态管理方法。

（7）点检定修制是以设备的实际技术状态为基础的预防维修制度。它能很好地把握解决设备问题的最佳时期，逐步实现设备的状态检修。

（8）树立成本管理意识是点检制的又一个重要特点。

综上所述，就维修方针而言，点检定修制从过去传统的以"修"为主的管理思路转变到以"管"或"防"为主的管理思路上来；就检修制度而言，不同于传统的计划维修制，也就是将过去设备坏了再修或周期到了就修的检修制度变为设备的预知检修。通过对设备的日常点检管理，有效地防止了过维修或欠维修。管理上强调 PDCA 方法，一切以数据说话。

8-136　点检定修如何实现有效实施？

答：（1）制订相关制度和标准。为使点检定修制能有效实施，企业在实施前应制订《设备点检工作管理办法》、《设备日常点检工作管理规定》、《点检员岗位责任制》、《点检员素质要求》、《设备分工管理办法》、《设备消缺管理办法》等有关制度，在保证设备稳定运行的前提下，为检修体制的平稳变化创造良好的基础。

（2）配备点检人员，明确点检定修范围。根据《点检人员素质要求》，结合企业内检修技术人员的具体情况，本着既要保证点检人员的基本要求又要兼顾企业原有检修内部的检修力量，从检修内部选取点检人员到生产策划部担任点检工作，实行设备管理和设备检修分离。

点检定修制的实施范围是与设备直接相关的设备和系统，而一些与设备的检修和管理紧密相关的特殊专业（如电气的继电保护专业），具有明显的机电一体化特性的专业（如吹灰和暖通消防）等，仍然继续留在检修部，没有实行设备检修和管理分离，但在检修内部按照点检定修制实施。输煤系统的设备由燃料部按点检定修制实施。

（3）实施点检定修制。根据《设备点检工作管理办法》、《设备日常点检工作管理规定》、《点检员岗位责任制》等制度，点检人员负责下列工作：

1）专业定期点检和精密点检，主要内容有：设备的非解体检查，设备解体后关键部位的检查，确定零部件更换，设备的劣化倾向分析，设备的性能测试，控制系统特性检查及参数调整；

2）设备缺陷和隐患的确认及技术诊断；

3）负责代表厂部进行质量验收；

4）编制设备的周、月维护与检修计划，适时安排检修工作；

5）编制备品备件计划，制订备品清册和事故备品的储备定额；

6）负责备品的测绘、图纸的审核、制订各类技术标准和健全各类技术档案，提出或编制技改项目；

7）编制大小修标准项目和工时定额，对检修项目的实施进行跟踪管理；

8）对点检实绩进行管理，提出点检周、月分析报告。

为了使点检人员能更规范的工作，在实施过程中编制了《设备日常点检工作管理规定》，明确了点检路线、点检时间、点检步骤、点检后续管理等，同时根据不同的设备，制订了日常点检卡，点检人员按日常点检卡开展日常点检工作，并及时提出点检报告。

（4）实施点检定修制的建议。通过近几年的实践，虽取得了点检定修制的一些成果，但在实施过程中也存在一些问题需要不断完善和提高。例如：

1）点检定修制是设备管理体制上的一种创新，对电力系统来讲，传统的设备管理办法经过不断的总结和完善已形成了比较系统的体系，因此，要从观念上、认识上提高对点检定修制的认识，各级领导、生产技术管理人员都应该加强对点检定修制的学习，在实施过程中不断深化学习点检定修制。

2）要搞好点检定修制，必须将其特点和本单位的具体情况相结合，要和电厂各专业的特点及设备的特点相结合，如热控、继保专业，如何更好地实施点检定修制值得进一步商榷，机电一体的设备如吹灰和暖通空调系统如何实施等。

3）要有效实施点检定修制，点检人员是关键。必须不断加强对点检人员的培训和管理，首先点检人员的基本素质要得到保证，其次点检人员要加强自身的学习，再者点检人员必须严格执行所有的点检管理规定，只有这样才能真正建立以点检员为核心的设备管理体制。

4）实施点检定修制，要掌握发电设备的实时运行情况，必须做大量文字技术分析，因此要有效实施这一体制必须充分借助计算机建立信息系统，实现信息共享，进行实时管理，通过计算机实时信息系统的应用，一方面可以将以点检为核心的相关生产部门如检修和运行管理有效地联系起来，另一方面也可监督检查点检工作的优劣程度，从而可使点检定检制得到全面贯彻落实和提高。

点检是一种科学的设备管理方法，点检员通过对设备进行定点、定期检查，对照标准发现设备的异常现象和隐患，掌握设备故障的初期信息，及时采取措施将故障消灭在萌芽阶段。点检制在国内的应用是从宝钢开始的，在大型冶金企业推广，获得了巨大的经济效益。

点检与传统设备检查的根本区别在于点检是一种管理方法，而传统设备检查只是一种检查方法。点检作业的核心是经过特殊培养的专职点检员对固定设备群和区域进行专门检查，不同于传统的巡回检查。

第9章 高炉开炉事故与处理

第1节 高炉开炉出现异常及事故处理

9-1 风口突然烧坏、断水如何处理?

答:(1)开炉风口破损处理方法如下:

1)送风4h之内,可立即休风更换。

2)送风大于4h,适当减水和外部喷水,出铁后休风更换。

(2)平时处理方案如下:

1)迅速停止该风口喷吹燃料,在风口外面喷水冷却,安排专人监视,防止烧出。

2)根据情况改常压操作或放风。

3)组织出渣出铁,准备停风更换。

4)为减少向炉内漏水,停风前应减水到力争风口明亮,以免风口粘铁,延长休风时间。

9-2 风口直吹管烧穿如何处理?

答:风口直吹管烧穿的预防:加强巡逻,及时发现风口是否跑风,直吹管是否发红,煤粉喷吹有无异常状态等。风口跑风要进行紧固,直吹管发红要打水或换掉,煤枪有问题要及时处理。

对风口工作状态不好的,如涌渣、挂渣,要停止喷煤。坏风口要减少供水量,并设专人看管。

风口损坏严重的,要停止喷煤,外打水,及时进行更换。视炉内情况改常压、减风,甚至慢风操作。出铁后进行更换。

要重视对风口和直吹管的维护,严防烧穿。1979年某厂5号高炉风口直吹管烧穿造成风口、二套、大套和直吹管烧坏,喷出红焦炭夹渣铁30余吨,将炉顶放散阀及除尘器操作系统和炉身一层平台电缆烧坏,造成休风七个多小时。

送风吹管烧坏处理方案如下:

(1)发现吹管发红和窝渣时,应停止喷吹燃料。

(2)发现烧出应向烧出部位喷水,防止扩大。

(3)立即改常压、放风,使风压降到不灌渣为止。

(4)迅速打开渣、铁口排放渣铁,出铁后休风更换。

9-3 如何防止和处理大灌渣？

答：高炉出现大灌渣的原因一般为：连续多次渣铁出不净，风口和吹管烧穿紧急放风，风机或送风系统故障而突然停风，以及处理悬料和管道等。大灌渣有时不仅将直吹管灌死，严重的还会灌到弯头和鹅颈管。灌渣后处理需要较长时间，往往要数小时，损失很大。

为防止大灌渣，应做好以下工作：

（1）做好炉前出渣出铁工作，做到每次都出净。

（2）因外部原因造成渣铁出不净，应估算出炉缸内的渣铁量，如果超过安全容铁量的1/2时，应减风操作，控制好下次出铁前炉缸内的铁水量不超过安全容铁量。

（3）处理炉况时的所有放风都应在出完渣铁后进行，如遇特殊情况，应看好风口；如果出现涌渣现象，要尽量维持风压或稍回点风，等待渣铁渗过焦床下到下炉缸；如出现灌渣时应回风顶回炉渣。

（4）如果出现烧穿风口或直吹管现象，应立即向烧出部位打水，防止烧坏大、中套，然后按吹管烧穿事故处理。

（5）如果在出铁前出现预兆，应立即组织出铁，只要罐位下有足够的铁水罐和渣罐就应打铁口出铁。

9-4 高炉悬料如何处理？

答：送风后要保障炉料下料顺畅，若送风4h后料尺不动，在确认炉缸有足够的坐料空间时，取得车间主任同意后工长可组织坐料，视风压情况缓慢恢复。

（1）出一次铁前悬料，如在点火送风6h以内，可直接进行放风坐料。

（2）如距送风点火时间大于6h，可适当减风，待料自己崩落。

（3）临近出铁时，坐料可在出铁后进行。

（4）坐料前要切记停止打水。

9-5 第一次出铁不能按时流出如何处理？

答：（1）开炉送风后下15批料之前出不来铁，要把铁口角度上移，尽量用氧气烧开。

（2）如风口无灌渣危险，可适当减风。

（3）20h仍不出铁，可用富氧枪烧开铁口。一定立足于铁口出铁，不提倡用渣口放渣，渣中带铁十分危险。

（4）长时间不出铁风口有灌渣危险，应加强风口检查，防止烧穿。

9-6 铁口流水如何处理？

答：（1）彻底检查漏水原因，是漏水造成的还是炉内的潮气聚集造成的。

（2）适当地降低炉顶压力。

（3）做好铁口泥套，捣防水层，并用煤气火烤干，勤出铁。

（4）如果冷却设备漏水，可适当地减小水量。

案例：某厂开炉初期，由于风口小套漏水，未及时发现，造成炉缸积水，铁口淌水长达3个多小时,并从铁口冒出大量蒸汽。事故发生后首先彻底检查了漏水原因,发现是风口小套漏水造成的;然后,止住漏水源。重点工作是排水和排潮气问题,一般做法是从铁口插入氧枪或上用风温都可以。由于开炉初期炉缸净焦量比较大,可完全靠焦炭烘干漏水,不必扒除开炉料,重新烘炉和开炉。

从炉身、炉缸、炉底的初始温度变化情况来看,都与正常开炉的3号高炉的变化情况基本相同。炉身的7层电偶(标高13~24m),平均1.57m一层,炉缸3层电偶、炉底4层电偶的初始温度及以后的升温变化也都在正常范围,说明炉缸、炉底几乎未渗进水或渗水少许,不会影响炉底、炉缸的寿命,因为影响高炉寿命的主要部位在炉缸、炉底,所以高炉寿命没受影响。这主要得益于高炉砌砖质量优异,缝隙很小,炭砖的缝隙都小于0.5mm,且使用碳油结合,炉缸、炉底上部有陶瓷杯保护,又及时加风将炉缸及炉料中的浸水从铁口煤气导出管排除。

9-7 炉顶温度过高如何处理?

答:(1)炉顶温度超过250℃,炉顶开始自动打水。

(2)如连续崩料,要立即减风,直至不崩为止。

(3)如上料皮带有问题,高炉应立即减风至风口不灌渣水平,如问题严重出铁后应立即休风。

(4)如果打水仍不能解决问题,高炉应立即减风或者休风,检查原因。

9-8 气密箱内温度大于50℃如何处理?

答:(1)检查气密箱冷却系统,如过滤器堵塞,转为旁路供水。

(2)如换热器失灵,转入旁路供水。

(3)检查 N_2 冷却情况,如果量少,可增大 N_2 量。

(4)适当地降低炉顶温度,可以通过减少风量、进行炉顶打水来实现。

9-9 炉顶打水问题如何处理?

答:(1)炉顶温度大于250℃时,炉顶自动打水。

(2)高炉发生悬料时,坐料前要停止打水。

(3)高炉休风前要停止打水。

(4)检查气密箱上下水槽液位,如主液位计失灵,可适当减少水量。

9-10 旋转溜槽不转如何处理?

答:(1)查找原因,如溜槽仍不转,自动操作改手动操作。

(2)短时间不转(0.5h以内)时采取减风措施。

(3)较长时间不转时应减风到风口不灌渣水平,出铁后休风检查。

(4)强化冷却,炉顶降温。

9-11 中心喉口堵塞如何处理?

答:(1)如发现喉口堵塞,可打开下密封阀和料流调节阀,提高 N_2 压力冲刷。

（2）如不下，立即减风到风口不灌渣水平。

（3）提前出铁，出铁后休风撵煤气处理。

9-12　下料罐棚料如何处理？

答：（1）提高 N_2 均压（在炉顶允许压力范围内），高炉改常压，往下冲。

（2）如不下料立即减风到风口不灌渣水平。

（3）全开料流调节阀，振打下料罐锥体。

（4）休风扒料。

9-13　下密不严引起着火如何处理？

答：（1）遇有着火，立即关严上封阀。

（2）开二次均压阀，充 N_2 灭火。

9-14　高炉紧急停水应如何处理？

答：紧急停水的处理措施为：当低水压报警时，要立即做好停水准备。见到水压降低要立即采取以下措施：减少炉身用水，以保持风渣口供水；停氧，停煤，改常压，放风，风放到风口不灌渣为止；立即组织出铁出渣。经联系若短期不能提高水压和不能供水时，立即组织休风。

来水后的处理措施为：把来水总门关小，如风口已干，要关闭风口进水阀门，进行单个风口缓慢通水，防止通水后风口蒸汽爆炸，渣口供水也要如风口一样缓慢通水。冷却水箱（冷却壁）要分区分段缓慢通水。烧坏的冷却设备要更换，重点是风渣口的检查。在确认供水故障解除，水压正常后才能组织复风生产。

开始正常送水，水压正常后应按以下顺序操作：

（1）检查是否有烧坏的风口、渣口，如有，迅速组织更换。

（2）把自来水总阀门关小。

（3）先通风口冷却水，如发现风口冷却水已尽或产生蒸汽，则应逐个或分区缓慢通水，以防蒸汽爆炸。

（4）风、渣口通水正常后，由炉缸向上分段缓慢恢复通水，注意防止蒸汽爆炸。

（5）只有各段水箱通水正常、水压正常后才能送风。

特别强调：高炉突然断水时，要立即组织出铁出渣，同时进行休风。抢在高炉冷却设备，特别是风渣口，在断水前休下来风，减轻烧坏冷却设备的程度。

断水后的高炉操作要果断、谨慎、有序操作，强调人身和设备的安全。

非计划休风在 4h 以上时，要按炉凉处理，特别是有漏水的情况。

9-15　高炉紧急停电应如何处理？

答：高炉出现紧急停电时，首先要冷静，分析和确认停电的原因、性质、范围，分别进行处理。

上料系统停电后要减风，如 1h 以上不能供电时，要立即组织出铁出渣，进行休风。来电后要先上料，料满后再复风。

热风炉停电后可手动操作一段时间。不能进行烧炉，要视情况而定。

泥炮停电后要查明原因，适当减风。短时处理不好时，若炉缸存铁太多，要组织出铁休风，用人工堵铁口。

鼓风机停电停风后要立即组织出铁休风。

紧急停电引起断水按停水处理。

鼓风机停风和停水同时出现时，先按鼓风机停风处理，再按紧急停水处理。

9-16 高炉鼓风机突然停风应如何处理？

答：鼓风机突然停风的主要危险是：

(1) 煤气向送风系统倒流，造成送风管道及风机爆炸。

(2) 风机突然停风可能造成全部风口、吹管及弯头灌渣。

(3) 因煤气管道产生负压而引起爆炸。

所以，发生风机突然停风时，应立即进行以下处理：

(1) 关混风调节阀，停止喷煤与富氧。

(2) 停止加料。

(3) 停止加压阀组自动调节。

(4) 打开炉顶放散阀，关闭煤气切断阀。

(5) 向炉顶和除尘器、下降管处通蒸汽。

(6) 发出停风信号，通知热风炉关热风阀，打开冷风阀和烟道阀。

(7) 组织炉前工人检查各风口，发现进渣立即打开弯头的大盖，防止炉渣灌死吹管和弯头。

9-17 高炉管道行程应如何处理？

答：管道行程是炉内局部区域煤气流过分发展的现象。有上部管道行程、下部管道行程、边缘管道行程和中心管道行程。

管道行程的征兆为：

(1) 风压和风量不对称，风压下降，风量上升，有自动增加风量的现象，其波动范围超出正常水平，且不稳定。

(2) 易发生崩料，崩料后管道堵塞，风压会突然上升，风量下降，处理不好易悬料。

(3) 料尺下降不均，有滑尺、埋尺、停滞、塌落的现象。

(4) 炉顶压力波动超出正常范围，有尖峰的现象。

(5) 从炉喉红外摄像可看出管道处温度高，超出正常值。

(6) 风口工作不均，边缘管道行程方向的风口发暗，有升降。

(7) 炉尘吹出量明显增多。

管道行程形成的原因为：

(1) 炉温上升造成风压升高，若处理不当，煤气会向阻力小的部位集中通过，出现管道行程。

(2) 炉料质量变坏，粉末多，透气性差，煤气阻力增大，在压力升高时，易形成管道。

（3）长期装料制度不合理，边缘或中心煤气流过分发展，易形成管道。

（4）高冶炼强度操作，矿批小，煤气流不稳定，易形成管道。

要根据管道行程生成原因和部位来决定处理的办法。

上部管道行程处理的办法为：

（1）炉温向热要先降风温，适度减风，使风压和风量对应。

（2）减风时改变装料制度，适当发展边缘或中心煤气流，无料钟设备可实施定点布料，进行堵塞管道。出现风压升高现象时，要减风，维持风压和风量对应。

（3）高压改常压，使煤气流重新分布。

（4）管道行程严重时，会出现风压和风量频繁波动，要按风压操作，使风压比出现管道行程时的风压低 20～30kPa，力求风压和风量稳定。30min 后再缓慢加风。加风要慎重，要避免形成新的管道行程。

以上办法无效时，可采取出铁后放风坐料，坐料后要逐渐恢复风压和风量，使煤气流重新得到合理分布。

管道行程的部位不固定，可采用大矿批或双装，增大料层厚度的方法，起到堵塞管道行程的作用。但是要及时解决好风压突然升高、发生崩料，以及大崩料等现象。这种处理办法要求在炉温充沛的条件下进行，要防止因崩料造成炉缸大凉。

下部管道行程的处理办法为：下部管道行程的形成原因是软熔带煤气透气性变差，可采用减风、适当发展边缘煤气流，减负荷，提炉温等方法解决。减风后的加风条件是风压和风量要对应、稳定，下几批料后再动作。

边缘管道行程可采用堵相应部位的风口，促进风压和风量的对应等方法解决。

处理管道行程的原则：要先疏导，后堵管道，三个班要统一操作，步调一致。把握住炉温和顺行，处理的过程中再不要造成出现其他的问题。

9-18 什么叫低料线，有何危害？

答：料线低于正常料线 0.5m 以上叫低料线，时间在 1h 以上。

低料线的危害是：

（1）打乱了炉料的正常分布，使料柱的透气性变差，炉内煤气流分布失常，炉料得不到正常预热和正常还原，是造成炉凉和炉况失常的重要原因。低料线会使高炉顺行变坏，炉温向凉，生铁含硫量升高 1～2 倍，风渣口易破损。

（2）低料线易损坏炉衬，打乱软熔带的正常分布，易造成炉墙结厚和结瘤，也容易烧坏炉顶设备。

（3）低料线的炉料到达软熔带时，高炉难操作。炉料透气性差，风量和压差不对应。

低料线产生的原因为：生产不稳定，高炉顺行变差，崩料或连续崩料；悬料坐料形成低料线，特别是顽固悬料坐料形成的低料线特别深；设备故障不能上料或上料慢；原燃料供应不上等。

9-19 如何处理低料线？

答：根据炉顶温度（不超过 250℃）的高低，适度减风，控制好料线，要确保炉顶温度不能超出允许最高值（300℃），保护好炉顶设备（启动炉顶打水设备，但不能打水过多）。

减风是赶料线的最好办法，但不适宜于长期低料线作业。减风、低压时间不超过 2h。

为补偿炉料加热不足，防炉凉，低料线一定要轻焦炭负荷，要根据料线的深度和时间而定，一般轻焦炭负荷 10% ~30%。

低料线的时间/h	料线深/m	加焦炭量/%
0.5	一般	5 ~10
1	一般	8 ~12
1	>3.0	10 ~15
>1	>3.0	15 ~25

（1）由设备故障造成低料线的处理方法为：减风到高炉允许的最低水平，只要风口不来渣。故障消除后，要先装料，赶上料线后，再加风。上料过程中要补净焦。若故障处理时间长，不能上料，要抓紧组织出铁，出铁后休风。

上料设备发生故障之后，可先上几批焦，后补矿石。但焦炭上料设备发生故障时，则不允许先上几批矿石，后补焦炭的做法。

（2）炉况不顺的高炉低料线的处理一定要慎重，要防止出现恶性悬料。可采取减风与空料线相结合的办法，风压平稳是前提。若炉子已悬料，则要先装料，后坐料。

赶料线到炉料碰撞点时，可改 1 ~3 批倒装料，以疏松边缘。

低料线的炉料到达风口区时，如遇风压高，高炉炉况不顺，可改 1 ~3 批倒装料或适度减风。

为保护炉顶设备，在炉顶温度大于 500℃ 时，可向大小钟之间通蒸汽，但严禁向炉内打水，可适度减风。

当风量减到 50% 以上时，料线深 3m 以上，低料线的因素没排除，要立即组织出铁，出铁后休风。

赶料线不能急，要均匀上料，防止悬料或恶性悬料。

（3）连续崩料造成的低料线建议休风堵风口，以利于恢复炉况。

案例：某厂 1513m³ 高炉因设备事故造成低料线 4m，因处理过急，低料线的炉料到达风口区时连续崩料，未及时减风，导致悬料甚至顽固悬料，最终导致炉凉，经过十多天处理才恢复正常。

某厂 1513m³ 高炉因上料设备故障，造成低料线。由于赶料线过急，料满后悬料，进一步处理不当，坐料不下，休风料也不下，喷吹渣口和铁口无效，只好拉下渣口小套，送风吹炉缸内炉料外排。2h 后坐料，料下来，炉大凉，出 3 炉号外铁。

9-20 什么叫偏料？

答： 两料尺相差大于 0.5m 以上叫偏料。钟阀高炉两料尺相差 1.0m 以上也叫偏料。

（1）偏料的危害为：破坏煤气流正常分布，能量利用率降低，使装料调剂手段效果减小，造成高炉圆周工作不均，特别是炉缸温度不均，对喷煤和下部调剂效果有较大影响，易产生炉况大凉、大崩料或连续崩料、悬料、结瘤，炉料粉末易集结在下料慢的部分。

（2）偏料的征兆为：

1）在料线浅的高炉易发生装料过满，或大钟关不严。

2）风口圆周工作不均，一侧暗，一侧亮。

3）各渣口、上下渣温差大。

4）渣铁物理热不足，生铁含 S 高，炉渣流动性差。

5）CO_2 曲线低料线侧较低，最高点向中心偏移。

6）风压高且不稳，顶压常见尖峰。

7）炉顶温度曲线分散，低料线一侧温度高。

（3）产生偏料的原因为：

1）炉衬侵蚀不均，侵蚀严重一侧煤气流过分发展。

2）炉型变坏，一侧可能有结瘤，使下料不均。

3）旋转布料器故障，停转后布料偏移。

4）风口圆周工作不均。

5）炉料粉末多，布料时发生炉料粒度偏析。

9-21　如何处理偏料？

答：（1）检查料尺工作是否正常，有无假象。

（2）出现偏料时要避免中心过吹和炉温不足。

（3）偏料初期可改变装料制度，采取疏松边缘或双装等办法。

（4）炉温充沛时，可出铁后坐料，加 3～5 批净焦，后补矿，改变煤气流分布。

（5）使用无料钟设备可采取定点布料。

（6）低料线一侧缩小风口径，加套，严重时可堵风口。

（7）发现有结瘤要及时处理。

（8）大钟和旋转布料器工作有缺陷要及时处理。

9-22　什么叫崩料与连续崩料，有何危害？

答：炉料突然塌落的现象叫崩料，其深度超过 500mm，或更深，属于不正常下料。炉料突然塌落的现象连续不断或不止一次地突然塌料叫连续崩料。

（1）崩料的危害。炉料下降速度显著减慢而失去均衡叫难行，难行是崩料的前兆。炉料透气性恶化会导致炉料下降速度减慢，物理反应减缓，要及时进行调整。消除难行和合理处理崩料是防止高炉悬料的主要措施。崩料和管道行程互为因果关系。

崩料会使大量生料（未被加热，进行直接还原的炉料）进入炉缸，造成炉缸大凉。炉料没预热会使热风能量损失，炉料不进行间接还原反应，炼铁能耗要升高。

（2）崩料的前兆。炉料下降不畅，渐向难行；料尺下降不均，时快时慢时塌陷，时停滞。风量、风压和炉料透气性波动加剧，呈锯齿状且密，严重时呈大锯齿状。炉顶煤气温度变化频繁，温度曲线紊乱，温度带变宽，风口圆周工作不均，连续崩料时，风口前生降显多，严重时出现风口涌渣，甚至灌渣现象。

炉温波动大，渣铁温度急剧下降，出现黑渣，铁硫高，渣铁流动性差。

炉顶压力波动大，炉顶温度波动也较大，某点温度会突然升高。

如是边缘过重引起的崩料，风口不接受风量和喷煤。

管道行程引起的崩料，在管道方向风口不接受风量和高喷煤比。

（3）崩料的原因为：

1）主要原因是鼓风动能、煤气流分布、装料制度之间发生不平衡。

2）气流分布失衡，边缘或中心过分发展，管道行程没及时调整。

3）炉热、炉凉调剂不及时，炉温波动大。

4）严重偏料、长期低料线引起煤气流分布失衡。

5）炉墙结厚、结瘤，炉型被破坏。

6）原燃料质量变坏，高炉没及时调整。特别是焦炭质量变坏，炉料粉末增多。

7）炉渣成分波动，形成短渣，软熔带透气性变差。

8）布料设备不正常，使煤气流分布失常。

9-23 如何处理崩料？

答：崩料的处理要果断，严防连续崩料，否则高炉会大凉，可能会造成炉缸冻结。

（1）偶尔出现 1~2 次滑尺，可视炉温、料尺深度而采取轻焦炭负荷，疏松边缘，降煤比，短时减风等方法。

（2）炉热崩料可通过降风温 40~50℃，或减煤比，疏松边缘制止。在出渣铁前崩料，在降风温时，也要减风量；连续崩料时要多减风（减风 30%~40%），高压改常压，风压和风量对应，下料正常后，再逐渐恢复正常。处理过程中要适当加净焦和轻焦炭负荷，确保炉缸热量充沛。待不正常炉料过风口后，再加全风。

处理连续崩料最有效的办法是：出铁后休风坐料，堵部分风口（3~5 个）。复风后按压差操作。

（3）炉凉崩料的危害很大，要立即大幅度减风，并提风温，上部加净焦。

（4）因煤气流失常引起的崩料，要调整装料制度。对于炉温充沛的高温，可短时降风温 30~50℃，炉温不足时要减风，风压不要超过正常值。实行定点布料，双装料制，缩小矿批重等。

（5）原燃料质量变坏引起的崩料，要提炉温，轻负荷，适度降低冶炼强度，减风量。

（6）炉渣碱度过高（碱度在 1.4 以上）引起的崩料，要及时调碱度，造长渣。高 Al_2O_3 要加配 MgO 量。

处理好第一次崩料很重要，一定要控制好风量，待料尺走好且稳定后，方可加风。风量与料速要相适应，否则还要减风，严防连续崩料。

9-24 什么叫悬料，有何危害？

答：炉料下降停止时间超过两批料（料尺打横 10min）以上时叫悬料。悬料分为：上悬料，下悬料，热悬料和冷悬料，以及顽固悬料。坐料三次或三次以上未解决的悬料是顽固悬料。悬料在 4h 以上称为恶性悬料。

（1）悬料的征兆：悬料前炉况难行，风压突然升高，风量减少，顶压降低。若风压急剧升高，风量随之减少，料尺打横，则表明已形成悬料。

风口焦炭呆滞，个别风口有生降。

料尺下降不正常，下下停停，停顿后突然塌落，停顿 10min 以上时为悬料。

（2）悬料的现象：下料速度逐渐减慢，料尺越来越宽，最后打横。有时是料尺连续滑尺，之后打横。一般悬料时，高炉只是表现出不接受部分风量，严重悬料时不接受风量。

（3）上下部悬料的区别：

1）上部悬料的特点为：有崩料和管道行程，风压稍降后突然间升高；风口工作正常，风口前焦炭仍很活跃；坐料放风时风量未到零，料已下来；坐料对炉温影响不大。

2）下部悬料的特点为：悬料前 1～1.5h 风压已渐升，出现难行和崩料；崩料后风压迅速上升；风口工作不均，反应迟钝，有风口前焦炭呆滞现象；下部压差高。

（4）悬料产生的原因：

1）上部悬料：煤气分布严重失常，中心与边缘的 CO_2 相差大于 4%；管道被堵死后立即悬料；炉料偏行，致煤气分布不均；冶炼强度与炉料透气性不相适应，冶炼强度与含粉率不相适应；炉温急升，处理不当等。

2）下部悬料：下悬料包括热悬料和凉悬料。产生的主要原因是下部热平衡被破坏，致使热制度和造渣制度波动大。

热悬料：炉温高，煤气膨胀，SiO 挥发，使下部压差升高。煤气体积和流速增大，软熔带位移，使煤气阻力增大。

凉悬料：炉温低，渣铁变黏，流动性差，导致煤气阻力增大，初渣和铁滴落受阻。凉悬料较难处理。

下部悬料产生的原因为：

①造渣制度失常：渣碱度变化大，由长渣变短渣。炉温升高，渣碱度升高。高 Al_2O_3 低 MgO 的炉渣流动性差。

②焦炭质量变差，粉末多，焦粉末进入炉渣，炉渣变黏稠。

③炉腰或炉腹结瘤。

④休风时间长，特别是重负荷无计划休风时间长，热损失大，复风后的低炉温（复风进度过快）致使炉缸变凉。

⑤高炉操作不当：加风（超过正常风量的 10%）或提风温（1h 以内多次提风温，幅度大于 50℃）过猛。

⑥低料线时间长，使成渣带温度降低，初渣易凝固；加大了焦炭和矿石的落下距离，增加了粉末的产生，减少了炉料预热。低料线的料称为乱料，乱料下达软熔带和炉缸时，高炉不好操作，或出现操作不当。

乱料下达炉缸，煤气流分布不合理，炉况难行，出现崩料，最后导致悬料。

9-25　如何处理悬料？

答：高炉正常生产是炉料下降的重力与煤气上升的浮力相适应。悬料是打破了上述平衡，处理悬料也要从这两方面入手。

（1）处理悬料的原则：处理要果断，不可拖延，避免悬料发展成为顽固悬料。区分出是上部悬料，还是下部悬料，是热悬料，还是凉悬料，针对不同悬料要采取不同的处理办法，两者不可混淆。

（2）以预防为主，有悬料征兆的要早处理，防止悬料发生。

悬料的征兆有风压爬坡，料尺不均，料难行；如是热行，可降风温，减煤比；如是凉行，先停氧，减风，相应减煤比，轻焦炭负荷。

（3）力求先不坐料来解决悬料：刚悬料时应立即减风（40%左右），改常压；如是热悬料可同时降风温（100～150℃），即可解决一般悬料。

（4）当已出现悬料时，要减风降风压，出净渣铁，放风坐料。回风量要小，风压要低于悬料前的水平，风量要为正常值的90%，炉况好转时，根据炉料透气性和压差，逐渐全加风。根据炉况，可堵部分风口，按风压操作。坐料后的低料线，要在 20～30min 内撵上，避免低料线的副作用。

一次坐料要彻底，不要急于回风，严防反复。

（5）原燃料质量不好时，特别是成分不稳定时，高炉不顺，要提炉温，轻焦炭负荷，降冶炼强度操作，不能再追求产量，而应以稳定为主，稳定会出效益。

（6）有结瘤要早处理，消除结厚。

（7）坐料下不来时可转为休风坐料。

（8）顽固悬料必须慎重从事，按料线深度和炉温情况适当加焦，轻焦炭负荷，疏松边缘气流，改善炉料透气性。赶料线不能太急，避免重复悬料。

（9）坐料之前，料线要达到正常水平，不可低料线坐料。顽固悬料之后，可堵部分风口，实行定风压操作，复风压力要一次比一次低。

（10）坐料之后的操作：出铁后坐料减风一次到底。要分几个台阶（5～7 个）逐渐恢复风量，风压升高也要分几个台阶（第一次为 50kPa，以后为 10～20kPa，最后为 1～10kPa），逐渐恢复风温、煤比及焦炭负荷，富氧。炉凉时要慎重提高风温。

顽固悬料只要能上料，一定要上足料，首先是加净焦，严防复风后炉凉，提高炉料透气性，也为加快恢复创造条件。

最顽固的悬料几乎吹不进风，坐料也不下来，可打开渣口和铁口，让风有通道，烧炉内焦炭，加大空间，补充热量，烧一段时间后，再坐料。顽固的悬料在放净渣铁后，可送冷风吹。

处理顽固的悬料时要保护好炉顶设备及干法除尘的布袋。

9-26　什么叫炉缸堆积，有何危害？

答： 炉缸堆积是一些尚未还原的炉料（正常的炉料会被加热、还原，形成初渣，软熔，滴落，形成正常的渣铁进入炉缸）与焦炭一起进入炉缸，形成一个不冶炼区，破坏炉缸正常工作。炉缸堆积也可能是一些焦粉、难熔炉渣，或是一些钛化物等。

炉缸堆积分为边缘堆积和中心堆积两种。中心堆积还有炉底上涨现象。

（1）边缘堆积的征兆有：

1）风压高，波动大；出铁前风压高，出铁后风压低。

2）加风易崩料，减风转顺；风量波动大，出铁前风量低，出铁后风量高。

3）高炉透气性指数小，压差大，出铁前后变化大。

4）炉顶温度偏低，温度带窄，波动大。

5）炉喉、炉身温度偏低，边缘煤气不发展；中心温度偏高，温差大。

6）煤气 CO_2 边缘高，中心低。

7）出铁前料尺下降慢，出铁后快，常有小崩料及料尺呆滞现象，但不易出现悬料。

8）风口工作不均，发暗，对炉温反应不及时。严重时风口涌渣、灌渣。风渣口破损增多，先坏风口，后坏渣口。

9）渣温偏低，上渣比下渣凉，上渣带铁多，难放，易坏渣口。

10）铁水物理热不足，易出低硅高硫铁。严重时出高硅高硫铁，见下渣后铁量少；铁口变深难开等。

（2）中心堆积的征兆有：

1）风压水平低，反应不灵敏，时有尖峰，易悬料。休风后和慢风后，风量难恢复。

2）风量和压差表现与边缘堆积相似。

3）炉顶温度偏高，温度带窄，波动大。

4）炉喉周边温度差别大，边缘高，中心温度偏低。

5）煤气 CO_2 边缘低，中心高。

6）料尺下降不均，易出现"陷落"，突然出现料满现象。悬料后不易恢复。

7）炉温充沛时，风口工作明亮，但是呆滞。炉温不足时，见生降，严重时风口涌渣、灌渣。风口易破损；先坏渣口，后坏风口。

8）渣温低，下渣比上渣凉，渣温变化大，上渣带铁多，易坏渣口。

9）铁水物理热低，易产生高硅高硫铁。同次铁前热后凉，下渣出现早，但渣量少。

10）风渣口破损增多，是炉缸堆积的明显征兆。

（3）产生炉缸堆积的原因如下：

1）长期边缘过重，鼓风动能大，中心煤气流过分发展，易导致边缘堆积。

2）长期采取轻边缘装料制度，鼓风动能小，煤气吹不透中心，易导致中心堆积。

3）长期冶炼高标号铸造铁，造成石墨堆积，一般是炉底上涨。

4）长期进行钒钛磁铁矿冶炼，因钛化物（TiN、TiC）析出，引起炉缸堆积。

5）造渣制度不适应，高 Al_2O_3，高碱度，易形成短渣，遇炉温波动或炉缸大凉，易造成炉缸堆积。

6）长期堵风口，引起相应部位炉缸堆积。

7）冷却强度过大，冷却设备漏水，可造成局部炉缸堆积。

8）碱金属负荷过重，又排不出，引起炉缸堆积。

9-27　如何处理炉缸堆积？

答：提高原燃料质量（重点是提高转鼓强度，减少粉末），提高炉料透气性，选择科学合理的炉料结构、装料制度、送风制度，这是预防和处理炉缸堆积的根本措施。

（1）边缘堆积的处理措施：要减轻边缘，扩大风口径。根据炉温调焦炭负荷。

（2）中心堆积的处理措施：加重边缘的装料制度，改用长风口，缩小风口径。提高风速，吹透中心。短期慢风作业要堵风口。

（3）长期冶炼高标号铸造铁，要适时变炼铁种，清洗炉缸。

（4）高 Al_2O_3（大于15%时）要提高 MgO 含量（12%左右）。改善炉渣透气性。

（5）降低炉料碱金属负荷，采取低碱度炉渣排碱。

（6）炉缸严重堆积的情况下要洗炉：

提高炉温，调焦炭负荷。降低炉渣碱度，要使渣碱度比正常值低 0.1 ~ 0.3。

冶炼铸造铁时可适量加锰矿、萤石。提高渣铁流动性，控制石墨析出。

特殊情况下可用萤石清洗炉缸。时间不可长，因为萤石对炉衬有破坏作用。也可用轧钢氧化铁皮、钢屑、碎铁洗炉缸。

（7）对于风渣口破损较多的炉缸堆积要增加出铁次数和放渣次数，减少炉缸存渣铁量。炉缸存渣铁不多时，可打开渣口空吹。对于破坏严重的风口（漏水多），要临时堵风口。

（8）对于小高炉，可缩小炉料粒度，如矿石 5 ~ 10mm，防止生料进入炉缸，降低烧结矿 FeO 含量。

注意：高炉不允许长期慢风作业，容易造成炉缸堆积和炉墙结厚。炼铁上下工序出现问题，就要求高炉减风、慢风作业；原燃料供应出现问题，也要求高炉减风、慢风作业。这对高炉来说，短时可以，长时间则危害较大。要不休风，要不堵风口，不可拖延。一些企业新建的高炉炼钢设备不能正常工作，要求高炉投产，这些铁炼钢用不了，要求高炉慢风减产，这对高炉来说是最不利的。

9-28　什么叫炉缸大凉，什么叫炉缸冻结，有何危害？

答：炉温极低，渣铁流动性变差，生铁含硫高，高炉顺行变差，叫炉缸大凉。大凉进一步发展，渣铁不分离，渣口放不出渣，铁口放不出铁，炉缸处于半凝固或凝固状态，叫炉缸冻结。

（1）炉缸大凉和炉缸冻结危害有：

1）高炉生产不能继续下去。

2）新生渣铁堆在风口和渣口附近，吹风量少，或吹不进风，导致风渣口极易破损，甚至出现烧穿事故。

3）炉料透气性极差，软熔的炉料不能滴落，与焦炭混在一起，没有煤气穿过的空间，焦炭不能再燃烧，也就没有热量产生。上述现象一般是局部会更严重。

（2）炉缸大凉和炉缸冻结的征兆：风量和风压不稳定，风压升高，风量减少；炉缸冻结时，炉顶煤气压力和温度极低，炉身和炉喉温度普遍下降，水温差下降。

大凉初期，炉料有停滞和崩料，大凉时不断崩料。

大凉初期风口发暗，见生降，挂渣；进而风口涌渣、灌渣。炉缸冻结时风口被渣铁凝死。

大凉初期炉渣黏稠，铁水可流动，但温度极低，暗红色，低硅高硫；渣色黑，火花多，流动性差。炉缸冻结时，渣铁不能分离，放不出渣铁。炉缸处于凝固或半凝固状态。

冷却设备漏水时，风渣口往外冒水，炉顶煤气含氢量增多，煤气点燃时呈红色。

反应大凉的征兆：先是风口发暗，见生降，挂渣；然后是渣口放出黑渣，流动性差；最后是放出的铁为暗红色，温度极低，流动性差。铁口放不出铁说明炉缸温度已降到 1150℃ 以下，这时炉缸已冻结。

（3）炉缸大凉和炉缸冻结的原因。炉缸冻结是综合原因造成的，主要是炉缸热平衡严重失调。正常冶炼的高炉热量收支平衡，炉缸热量充沛。但是在炉况失常条件下，会出现热量收入减少（煤气热量被炉料吸收而减少，矿石间接还原度降低等），大量生矿因崩料而直接进入炉缸，大量吸热，进行直接还原反应，导致炉缸热量支出过多，而热量收入减少，最终导致冶炼过程紊乱。总之，热量收入减少、热量支出过多是造成炉缸冻结的两大因素。

造成热量收入减少的有：

1）冷却设备漏水，消耗热量。

2）炉况失常条件下冶炼强度下降，减风量，热量收入减少。

3）炉况失常条件下减风，碳燃烧减少，放热少。

4）煤粉燃烧初期要吸收热量，在 4h 后才放热。

5）煤气热量利用减少。

造成热量支出过多的原因有：

1）矿石进行直接还原反应比例增多，吸收热量。

2）炉况失常条件下冶炼强度下降，冷却强度没变，冷却水带走热量多。

3）大量生矿因崩料直接进入炉缸，大量吸热。

4）洗炉时炉墙黏结物（渣皮）或炉瘤脱落，大量吸热。

5）装料、称量出现严重失误。

6）无计划长时间休风，没来得及调整焦炭负荷。

7）原燃料质量突然恶化，特别是焦炭质量突然恶化，工长没来得及处理或处理不当。

9-29　如何处理炉缸大凉和炉缸冻结？

答：关键在于想办法使高炉能鼓进风，接受风量。上部要及早加入净焦和轻负荷炉料，使其尽早下达炉缸，以熔化已凝固的渣铁为目标。要采取一切措施使炉缸中已熔化的渣铁找到排放出路。

首先要找出炉凉和炉缸冻结的原因，如冷却设备漏水，装料、称量出现严重失误，或频繁崩料等，要及时进行处理。

当炉况允许，上部能装料时，立即装入十几批净焦，随后轻负荷炉料，可参考开炉时的填充料来确定。

采取"局部熔炼"的办法来处理炉缸冻结。先打通 2~3 个风口，要求是邻近铁口的，使熔化的渣铁可从铁口流出来；重要的是要打开铁口上部的通道，努力实现炉内局部区域能使焦炭燃烧，温度能升高，局部炉料能得到熔化，流动排出炉外。铁口上部炉料能下降，创造出一个局部的活化区，然后逐渐扩大活化区，再打开相邻风口，使凝固的渣铁能够逐步熔化，流出高炉。上部的炉料能下降，等待上部的净焦和轻负荷炉料下达。具体的步骤如下：

（1）用氧气烧通风口之间、风口与渣铁口之间的通道。可先打开风口与渣口之间的通道，再打开风口与铁口之间的通道。鼓进风可促进风口上部的焦炭燃烧，炉料熔化，尽量扩大炉内空间。在炉内空间内可填充低灰分的焦炭或木炭，还可以加入少量 Al 块和食盐，以改善炉渣流动性。将渣口小套、中套取下，改作泥套，渣沟铺设沟土，做临时出铁场。此时注意不要让风口再灌渣。

（2）打开风口的方向应是向铁口方向发展，尽早打通铁口通道。一般渣口再连续工作

8~10次，就可以处理铁口。

（3）在极端情况下，也可选择将一个相邻风口作为临时出铁口，要做好相应准备工作。这个风口应临近渣口，已利于尽早打通渣口周围的通道。

上述处理过程不能过快，风口每次只能开两个，开的风口要加套，以提高风速。先吹小风，逐步增加风量和风温。要计算好加入的净焦和轻负荷炉料，下达炉缸的时间，不可在下达前用大风吹。目前炉缸温度还较低，渣铁流动性差。要有长时间处理（有的大高炉用1个月左右时间处理）的思想准备，要不断巩固已打开风口的局面，不要退步，不可主观行事。等待加入净焦和轻负荷炉料，下达炉缸的时机是十分重要的。

可进行富氧鼓风，促进焦炭燃烧，提高炉缸温度。"富氧吹烧铁口技术"可大大提高处理炉缸冻结的速度，国内有不少成功案例。

在铁口用氧烧开1~2m的孔道，有一定空间后，垫上沙土，送上适量炸药进行爆破，可使铁口上方的凝结物破裂，形成一个煤气、渣铁的通道。

炉缸大凉和炉缸冻结的高炉，水的冷却强度要降低，在处理炉况时逐步恢复。

长期停炉的高炉在处理时一定要科学、慎重。停炉前要放净渣铁（提高铁口角度出铁），填充的炉料要轻负荷，所用的焦炭质量要好，要堵死所有的风口，降低水的冷却强度，严防冷却设备漏水。如停炉半年以上，炉缸基本冻结，炉料要按开炉焦比计算，为4t/t。建议立足于铁口出铁，用富氧枪加热铁口，效果很好。

9-30 严重炉凉和炉缸冻结对炉前操作有哪些要求？

答：此时炉前应随炉况的变化紧密做好配合工作，重点是及时排放冷渣冷铁。

（1）保持渣口顺利放渣，应勤放勤捅，一旦铸死，应迅速用氧气烧开。

（2）铁口应开得大一些，喷吹铁口，使之多排放冷渣铁，消除风口窝渣。

（3）加强风口直吹管的监视工作，防止自动灌渣烧出。

（4）如炉缸已冻结，不能排放渣铁时，应休风拆下一个渣口的小套和三套，做临时铁口以排放炉内冷渣铁，直到炉热能从铁口出铁为止。

9-31 什么叫炉墙结厚，有何危害？

答：结厚是部分熔化的炉料由于多种原因凝固黏结在炉墙上，超过了正常厚度时，即称为炉墙结厚。

（1）炉墙结厚的征兆为：

1）不接受风量，风压高时易出现崩料、悬料，只有减风才稳定。

2）风压正常升高（同等风量时），风量减少，透气性指数降低。

3）风口前焦炭不活跃，周边工作不均，时有生降，易涌渣。

4）煤气流不稳定，能量利用率低，变差，焦比升高，调整料制后效果不明显，有边缘自动加重现象，CO_2曲线出现"翘腿"。

5）炉顶边缘温度下降，炉喉和炉身温度下降，结厚方向水温差明显降低。

6）料尺出现滑尺，对炉况影响大。

7）风口有生降、涌渣、渣温低，流动性不好。

8）铁口深度有时突然增长。

9）铁中 S 偏高，难以控制。

10）炉尘吹出量增多。

（2）炉墙结厚的原因为：

1）炉温剧烈波动，使渣碱度高、流动性产生波动，易粘炉墙。

2）初成渣中 FeO 在下降过程中被还原为铁，渗入焦粉，使熔点升高。

3）炉料中的粉尘、石灰石在高碱时，使熔融炉料变黏稠。

4）炉料中碱金属多，在炉身上进行富集。

5）对崩料、悬料、长期休风处理不当。

6）冷却强度大，设备漏水。

7）装料设备有缺陷，长期堵风口，风口进风不均匀。

8）低料线时间长，料线深，使炉身上部温度升高，赶料线操作不当。

9）长期慢风作业，气流边缘发展；低风温使高温区上移。

10）对管道行程处理不当。

11）边缘过重，煤气流严重不足。

9-32　如何处理炉墙结厚？

答：预防炉墙结厚的方法为：不长期堵风口，不慢风作业，科学处理低料线。炉喉炉身水温差和煤气曲线有变化时要及时调整。加强对水温差的监测，使之处于正常值范围内。

处理方法：主要是洗炉。

发展边缘煤气流，提高原燃料质量，减少粉末，生产稳定，减少休风、慢风，配酸性炉渣，但炉温不能低，可集中加净焦，配合洗炉对结厚部位进行定点布料，加锰矿、轧钢皮、萤石、空焦，结厚部位控制水温差，降低冷却强度。

炉墙结厚应以预防为主，早发现，早处理，容易处理。采用中部调剂办法可以防止和缓解炉墙结厚。炉墙结厚的处理是个慢功夫，要分几个阶段进行。先将结厚部位的冷却强度降低，再进行洗炉，做高炉温，降低炉渣碱度，优化装料制度等。因结厚是逐渐消失的，不可能一下子去掉。要及时观察水温差和相应部位炉皮温度变化，及时调整处理手段，以加快处理进程。

注意要防止处理过程中发生炉缸堆积。

9-33　什么叫高炉结瘤，有何危害？

答：我国高炉炉墙上结瘤是 20 世纪 50 年代连续发生过的事。近年来已很少发生，这是我国炼铁技术不断进步的结果。

（1）结瘤的危害。高炉结瘤后使炉内型缩小、变形，使炉料的分布和下降受到很大的破坏，煤气流分布紊乱，易产生偏料、崩料、悬料，使工长们上下调剂失灵，冶炼过程遭到破坏，形不成稳定的炉况，使高炉无法正常生产，产量和能耗等指标无法达标。

结瘤的高炉难以操作，炉前工特别艰辛，劳动强度大，也会给高炉生产带来巨大损失，而处理结瘤也需要较大的代价。

（2）炉瘤的结构。炉瘤是由还原过的矿石（有时有部分金属铁）、焦炭和溶剂等混合物组成的。从炉喉到炉腹的炉墙均可能长出炉瘤，炉身下部成渣带附近长瘤的机会最多。炉瘤的外表是一层硬壳，内部为不同化学物质的混合凝结物。上部炉瘤的瘤根在炉身上中部。下部炉瘤的瘤根生在炉腰、炉腹和炉身下部。

按炉瘤的化学组成可将炉瘤分为铁质炉瘤、钙质炉瘤、渣质炉瘤和锌质炉瘤。

1）铁质炉瘤：长期堵某部分风口或冷却设备漏水，使金属铁凝结于炉腹的炉墙上。其含铁在 60% ~85% 。

2）钙质炉瘤：瘤根在成渣带上沿。根部为钙质，内部有焦炭、石灰石、矿粉等混合物，表面为一层厚的 FeO 渣皮。这种瘤有的长在炉内一侧，也有呈环状的；严重时可长到炉喉保护板处。含钙在 40% ~60% 。

3）渣质炉瘤：一般在成渣区生成。高碱度、高 Al_2O_3、高 MgO 渣操作的高炉可能在炉腰和炉腹区结成环行瘤。

4）锌质炉瘤：用含锌高矿石冶炼的高炉，锌蒸发后凝结于炉喉保护板或煤气上升管及煤气下降管壁上，呈灰黄色，疏松，用钢钎可打落。

5）混合质炉瘤：瘤是由多种矿物质凝结在一起形成的。

6）碳质炉瘤：在焦炭质量差、粉末多时，在下降过程中与熔化的初渣混合，使炉渣黏稠，再凝固。煤粉在风口区燃烧不充分时，也会有游离碳上升，与炉渣结合，渣再凝结为瘤。

（3）高炉结瘤的原因：

1）原燃料因素：矿石软化温度低，难还原，熔化区间宽。

还原出来的金属铁，熔化后混入粉料、石灰石，特别是初渣碱度升高后会变黏稠，靠近炉墙可能会凝固。特别是炉温波动大的高炉，软熔带波动，当温度降低时，使熔渣、熔铁凝固而粘在炉墙上。

2）高炉操作因素：高炉使用含铁高的炉料，在发展边缘的装料制度下，边缘气流过分发展，炉料易熔化，在炉温剧烈波动，频繁发生崩料、悬料、难行、管道行程的情况下，在炉内周边温度不断变化的条件下，及频繁休风、坐料、崩料、慢风条件下，易产生炉瘤。

高炉用料不能吃仓底料（粉末多）、落地烧结矿、粉末多的炉料。

炉料的透气性与炉料的热稳定性、还原性、低温还原粉化率、焦炭的反应性有关，要努力提高原燃料质量和料柱透气性。

3）碱金属循环富集因素：碱金属熔化温度低（KF 为 850℃，K_2CO_3 为 901℃，KCN 为 662℃，Na_2CO_3 为 850℃，Na_2SiO_3 为 1089℃等），造成炉料过早熔化。在炉温波动时易粘炉墙。

碱金属挥发后在上升过程中被黏土质耐火材料吸收，或因炉墙凉而再凝固，所以要求炉料 $K_2O + Na_2O$ 含量小于 3.0% 。

（4）高炉结瘤的征兆：

1）炉况顺行变差，常有偏料、管道、崩料、悬料发生。

2）有结瘤区域的炉身温度明显降低。环状瘤体现出某一段冷却壁水温差显低（比正常值）。

3）结瘤部位炉喉温度低。

4）炉顶煤气在结瘤方向温度偏低（约差 $100 \sim 150 ℃$）。

5）形成环状瘤时，各点温度差变小。

6）炉顶煤气压力时常出现尖峰。

7）高炉不接受风量，且波动大。风压与风量不对应。

8）风口工作不均，有结瘤部位显凉。

9）炉顶煤气曲线有"倒钩"现象，结瘤部位煤气少。

10）煤气尘量增多。

9-34 如何处理高炉结瘤?

答：高炉结瘤的处理方法是：

（1）洗炉法去除瘤。在软熔带区域（炉腰和炉腹）的瘤必须用洗炉法处理。

用煤气流洗炉：用倒装，加净焦，强烈发展边缘煤气流，使炉瘤在高温下熔化，但时间不宜过长。

用洗炉料洗炉：选用易熔化的炉料（均热炉渣、萤石、锰矿等）若干组，连续洗炉1~2天。

洗炉注意点：1）焦炭要加够，轻焦炭负荷，防去除瘤后炉凉。2）洗炉料要分组加入，各组间用轻负荷炉料隔开，比集中加入效果好。3）炉瘤严重时，洗炉料总量要够，务必将瘤除尽。4）洗炉时煤气要发展边缘，减少休风、慢风。5）洗炉要轻负荷 $20\% \sim 40\%$，以保证炉温充沛。6）在几批轻负荷料中加一些净焦效果好。

（2）爆炸法除瘤。炸瘤之前先要加净焦洗炉，然后低料线直到瘤全部暴露出来为止。休风后将风口堵死。打开炉顶人孔观察瘤的部位、形状、大小。部位的判定要与炉身的水温度差和炉皮温度等数据对应起来进行分析。

炸瘤要集中火力炸瘤根，由下而上。如瘤很大，要先切割为几个部分，然后分而破之。炸瘤之前要加足净焦和一定量的萤石，以利恢复。复风后要打开渣铁口，让瘤的化合物熔化后流出，避免风口涌渣和灌渣。瘤根打孔，不要打透，洞内用炮泥垫好，口用黄泥封住。

注意：高炉操作制度必须与炉料质量条件相结合。如烧结粉末多，含碱金属高，含 Al_2O_3 高，焦炭质量恶化等，要选好适宜的装料制度和造渣制度，不可不顾高炉顺行，强求高产。不产生可能结瘤的条件，不制造炉瘤长大的环境，这样是可以避难高炉结瘤的。

第2节 休风与复风

9-35 什么叫休风，休风分几种?

答：高炉因故临时中断作业，关上热风阀称为休风。休风分为短期休风、长期休风和特殊休风。

一般休风时间在 2h 以内的休风，称为短期休风，如更换风、渣口等。

一般高炉休风时间在 2h 以上者为长期休风，如处理和更换炉顶装料设备以及煤气系统时，为防止煤气爆炸事故的发生和缩短休风时间，炉顶需进行燃烧煤气的点火，并处理煤气。长期休风又可分为计划休风与非计划（事故）休风。计划休风还可分为计划满炉料休风与计划降部分料面休风。

特殊休风：高炉如遇停电、停水、停风等事故时的休风为特殊休风。特殊休风应紧急果断处理。

9-36 什么叫倒流休风，操作程序是什么？

答：倒流休风就是使炉缸内残余煤气由热风管道、热风炉、烟囱或专用的倒流阀、倒流管倒流到大气中去的休风。

高炉休风初期，由于炉内还残留有大量煤气，若需要更换风渣口等设备，则会有大量的煤气从风口喷出而影响操作和人身安全，此时如采用倒流休风操作便可得以避免。倒流休风有两种方法，一种是利用热风炉，使煤气经烟道流入烟囱抽出；另一种是在热风总管的尾端建一个专用的倒流烟囱，以排出炉内残留煤气而不经过热风炉。

倒流休风的操作程序如下：

（1）高炉风压降低 50% 以下时，热风炉全部停烧。

（2）关冷风大闸。

（3）高炉敲钟后，热风炉关送风炉的冷风阀、热风阀，开废风阀，放净废风。

（4）开倒流阀，进行煤气倒流。

（5）如果用热风炉倒流，按下列程序进行：

1）开倒流炉的烟道阀、燃烧闸板；

2）打开倒流炉的热风阀进行倒流。

（6）打钟通知高炉，休风完毕。

9-37 倒流休风的注意事项有哪些？

答：（1）倒流时，为了让空气从视孔抽入，应使倒流的煤气尽量完全燃烧。风口的视孔盖要均匀地多打开一些，一般小高炉在 1/2 以上；大型高炉因风口多，打开 1/3 以上即可。

（2）用热风炉倒流时，要用顶温较高的热风炉，每个热风炉用于倒流的时间不得超过 45min，以防止热风炉降温太多。若需继续倒流，应换一座热风炉。在换炉时应通知高炉风口前检修的人员暂时撤离，以防止发生意外。

9-38 休风时忘关冷风大闸会出现什么后果？

答：倒流休风时，忘关冷风大闸，如果冷风放不净，可能影响倒流；若冷风放净，会造成高炉煤气倒流进入冷风管道，在冷风管道内形成煤气爆炸条件，引起爆炸事故。

9-39 煤气倒流窜入冷风管道中，如何处理？

答：如果已发生煤气倒流窜入冷风管道中，可迅速打开一座风炉的冷风阀和烟道阀，将煤气抽入烟道，使其排入大气。

9-40 休风时，放风阀失灵，热风炉如何放风？

答：除高炉鼓风机放风外，热风炉作如下处理：

（1）开送风炉的废风阀放风。

（2）联系高炉用另一个炉子开冷风小门及废风阀放风来调节风压。

（3）经高炉同意后打开烟道阀，然后休风。

9-41　高炉鼓风机突然停风，热风炉如何处理？

答：（1）立即关上冷风大闸。

（2）尽快把热风炉停止燃烧。

（3）得到高炉指令后关冷风阀和热风阀。

上述操作的目的是：

（1）避免炉缸的残余煤气倒流到冷风管道和鼓风机，产生爆炸事故。

（2）撤炉是为了维持煤气管网的压力。

9-42　短期休风的休、复风操作程序是什么？

答：（1）休风操作程序为：

1）高压操作的高炉先将高压改为常压；

2）在炉顶、除尘器、煤气切断阀等处通蒸汽，以保证煤气系统的安全；

3）停止富氧鼓风，停止喷吹燃料；

4）有炉顶喷水降温设施的高炉，要停止炉顶喷水；

5）打开炉顶放散阀，关闭除尘器截断阀，停止回收煤气；

6）打开放风阀减到 50% 时关闭混风阀；

7）放风到风压小于 20kPa 时停止加料；

8）放风到风压小于 10kPa 时保持正压，检查各风口，没有灌渣危险时发出休风信号，热风炉关闭热风阀和冷风阀，提起料尺；

9）需要倒流休风时，通知热风炉进行倒流，并均匀打开 1/3 以上风口视孔盖。

（2）复风操作程序为：

1）采用倒流休风时，复风前停止倒流，关闭所有风口的视孔盖；

2）发出送风信号，打开热风炉的冷风阀、热风阀，逐渐关闭放风阀；

3）慢风检查风渣口、吹管等是否严密可靠，确认不漏风时才允许加风；

4）送风量达到正常 1/2 以上时，打开除尘器上煤气截断阀；

5）关闭炉顶煤气放散阀，回收煤气；

6）关闭炉顶、除尘器和煤气截断阀处的蒸汽；

7）根据炉况，迅速恢复高压操作，富氧鼓风和喷吹燃料。

9-43　长期休风与短期休风的操作有何区别？

答：长期休风除操作程序与短期休风相同外，有以下区别：

（1）长期休风前要做以下准备工作：

1）计划长期休风前要清洗炉缸，减轻焦炭负荷，装好停风料；

2）要全面彻底地检查冷却设备是否漏水；

3）要将重力除尘器等处的炉尘清除干净，防止窝存热炉尘与煤气；

　　4）准备好风、渣口的密封用料；

　　5）适当增加出铁口角度，出净渣铁；

　　6）准备炉顶点火用引火材料与工具。

　　（2）长期休风操作时要做到上料皮带、中间料斗、称量斗、料罐、炉顶大小钟上不存炉料，以便进行检修。有时还有清料仓的任务，应有计划地做好配合工作。

　　（3）长期休风后要进行炉顶点火与密封。

9-44　什么叫炉顶点火，怎样进行炉顶点火？

　　答：高炉休风后点燃从炉喉料面逸出的残存煤气就叫做炉顶点火，这是保证炉顶设备检修的一项安全措施。短期休风时，可用通蒸汽的方法保证安全，但长期休风一般需要检修炉顶设备，即使不检修炉顶设备，也要进行炉顶点火，因为长期通蒸汽会蓄积很多水分，给送风操作带来不利影响，因此长期休风时进行炉顶点火是一项经济而安全的措施。

　　进行炉顶点火既要重视引火物，又要重视往炉内配加助燃空气。引火物一般为少量木柴、油棉丝。为了更好地往炉内配加空气，防止炉内煤气过多，空气进不去，炉顶点火一般都在停风后进行。在进行炉顶点火操作时要注意将炉喉蒸汽关严，将漏水水箱的冷却水关闭。

　　目前先进的大型高炉有用焦炉煤气、压缩空气、氧气的点火枪设备，炉顶点火更加简便安全。

9-45　怎样做好长期休风后的密封工作？

　　答：为了复风顺利与减少休风期间的热损失，必须认真搞好炉体密封。

　　（1）下部密封。这是炉体密封的重点，其密封方法随休风时间长短而异，时间越长，对密封的要求越严。一般休风 4~48h，风、渣口用堵口泥堵结实就可以了。休风 48h 以上时，需将风口前的直吹管及渣口小套卸下，再用堵口泥将风、渣口堵死。堵口时用一层堵口泥、一层河沙、一层堵口泥（即泥、沙、泥）。休风 7 天以上时，风、渣口在用上述方法密封后再涂一层沥青或重油。休风 15 天以上时，应按封炉的要求先在耐火泥外砌上一层耐火砖后再涂沥青或重油密封。

　　（2）上部密封。这随对休风的要求不同而异。为了迅速降低炉顶温度，方便检修，过去采用上部加水渣密封的办法，此法需专门组织水渣供应，且由于水渣透气性差，会影响复风的顺行。现在一般是在停风前先将料面降到炉身中上部，休风后在炉顶通蒸汽并用冷料加满，最后 1~4 批料只加矿石，不加焦炭（复风时补加），这样也可降低顶温并达到上部密封的目的。

　　（3）中部密封。这主要是指炉体围板与冷却器的密封。休风前认真检查各种冷却器，漏水的水箱休风时应停水，破损的风、渣口休风后应立即换掉再作密封，因为休风时往炉内漏水的危害比密封不好进入空气的危害更大。炉体的大裂缝要及时焊补，以减少吸入炉内的空气。休风后要降低冷却水的水压，减少水量，保持正常水温差，减少热损失。检修中需在炉体开孔时，一定要事先做好准备，尽量缩短时间，检修完后立即重新做好密封。

9-46　长期休风处理煤气有哪两种模式？

　　答：由于高炉炉容大小、炉顶装备设备、煤气净化工艺的不同，长期休风处理煤气可

归纳为两种模式:

(1)第一种模式。先进行炉顶点火,后休风,再处理煤气,这种模式多用于钟式高炉。此模式的特点是先彻底地断源后再处理煤气,能完全避免边赶边产生的不安全现象的出现;炉顶点火是在正压下进行的,点火安全;但煤气点火后炉顶温度升高,所以它适用于对炉顶温度要求不严的钟式炉顶。

(2)第二种模式。先休风,后处理煤气,再进行炉顶点火。此模式的特点是休风处理完煤气再点火,能使炉顶温度维持在较低水平,适用于对炉顶温度要求严格的高炉,但在点火前要检查所有冷却器(包括风渣口)不能漏水,否则煤气中 H_2 多易发生爆炸。

9-47 怎样搞好长期休风后的复风?

答: 长期休风后复风的关键是热量与顺行,只有热量充足,炉况顺行,才能尽快恢复正常生产水平。搞好复风应做到:

(1)休风前所加净焦及轻负荷料的数量和位置要适当。所谓热量充足,是指正常冶炼所需的热量能得到补充,并不是越多越好,实践证明,过热、过凉都会妨碍顺行,延长恢复时间。

(2)复风前要细心检查经过检修的设备,确认安全可靠后才能复风,防止复风初期因设备故障再休风。

(3)根据休风时间、休风性质、休风前炉缸热度等因素选择好复风的风压与风量。一般是休风时间越短,炉内热损失越少,自然吸入空气形成的低温熔解物也越少,复风时风压与风量可以大一些。反之,复风时的风压与风量就要小一些。

若属无计划休风或降料面计划休风,复风时的风口面积、风压、风量都要小些。尤其是无计划休风,因休风前没有多加焦炭,必须少开风口,减慢矿石熔化速度,并尽可能喷吹燃料,逐步补充炉缸的热量。不论何种性质的休风和复风风量的多少,都应按接近正常风速水平来决定开风口的数目。

(4)掌握装料制度,合理分布煤气流。计划休风时加净焦、轻负荷料都有发展边缘的作用,因此复风时的装料首先是防止中心堵塞,要相应缩小矿石批重,注意疏导中心。只有在边缘 CO_2 过重或边缘与中心都较重,影响顺行时,才需增加发展边缘的装料比例。

(5)安排好长期休风后的出渣、出铁工作。复风后的第一炉渣铁比正常生产时的出渣出铁困难得多,休风时间越长,出渣、出铁越困难,有时比新开炉还难。而复风后能否顺利排放渣铁,又是整个复风操作成败的关键之一。在实践中,针对长期休风后炉缸有冷凝渣铁、炉底增高等问题,总结出三条经验:1)复风第一炉铁不放上渣,防止损坏渣口,集中力量开铁口,待铁口正常出铁三次以上,炉缸热度充足后再放上渣;2)复风后,只有正常铁量的 1/3 以上就应出第一次铁,防止因炉底高、铁面过高而发生事故;3)要根据炉缸情况决定送风大小。复风后必须密切注意炉缸情况,料尺过早地自由活动或自动崩料,往往是炉温低的表现,切不可只看炉况顺行就加大风量,以免上、下部不相适应,铁口难开,冷渣冷铁排放不出来,造成事故。复风后第一炉铁的铁口角度要小,休风时间越长,炉缸越凉,铁口角度更应向上一些。

第10章 高炉停炉基本知识

第1节 名词解释

10-1 什么叫停炉?

答：一代高炉本体设备严重损坏（或其他原因，如限产、淘汰产能等）需长期停产进行修理或永久停产，将炉内炉料全部冶炼完毕或吹空的操作过程称为高炉的停炉。

10-2 什么叫高炉中修停炉，什么叫高炉大修停炉?

答：高炉料线降至风口，不出残铁的停炉称为中修停炉。它主要根据风口带以上的炉体和冷却水箱受到破损的程度而定。

高炉料线降至风口，出残铁的停炉，称为大修停炉。它以炉缸、炉底受侵蚀的程度为依据。

10-3 什么叫煤气回收?

答：煤气回收专指高炉停炉空料线期间对高炉发生的煤气进行回收的操作过程。

10-4 什么叫铁口角度?

答：铁口角度指流铁孔道与铁口中心线的夹角。

10-5 什么叫连续崩料?

答：炉料停滞不下，然后突然塌落称为崩料，如短期内反复发生谓之连续崩料。

10-6 什么叫爆震?

答：高炉停炉过程中，炉内产生小的爆炸称为爆震，分为蒸汽爆炸和煤气爆炸。

10-7 什么叫空料线?

答：在空料线打水停炉过程中，料线由炉喉空到炉缸的过程，称为空料线，又称为降料线。

10-8 什么叫炉墙塌落?

答：炉墙塌落指在停炉空料线期间，炉墙失去炉料的支撑而松动造成大面积脱落。

10-9　什么叫炉顶打水枪?

答：炉顶打水枪指在高炉停炉过程中，用于控制炉顶温度的打水雾化喷枪。

10-10　什么叫减轻炉顶配重?

答：为保证降料线过程中的煤气安全，减轻部分炉顶放散阀平衡质量，将炉顶压力限制在小于 80kPa，以与之相适应，使顶压超出时放散阀能自动打开。

10-11　什么叫系统换气?

答：高炉停炉结束时休风后在煤气系统处理煤气过程中进行的系统换气：

（1）休风后立即打开除尘器上 ϕ410mm 放散阀，放散掉停炉后期含 H_2、O_2 偏高的不安全煤气，由煤气管网倒流到荒煤气系统进行煤气系统的换气工作；

（2）20min 后关叶形插板或盲板阀；

（3）按长期休风处理煤气。

10-12　什么叫填充停炉法?

答：填充停炉法指在高炉停炉过程中，料线下降时，用石灰石、焦炭、碎焦等填充。采用该法停炉的煤气操作和正常生产的煤气操作基本是相同的，比较安全，但停炉后清除充填物时要造成人力、物力和时间的浪费。

10-13　什么叫空料线停炉法?

答：空料线停炉法是指在高炉停炉过程中，料面逐渐下降，用炉顶打水的方法来扼制炉顶温度的升高，并使其料面一直空到风口水平。现在一般停炉均采用空料线停炉法。

10-14　什么叫空料线不回收煤气停炉法?

答：传统的空料线停炉法在停炉过程中，要把高炉和煤气系统完全断开（煤气遮断阀沙封或堵盲板），煤气全部放散。这种停炉法有如下缺点：

（1）停炉准备工作量大，停炉进程慢；

（2）浪费能源；

（3）放掉的煤气中有大量的 CO，严重污染环境。为了解决这些问题，近年来空料线停炉法又有新的进展，即在空料线中继续回收煤气。

10-15　什么叫空料线回收煤气停炉法?

答：空料线回收煤气停炉法是指在整个停炉过程中，高炉和煤气系统不完全断开，在停炉初期、中期回收煤气，而后期煤气放散。这使停炉前的准备工作大为简化，基本上可以取消停炉前的预休风，并且在停炉过程中可以高压、高风温操作，加快了停炉的进程。例如，在 1983 年 6 月 6 日鞍钢 3 号高炉大修中，率先采用了空料线回收煤气停炉法，从此，空料线回收煤气停炉法不断总结，不断完善，在行业内被认可，广泛采用。

10-16 什么叫深空料线停炉法？

答： 深空料线停炉法是为了更好地熔化炉缸黏结物，减轻停炉后期清理炉缸残余物的工作量，通过减少出铁次数，预留渣铁，在停炉末期，当料面逐渐下降到风口附近时，再集中排放渣铁后休风，使其料面一直空到风口水平以下近 1m 的新型停炉方法。现在一般停炉均采用深空料线停炉法。

第 2 节 高炉停炉理论的建立

10-17 高炉停炉的理论建立的背景是什么？

答： 近年来，在一些大型高炉上相继采用了回收煤气空料线停炉法。在整个停炉过程中，不设特殊长探尺，依据停炉过程中炉顶取样煤气的二氧化碳含量来确定料线的高度，以了解停炉料线下降的大致情况。但是，由于没有一定的理论根据，误差比较大，难以应用于高炉停炉实践。本书为寻求一个理论性比较完善的数学模型，在大量停炉数据基础上，应用数值分析的数理统计方法，分析并推导出高炉停炉过程中，料线高度与回收煤气中 CO_2 含量之间的相关方程。经显著性检验，其相关系数完全符合停炉要求。这样，使停炉整个过程的料面预测有了一定的理论指导，并为计算机控制高炉停炉提供了一个比较科学而又实用的数学模型，为最佳高炉停炉操作提供了一种新方法。

10-18 空料线过程中煤气成分变化有哪些规律？

答： 在停炉的初期，开始降料线时，CO_2 含量是正常生产时的数值。随着料线的下降，其间接还原反应区逐渐缩小，所以 CO_2 含量逐渐降低，当料面下降到矿石软化、熔融滴下区域时，间接还原反应消失，其大概位置在炉腰的下部，此时煤气中 CO_2 含量达到一个最低点（亦称为拐点），即是抛物线的顶点，一般为 3% ~ 5%。此后，由于料层逐渐减薄，过剩碳减少，风口前焦炭燃烧生成的 CO_2 被 C 还原成 CO 的反应受到限制，不能完全进行，所以 CO_2 含量回升；随着料线的继续下降，料层越来越薄，风口前的碳逐渐转为完全燃烧，煤气中的 CO_2 含量迅速升高，CO 消失；当煤气中 CO_2 含量达到 15% 以上时，此时料面已降到风口水平，即停炉结束。

10-19 高炉停炉 C 曲线建立的基础及公式推导是什么？

答： （1）数据选取。选取鞍钢炼铁厂历年来打水停炉数据，将选取的各高炉停炉实测料线调高度与 CO_2 含量按炉容划分为两个等级：一是 1000m³ 左右的，主要有 4 号高炉（1002m³），前 7 号高炉（918m³）、8 号高炉（972m³）、9 号高炉（911m³）等数据，回归分析取值数 $N = 87$；另一个是炉容在 2000m³ 左右的，如 10 号高炉（1513m³）、11 号高炉（2025m³）和 7 号高炉（2580m³），$N = 59$。鞍钢高炉停炉中料线高度与煤气中 CO_2 含量数据见表 10-1、表 10-2。

另一种方法就是不分炉容大小，拟将料线高度简化为料线百分数，使炉容不同的高炉都能应用统一的方程。

（2）数据处理及方程推导。图 10-1 为料线与煤气中 CO_2 含量变化的回归曲线，此曲线近似为抛物线。因此，按一元二次回归，相关曲线方程为：

$$y = ax^2 + bx + c \qquad (10\text{-}1)$$

式中　y——停炉料线，m 或%；

　　　x——炉顶取样煤气中 CO_2 含量，%；

a，b，c——待定回归系数。

表 10-1　高炉（1000m³ 左右）停炉过程料线高度与煤气中 CO_2 含量的数据

1000m³ 左右											
4 号高炉（1002m³）1968-06-20		9 号高炉（944m³）1973-04-11		8 号高炉（972m³）1976-10-10		7 号高炉（925m³）1976-10-10		7 号高炉（918m³）1964-01-15		9 号高炉（949m³）1979-08-07	
料线/m	$\varphi(CO_2)$/%	料线/m	$\varphi(CO_2)$/%	料线/m	$\varphi(CO_2)$/%	料线/m	$\varphi(CO_2)$/%	料线/m	$\varphi(CO_2)$/%	料线/m	$\varphi(CO_2)$/%
3.0	11.2	1.0	14.2	6.8	7.7	4.8	6.8	3.4	8.0	5.0	10.2
6.4	8.7	2.0	11.8	7.1	6.9	5.5	6.2	5.7	6.8	6.8	8.7
7.2	8.1	4.0	8.4	9.0	6.5	7.5	6.0	7.5	5.4	7.0	7.8
8.0	7.3	7.0	5.4	10.0	6.3	8.8	4.8	9.5	5.0	9.0	7.0
8.6	7.1	12.0	4.8	10.8	4.2	10.0	3.0	10.0	2.4	9.5	6.5
9.2	6.8	14.5	3.1	12.2	2.2	10.8	3.4	13.0	3.2	10.5	6.0
9.5	6.4	16.5	2.5	13.5	2.6	12.0	2.2	13.9	3.6	12.0	5.5
10.0	5.7	17.8	2.9	13.8	2.1	12.5	2.2	15.2	2.0	13.0	4.8
10.7	5.4	19.2	6.3	14.2	2.1	14.0	3.8	15.7	3.0	15.0	3.3
11.2	4.6	20.5	9.5	16.0	3.6	14.6	3.2	16.2	3.6	15.7	2.6
13.3	4.0	21.7	16.3	16.7	3.4	15.0	3.4	16.5	3.0		
14.2	3.8			17.0	2.9	15.8	4.0	17.3	3.2	17.5	3.4
16.1	3.0			17.5	4.6	16.2	4.0	17.8	3.2	18.0	4.4
16.6	3.2			19.0	5.2	17.0	3.4	18.8	3.6	19.0	5.6
18.0	3.0			19.7	6.2	18.0	2.6	19.6	9.6	19.5	7.4
18.6	3.6					18.8	4.6	19.7	4.8	19.8	9.6
19.0	5.4					19.7	3.3	20.6	4.4	20.5	12.8
19.4	8.0					20.5	5.6	20.8	6.0	21.0	16.4
19.8	7.4					20.7	4.4	21.7	15.6	21.5	17.6
20.1	10.0							21.8	14.8		
20.6	11										

表 10-2 高炉（2000m³ 左右）停炉过程料线高度与 CO₂ 含量的数据

2000m³ 左右									
10 号高炉 (1513m³) 1972-06-18		11 号高炉 (2025m³) 1979-03-25		7 号高炉 (2580m³) 1980-04-09		7 号高炉 (2586m³) 1980-04-09		11 号高炉 (2025m³) 1979-03-25	
料线 /m	$\varphi(CO_2)$ /%	料线 /m	$\varphi(CO_2)$ /%	料线 /m	$\varphi(CO_2)$ /%	料线 /m	$\varphi(CO_2)$ /%	料线 /m	$\varphi(CO_2)$ /%
4.0	12.8	7.0	11.5	6.4	14	24.15	14.0	26.92	11.5
5.0	11.7	8.5	10.5	9.0	13.8	33.96	13.8	32.69	10.5
7.5	10.2	10.0	8.6	10.5	11.4	39.62	11.4	38.46	8.6
8.5	9.6	12.0	7.2	13.5	10.6	50.94	10.6	46.15	7.2
9.0	9.7	13.0	6.6	15.3	10.6	57.74	10.6	50.0	6.6
10.5	9.7	15.0	5.0	16.7	10.2	63.02	10.2	57.69	5.0
11.5	8.3	16.0	4.3	17.2	8.8	64.91	8.8	61.54	4.3
12.0	6.8	17.0	3.8	18.4	6.2	69.44	6.2	65.38	3.8
14.5	4.7	18.0	3.3	19.5	5.0	73.58	5.0	69.23	3.3
15.0	3.1	19.0	3.9	20.0	5.0	75.47	5.0	73.08	3.9
16.5	2.2	20.7	3.6	22.0	6.0	83.02	6.0	79.62	3.6
17.5	2.7	21.0	3.8	22.5	5.8	84.91	5.8	80.77	3.8
18.5	1.8	21.5	4.5	23.0	6.6	86.79	6.6	82.69	4.5
20.0	1.8	22.0	5.6	23.2	9.6	87.55	9.6	84.62	5.6
21.0	2.0	22.5	5.5	24.5	8.2	92.45	8.2	86.54	5.5
21.5	2.6	23.5	5.9	25.0	7.9	94.34	7.9	90.38	5.9
23.0	2.2	24.0	9.0	26	9.5	98.11	9.5	92.31	9.0
23.5	3.0	24.5	12.5	26.2	13.0	98.87	13.8	94.23	12.5
24.0	2.7	25.0	16.0	26.5	15.8	100	15.8	96.15	16.0
25.0	2.9	26.0	17.2					100	17.2

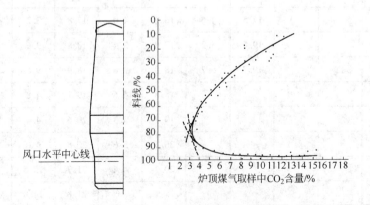

图 10-1 高炉停炉料线与 CO₂ 含量变化的回归曲线

采用数值分析的方法——最小二乘法求之，得到了高炉停炉过程中料面高度与 CO_2 含量相关的回归方程：

中型高炉（$1000m^3$ 级）：

$$y_1 = 84.266 - 5.32x + 0.079x^2$$

$$y_2 = 69.28 + 3.41x - 0.121x^2 \qquad (10\text{-}2)$$

大型高炉（$2000m^3$ 级）：

$$y_1 = 74.94 - 2.378x - 0.079x^2$$

$$y_2 = 63.67 + 4.563x - 0.148x^2 \qquad (10\text{-}3)$$

式中　y_1，y_2——不同级高炉 CO_2 含量拐点前、后料线，%；

x——炉顶取样煤气中 CO_2 含量，%。

为了找到一条共用的曲线，将各种级别的高炉料线高度简化为料线的百分数，采用计算机运算，仍然可以得到一条扭转一定角度近似抛物线的相关方程：

$$y_1 = 96.974 - 11.68x + 0.554x - 0.0126x^3$$

$$y_2 = 54.74 + 9.71x - 0.732x^2 + 0.0186x^3 \qquad (10\text{-}4)$$

式中　y_1——CO_2 拐点前半期料线，%；

y_2——CO_2 拐点后半期料线，%；

x——炉顶取样煤气中 CO_2 含量，%。

（3）显著性检验。对前半期：$R = 90.94\%$；对后半期：$R = 80.68\%$。

相互性如此显著，说明曲线的拟合结果是非常令人满意的，因此，应用到实践中也是可信赖的。

10-20　如何应用高炉停炉 C 曲线？

答：只要把方程组（10-4）中料线的百分数换算成停炉时至风口平面的料线高度就可直接应用该曲线。y_1、y_2 值的计算实例列于表 10-3 中。从精确计算结果可见，该曲线的前半期（拐点前）和高炉正常生产时炉内固有的 CO_2 含量轴向分布曲线完全符合；后半期（拐点后）则是空料线停炉时的情况，这是对高炉停炉有普遍意义的曲线。

在应用上述曲线和方程时应注意两点：

（1）图 10-1 及方程组（10-4）是根据鞍钢历年来停炉条件导出的。停炉料负荷的轻重，停炉速度的快慢，对该曲线都有一定的影响。如果停炉料负荷较重，该曲线要稍许右移；如果停炉速度过快，该曲线要稍许左移。

（2）鞍钢后来对 $1000m^3$ 左右的高炉进行了多次停炉操作验证，发现该曲线的准确性相当高，对于 $2000m^3$ 左右的高炉，按正常停炉条件，曲线稍许右移更为合适。

由于各地高炉原燃料条件不同，炉型也不尽一致，在停炉过程中应依据具体情况对此曲线进行修正，才能更好地应用于停炉实践。

莱钢、上钢一厂等应用这一理论和停炉方法，均获得成功。

表 10-3 y_1、y_2 值的计算

$\varphi(CO_2)/\%$	y_1、y_2 计算/%		9 号高炉实例/m	
	y_1	y_2	y_1	y_2
1.0	85.836	63.730	18.88	14.02
1.5	80.659	67.711	17.74	14.897
2.0	75.731	71.371	16.66	15.702
2.5	71.040	74.719	15.63	16.438
3.0	66.582	77.769	14.65	17.109
3.5	62.343	80.538	13.72	17.718
4.0	58.315	83.036	12.83	18.268
4.5	54.487	85.281	11.98	18.762
5.0	50.852	87.282	11.19	19.202
5.5	47.399	89.061	10.43	19.593
6.0	44.118	90.624	9.71	19.937
6.5	41.002	91.988	9.02	20.237
7.0	39.039	93.167	8.37	20.497
7.5	35.222	94.175	7.75	20.719
8.0	32.539	95.025	7.16	20.906
8.5	29.982	95.736	6.60	21.062
9.0	27.540	96.310	6.06	21.189
9.5	25.207	96.773	5.55	21.290
10.0	22.968	97.134	5.05	21.369
10.5	20.819	97.408	4.58	21.430
11.0	18.747	97.608	4.12	21.474
11.5	16.754	97.748	3.68	21.505
12.0	14.808	97.848	3.26	21.525
12.5	12.908	97.906	2.84	21.539
13.0	11.054	97.951	2.43	21.549
13.5	9.233	97.966	2.03	21.553
14.0	7.43	98.044	1.63	21.570
14.5				

10-21 应用高炉停炉 C 曲线需注意哪些问题?

答:(1)所做出的曲线虽然具有一定的普遍性,但对于各地高炉的实际,还有些不尽相同之处,可以根据实际情况进行修正。所推导的曲线方程也不限于抛物线和二次曲线。也可以采用坐标变换、轴旋转等方法进行处理。

(2)停炉过程中,为了给扒除炉缸残料创造便利,往往采用加"盖面焦"的方法,这在实际操作中应给予考虑,负荷减轻之后,曲线会出现一定移动。

(3)应用曲线指导停炉的料面预测,可以大大简化停炉操作,按照停炉曲线可以准确地预测料面的位置。例如,当料面到达炉腹和炉腰下部时就可停止回收煤气,如遇频繁的爆震和 O_2 含量大于 2% 或 H_2 含量大于 12% 时可以提前停止煤气的回收。

10-22 应用高炉停炉 C 曲线的效果如何?

答:(1)经分析和运算出的高炉停炉料线与 CO_2 含量的曲线可用来判断料面下降的位置,可以实现停炉料面预测,既可经济停炉,又简化了停炉操作。经济效益可观,并使回收煤气或空料线停炉更臻完善。

(2)将在实践中得到的数据与经数值分析导出的高炉停炉操作曲线进行显著性检验,相关系数前半期为 90.94%,后半期为 80.68%,完全符合理论要求,又经十余次停炉操作验证,很好地指导了停炉过程。高炉回收煤气空料线停炉完全可以根据停炉期间炉顶煤气中 CO_2 含量的变化规律来准确判断逐渐下降着的料面位置。

10-23 停止回收煤气的标准是什么?

答:空料线回收煤气停炉何时停止回收煤气为宜,根据实践和总结计算,提出 4 条标准:

(1)料线降到炉腹和炉腰的下部;
(2)煤气中 O_2 含量大于 2%;
(3)煤气中 H_2 含量大于 10%;
(4)产生频繁的较大爆震。

上述 4 条标准出现其中一条,即需停止回收煤气。第一条是因为此时煤气中的可燃成分逐渐减少,失去了回收的价值。第二条是因为经计算高炉煤气中 O_2 含量不得大于 2%。第三条是从高炉煤气中 H_2 含量越高越富有爆炸性的论点,结合国内几家钢铁厂的经验和鞍钢停炉实践而提出来的,这样可控制和保证安全停炉。第四条是从煤气系统的安全出发的。如果料面尚未到位,待炉况平稳后再行回收煤气。以上均系按煤气分析的,在实际停炉过程中,由于打了大量的水,水蒸气稀释了煤气的浓度,因此实际安全系数就更大了。

10-24 什么是空料线打水停炉"水在炉内的状态三层次分布规律"?

答:有人认为打水停炉料面上面应该有一层焦炭层作为打水的过滤层,他们认为,喷入高炉的水滴不是立即全部汽化的,尚有部分水未来得及汽化而落在料面上,在料柱的顶层形成一层湿润层。这样,一旦遇有悬料崩料,大量湿的炉料突然遇到赤热的焦炭层,将造成破坏性的水汽爆炸。最近又有人提出料面温度不低于 600℃的"干式"停炉法,也不尽全面。应从水在炉内的状态分布出发来研究这个问题。

正确的打水停炉,水在炉内的轴向分布应是在料面与打水管之间存在着高温层(无水层)、汽化层、水滴层,称为三层次分布。料线空的越深,炉顶温度越高,高温层、汽化层就越厚;反之亦然。当炉顶温度过低时,其高温层可能消失。这是打水停炉的一种失误,如遇悬料崩料,可引起水汽大爆炸。因此空料线停炉,炉顶温度不宜太低,但也不宜过高。过高不但会使停炉过程中烧损炉顶设备和引起炉顶煤气放散阀着火,更会使高温层、汽化层加厚,煤气中 H_2 含量猛增。一般空料线打水停炉,炉顶温度控制在 200~250℃为宜。

如果在停炉过程中,破坏了水在炉内的合理分布,将导致破坏性的大爆炸。

第11章 高炉停炉的操作与后期工作

第1节 高炉停炉的准备工作

11-1 国内外空料线停炉有哪些新的进展?

答: 高炉空料线停炉法经历了产生、发展和逐臻完善的过程,高炉停炉以煤气操作为主,从停炉实践结合数学运算,对停止回收煤气的标准、减轻炉顶煤气放散阀的配重、煤气系统的换气、空料线打水停炉水在炉内的三层次分布、料线-煤气中 CO_2 的变化规律等进行了探讨,这对我国高炉的停炉有普遍的意义。

鞍钢炼铁厂在几十年的生产实践中,空料线停炉已有四十余例,均获得了成功,这是一种既安全又经济的停炉方法。有关这方面的总结、论述文献很多,但涉及贯穿停炉过程始末的煤气操作等问题的文章却很少。高炉停炉操作过程的实质就是煤气的操作过程。

鞍钢在1983年6月3号高炉大修停炉、1984年8月7号高炉中修停炉、1985年1月9号高炉中修停炉和1985年4月11号高炉中修停炉中,均采用了空料线回收煤气停炉的新技术。这项新技术简化了停炉的准备工作,加快了停炉进程,又回收了大量煤气,并使空料线停炉法逐渐完善。

宝钢2号高炉设计炉容为 $4063m^3$,设计寿命为 $10 \sim 12$ 年。2号高炉自1991年6月29日点火投产以来,经过15年2个月的连续性生产,于2006年9月1日成功停炉大修。在2号高炉一代炉龄生产过程中共生产铁水4714.7万吨,折合单位炉容产铁 $11611t/m^3$,在国际同级高炉中处于先进水平。2号高炉一代炉役代表了大型高炉的设计建设由消化吸收成功向自主集成和自主创新转变。2号高炉不仅连续实现了高炉熟料率76%达到高水平稳定运行,而且还在高产能水平下成功进行了高炉月均小块焦比 $56.4kg/t$ 的实践,同时也引领了宝钢高炉喷煤技术的发展,开创了大型高炉长寿化生产的新局面。

为了适应高炉快速大修要求,如何缩短停炉、凉炉过程,并且最大程度地放净炉内残铁是这次快速停炉的关键。停炉工作主要由停炉前的技术研发和停炉过程中的降料线、放残铁和凉炉三部分组成。停炉降料线作业是在总结过去降料线的经验基础上进行的延伸与优化,通过合理控制炉顶温度和高炉送风制度实现了快速安全降料线;整合放残铁工艺流程,采用分段残铁沟系统等技术成功解决了放残铁作业的难题,最终成功实现了快速安全的停炉过程。

11-2 高炉停炉工作的目标是什么?

答: (1)保证安全,消灭重大人身、设备和操作事故。

（2）改善停炉用料质量，严禁清槽料装入炉内。

（3）防止炉墙黏结，停炉前 2~3 天进行适当洗炉，改善渣铁流动性能。

（4）严格控制炉顶打水，炉顶温度不超过 400~500℃，煤气含 H_2 量小于 12%，含 O_2 量小于 2%。

（5）大修停炉残铁口泥套深度要大于 300mm。捣固后用煤气火烤干，严防铁水烧损炉皮而流到地面。

11-3　停炉前有哪些准备工作？

答：（1）为保证停炉不装粉末，停炉前一个月开始安排倒槽计划，保证停炉前倒空。

（2）为保证开炉出铁顺利，停炉前一天开始逐渐加大铁口角度，休风前出的两次铁采用 ϕ80mm 大钻头开孔，最后一次铁口角度达 15°。

（3）做好净煤气系统停气和吹扫工作。搭好净煤气系统堵盲板用的支架和平台，架设要合乎规定标准，栏杆梯子要牢固规整，盲板的材质、直径、厚度及软密封件要合乎安全规定。

（4）做好出残铁准备工作。首先确定好残铁口的方位，使渣铁运输方便，同时也要考虑操作环境，尽量选择在通风良好，空间比较宽敞的地方。然后确定好残铁口的位置，主要根据炉龄、炉基温度、水温差及残铁平面上下炉皮温度差确定。根据经验，一般残铁口位置在铁口中心线以下 1800~2500mm 范围内，也可根据公式计算。

准备好残铁沟和残铁流嘴，内部砌砖捣料，并用煤气火烤干。搭好残铁罐间连接板，将残铁罐配到指定位置。搭好残铁口工作平台，准备好烧残铁口工具及风、煤气和氧气管路。测量好倒罐距离，并做好标记。

（5）空料线前进行一次预备休风，处理以下问题：

1）切断与燃气厂净煤气系统的管网联系，在切断阀、大钟均压阀处堵盲板，如回收煤气停炉可不堵盲板。

2）处理好炉喉 4 个煤气取样孔，安装打水枪，要求打水枪进出灵活。打水枪直径 ϕ38mm。水枪在靠近炉墙 1m 以内部位不准开孔，以防冷却水淋湿炉墙，其余部分均钻孔。孔径 ϕ4mm，孔间距离 90mm，一般设 5~6 排孔。

3）为保证降料线过程煤气安全，并减轻部分炉顶 ϕ800mm 放散阀平衡质量，应将炉顶压力限制在小于 0.08MPa，以与之相适应，使顶压超出时放散阀能自动打开。

4）安装 1~2 支探测深度为 30m 的软探尺，但有些厂按煤气中 CO_2 变化规律来预测料面深度，亦可不安装软探尺。

5）安装打水泵，焊补炉皮。根据计算得出水量和水压，一般水压大于 1.2MPa，水量在 100t/h 以上。

11-4　停炉前工艺操作准备包括哪些方面？

答：（1）停炉前采取有利于顺行的操作制度，如增加倒装比例，缩小矿批等。停炉前 48h 配加球团矿进行洗炉，Mn 含量：0.6%~0.8%，Si 含量：0.8%~1.2%，R_2：0.95~1.0，确保渣铁流动性，同时提前一周停止富氧。

（2）停炉前 24h 开始逐炉加大铁口角度，最后一炉铁的铁口角度达到 21°左右，停炉前一个班停用开口机。

（3）停炉前三天减少炉底冷却强度。

（4）停炉前看水工要加强冷却系统的巡视和检查，水温差出现异常时及时汇报工长，降料面前更换有可能漏水的风、渣口和关闭有可能漏水的冷却壁。

（5）停炉前五天清炉顶各平台。

11-5　停炉前原燃料准备包括哪些方面？

答：（1）提前 5 天准备 1000t 加拿大球团矿。

（2）停炉料不做特殊要求，基本保持原用料结构，但取样必须有代表性，成分真实。将加拿大球团矿的成分提前 3 天报 2 号高炉。

（3）停炉前一周安排逐步清仓，确保停炉后矿、焦料仓存料比较少，有利于清空料槽，并有利于停炉顺利进行。

11-6　降料面的准备工作包括哪些方面？

答：（1）制作炉喉取样孔打水管，见图 11-1。要求停炉前 10 天完成。

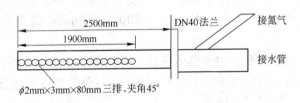

图 11-1　炉喉取样孔打水管

说明：1）ϕ32mm 无缝钢管，每支 3000mm，数量 4 根，端头焊死，共 4 支。

2）均匀钻孔 ϕ3mm，圆周 5 个。

3）后端与炉壳固定焊接。不钻孔端焊接 DN40 法兰，法兰外焊接叉管，一头接水，另一头接氮气。进行喷水模拟试验，要求雾化良好。

4）喷水胶管 4 根，每根 25m，规格 ϕ32mm，由高炉自备。

（2）临时长探尺的准备工作在停炉前 5 天完成。

将南探尺改装成临时长探尺，用 ϕ12mm 钢丝绳连接放散阀手摇卷扬和探尺砣（降料面前休风时连接），探尺可探深度为 15m，每米做一个标记，探尺砣见图 11-2，吊环用 ϕ16～18mm 圆钢弯成半圆环，焊牢，探尺材质不限。

图 11-2　探尺砣

（3）煤气系统切断方面的准备工作在停炉前 3 天完成。

（4）核对炉顶温度表，停炉前一天完成。

（5）焦炭打水准备工作：准备 ϕ25mm 胶管 20m，ϕ25mm 球阀一个，停炉前一天安装于中间称斗附近。

第2节 高炉停炉操作方法

11-7 对停炉料有何要求？

答：停炉料要考虑以下原则：

（1）控制生铁含 Si 量为 0.6% ~ 1.0%；

（2）炉渣碱度 $m(CaO)/m(SiO_2) = 1.05 ~ 1.08$；

（3）扣除煤粉减轻焦炭负荷 10%；

（4）最后上 2 ~ 3 批盖面焦，停止装料。

11-8 高炉停炉如何变料？

答：停炉时炉料结构不变，焦炭使用骨干焦及焦丁，停炉料的空料和净焦全部用焦丁代替。

正常料焦比：820kg/t；全炉焦比：1.5t/t；炉渣碱度：1.0 ~ 1.05；填充体积：44.42m^3。

停炉变料情况参考表 11-1。

表 11-1 停炉变料情况参考值

装料制度	干焦车重/kg	矿批重/kg	负荷	灰石/kg	压缩比	焦比/kg·t^{-1}
7（KKP + KP）	480	1500	2.08	0	30.02	840
8KK + N	480			760	14.4	

停炉变料时可在空料和净焦中适当打水以控制炉顶温度。此项工作在中间称斗内进行，以不见明水为宜，设专人负责。

11-9 降料面前的休风准备包括哪些内容？

答：在装停炉料时，一边降料线，一边上料，料线降到 4m 左右时，预休风后做降料面的准备。

装完休风料出铁后休风，堵风口，炉顶点火；按长期休风程序切断煤气系统，除尘器遮断阀做沙封；炉顶放散阀配重减轻 40%。

把南探尺改装成临时长探尺，用 12mm 的钢丝绳连接放散阀手摇卷扬和探尺砣，探尺可探 15m，每米做一个标记。

在炉顶煤气取样孔安装打水管 4 根，打水管伸进炉内 1.8 ~ 2.1m。前端稍低（低约 30 ~ 50mm）并连接打水胶管，打水胶管直接从高炉工业水分配器上分别引出到炉顶。

在炉顶煤气上升管根部焊接混合煤气取样管，并且将取样管引至炉台下加阀门，以便降料线时分析煤气成分。

严格检查风、渣口各套，确保没有漏水，关闭有可能漏水的冷却壁进出水，处理炉皮煤气泄漏点，焊补炉皮。

割开炉子两侧炉基上面积为 1.00mm × 1.50m 的炉皮，将焊好的放残铁沟架焊接固定，卸下排铅孔冷却壁,将放残铁的铁水包吊放到残铁沟流嘴处,安装连接槽并捣打沟料。

在焊残铁沟的同时焊接一个烧氧导向架,倾斜度根据残铁口位置与炉底侵蚀程度而定,一般与水平面的夹角为 3.5°~4°。

11-10　对停炉操作参数的控制有何要求?

答:(1) 炉顶温度:钟式高炉 400~450℃,无料钟高炉小于 300℃。

(2) 风量接近正常风量。

(3) 炉顶压力小于 70kPa。

(4) 炉气 H_2 含量小于 12%,O_2 含量小于 2%。

(5) 停炉料下到风口时停止喷吹。

11-11　对空料线停炉操作有何要求?

答:停炉料下到炉缸上沿时停止装料,开始降料线操作。

(1) 钟式高炉炉顶大钟下、大小钟间和除尘器通蒸汽。无料钟高炉气密箱和阀箱通入 N_2。

(2) 当料线空到 3m 以下时,与燃气厂和鼓风机联系,放风至风压为 0.02MPa,安装打水枪,工作人员要注意防止煤气中毒。

(3) 打水枪安装完毕,风量逐渐回到正常水平,炉顶压力小于 0.06MPa。加强炉况调剂,保持炉况稳定顺行。

为防止管道行程而引起炉况波动,当料线空到炉身中部时,降低风压 0.01MPa。

为防止炉墙塌落而引起煤气大爆震,当料线空到炉身下部时,降低风压 0.01~0.02MPa。

为防止因打水过多而引起煤气中 H_2 含量过高,当料线空到炉腰时,降低风压 0.01~0.02MPa,风温降至 700~800℃。

为防止炉顶温度过高,当料线空到炉腹时,降低风温至 600~700℃。

11-12　如何进行降料面操作?

答:(1) 在以上工作完成之后即可进行复风,降料面工作可根据炉子的接受情况进行,开始用全风量并打水控制炉顶温度。

(2) 炉顶温度控制在 400~450℃(设一名工长专人负责打水工作)。

(3) 当料面降到一定深度,打水控制炉顶煤气温度无效时,可通过减少风量、降低风温控制;炉顶产生爆震,可通过减少风量控制(当班工长调剂)。

(4) 降料面过程中,每 30min 分析一次混合煤气中 CO_2、H_2、O_2 含量,每间隔 1h 放一次软探尺,用料线和混合煤气中 CO_2 含量的回归曲线与软探尺结合来判断料面深度。

(5) 降料面过程中视时间长短,安排 100~200min 出一次铁,当料面降到 10m 时(含铁料面降至风口 1h 后),即可出最后一炉铁,以最大角度(21°)大喷铁口,出完铁后休风。

(6) 降料面过程中禁止休风,如有风渣口等冷却设备损坏,可切断冷却水,用外部喷水冷却,直至降料面的工作全部完成后休风,炉缸冷却设备阀门断水。

（7）休风后迅速把 14 个风口全部堵死，不卸吹管不停风机，视顶温情况来决定是否停止打水。

11-13　什么叫停炉前的预休风，预休风的主要工作有哪些？

答：（1）在停炉前为停炉专门安排的一次休风叫停炉前的预休风。

（2）预休风的主要工作包括：

1）在停炉前 3 天利用高炉炉顶堵漏和换风口的机会，烧通炉顶煤气取样孔，安装打水枪法兰，试插打水喷枪，并检查炉顶和整个煤气系统的蒸汽情况，直至确认畅通无阻为止。

2）处理冷却设备漏水问题；焊补和加固炉皮。

3）炉顶放散阀减轻配重。

4）安装停炉用煤气取样管。

5）高压水泵供水系统安装、打水枪制作和残铁沟子的准备等，可在正常生产中进行。

11-14　如何进行停炉的煤气操作？

答：为使料面既能形成一个焦炭层，又不加净焦，把最后三批料改为两车矿石一车焦炭，然后再把缺的焦炭补上，使料面为 6 车焦炭的焦炭层，称为"盖面焦"。

5：30 上完最后一批料，开始空料线。炉顶各部和除尘器均通入蒸汽，关严大钟均压阀，打开均压放散阀，高压全风操作，继续回收煤气。炉顶温度上升到 600℃ 时，于 5：45~6：15 改常压并在炉顶插打水喷枪。于 6：10 开始打水，风压恢复到 130kPa，风量 2200m³/min（比正常生产风量还多 300m³/min），炉顶压力 40kPa。于 8：00 出现一次大崩料，炉顶压力突然升到 120kPa，风压升到 145kPa。这次崩料波及整个煤气系统，洗涤塔压力猛增到 120kPa，使脱水器内的水猛地压出，将其排水管上盖冲掉。高炉当即减风 300m³/min，风量降到 110kPa。8：42 又发生崩料，顶压升到 80kPa，当即风压减到 90kPa，之后又出现几次小的崩料，总的来说是趋于稳定，整个停炉过程炉顶温度一直维持在 500℃ 左右。

当炉顶煤气 CO_2 含量已过拐点时，预计料线在 18m 左右，于 11：15 停止回收煤气，进行炉顶放散，关严煤气切断阀，将风压降到 50kPa，顶压降到 10kPa。当 13：30 CO_2 含量为 15.2% 时，个别风口出现挂渣、暗红现象。到 13：45，CO_2 含量上升到 18.0%，个别风口已吹空。14：15 按下列程序休风：（1）停止打水；（2）打开大钟；（3）按短期正常休风程序休风；（4）卸风管。

休风后进行煤气系统处理煤气工作：（1）休风后立即打开除尘器上 ϕ410mm 放散阀，进行煤气系统的换气工作；放散掉停炉后期含 H_2、O_2 偏高的不安全煤气，由煤气管网倒流到荒煤气系统进行煤气系统的换气工作；（2）20min 后关叶形插板或盲板阀；（3）按长期休风处理煤气，于 15：40 处理煤气完毕。

3 号高炉这次停炉仅用了 8.47h。做到了安全停炉，是全厂停炉速度最快的一次。

11-15　空料线停炉时如何选择最佳料面？

答：停炉后期曾担心在煤气中出现 O_2，可能产生爆炸，所以料线不敢空到风口。实际只要料面上方形成一个高温层，即使煤气中出现了 O_2，也马上与煤气中的可燃成分燃烧，不可能产生爆炸。煤气中出现了较高的含氧量，说明煤气中的可燃成分已很少了，不会产生爆炸。所以最佳料面应是风口以下，越吹空越安全，因为吹空后焦炭表面实现了完全燃烧。即使个别风口吹空，其他风口还发生煤气，从吹空的风口进入的 O_2 和未吹空风口产生的煤气，马上在料面上燃烧，也不会形成爆炸性的混合气体。

若不将料面控制在风口以下，在风口以上还有一定数量的焦炭层，停炉休风后还要产生部分的残余煤气，易与吸入的空气形成爆炸性的混合气体而发生爆炸。

11-16　空料停炉后期，打水量很多，炉顶温度仍难以控制如何处理？

答：停炉后期料层很薄，焦炭处于接近完全燃烧的状态，料层基本上失去了滤热降温作用。煤气离开料面的初始温度接近于炉缸焦炭的燃烧温度，煤气的热流强度很大，因此要降低温度所耗的水量就很大，炉顶温度也不易控制。解决这个问题的办法是控制热源，降低煤气的热流强度，即减少风量，降低风温，所以停炉后期切忌大风量、大风温操作。

11-17　如何快速熔化和减少炉缸凝铁层？

答：在日常生产过程中，保持一定的凝铁层厚度是维持高炉炉缸长寿的有效措施。但是在高炉停炉过程中，炉缸中的凝铁层不仅会增加高炉大修前的清理工作，而且会造成高炉放残铁过程不畅，最终影响高炉大修工程的正常开展。熔减炉缸凝铁层的目的是通过采用多种有效的清洗措施实现炉缸温度达到甚至超过历史最高纪录，将炉缸 1150℃ 的凝铁线移动到炉缸耐材甚至以外的水平。熔减炉缸铁层的全过程动态技术分析，清洗炉缸凝铁层主要是通过提高炉温、加入锰矿来降低渣铁的黏度和改变冷却介质参数来降低冷却强度，从而实现了高炉上下部结合和内外综合的方式快速熔减了炉缸凝铁层。

通过现场综合性调整和炉缸凝铁层监控模型的在线检测，高炉炉缸凝铁层发生了明显的变化，炉缸部位的电偶温度大部分超过了历史最高水平。无论是从炉缸侧壁温度达到和超过历史最高温度的状况，还是从高炉放残铁过程中的残铁温度变化，以及炉缸侧壁残余凝铁层非常薄的调查结果来看，本次高炉洗炉作业达到了基本消除凝铁层的目标。

11-18　如何合理控制料面下降速度？

答：控制高炉降料线速度的关键是合理控制好高炉送风比。在有效监控高炉料面下降状况的基础上配置合适的送风比是实现快速降料线的有效办法。2 号高炉停炉降料线采用了前期尽量保持高送风比、高顶压和中期采用短时间的低送风比为开残铁口提供安全条件和后期适当提高炉内压力来强化放残铁。

控制高炉降料线的速度不仅需要控制好风量与料线之间的关系，而且还要充分考虑到炉顶打水设备的能力和煤气的安全性。高炉送风比过高将导致炉顶温度过高。降料线过程控制风量的大小必须依据炉顶打水量，料面温度升高会造成煤气中 H_2 含量的升高。

通过控制高炉风量、炉顶打水量和炉顶 H_2 含量之间的匹配关系是实现高炉空料线过程中安全快速的基本保证。

11-19　降料线过程的煤气变化规律如何？

答：确保煤气的安全性是停炉工作的基础条件。通过明确不同料面位置所对应的煤气

中 CO_2 浓度的变化能够确保定位料面的位置, 尤其在降料线末期阶段更加重要。

降料线过程中煤气中 CO_2 含量与料线的关系呈最低拐点型的曲线变化。煤气中 CO_2 含量的拐点变化表明了高炉料面已经越过软融带区域。降料线过程中煤气中 CO_2 含量出现拐点的位置在炉腰部位。在料面下降到炉腰部位之前, 煤气中 CO_2 含量与料线之间的关系遵循 $y_1(x)$ 函数关系, 当料面下降到炉腰部位以下时, 煤气中 CO_2 含量与料线之间的关系则遵循 $y_2(x)$ 函数关系。

11-20 如何高效回收利用高炉煤气?

答: 在高炉停炉过程中最大程度地回收利用高热值煤气一直是高炉停炉工作的发展方向。由于在高炉停炉过程中煤气成分始终是变化的, 及时准确地确定煤气的安全性及发展变化趋势也是实现停炉过程最大程度回收利用高炉煤气的基础。

首先是平稳控制好煤气入网温度。将煤气入网温度控制在标准范围内是保证煤气安全回收的必要条件。降低煤气洗涤水温度、调整炉顶打水量、控制高炉风量和尽量延长余压发电设备的运行率等是控制煤气入网温度的有效手段。

其次, 决定煤气回收利用的主要因素除煤气温度外还包括煤气热值。煤气热值的控制可以通过提高冷却效果和减少煤气发生量来实现, 根据混合煤气的热值计算控制来实现高炉煤气的高效回收利用。

通过科学监控煤气热值的变化和及时有效控制煤气回收渠道, 不仅有效保证了高炉煤气的高效回收利用和避免了在煤气回收过程中热值大幅变化对其他相关使用过程产生的负面影响, 而且也降低了煤气放散对环境污染的影响。

宝钢 2 号高炉停炉过程中高炉煤气回收利用达到了非常高的水平。在 18.15h 降料线过程中高炉煤气回收率达到了 98.2%。

11-21 停止回收煤气的条件是什么?

答: 当料线空到炉身下部以后, 出现下列情况时, 应停止回收煤气:

(1) 料线空到炉身下部, 煤气中 CO_2 含量降到最低水平 (CO_2 含量为 3% ~ 4%);

(2) 煤气 H_2 含量接近 12%;

(3) 炉顶压力波动, 频繁出现高压尖峰;

(4) 煤气温度高, 洗涤塔入口温度接近 400℃。

11-22 停止回收煤气程序是什么?

答: (1) 停止回收煤气程序为:

1) 通知燃气厂做好停止回收煤气准备工作;

2) 除尘器通蒸汽;

3) 开炉顶放散阀;

4) 关煤气切断阀。

(2) 休风。料线空到风口水平, 按下列程序休风:

1) 通知燃气厂和鼓风机准备休风;

2) 停止炉顶打水和炉皮打水;

3）风压降至 0.02MPa 开大钟；

4）通知热风炉正常休风，并迅速卸下风管。

（3）处理煤气。

1）开塔前 $\phi400mm$ 阀换气，半小时后关上；

2）通知燃气厂关煤气插板；

3）按长期休风处理煤气程序赶煤气；

4）煤气处理完毕后通知发电厂停鼓风机。

（4）出残铁作业程序。为保证安全，出残铁作业在休风后进行。

1）出完最后一次铁开始割残铁口炉皮，面积为 500mm×600mm（约 1h）；

2）休风后开始烧冷却壁，面积为 500mm×500mm（约 1h），将冷却壁内积水吹出；

3）抠净残铁口周围凝铁，并作好残铁口泥套深度大于 300mm（约 2h）；

4）新泥套用煤气火烤干（约 1h）；

5）烧残铁口出残铁（约 2h），监视出铁情况，及时准备进行倒罐作业。

11-23　如何进行出铁后继续打水凉炉工作？

答：出完残铁后，工作人员离开风口、铁口、渣口区域，继续进行炉顶打水凉炉。

（1）残铁口用少量炮泥堵上；

（2）残铁流嘴下备用一个残铁罐或带壳的渣罐；

（3）工作人员撤离风口、铁口和渣口 50m 外；

（4）开大水门继续进行炉顶打水，中修停炉打到铁口出水为止；大修停炉打到残铁口流水为止，禁止大量水流到渣铁道上。

11-24　空料线回收煤气停炉有何特点？

答：（1）空料线回收煤气停炉，简化了停炉准备工作，缩短了停炉时间，回收了煤气，减轻了污染，炉况平稳，它是安全可行的，并使空料线停炉更臻完善。

（2）减轻炉顶煤气放散阀的配重，停炉休风后撑煤气前的换气，在炉身下部通蒸气（或 N_2）等措施，均是解决回收煤气停炉不安全因素的有效途径。

（3）停炉空料线期间的高炉操作，要以风量为准进行停炉的各项操作。最大的风量不允许超过正常生产时的风量，尤其是在停炉的后期，绝不能大风量高风温操作，以确保停炉的安全。

（4）空料线停炉一方面要切忌将水打在料面上，另一方面要尽量压缩高温层的厚度，以防止煤气中 H_2 含量猛增而增加煤气爆炸的危险性，因此炉顶温度控制在 500℃ 左右为宜。

（5）空料线打水停炉水在炉内料面以上的三层次分布，即高温层（无水层）、汽化层和水滴层，是一种新认识。若能驾驭好三层次分布，则是实现安全停炉的有力保证。

（6）回收煤气停炉，停止回收煤气的 4 条标准，很有实际意义。

（7）分析和运算结果说明，完全可以用停炉炉顶煤气中 CO_2 含量的变化规律来判定料面下降的位置。并可根据第一条、第二条算出料面下降较为准确的位置。

（8）回收煤气停炉的经济效益可观，仅回收煤气一项的效益，1000m³ 级别相当于

200t 标准煤，2000m³ 级别相当于 300t 标准煤。

第 3 节　高炉停炉事故与处理

11-25　怎样处理炉体冒火和开裂事故？

答：高炉生产到中后期，会出现炉壳变形甚至开裂而冒火，如果处理不及时或不好会酿成大事故。容易出现冒火的地方是冷却壁进出口与炉壳连接的波纹管处，容易开裂的地方是炉身下部、炉腰、炉缸铁口周围。

炉体发红、开裂、冒火说明已有高温煤气窜到炉体外，造成此类事故的原因或是炉衬已被侵蚀掉；或是冷却器烧坏；或是冷却器间的锈蚀接缝已损坏，高压高温煤气得以从它们形成的缝隙窜到半壁与炉壳之间的膨胀缝中，高温煤气从背面加热冷却壁，加速半壁烧坏，加热炉壳使其变形或在应力集中处开裂。

处理此类事故应遵循以下几点：

（1）出现冒火应立即打水，若不见效应改常压，减风、放风直至停风，制止冒火。

（2）检查半壁是否漏水，可分区关水逐块检查，发现有漏水的半壁，则酌情减水量或通高压蒸汽，尽量不要切断水源让其烧毁而影响其前面的砖衬，或无法结成渣皮形成自我保护。

（3）如果耐火砖衬已完全损坏掉，可采用喷涂的办法修补，同时利用此机会修复冷却器（更换或插冷却棒等）。

（4）补焊炉壳。补焊炉壳切忌用裂缝上重叠钢板的办法，应清理创面，割除不规则破损部位后补焊或原缝加工后对焊，应注意新钢板割补焊时，新钢板与原炉壳钢板的钢号应一样，焊条要对号，焊接处要加工成 K 形（因无法从炉壳内表面加工成 X 形），新钢板焊接时应相应加温。如果贴补新钢板时原裂缝未得到处理，高温高压煤气会窜到新钢板与炉壳之间，不仅使原裂缝继续加大，而且高炉煤气作用到焊缝上，如果焊接质量不好（两块钢板钢号不一样，焊条不对号等），更易造成焊缝开裂，高压高温煤气冲出，将裂缝和焊缝冲大，而跑出炽热焦炭，造成重大事故。

11-26　停炉期间发生炉皮烧穿、开裂事故如何处理？

答：停炉期间由于炉皮破损严重、连续崩料、炉况恶化、高炉停炉空料线操作不当，炉顶上部炉墙渣皮脱落；高炉停炉过程中，打水不均，大量的水打在料面等多种原因，致使发生炉皮烧穿、开裂事故。

处理方法如下：

（1）发现炉皮烧穿、开裂，立即减风 50%，降低烧穿程度；组织出铁，出铁后休风；

（2）焊补和加固炉皮；

（3）复风后放慢停炉操作进度，搞好炉子顺行工作，严格控制风压和顶温，打水要均匀，严禁将水打在料面上，以防发生水煤气爆炸。

11-27　停炉期间发生风口烧穿、爆炸事故如何处理？

答：停炉前未发现或漏检；因炉况不顺，炉缸工作不好，造成破损风口烧穿、爆炸。

处理方法如下：

（1）减少风口冷却水量，以风口见亮为止；

（2）当风口断水时，可卸下排水管，保证排水畅通；

（3）风口外部用两支高压水枪强制打水冷却；

（4）组织出铁，出铁后休风更换。

11-28　停炉期间发生爆震如何处理？

答：（1）炉顶爆震原因为：

1）原料粉末多，透气性不好，产生崩料；

2）打水过多，不均匀；

3）无炉料支撑，炉墙失稳塌落。

（2）处理方法如下：

1）降低风压 10～20kPa；

2）适当减少水量；

3）严格控制炉顶温度。

11-29　停炉期间发生水煤气爆炸事故如何处理？

答：（1）发生水煤气爆炸的原因为：

1）高炉停炉过程中，打水严重不均，大量的水集中打在料面上；

2）高炉停炉空料线操作不当，使上部炉墙或渣皮大量脱落；

3）炉况恶化、难行，炉内压力高，集中释放。

（2）处理方法如下：

1）立即减水，降低风压，直至休风；

2）休风后，全面检查炉体系统各处设备；

3）确认无故障后复风，加强停炉操作，搞好炉子顺行，严格控制打水要均匀，严禁将水打在料面上。

第 4 节　高炉出残铁操作

11-30　什么叫残铁，什么叫出残铁？

答：所谓残铁是指铁口以下，不能从铁口正常排出，存留在炉缸底部的铁水。出残铁就是在高炉停炉时在炉缸积存残铁的最底部烧开一个临时出铁口，将残铁排出炉外的特殊操作。

11-31　高炉停炉出残铁工作目标是什么？

答：（1）确保人身、设备安全，不发生跑铁、烧穿、铁水爆炸事故；

（2）出净残铁，减轻炉缸清理工作量，为炉缸调查和拆除炉缸创造条件；

（3）缩短大修工期。

11-32 放残铁准备工作有哪些内容?

答: (1) 确定残铁口位置;

(2) 放残铁工作平台、残铁沟槽及安全桥的制作;

(3) 利用停炉前的休风准备时间,搭好出残铁操作平台;

(4) 放残铁用铁水罐的准备工作;放残铁期间,铁水罐配罐工作安排;

(5) 炉基铺干河沙;

(6) 铺垫好残铁沟并烤干;

(7) 安装好残铁沟,残铁沟流嘴要确保铁水流入铁罐中;

(8) 准备好氧气带、氧气管及出残铁用的辅助工具;

(9) 安装好煤气、压缩空气和氧气管道。

11-33 如何确定残铁口位置?

答: (1) 经验判断法:残铁口位置、高度根据高炉炉底温度上升情况和本代炉龄,结合炉缸外壳测温结果,以炉皮温度拐点确定具体高度和位置。同时尽量考虑接受残铁的罐车的高度和排放的便利程度。若有排铅孔,尽量利用排铅孔放残铁。

(2) 冶金部炉体调查组提出的公式:

$$x = k \times d \times \lg(t_0/t) \tag{11-1}$$

式中　x——炉底剩余厚度,m;

　　　d——炉缸直径,m;

　　　t_0——炉底侵蚀面上的铁水温度,℃;

　　　t——炉底中心温度,℃;

　　　k——系数。当 $t < 1000$℃ 时,取 $k = 0.0022t + 0.2$;$t = 1000 \sim 1100$℃ 时,$k = 2.5 \sim 4.0$。

设高炉炉底中心温度为 620℃,取 $t_0 = 1350$℃,则:

$$x = 1.564 \times 5.2 \times \lg(1350/620) = 2.748\text{m}$$

(3) 开勒计算法:

$$h = 1.2 \times d \times \ln[(T_0 - t_0)/(t - t_0)] \tag{11-2}$$

式中　h——炉底中心剩余厚度;

　　　d——炉缸直径;

　　　T_0——铁水温度,取 1470℃;

　　　t_0——大气温度,取 10℃;

　　　t——炉底温度。

则 $h = 1.2 \times 5.2 \times \ln(1460/610) = 5.344\text{m}$。

炉底侵蚀深度 $= 2.422 - 5.344 = -2.922\text{m}$。

(4) 炉皮测定法:

在预休风过程中,减小炉缸冷却水量,测量炉缸下部炉皮温度,温度最高点往下

300mm 即为侵蚀最深的位置。

11-34　炉缸残铁量如何计算?

答: 炉底侵蚀深度确定后, 一般参考下列公式估算残铁量, 准备残铁罐。

$$T_{残} = \frac{\pi}{4} K d^2 h \rho_{铁} \tag{11-3}$$

式中　$T_{残}$——残铁量, t;

　　　d——炉缸直径, m;

　　　h——炉底侵蚀深度, m;

　　　$\rho_{铁}$——铁水密度, 一般取 7.0t/m³;

　　　K——系数, 一般 $K = 0.4 \sim 0.65$。

举例: 已知炉缸直径 $d = 5$m, 炉底侵蚀深度为铁口中心线下 800mm, 请计算炉缸残铁量有多少 (铁水密度按 7.0t/m³ 计算)?

解:　　　$T_{残} = \frac{\pi}{4} K d^2 h \rho_{铁} = (3.14 \times 0.6 \times 5 \times 5 \times 0.8 \times 7)/4 = 66$t

即该炉残铁量为 66t。

11-35　如何制作放残铁工作平台及残铁沟槽?

答: 放残铁工作平台及残铁沟槽要在停炉前 5 天制作完成, 并在停炉前一天现场预安装, 残铁沟槽的制作见草图, 在放残铁工作平台上焊 4 个支柱架, 上面铺 4000mm × 240mm × 6mm 的木板 12 块, 可与残铁沟槽同时制作安装。

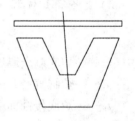

图 11-3　残铁沟安放示意图

残铁沟槽在现场予以安装后, 高炉分厂负责向残铁沟槽内打料, 并烧干。装置安放图如图 11-3 所示。

残铁沟说明:

(1) 外壳用 $h = 6 \sim 8$mm 的钢板制作。

(2) 内砌一层耐火砖, 错缝满浆。

(3) 内捣打一层铁沟料, 厚度约 150mm。

(4) 残铁沟捣好后烤干备用, 并有防水措施。

(5) 残铁沟的架设根据现场情况, 由机修车间决定。

(6) 残铁沟两帮用河沙挡好。

11-36　如何准备放残铁用铁水罐?

答: 在停炉前 3 天由计调科与总调、机车队等有关部门联系, 准备 3 个新砌好的 35t 铁水罐并烤干备用, 准备一台吊车及两个平板车火车皮, 吊 35t 铁水罐用的挂钩两个。

11-37　为什么高炉出残铁时炉基要铺干河沙和碎石?

答: 高炉出残铁时炉基要铺干河沙和碎石是为了保持炉基地面的干燥, 防止意外跑铁, 产生爆炸, 伤及人员和设备。

通常做法是在停炉前几天，清理高炉炉基，杜绝向炉基打水，在停炉前一天上午，将干河沙拉到炉基东侧，由高炉安排人员负责河沙和道心枕木的铺垫工作。

11-38　如何烧残铁口？

答：一般情况下在复风降料面时即可组织人力进行烧残铁口工作，在出最后一炉铁之前残铁口烧的深度不大于 800mm，在出完最后一炉铁后组织人力烧残铁口，可分为两个组烧残铁口。在未休风前烧残铁口存在将炉缸烧穿的风险。

11-39　残铁口烧开后的工作是什么？

答：在残铁口烧开之后，视铁流的大小，如铁流太小可复风加压（风压：30 ~ 40kPa），直至残铁全部放出。

残铁放净后，调度室负责联系重残铁罐的调运工作。

11-40　残铁放净后如何进行凉炉？

答：（1）在残铁放净后，卸下吹管，用备好的木塞塞好风口；由看水工负责将炉顶打水管抽出，去掉前端的封头，重新安装好后开始打水。

（2）放完残铁后，将炉缸冷却壁水阀门全部打开，加速炉缸冷却，在炉凉 8 ~ 12h 后再从风口中插 4 根打水管，加快炉缸部位的冷却速度。

（3）在凉炉期间，高炉分厂设专人负责高炉喷水凉炉工作。

（4）残铁口见水后，安排人员进行如下工作：

1）割开炉台渣口大套处炉皮约 1.5m×2.0m；

2）割开炉身中部炉皮约 1.5m×1.5m；

3）割开炉缸放残铁处炉皮扩大至 2.5m×1.5m；

4）安装 $\phi600mm$ 排风扇。

11-41　怎样确保放残铁操作的安全？

答：放残铁前要安排好时间，迅速完成放残铁的全部工作：

（1）开始降料面时，切开残铁口处的炉缸围板。

（2）当料面降至炉腰时，停止放残铁处立式水箱的冷却水，并用氧气烧开立式水箱。

（3）当料面降至炉腹时，做残铁口的砖套。

（4）当料面降至风口区时，可一边从铁口正常出铁，一边烧残铁口。

在安装好残铁沟时，残铁沟与立式水箱、炉皮的接口一定要牢靠，以保证数百吨残铁顺利流出，不能发生漏铁、爆炸事故。

第5节　热风炉的保温与凉炉

11-42　什么叫热风炉的保温？

答：热风炉保温的重点是硅砖热风炉的保温，是在高炉停炉或热风炉需要检修时，如何保持硅砖砌体温度不低于 600℃，而废气温度又不高于 400℃。

硅砖在 600℃ 以下体积稳定性不好，不能反复冷热，因此在高炉较长期休风停止使用硅砖热风炉时，要求保持热风炉硅砖不低于此温度。

11-43 如何实现硅砖热风炉的长周期保温？

答： 根据停炉时间的长短与检修的部位和设备，可采用不同的保温方法，鞍钢的经验是：

（1）高炉 6 天以内的休风，热风炉又有较多的检修项目，在休风前将热风炉烧热，将炉顶温度烧到允许的最高值即可。

（2）高炉 10 天以内的休风，热风炉又没有什么检修项目，在高炉休风前将热风炉送凉，特别是将废气温度压低，保温期间炉顶温度低于 700℃ 就烧炉，可以保持 10 天废气温度不超过 400℃。

（3）如果是长时间（大于 10 天）的保温，则须采取炉顶温度低于 750℃ 就烧炉加热；废气温度高于 350℃ 就送风冷却，热风由热风总管经倒流排放到大气中。为了不使热风窜到高炉影响施工，要在倒流休风管和高炉之间的热风管内砌一道挡墙。

当热风炉炉顶温度降到 750℃ 时，就强制燃烧烧炉，再次烧炉时间为 0.5~1.0h，炉顶温度达到 1100~1200℃。当废气温度达到 350℃ 就送风冷却。冷风量约为 100~300m³/min，风压为 5kPa，冷风由其他高炉调拨或安装通风机。操作程序和热风炉正常工作程序一致，各座热风炉轮流燃烧送风。每个班每座热风炉约换炉一次。这种燃烧加保持炉顶温度、送风冷却、控制废气温度的做法称为"燃烧加热、送风冷却"保温法。这种保温方法是硅砖热风炉保温的一项有效措施。不管高炉停炉时间多长，这种方法都是适用的。

鞍钢 6 号高炉中修一个月，对硅砖热风炉采用"燃烧加热、送风冷却"的方法，做到成功保温。10 号高炉新旧高炉转换，停炉期间，对硅砖热风炉采用"燃烧加热、送风冷却"方法，保温 138 天，效果非常好。

11-44 什么叫热风炉的凉炉？

答： 热风炉的凉炉与烘炉一样，不同的耐火材料和不同的停炉方式应用不同的凉炉方法。

高铝砖、黏土砖热风炉的凉炉：

（1）高炉正常生产时，热风炉组中有一座热风炉的内部砌体需进行检修时的凉炉，首钢的凉炉经验如下：

1）设 1 号热风炉待修炉，在最后一次送风时，使其炉顶温度降至 1000~1050℃，然后换炉，换炉后关闭混风阀，利用 1 号热风炉做混风炉，其冷风阀当做风温调节阀，不许全闭。

2）在 1 号炉做混风炉的过程中，其余两座热风炉轮流送风。经过 3 个周期后，将风温降至比正常风温低 200℃（高炉相应减负荷），1 号炉继续做混风炉使用。

3）当 1 号炉顶温度降至 250℃ 时，停止做混风炉，关闭其冷、热风阀，打开废风阀、烟道阀，然后启动助燃风机，继续强制凉炉。

4）拱顶温度由 250℃ 降到 70℃ 后停助燃风机，凉炉完毕。

整个凉炉过程约需时 5~6 天。

（2）热风炉组全部检修的凉炉。该法多用于高炉大修、中修时热风炉的凉炉。鞍钢的凉炉经验如下：

1）在高炉停炉过程中，尽量将热风炉送凉。在高炉允许的情况下尽量降低其炉顶温度和废气温度。

2）用助燃风机强制凉炉，直至废气温度升高到允许的最高值，停助燃风机。

3）打开炉顶人孔，用其他高炉拨的冷风继续凉炉，或由通风机从算子下人孔通风代替其他高炉拨风。被加热的冷风由炉顶人孔排入大气中。

4）当热风炉炉顶温度不再下降，与高炉冷风温度持平后，再开助燃风机强制凉炉，一直凉到炉顶温度低于60℃为止。这种凉炉方法，需时 8~9 天。

5）用此法凉炉需注意以下几点：在整个凉炉过程中，烟道的废气温度不得高于规定值（350℃），以免将炉算子、支柱烧坏；用高炉冷风凉炉时，风量不要过大，以免将炉顶人孔烧变形；在用助燃风凉炉时，应注意鼓风马达的电流情况，如过大应关小吸风口的调风板，以免将鼓风马达烧坏。

11-45　硅砖热风炉凉炉技术准备有哪些？

答：根据生产需要硅砖热风炉要进行凉炉操作。硅砖内残余石英在晶体转换过程中，其膨胀系数较大，导致硅砖的强度削弱，存在较大风险。热风炉降温不合理也容易损坏砌体，影响到热风炉使用寿命，因此，热风炉的降温对曲线的制定及降温速度均要严格控制。

热风炉凉炉准备工作为：

（1）热风炉凉炉期间不允许施工作业。如热风炉凉炉期间，高炉内常有人施工，热风炉与高炉必须做彻底的隔断，即在高炉风口弯头处堵铁板或砌砖，防止烧坏炉顶设备。

（2）两台助燃风机及凉炉用小助燃风机安装到位，达到生产要求。

（3）各计器仪表和指示信号运行正常，特别是拱顶温度、废气温度、助燃空气流量保证准确可靠。炉顶测温电偶改为 0~900℃。

（4）热风炉系统各阀门动作灵活可靠、极限正确，微机控制及液压系统必须联动、连锁试车完毕，达到设计要求标准，具备正常生产条件。

（5）通讯和照明设施完备。

（6）热风炉系统所有人孔封闭。

（7）热风炉周围及各层平台安全、通畅。

（8）双预热装置施工结束，冷态气密性试验、试漏合格，并把煤气引到燃烧炉。如果施工未完毕，旁通管施工必须完成，堵盲板将双预热器彻底隔断。

（9）准备好凉炉用的各种工具、材料及岗位操作记录和图表等。

（10）编制好凉炉规程，并组织有关人员学习。

准备工作要求充分、严格、全面。

11-46　硅砖热风炉凉炉操作步骤如何？

答：热风炉本体降温采用 3 台同时进行。热风炉降温采用三阶段不同工艺流程对热风炉系统进行缓慢降温凉炉。

（1）第一阶段：热风炉初期采用热风炉助燃风机凉炉，将拱顶温度降到900℃，控制废气温度不超过400℃。其工艺流程为：

助燃风机→空气调节阀→空气切断阀→热风炉→烟道阀→烟囱。

（2）第二阶段：热风炉的凉炉中期采用高炉鼓风机作为风源，其工艺流程为：

高炉鼓风机→冷风均压阀→炉箅子→空气调节阀→蓄热室格子砖→热风炉拱顶、燃烧器→热风出口→热风阀→热风总管→倒流阀→排入大气。

（3）第三阶段：热风炉凉炉后期采用热风炉助燃风机作为风源，其工艺流程为：

助燃风机→炉箅子→空气调节阀→蓄热室格子砖→热风炉拱顶、燃烧器→热风出口→热风阀→热风总管→倒流阀→排入大气。

11-47　如何考虑硅砖热风炉凉炉时硅砖的体积变化？

答：在热风炉砌体升降温过程中，硅砖的体积变化是考虑的关键。硅砖由鳞石英（50%~80%）、方石英（20%~30%）、石英（5%~10%）以及少量的玻璃相所组成。除玻璃相外，上述3种石英晶体晶型转变时的体积变化不同。

由于硅砖各晶体随温度变化的可逆性，硅砖热风炉凉炉成为可能。高炉热风炉硅砖区域的工作温度在850~1350℃。硅砖的主要化学组成为SiO_2，在不同的温度下以不同的晶型存在。烧成后硅砖的主要矿物组成是γ-鳞石英、β-方石英及少量残余的β-石英。鳞石英的α、β、γ变体间转化温度在117~163℃，转化时体积变化在0.2%~0.28%；方石英的α、β变体间转化温度在180~270℃，转化时体积变化在2.8%左右；石英的α、β变体间转化温度在573℃，转化时体积变化在0.82%。由于硅砖相变时体积变化的特点，因此，硅砖热风炉凉炉应制定严格的凉炉降温曲线。某厂新3号高炉硅砖热风炉降温凉炉计划见表11-2。

表11-2　某厂新3号高炉硅砖热风炉降温凉炉计划

温度/℃	900~660	660~580	580~300	300~100	合　计
降温速度/℃·h⁻¹	3	1	2.5	1	
降温时间/h	80	80	112	200	472（19.7天）

11-48　降温凉炉操作注意事项有哪些？

答：（1）凉炉操作前，热风炉不再烧炉，逐渐将炉顶温度由1350℃降到900℃。

（2）在凉炉期间要严格按凉炉曲线降温，可以用拨风量的大小和高炉放风阀的开度来控制凉炉的总进度；利用各热风炉的冷风阀的开度和倒流阀的开度来调节各座热风炉的降温速度。

（3）在拱顶按规定凉炉曲线不断降温时，要特别注意硅砖与黏土砖（或高铝砖）交界面的温度变化，如果与炉顶温度的差值太大，可适当地降低热风炉凉炉速度和增加恒温时间。

（4）拱顶温度控制。如果温度太高，加大空气量。

（5）炉内压力控制。在降温过程中，炉内要保持98.06Pa的微小正压，以防止除助燃风机提供的空气以外的空气进入，而导致炉内总的空气流量不易控制，以得到这一微小正压，要注意调节烟道阀的开度，但注意有废气温度检测点一侧的阀门不能全关，以保证废气温度数据的准确性。

（6）拱顶温度在 573℃时，硅砖存在 β→α 的石英相变和体积膨胀，而 500℃以下时，相变和体积膨胀现象加剧，所以在该阶段要特别注意降温速度，防止温度的剧烈波动而破坏硅砖砌体（控制在 ±2.0℃以内），当炉内温度达到 200℃以下时，可考虑焖炉自然降温。

11-49　硅砖热风炉凉炉操作有何特点？

答：硅砖热风炉的凉炉：硅砖具有良好的高温性能和低温（600℃以下）的不稳定性。过去，硅砖热风炉一旦投入生产，就不能再降温到 600℃以下，否则会因硅砖突然收缩，造成硅砖砌体的溃破和倒塌。国内外大量的试验研究发现，硅砖热风炉的凉炉，大体上有两种方法。

（1）自然缓慢凉炉。日本福山厂 3 号高炉和小仓厂 1 号高炉的硅砖热风炉，分别用150 天和 120 天成功地凉下来。

日本小仓 1 号高炉 2 号热风炉是硅砖内燃式热风炉，希望供两代高炉使用，作了以冷却代替保温的试验：400℃以上燃烧冷却，400℃以下自然冷却，凉炉温度曲线如图 11-4所示，在收缩度较大的温度（500℃）恒温 8 天，500℃以下的晶格变化点降温更缓慢。计划凉炉 110 天，实测温度如图 11-4 所示。

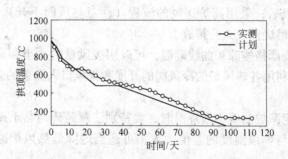

图 11-4　凉炉温度曲线

凉炉中及凉炉完毕后的调查结果显示：隔墙、拱顶、格子砖均完好无大损，格孔贯通度良好，认为有再使用的可能。调查结果列入表 11-3 中。

表 11-3　日本小仓高炉硅砖热风炉凉炉调查

部　位	调 查 结 果
拱顶砖	龟裂 17 处，长度共约 58m，宽度共约 200mm，认为大概是升温时即已造成的，相对于缓慢凉炉开始时下沉 30～50mm
格子砖	相对筑炉时下沉 60mm，用照明法检测，冷却后格孔贯通率为 83%
隔　墙	无龟裂、变形等损伤
阻损变化	阻损有一定增加，但操作时煤气量可充分保证

（2）快速凉炉。硅砖热风炉用自然缓慢凉炉是成功的，但由于工期的关系，自然缓冷

来不及，还要做快速凉炉的尝试。鞍钢1985年在6号高炉硅砖热风炉上进行了快速凉炉的试验，用14天将炉子成功地凉下来，它采用的凉炉曲线如图11-5所示，基本上是烘炉曲线的倒置，只是速度加快了些。这与后来卡鲁金（KALUGIN）顶燃式硅砖热风炉凉炉曲线（图6-5）完全一致。

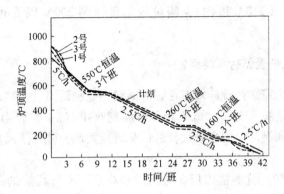

图11-5　鞍钢6号高炉硅砖热风炉凉炉曲线

（3）凉炉操作：

1）在高炉停炉空料线期间，热风炉不再烧炉，逐渐将炉顶温度由1350℃降到900℃。

2）高炉停炉休风后，采用高炉送风的流程（注意热风阀不开），将其他高炉的冷风拨入热风炉，从陶瓷燃烧器上人孔排放。

3）在凉炉期间要严格按凉炉曲线降温，可以用拨风量的大小和高炉放散阀的开度来控制凉炉的总进度；利用各热风炉的冷风阀的开度和排风口人孔盖的开启度来调节各座热风炉的降温速度。

4）在拱顶按规定凉炉曲线不断降温时，要特别注意硅砖与黏土砖（或高铝砖）交界面的温度变化，如果与炉顶温度的差值太大，可适当地降低热风炉凉炉速度和增加恒温时间。

（4）凉炉后对硅砖砌体的调查结果：

1）调查情况如下：3座热风炉的拱顶、连接管、燃烧室基本完好无损，没发现任何裂纹。唯3号炉连接管两人孔砌砖有轻微破损，分析原因是该人孔在生产中曾几次漏风，曾打开人孔盖补砌、捣打耐火材料，突然降温所致。

2）蓄热缩口部分：1号炉有3条纵向裂纹，北侧一条长1.6m、宽8mm；西侧一条长1.5m，缝宽9mm；东南侧一条长1.2m，缝宽7mm；2号炉有4条裂纹；3号炉有两条裂纹，裂纹的长度均在1.0~2.0m之间，缝宽5~10mm，经探测是龟裂，不是穿透性裂纹，推断是凉炉时产生的，再烘烤时还能密合。经有关专家鉴定，3座热风炉的大墙、拱顶、连接管、缩口、燃烧室全部可以继续使用。这次快速凉炉是非常成功的，它打破了"硅砖热风炉是一次性的"的论点，说明硅砖热风炉快速凉炉是可行的，预示了"硅砖热风炉跨代使用"的可能性和必然性。

鞍钢6号高炉这组硅砖热风炉，从1976年投产到目前整整给高炉服务了30年，中间换了一次格子砖，可以说是长寿的。

11-50　如何实现经济快速凉炉?

答: 高炉凉炉的目的是将炉墙参与的高温耐火材料和炉缸中的残余物降温到适当水平, 尽量减少高炉大修前拆除与清理工作。高炉凉炉过程管理的重点是确保过程安全环保和减少凉炉过程的水耗。

某厂采用了炉顶打水和炉身灌水相结合的分层供水"强制性凉炉"模式。这样既实现了高炉上部残余耐材的快速降温, 又通过集中大流量补水的方式有效地减少了水气蒸发及污染物的排放。当炉内贮水水位达到管理目标的情况下, 及时打开铁口进行小流量排水置换与处理有效加速了高炉凉炉过程。当排水温度达到目标要求时就标志着高炉凉炉的结束。2 号高炉全部凉炉时间为 28.05h, 比计划缩短了约 42%。

第6节　炉缸残余物清理

11-51　清理炉缸残余物的准备工作有哪些?

答: (1) 工具的准备: 在停炉前将扒炉所用工具准备齐全。扒炉前机修车间准备两台 ϕ600mm 的排风扇, 并考虑电源等。准备风镐四把及适量的风镐头, 提前五天试用。保证停炉期间空压风压力不小于 0.3MPa, 供扒炉风镐使用。

(2) 扒炉用炸药, 雷管及放炮的工作准备。根据以往扒炉的情况, 铝碳砖炉底比较难扒, 都是要采用放炮的措施, 把炉底炸开以清除残余物, 根据工期要求, 在扒炉工作中做好放炮的准备。

在停炉前 3 天联系放炮的有关事宜及炸药、雷管的领用、存放, 放炮工作注意事项等。

预计炸药、雷管等的用量为:

炸药: 140 ~ 160 管 (7 ~ 8 包); 雷管: 100 个; 放炮工: 2 名; 导火索: 200m。

(3) 扒炉料的处理及车皮的安排。在扒炉前一天由计调科同供应处联系准备扒炉用高帮车皮一个, 低帮车皮一个。同总调联系好卸扒炉料的场地及卸车工作。

11-52　如何安排清理炉缸工作?

答: 停炉后, 扒炉之前即可开始回收, 高炉卸掉弯头及风口中小套, 然后由高炉人员参加清理炉缸工作。工作进度安排见表 11-4。

表 11-4　清理炉缸工作进度表

时　间	第一个晚上	第二个晚上	第三个晚上	第四个晚上
进度	风口以下 0.7m	炉缸第七层碳砖至第四层碳砖, 计 1035mm	第四层至第二层碳砖, 计 692mm	风冷管以上扫尾
协作	维修工段炉皮装灯	炮工放炮	放　炮	放　炮

11-53　什么叫热风炉的大修和中修?

答: 热风炉的一代炉龄一般要比高炉炉龄高出一倍, 甚至更高, 一般在 15 年以上。

根据近年来热风炉的检修结果来看，无论是热风炉还是高炉破损都比较严重，尤其是当热风炉风温低下时，随着高炉和热风炉的强化，炉龄均有缩短的趋势。

热风炉大修的依据为：

（1）热风炉燃烧效率降低 25% 以上，严重影响热风炉的风温和风量。

（2）热风炉各部位的耐火砖衬、炉算子、支柱等严重损坏，炉壳裂缝漏风，致使热风炉不能安全进行生产。

热风炉大修的范围包括：更换全部格子砖、燃烧室、拱顶和部分大墙等，若整个大墙不能继续使用时，可结合大修更换全部砖衬。

热风炉中修的依据为：

（1）蓄热室格孔局部渣化、堵塞，拱顶局部损坏，燃烧室烧损严重。

（2）热风炉燃烧率显著降低。

热风炉中修的范围包括：更换蓄热室三分之一左右的格子砖，拱顶和部分大墙与燃烧室等耐火砖。

11-54　高炉大修施工技术与组织方法如何？

答：炼铁高炉是连续性生产，除平时以休风时间处理一些小的设备故障外，一般是无条件长时间停炉检修的，所以高炉必须是在一个炉龄周期或主体设备磨损到一定程度时才进行一次长时间停炉大修，因此说大修时间是非常宝贵的。而且大修工期和大修质量直接影响着炼铁企业效益，所以高炉大修往往成为炼铁企业的临时性中心工作。由于它工期严格、施工场地有限、检修内容的不确定因素又多，也就决定了工程的特殊性。高炉大修中一些主要关键项目的施工技术方法和施工组织方法，不少经验都是从血的教训中总结出来的，例如死铁层的处理，过去是靠人工法和爆破法，占用着很长的工期，而且还经常发生人身设备事故，自采取死铁层预处理方案后，这一工序就变得很轻松，基本不再占用工期。

第 12 章　高炉开停炉煤气操作与安全管理

第 1 节　加强煤气安全教育与事故防范的重要意义

12-1　抓好煤气事故防范与安全管理的重要意义和主要任务是什么？

答：近年来，在钢铁工业快速发展的同时，个别地区和个别冶金工厂由于忽视安全生产和缺乏必要的技术措施与有效管理，出现了过去也不多见的煤气中毒、着火和爆炸事故，造成工业建筑倒塌、设备损坏，甚至人员伤亡等重大人员和财产损失。煤气事故频发已引起各级领导和有关部门的高度重视，新闻媒体对典型案例也进行了报道，以警示其他企业。因此，认真分析各类煤气事故产生的原因，有针对性地加强管理，消除隐患，规范操作，完善制度的建立，强化专业管理部门的职能，对降低事故发生频率，减少人员与财产损失都具有特别重要的意义。

抓好煤气事故防范与安全管理的主要任务是：

（1）贯彻国家有关的规章制度，规范煤气操作与管理；

（2）普及煤气知识，提高自我防护意识，防患于未然；

（3）了解本厂煤气设施的组成和作用，掌握操作技能；

（4）加强队伍建设，使煤气安全管理和事故做到"有序受控"；

（5）加强专业化管理，做到信息反馈及时，调度指挥有力等是实现煤气安全生产的主要任务。

12-2　冶金工厂安全理念是什么？

答：牢记安全、珍爱生命、严细管理、持续改进。

12-3　煤气事故防范与安全管理的特殊性是什么？

答：我国钢铁工业快速发展，钢铁厂总数已超过 2000 家，2010 年产能达 7 亿吨；由于原、燃料涨价，制造成本压力越来越大，节能降耗减排潜力巨大，煤气综合利用技术引起各钢铁厂的普遍关注。企业渴望应用节能降耗的新工艺、新技术、新材料，以解决应用中的技术问题，获得可观的经济效益。

煤气专业系一门特殊的"交叉学科"，涉及能源、燃气、燃烧、工程热物理、冶炼工艺、耐火材料等专业。

煤气是宝贵的二次能源。煤气已经应用到所有钢铁生产工序，要很好地解决煤气综合利用技术问题和煤气安全问题。

煤气操作及管理人员队伍培养相对"滞后"，满足不了实际需要；煤气安全技术普及教育没有形成规范化、制度化；设计、施工、生产管理缺乏对煤气设施应有的专业知识和经验；近年来冶金工厂煤气安全事故频发。因此，对钢铁厂煤气事故进行特征分析与防范的探讨具有十分重要的意义。

12-4 冶金工厂煤气安全事故频发的主要原因是什么？

答：（1）个别单位对工业企业煤气安全规程执行不力；

（2）设计、施工、检修不合实际，给工厂埋下隐患；

（3）专家型的煤气作业指挥，技术人员严重不足；

（4）煤气作业程序简单化。

分析如下：

国家对煤气安全的规章制度可以说是非常完备的。发生事故很重要的原因之一就是规章制度得不到很好的执行。煤气安全规程确实专业性很强，比较难理解和掌握。不下真工夫，一知半解肯定是不行的。不认真执行操作规程，势必要付出代价的。

国内大型钢铁企业都设有专门的煤气作业和煤气防护队伍，人员训练有素，执行煤气作业规程严格，作业程序严谨。每项煤气作业，无论大小，严格按程序进行。作业前一周，提前向主管部门提出作业申请，并附有《煤气危险作业指示图表》和相关手续。按规定做好各项准备工作之后，主管部门的检查人员到现场检查，发现不合格的问题，必须整改。整改后，再次检查，完全合格后，才能进行煤气作业。

对于煤气作业，必须对整个系统的设备清清楚楚。所涉及的用户必须听从指挥，协调一致。有必要时现场挂牌，警示他人，甚至调动大量检查，保卫人员现场职守，同时做好急救抢险准备，非作业人员不得进入现场。

特别强调的是，指挥人员必须对作业涉及的煤气设施了如指掌。各阀门的状态、管网上全部人孔、放散点、取样点、吹扫设备安装等，都要详细确认。绝不允许出现不明确就作业，更不能满足于听汇报。作业现场千变万化，"计划没有变化快"也是常有的事。

煤气作业的程序是经长期煤气使用的经验总结出来的特殊规律而制订出来的。严格执行煤气作业的程序是具有安全保证的。出现的煤气恶性事故，大多数为违章操作和把作业程序简单化。往往一个工程投产都比较着急，不具备条件也急于投产，没有道理地、轻率地省去了一些必要的环节，如试漏、试压、化验分析等，这是非常危险的。更有这样的现象，熟悉煤气作业的工程技术人员提出一些基本要求和合理化建议，得不到个别领导的重视，违章操作酿成事故。

大多数冶金工厂有着长期、严格的煤气管理经验。他们在工艺设计案实施前，充分论证，认真听取各方面有益的意见，并补充到方案中。在检修作业上领导重视，制度健全，准备工作充分，作业前检查落实严格，专业化队伍操作，这是一条很重要的基本经验。

12-5 什么是煤气系统风险识别、风险分析和风险控制？

答：煤气是一种易燃、易爆、易中毒的危险物质，在煤气生产（回收）、净化、输配、储存和使用的各个环节，都有发生煤气事故的可能性。煤气的安全管理处在冶金企业安全管理的"雷区"，危险源点多，管理难度大，这就需要科学的安全管理手段来确保安全绩效。纵览世界 500 强企业的安全方略，总体来说，都在做同一件事，那就是用科学的行动发现风险，控制风险，保持安全状态。

　　安全管理即是和风险做斗争，安全管理的对象是风险而不是事故。当前，企业现代安全管理主要体现为风险管理，风险管理就是通过风险识别（危险源辨识）、风险评价和风险控制，以最低的投入将风险导致的不利后果降低到最低限度的一种科学管理方法。

　　依据《工业企业煤气安全规程》GB 6222—2005 的要求，结合各单位煤气现状，将煤气系统划分为若干个评价单元，以安全检查表的方法进行风险识别（危害源辨识），用 MES 法进行风险评价，对评价出的危险源进行分级管理，采取技术措施和创新管理手段对风险进行控制。风险管理在钢铁企业煤气系统的应用可以使煤气安全管理工作更加标准化、规范化，能避免传统的安全检查中易发生的疏忽、遗漏等，可全面地查出危险、危害因素和工作遗漏项，降低事故发生频率，实现安全生产。

12-6　煤气中毒事故产生的因素有哪些？

　　答：（1）检修设备与运行的煤气设备未可靠切断，煤气窜入；

　　（2）检修设备未充分置换，残存煤气；

　　（3）带煤气作业（抽堵盲板、开闭眼镜阀、操作插板等）不戴呼吸器；

　　（4）作业前，对于作业区域的 CO 浓度未检测；作业中也未予监测；

　　（5）在超过卫生标准的煤气区域长时间工作；

　　（6）在可能泄漏煤气的设备附近长时间工作或停留；

　　（7）煤气倒窜到停运的蒸汽及水管内，引起汽、水用户中毒事故；

　　（8）管网系统压力波动过大，超过水封安全要求造成水封压穿，煤气泄漏；

　　（9）排水器或集液池水封高度不够，煤气窜出；

　　（10）放散的煤气扩散、积聚于人员活动处。

12-7　煤气火灾产生的因素有哪些？

　　答：（1）煤气管道或设备打开后，管（器）壁因腐蚀生成的硫化物自燃，引燃残存煤气；

　　（2）煤气放散未点燃，遇雷电，引燃放散煤气，导致火灾；

　　（3）煤气设施泄漏煤气，遇电气火花或机械摩擦火花着火；

　　（4）带煤气工作时，未使用铜制工具，或未在铁制工具上涂黄油，工作时与设备碰撞产生火花，引发火灾；

　　（5）抽堵盲板时，盲板与法兰摩擦、撞击产生火花着火；

　　（6）带煤气钻孔接管，浇水冷却不够，钻头和管壁过热引起煤气着火；

　　（7）吹扫或引气过程中，在煤气设施上拴、拉电焊线，或周围有火源，引燃散发煤气；

　　（8）在运行中的煤气设备或管道上动火，未用电焊，用气焊烧穿，导致着火。

12-8　煤气爆炸产生的因素有哪些？

　　答：（1）煤气来源中断，管道内压力降低，造成空气吸入，使空气与煤气形成的混合物达到爆炸范围，遇火产生爆炸。

（2）煤气设备检修时，煤气未吹赶干净，又未做浓度检测，急于动火造成爆炸。

（3）堵在设备上的盲板，由于年久腐蚀而发生煤气泄漏，动火前又未做浓度检测，造成爆炸。

（4）窑炉等设备正压点火。

（5）违章操作，先送煤气，后点火。

（6）强制供风的窑炉，如鼓风机突然停电，造成煤气倒流，也会发生爆炸。

（7）烧嘴不严，煤气泄漏到炉内，点火前未对炉膛进行通风处理。

（8）在停送煤气时，未按规章办事，或者停煤气时，没有把煤气彻底切断，又没有检查就动火。

（9）烧嘴点不着火，再点前对炉膛未做通风处理。

（10）煤气设备（管道）引上煤气后，未做爆发试验，急于点火。

12-9 煤气泄漏、扩散、积聚因素有哪些？

答：正确的煤气输送方式为密闭式，密闭式输送应将煤气加压机、煤气管道人孔法兰、阀门法兰、计量器具法兰、检修放散阀、排水器密闭，确保不外泄煤气，同时保证煤气设备室内通风。输送煤气时应按照煤气制度严格操作，造成煤气泄漏、扩散、积聚的因素有以下几种：

（1）煤气管道、设备故障所造成的煤气泄漏。

（2）用户切煤气时，在眼镜阀的开闭过程中，由于存在松开夹板的环节，此时管道和外界之间会出现较大的间隙，管道内正压的煤气会很快泄漏到空气中。

（3）引煤气及检修吹扫过程中，将管道末端放散阀全部打开进行置换，此时会有大量的混合煤气被释放到空气中，如放散管道口位置设置不合适，风向不利时，作业空间里的煤气浓度会短时间内大大升高。

（4）使用煤气过程中，当点火失败时，从烧嘴会泄漏大量煤气至作业区。

（5）煤气回收时煤气柜容量超限位，易出现煤气柜冲顶而造成煤气泄漏。

（6）煤气加压机轴封密闭不严或氮气压力不足，造成煤气泄漏，当加压机室内通风不好时，易造成煤气积聚。

（7）开阀送气环节，不按照操作规程先开蝶阀后开盲板阀，易造成煤气大量泄漏，盲板阀设在厂房内时，易造成煤气积聚。

12-10 火源因素有哪些？

答：（1）明火源：

1）火柴、香烟、打火机。

2）车辆未熄火或在煤气区域内发动，车辆行驶时排出的尾气中很可能存在未燃尽的油气所携带的火星。

3）维修、操作违反规程：一些重大煤气维修作业，特别是有明火的维修作业，没有制定严格的安全措施或工人违章作业。

4）在煤气区域内使用电炉、电热器等电器，敲打铁器，穿带铁钉的鞋，检修车辆等造成明火源。

5）煤气区域存放热钢坯。

（2）静电、雷电：

1）煤气设施接地不良：煤气设施在使用过程中将产生大量的静电；

2）人体静电：化纤面料制作的服装在穿脱时发生摩擦会产生很高的静电压，也会产生静电火花，具有相当的危险性。

（3）电器火源。煤气区域内的电器火源可以引起一般火灾，应将其与煤气防爆联系在一起。加压站电器、线路可能产生的明火源有以下几类：

1）电器老化；

2）配、接线不合规范；

3）电器设施破损；

4）操作违反规程等。

同时，煤气区域内员工使用的非防爆型电器也会成为电器火源（如手电筒、手机、无绳电话等）。

12-11 煤气事故的防范应采取哪些对策？

答：由于煤气易燃、易爆的特殊性，在冶金工厂里人、机、物、料、环等各方面的因素错综复杂地存在，非常有必要提醒人们提高安全意识，加强对煤气作业的管理，履行好各级安全生产责任制，最大限度地保护人民生命和财产安全。为此，我们要做好如下防范工作：

（1）各级部门严格执行国家有关安全生产的政策、法规、法令是保障；

（2）突出专业化队伍的工作组织和职责是关键；

（3）严格贯彻《煤气危险作业指示图表》等有关煤气作业程序是要点；

（4）加强煤气系统信息联络和调度指挥是核心。

安全是天。严格执行国家有关安全生产的政策、法规、法令是煤气生产、运行、作业的可靠保障。建立健全本单位的生产组织机构，实行专业化管理，严格煤气纪律；建立技术档案，完善应急预案，及时整改事故及设备隐患；赋予专业化队伍相应的职权，强化煤气管理与操作专业队伍的培养。

各冶金工厂有必要尽快建立和完善煤气专门队伍。据了解在全国范围内各类院校尚没有专门的煤气专业，即使有相近的专业，也不能马上担当冶金工厂的煤气管理工作和有效地指挥大型煤气作业。建议有关部门坚持举办强化培训班，聘请有经验的煤气方面的老专家讲授理论知识，到工厂实地进行煤气作业考察与实践，加速专业化队伍的培养以适应现实的需要。提高文化素质，强化责任意识，规范操作行为，实现安全生产。

12-12 为什么说加强煤气系统信息联络和调度指挥是核心？

答：现在的煤气系统已经不再是过去的回收、净化、炉窑使用那么简单了。随着冶金工厂煤气资源的开发利用，已经扩展到输送、加压、混合、贮存以及平衡调度、在线管理和回收利用等各个方面。对煤气的统一调度指挥与管理非常必要。一方面煤气系统的设施增多，操作难度增大，如混合站、煤气柜、引射器等运行岗位增多。另一方面，根据不同热值和不同加热要求，混合煤气使用日渐增多，如高炉煤气（BFG）与焦炉煤气（COG）、天然气（NG）、转炉煤气（LDG）、液化石油气（LPG）在混合、输送、检查、平衡等方面的矛盾日益突出。为了实现能源的合理利用，煤气几乎应用到所有的冶金工厂中，例如，燃气发电机组、石灰窑、蒸汽锅炉、加热炉、均热炉等。

在工艺技术上还有煤气预热器、附加加热预热器、炉顶余压发电（TRT）、高温空气燃烧技术（HTAC）等。所有这些都涉及不同工序的交叉与重叠，不同介质、不同工况、不同参数之间的干扰和影响也极易造成煤气事故。例如，高炉热风炉工序中，煤气、助燃空气与烟气三种不同介质在换热器内进行热交换，若出现管子开焊、磨漏、烧损等就会造成不同介质在不同压力下的"掺混"，防范不当就会埋下事故隐患。

各冶金工厂依据实际需要有必要组建独立的能源中心或专门的煤气管理机构。全面负责整个公司的煤气回收、清洗、输送运行，能源计划指标的制订与考核，炉窑技术管理、综合利用研发，调度指挥，煤气设施的检查与维护，大型煤气作业的组织与实施及必不可少的防护与急救。

煤气作业的专业化队伍要装备齐全，包括专用工具，抢修车辆，防护用品，通讯等。并且要定期向生产厂进行技术培训与指导。大力普及煤气使用、操作和急救知识。

各级领导干部和有关部门要把煤气安全作业作为本单位安全生产的大事来抓。建立科学有效的管理体系，认真执行规章制度，杜绝违章操作，一定会大大减少或杜绝煤气事故的发生，给企业带来巨大的经济效益和社会效益。

第 2 节　煤气防护、检测工具

12-13　煤气防护器材分哪些类别？

答：根据用途的不同，煤气防护器材可分为监测仪器和防护用具两大类。

煤气监测仪器能测试作业环境中 CO 的浓度，可根据不同需要进行声光报警及浓度数字显示，在出现泄漏时，发出警报提醒人员注意，进而采取措施预防各类煤气事故的发生，常用的监测仪有固定式报警仪，便携式监测仪及检漏仪等。

煤气防护用具是在 CO 环境中进行作业或救护时，能保证人员呼吸清洁的气体，从而确保人员安全的防护器具，常用的煤气防毒面具有氧气呼吸器、防毒口罩、苏生器等。

12-14　氧气呼吸器有何作用？

答：氧气呼吸器是一种隔离式的防毒面具，能够在氧含量缺少或工作环境中有毒气体浓度较高时确保作业人员在该环境中的安全，同时还能对中毒或窒息患者进行急救。氧气呼吸器一般由氧气瓶、清净罐、减压器、自动排气阀、自动补给、手动补给、气囊、呼气阀、吸气阀、压力表、哨子这 11 个部分组成，通常我们使用的氧气呼吸器（根据使用时间长短不同）有 2h、3h、4h 三种。

12-15　氧气呼吸器的使用方法如何？

答：（1）使用前，要对氧气呼吸器作全面的检查。

背带、腰带是否齐备，鼻夹松紧是否适宜。氧气压力要在 12MPa（120kg/cm²）以上。检查气囊有无破裂，检查整个呼吸器的严密程度，检查排气是否正常。

（2）使用方法如下：

1）经认真检查后，将氧气呼吸器背好，呼吸软管放在左右肩上。

2）打开氧气开关，并按手动补给阀，将气囊中的废气排出。

3）带好口具，夹好鼻夹。

4）做深呼吸数次，无异常感觉后，方可进入煤气区域。

（3）使用中的注意事项为：

1）在有毒气体区域内，严禁摘下口具讲话。

2）经常注意氧气压力，低于 3.0MPa 时，应立即离开有毒气体区域。

3）严禁与油类接触以免爆炸。

4）不能用肩扛东西，呼吸软管不能挤压。

5）呼气阀、吸气阀上的云母片，冬天易冻，夏天易粘住。冬季间歇使用时注意保温。

12-16　作业时使用氧气呼吸器应注意哪些事项？

答：氧气呼吸器常应用在有毒作业区，起着十分重要的防护作用。为了保证有效使用，不出现疏漏，使用氧气呼吸器必须事先经过专门的培训学习，每一次使用前都要检查面罩大小是否合适使用者，氧气瓶的压力是否充足（氧气瓶压力在 10MPa 以上时方可使用），使用中如发现呼吸器有异音，应立即退出有毒作业区，更换呼吸器；如感呼吸困难，应接手动补给，以补充更多的新鲜气体，使用时要避免呼吸器沾染油脂，靠近火源，磕挤碰撞；使用中还要随时检查氧气瓶压力，当压力降到 3.0MPa 以下时，立即停止工作，退出有毒作业区；另外，进入有毒作业区工作需两人以上，两人保持 3m 以内距离，工作时保持联系，做好防护。

使用氧气呼吸器工作时，严禁在有毒工作场所摘下面具，冬季使用呼吸器时要注意防冻，以免呼吸阀冻结，夏季要防止曝晒，以免氧气瓶爆裂。

另外，凡有肺病、心脏病、高血压、较严重的近视眼、精神病等人员，不能佩戴氧气呼吸器进入危险区域工作。

12-17　氧气呼吸器内的小氧气瓶如何维护、保管？

答：呼吸器内的小氧气瓶是一种小型高压容器，所装氧气能够助燃，稍有不慎就能造成着火爆炸事故。因此，对小氧气瓶要经常进行技术检验，并要妥善保存。

氧气瓶在制造时瓶上都刻有质量、容量、工压、水压、瓶号、出厂日期和检验合格证。检验时如发现氧气瓶质量损失超过 0.5% 或容易增大吐水率在 90% 以下时都证明气瓶报废。对氧气瓶还要定期进行耐压试验。第一次试压在使用 5 年之后，以后每隔 3 年试验一次。氧气瓶在进行充填时，应先用氧气置换 2～3 次。

氧气瓶要经常进行清洗，瓶内外都严禁沾染油脂，避免曝晒，杜绝与可燃物质接触，搬运氧气瓶不得碰撞或剧烈震动。氧气瓶的使用期限一般不得超过 30 年。

12-18 什么是空气呼吸器？

答： 空气呼吸器是隔离式防毒面具的一种。由面罩、气瓶、呼气阀减压器、导气软管等组成，结构简单，使用方便。使用时由于吸气产生负压，气瓶内压缩空气经调压器减压供人呼吸，而呼出的气体则通过呼气阀排到周围空气中，空气呼吸器属于开放型的防毒用具。这种气瓶的贮气量有限，一般充气后可连续使用 2h。

空气呼吸器的容积一般为 12L，充气时压力可达 20MPa 左右，经二级调压可降至 0.7MPa。

空气呼吸器要设专人保管、维护，使用空气呼吸器前要经常检查钢瓶压力是否正常，各部分严密性以及呼吸面罩位置。使用后要及时消毒、清洗。

12-19 正压自给式压缩空气呼吸器使用方法如何？

答： 空气呼吸器是为了保证使用者与周围有毒有害环境完全隔离，为使用者提供 45min 的呼吸防护时间，可以在有毒环境中作业；是突发毒气事件中处理、逃生使用的个体防护用具。

使用方法：打开气瓶阀检查气瓶压力应为 20MPa 以上（气瓶压力在 10MPa 以下时不得使用，应更换气瓶）。

检查各连接部位是否漏气。使用前检查：关闭气瓶阀门，观察压力表，在 1min 内的压降不得高于 2MPa。

按下需求阀的按钮，使管路中的空气慢慢释放，并观察压力表。在压力低于 (5 ± 0.5)MPa 的时候报警哨必须响起。

操作方法如下：

(1) 先将左肩穿过有压力表的肩带，然后背上呼吸器；

(2) 提起呼吸器使其垂直；

(3) 气瓶阀朝下将肩带松开；

(4) 调整肩带，双手同时握住肩带往下拉；

(5) 扣紧腰带，调整好后拉紧腰带；

(6) 松开头带，面罩由下向上戴入；

(7) 调整到舒适位置；

(8) 拉紧耳朵上方的两条头带；

(9) 拉紧下面的头带；

(10) 调整头顶头带；

(11) 用手捂住需求阀，检查接口呼吸面罩是否严密；

(12) 打开气瓶全开回一圈，观察压力表压力是否在正常值内；

(13) 将需求阀连接面罩；

(14) 做深呼吸感觉舒适可进入有毒区域。

维护和保管方法如下：

(1) 呼吸器应摆放在固定位置，保证完好。

（2）要保持清洁干净，避免接触油类物品。

（3）压力低于 10MPa 时，应及时更换气瓶。

（4）气瓶使用或搬运时严禁碰撞。

（5）面具可以用中性清洁剂清洗，晾干。

（6）避免太阳光的直接照射，远离热源。

（7）气瓶 5 年定期检定一次。

（8）空气呼吸器每年应校验一次。

12-20　什么是隔离式自救器，怎样使用隔离式自救器？

答：（1）隔离式自救器也叫化学生氧呼吸器，是一种新型的防毒呼吸器，它是以碱金属的超氧化物为化学氧源的隔绝式防护器材，具有结构简单、使用方便、质量轻、防护性能好等优点，应用于生产企业的有毒作业区。

（2）使用隔离式自救器要遵守以下要求：

1）用前检查。使用前要先检查面具的气密性，药块是否有效，生氧罐是否正常。如药块表面起泡沫或生氧罐内有泡沫，均不得使用。

2）隔离器准备。

3）使用时，用手按动快速供氧盒的按片，压碎玻璃小瓶，让药品流出来和药块接触，这时，隔离器就能放出氧气供佩戴人员呼吸。

4）如果在使用过程中感觉呼吸受阻，应用手按动安全补偿盒，放出补充氧气，同时应尽快离开有毒现场，摘下面具进行检查。

（3）隔离式自救器的维护包括以下几个方面：

1）保持器具清洁、卫生。对使用过的面罩和导气管要认真清洗，并用肥皂水和高锰酸钾溶液进行消毒，但不可用有机溶剂洗涤。

2）安全保存。存放隔离器的地方应避免日光直射，避免接近火源、热源、化学药物和潮湿气体。对于备用生氧罐和药剂，要保持干燥、清洁，严禁与油类等易燃品放在一起。

3）经常检查，如发现隔离器出现裂纹或有老化现象，应停止使用。

12-21　自吸式橡胶长管防毒面具有何特点，应注意哪些事项？

答：这种防毒面具由面罩、10～20m 长的蛇形橡胶导管和腰带三部分组成，结构简单，造价低廉，使用这种防毒面具活动范围受限制，只能在半径为 10～20m 的圆的范围内活动，但这种防毒面具的供氧量充足（不受时间限制），适于在缺氧或煤气浓度较高或有毒气体成分复杂的情况下使用，特别适合进入贮罐、密闭容器内进行检修时使用。

12-22　使用自吸式橡胶长管防毒面具时应注意哪些事项？

答：为确保安全，使用自吸式橡胶长管防毒面具时首先要保证橡胶导管不漏气，检查时把导管一端堵住，另一端吹入压缩空气，然后将整个长管浸入水中，如无气泡则说明长管不漏气，可以使用。使用长管时，要把长管进气的一端放到远离工作现场上风向的地方，以确保能够吸入新鲜空气。使用时，要派专人监护，保证长管畅通，防止长管被压、拽、戳、踩。

12-23 强制送风长管防毒面具有何特点？

答：强制送风长管防毒面具由面罩、导气管、腰带及"供氧器"四个部分组成。供氧器可以是鼓风机、空压机、压缩空气瓶、氧气瓶，应根据实际情况进行选用。由于这种面具能够自己提供清洁空气，所以不受采气点的限制，活动范围较大。这种面具的导气管和面罩均处于正压状态，佩戴者感觉舒适，呼吸自如，而且无论冬夏都能保证镜片干净不起雾，视线清楚。

12-24 使用强制送风长管防毒面具时应注意哪些事项？

答：使用时要先调好风量，进入有毒作业区工作时应设专人进行监护，保证清洁空气的正常供给，使用中严防长管被压、踩、拽、戳，如果使用压缩空气做气源，则要用油水分离器或活性炭、木炭过滤压缩空气中的油分和水分。

12-25 CO 报警器的使用与维护方法如何？

答：便携式检测仪是适用于在有毒环境中，连续检测环境中有毒气体的浓度，并以设定值声光震动的形式警示现场人员尽快离开危险区域的个人防护仪器。

各种类型的检测仪都有设定的检测量程，在这范围内检测结果的读数有效，有一个使用的适应环境温度的要求，否则会因使用不当，造成仪器损坏。

（1）使用注意事项如下：

1）检测仪更换电池时，应在安全场所进行（不得在地下室或易爆危险区更换电池）。

2）使用中传感器的口应裸露在外（不能放在口袋里）。

3）使用中传感器要注意防水和杂质，否则会影响检测的灵敏度。

4）检测的读数应在仪器规定量程内，不能长时间使仪器处于超量程状态。

5）检测仪应在 $-30 \sim +50℃$ 范围内的检测环境中使用，否则会损坏仪器，影响测定结果（各款式的检测仪的环境温度要求不同）。

6）检测仪在使用中不得直接对着带压的煤气泄漏点。

7）使用中，检测仪会受其他气体干扰（信号出现负数）。

8）报警仪使用完后要关闭。

（2）便携式检测仪的维护：

1）长时间不用时，应关机取下电池。将仪表置于干燥、无尘，符合存储温度要求的环境中保存。

2）检测仪应定期校准、测试和检查。

3）定期保养，保持报警仪各部位干净、整洁，特别是防尘罩不得积灰（使用柔软的湿布清洁仪器表面，切勿使用溶剂、肥皂或上光剂）。

4）不得把检测仪表浸入液体中。

检测仪的使用量程及温度要求见表 12-1。

表 12-1　检测仪的使用量程及温度要求

产品型号	适用于	测量范围	报警设定值及适用温度			
			低报警	高报警	最低温度/℃	最高温度/℃
GAXT-BM 德康正泰	一氧化碳 CO	$(0 \sim 1000)$ $\times 10^{-6}$	35×10^{-6}	200×10^{-6}	-30	$+50$
GAXT-BX 德康正泰	氧气 O_2	$0 \sim 30\%$ (体积分数)	19.5% (体积分数)	23.5% (体积分数)	-30	$+50$

第 3 节　煤气设施维护的特殊操作方法

12-26　煤气设施维护的特殊操作方法有何意义?

答: 目前, 钢铁企业生产成本越来越高, 市场竞争日益加剧, 大力推行节能减排, 发展循环经济, 已经成为企业进一步发展和提高竞争力的重要途径。现在, 钢铁企业生产过程中的二次能源, 如: 高炉煤气、转炉煤气、焦炉煤气的回收利用及天然气的普及使用, 已经非常普遍, 有些先进企业甚至达到了高炉煤气、转炉煤气零排放。但是, 随着煤气设施的日益老化, 煤气设施漏点随之出现, 影响煤气设施的安全运行。在生产过程中, 以往处理煤气管道漏点需要停气堵漏, 影响正常生产, 处理起来不经济, 后来经实践摸索, 成功实现了煤气设施漏点带气堵漏。

煤气设施维护带煤气作业是一项极其重要的工作, 处理不当极易造成中毒、着火和爆炸事故。带煤气作业包括抽、堵盲板, 顶煤气接管, 煤气设备上搬眼, 用通风机吹扫煤气, 带压焊补, 煤气设备上动火及带煤气处理泄漏等。为了保证安全, 在作业之前, 务必认真作好各项准备工作及安全措施。

煤气设施维护特殊操作方法就是在煤气管道不需停气的条件下, 处理各种复杂的煤气设施的缺陷, 诸如煤气管道的焊缝开裂、腐蚀孔洞的轻微泄漏、吹扫、补焊等, 以恢复煤气设备的机能, 保证正常生产。煤气管道停气作业具有许多弊端, 煤气管道的停产会带来以下问题:

(1) 安全问题: 处理煤气作业极易发生中毒、火灾、爆炸等事故, 历史上许多钢铁厂多次发生此类事故, 1989 年, 某厂在为一新建放散管接点进行停煤气作业时发生火灾事故, 4 名作业人员被烧伤, 动用数十辆消防车, 给企业造成重大经济损失和给社会造成沉重的负担。

(2) 停产损失问题: 停产会使用户蒙受经济损失, 特别是涉及钢铁厂的效益大户时, 损失就相当巨大了。例如, 某厂 1780 生产线, 停产 24h 要少生产 1 万吨畅销钢材, 损失利润数百万元, 而一般的停气时间都要 48h 以上, 其损失可想而知。

(3) 环保问题: 每次处理煤气作业都要将数万立方米的煤气放到大气中, 煤气中有许多有毒物质会对大气造成严重污染，避免这些污染对环保是大有益处的。

12-27 煤气设施维护危险作业的特殊操作方法有哪些?

答: 煤气设施维护危险作业的特殊操作方法包括带压焊补、煤气设备上搬眼和带压堵漏操作法。而带压堵漏操作法又分为直接焊补法；制作焊盒堵漏法；特殊位置漏点堵漏法；特殊专业工具堵漏法；铜线法、阀门法或综合法。

有时在高炉生产也会遇到带压堵漏操作。高炉通常在高风温、高风压状态下正常生产。由于振动和冲击，高炉局部薄弱部位会裂开，出现漏点。故障发生后，高炉必须有序地组织休风，维修人员必须在第一时间到达现场进行堵漏。针对不同漏点的部位，有时需要处理煤气。这样既延长停产时间，同时又给维修人员的人身安全带来极大的威胁。高压部位（如高炉送风装置，高压煤气管道）常用铜线法、阀门法或综合法。

12-28 如何带压焊补?

答: 煤气管道出现焊缝开裂、空洞和轻微泄漏是常见的。为了不影响生产，可以不停煤气，直接进行焊补。这种操作方法调控煤气压力是关键。压力过低，容易引起零压或负压，危及管网安全；压力过高，焊滴难以附着于管道的焊缝上。一般煤气压力调控在 1000 ~ 3000Pa，这种操作方法经多次实践，是非常可行的。

12-29 什么是顶煤气搬眼作业?

答: 顶煤气搬眼作业是指在煤气管道上用搬眼机进行的一项打眼工作，煤气管道需要临时搬眼的地方很多，如抽堵盲板前后管道搬眼通蒸汽，管道低处搬眼放水等。搬眼时使用搬眼机，搬眼机带丝扣和各种规格的钻头；2 ~ 3m 长的铁链子抓钩（钩住链子，固定搬眼机主体）；机垫（垫在管道和搬眼机主体之前）；搬把，橡胶垫和对丝（搬管道底眼时，固定搬眼机用）。

需要注意的是，煤气管道上搬眼一般都在 5m 以上高处进行。因此顶煤气作业时一方面要搭好架子、斜梯等，另一方面要注意顶煤气搬眼作业的安全。

在生产管道不停产的情况下需要在煤气管道上搬眼：（1）盲板操作需要在作业点通蒸汽或氮气时，作业处原管道上无通气点时；（2）处理残余煤气无通汽点或放散点时；（3）管道作业，需要堵球时；（4）煤气管道积污、积水、积焦油需排除而又无排除孔时；（5）外接小口径管道时，可预先焊好带丝扣和阀门的短管，用电钻进行钻孔，钻通后，放出管道积水和杂物，关闭阀门即可。

12-30 带煤气作业应建立哪些管理程序?

答: 带煤气作业是一项较为危险的工作，因此应建立一定的工作程序来强化管理。申请带煤气作业的单位在作业前必须做好各项准备工作，并要填写"带煤气作业申请票"，在施工前送交煤气防护站，防护站接到申请票后，到现场检查各项准备工作，认可后方准施工。

如果要在煤气设备上动火还要办理动火申请手续，经有关部门批准后方准施工。

12-31 焊割作业时如何防止火灾的发生?

答: 焊割作业过程中会产生大量的热并伴有火花出现,易发生火灾,因此,进行焊割作业时必须选择合适的地点和作为电焊地线的金属构件。

一般来讲,焊割作业应在采取了安全防护的地区如混凝土地板或金属地板的场地或房间内进行,如受作业条件限制必须在木制地板上面进行时,要把木制地板扫净、弄湿,用金属板和非可燃物质覆盖地面,之后方可作业。

为防止焊割时火花点燃附近的可燃物质,在焊割作业场地附近严禁有易燃液体、气体、粉尘存在,焊割时应竖起金属板或抗火焰挡板进行隔离。

为防止在电气通路不良的地方产生高温或电火花,引起着火和爆炸,在焊割作业时不可利用与易燃易爆生产设备有联系的金属构件作电焊地线。

此外,在下列情况下,应采取相应的安全措施:

(1) 在制造、加工、贮存易燃易爆危险物品的房间内;

(2) 在贮存易燃易爆物品的贮罐和容器内;

(3) 在带电设备上;

(4) 在刚涂过油漆的建筑构件或设备上;

(5) 在盛过易燃液体还没有进行彻底清洗处理的容器上。

12-32 带气堵漏的理论根据是什么?

答: 煤气设施带气堵漏在理论上的解释是:燃烧必须具备的三个条件,即可燃物 (煤气)、助燃物 (空气、氧气)、点火源。煤气设施只要保持正压 (例如一般钢铁厂高炉煤气管道压力为 5~26kPa,转炉煤气管道压力为 3~10kPa),煤气设施内就不会混入空气,所以在缺少助燃物的情况下进行电焊作业,绝对不会造成管道内煤气起火、爆炸事故。即使在堵漏作业中,泄漏出的煤气被引燃,也可立即用灭火器或者湿抹布扑灭,在可控范围内。

12-33 带气堵漏的操作方法准备工作如何?

答: (1) 搭设堵漏施工平台、走梯;

(2) 清理漏点周围的原有防锈漆、铁锈、障碍;

(3) 测量漏点大小、形状,判断漏点严重程度,确定堵漏实施方法;

(4) 制作堵漏用预制件,准备适量管件;

(5) 将施工工具、灭火器材等运抵现场;

(6) 办理登高作业票、动火票;

(7) 施工前安排专人全程检测堵漏管道煤气压力,必须保持正压;

(8) 准备适量油漆,堵漏完成后,对漏点处进行防腐。

12-34 什么叫直接焊补法?

答: 对于煤气设施上新出现的漏点,特别是管道焊缝漏点,在漏点较轻,泄漏量不大的情况下,可采用直接焊补法进行堵漏。例如 (见图 12-1),管道侧面出现漏点,从漏点

图 12-1　直接焊补法

的 A 点向 B 点烧焊，使用的电流不要过大，因为漏点周围管道被腐蚀后，容易被烧穿。直接焊补法中调整压力和保持合适的压力是关键，如果压力太高，焊滴会被吹掉，焊不住。另外，焊补前也可以用堵漏棒和"克赛新"TS528 油面紧急补剂辅助堵漏或者用铜丝先期堵漏，然后烧焊。采用此方法成功处理了青钢第一小型厂西侧 φ1400mm 高炉煤气管道上长 300mm 的焊缝漏点及二加压站煤气柜的柜底漏点。

12-35　什么叫制作焊盒堵漏法？

答：对于煤气管道上经常泄漏，泄漏严重，而且漏点周围钢板腐蚀后已经很薄的漏点，如果采用直接烧焊法，已经不可行，会使漏点越烧越大，此种漏点可采用制作焊盒堵漏法进行堵漏。具体为（见图 12-2）：实测漏点尺寸、形状后，在制作间制作一个与现场管道相吻合的焊盒，一般采用厚度为 8～10mm 的钢板制作，焊盒上预留直径为 15～50mm 左右的泄压丝头。现场施工时，通过丝头接出放散管将泄漏出的煤气引向上方排空，将焊盒沿四周烧焊在管道上，最后用丝堵或管帽将丝头堵好。此种方法对于处理处于管道下方伴有滴水的漏点效果特别好，遇到有滴水的漏点，处理时可以适当加大焊机电流。当处理转炉煤气管道漏点时，转炉煤气特别易燃，可在焊盒内填充浸过泡花碱的旧布，压实后施工。采用此方法成功处理了 2 号大放散管道焊缝漏点，1 号高炉西侧转炉煤气管道漏点。

12-36　什么叫特殊位置漏点堵漏法？

答：煤气排水器一般运行 7～8 年以后，下水管漏斗就出现不同程度的腐蚀泄漏，以往停气处理需要更换下水管或者对排水器移位，最快也要 8h 时间，处理起来很不经济。处理此种漏点时可以将整个下水管漏斗带气包裹堵漏（见图 12-3），实测漏斗尺寸后，在制作间制作一个与现场漏斗相吻合的构件，分为两半，现场对合，进行烧焊。采用此方法成功处理了高炉煤气管道上排水器的漏点。

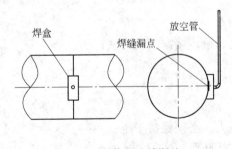

图 12-2　制作焊盒堵漏法

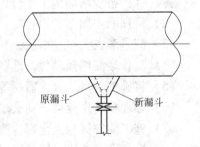

图 12-3　排水器漏斗堵漏法

12-37　什么叫煤气管道补偿器包裹堵漏？

答：由于补偿器的材质等问题，青钢北部区域高炉煤气管道安装的 4 个 φ2400mm、7

个 ϕ1600mm 补偿器，使用不到一年时间即出现了不同程度的蜂窝状腐蚀漏点。这么大面积补偿器更换作业根本不可能，我们采用了对原有补偿器包裹施工的方法，处理效果非常好（见图 12-4）。由厂家制作直径大于原尺寸的新补偿器，两端带管箍，管箍内径与现场管道尺寸相同，然后将新补偿器一分为二，现场包裹原补偿器，烧焊在管道上。采用此方法成功处理了青钢北部区域高炉煤气管道上 4 个 ϕ2400mm、7 个 ϕ1600mm 补偿器，后来还成功应用于三高线 ϕ1600mm 盲板阀自身补偿器包裹，一小型厂西侧一个 ϕ1400mm、一个 ϕ1200mm 补偿器带气包裹。

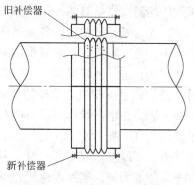

图 12-4　补偿器包裹堵漏法

12-38　什么叫煤气管道法兰漏点包裹堵漏？

答：与煤气管道补偿器带气包裹道理相同，制作大于现场管道法兰直径的构件，一般采用厚度在 10mm 以上的钢板制作，一分为二，现场包裹原管道法兰，烧焊在管道上。对于泄漏严重的法兰漏点，构件上要预留 ϕ100～200mm 左右的泄压法兰孔。采用此方法成功处理了青钢 4 号高炉净煤气主管 ϕ1400mm 孔板流量计法兰漏点和 1 号回转窑北侧 ϕ1600mm 高炉煤气管道盲板法兰漏点。

12-39　什么叫特殊专业工具堵漏法？

答：目前国内一些专业公司开发、研制成功了多种特殊专业工具堵漏产品，广泛应用于冶金、化工、电力等行业的生产管线在线堵漏，例如特殊专用工具 RX7112X 型系列产品（见图 12-5）。按照产品使用说明书操作要求，将产品安装在煤气管道漏点处，用扭力扳手按设定值将接口收紧即可，产品可适用于 ϕ40～2020mm 煤气管道堵漏。该产品使用方便，操作简单，缺点是价格较昂贵。

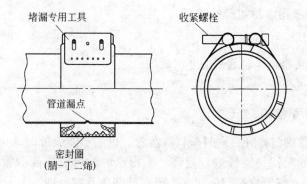

图 12-5　特殊专用工具堵漏法

12-40　什么是常规带压堵漏操作法？

答：带压堵漏操作法就是在高炉不休风情况下，根据其生产状态、风温、压力、上料等情况戴防毒面具进行堵漏的一种方法。它具有两种堵漏方式，即直接带压堵漏操作和带压放压堵漏操作。具体操作步骤如下：

首先，做好堵漏前的各项准备。要戴好防毒面具，掌握好风向。高空作业时必须系好安全带，戴上耳塞。如在夏季堵漏，必须穿上棉衣棉裤。

其次，进行强堵操作。（1）准备好堵漏工具，根据漏点的大小和形状，把铜线编成铜辫。（2）用手锤螺丝刀改成的手铲进行堵漏操作。根据漏点的大小、形状，切割钢板进行包补加固。在堵漏操作过程中伴有强压和水蒸气，不能进行直接的电焊焊接。所以，要用手锤圆头打击被堵漏点，使其铜线密度和抗压强度增加。此项操作视管道薄厚而定：对于厚管道，可以按常规操作；对于薄管道，必须轻轻敲击。如堵漏部位有带压沙眼，用手锤打击扁铲或大铲，把沙眼捻死并焊好，堵漏完毕。

在操作过程中，电焊和钳工必须戴上防毒面具，随身携带煤气测量器，以防止中毒事故的发生。这是在不休风情况下实施的带压堵漏操作。这种方法也称直接带压堵漏操作。

带压堵漏操作法同上堵漏后，因有余留压力，不好焊接，根据漏点大小在下好料的钢板或管皮上开割一个或几个孔洞，在孔洞上焊螺丝帽或带铁管的铜开闭器，进行堵漏。焊完后钳工关上螺栓或开闭器，放压堵漏完成。堵漏过程要稳、准、狠。以上两种堵漏操作快捷、安全系数高。该操作法是一种成功的先进操作法。

据不完全统计，对于一座 $1000m^3$ 高炉，每次休风的时间需 1h，每次休风期间内损失生铁 300t，每年休风次数为 80 次。此项操作法普及推广使用后，创造了较为可观的经济效益。

12-41　管道焊口裂缝和管道法兰泄漏如何处理？

答：（1）管道焊口裂缝的处理方法为：裂缝较小时，可顶煤气补焊；裂缝较大时，可先打夹子后补焊，还可以采用粘补技术处理。

（2）管道法兰泄漏的处理方法为：

1）泄漏不十分严重时，可采取更换螺丝，塞石棉绳的办法处理；

2）泄漏严重时，可降低煤气压力，更换垫圈；

3）泄漏严重时，还可将法兰包括螺孔全部焊死；或者采取包补的办法处理。

12-42　管道波纹膨胀器泄漏如何处理？

答：（1）尽可能地补焊；

（2）采取将膨胀器全部包起来的办法处理；

（3）有可能时更换波纹膨胀器。

12-43　放散管上部堵塞如何处理？

答：如果放散管阀门打开，同时敲打放散管，仍然不能放散时，可在放散管阀门后钻孔，通入压力较高的蒸汽、氮气进行处理。不得已时，可更换放散管上部（阀门以上部分）。如确认是阀门上部紧靠阀门处堵塞，可在此部位开窗处理。

为了防止此类事情发生，建议生产时经常吹扫煤气放散管，甚至包括高炉的均压管道都应定期吹扫，以免堵塞，影响生产。

12-44　何为排水器，如何确定煤气设备水封的高度？

答：排水器，又称水封、下水槽，是在煤气管网中连续不断地排出管网中的冷凝水、积水和污物，以保证管道畅通的一种设备。

排水器一般可分为低压、高压和自动排水器三种。

低压排水器适用于管道工作压力在 10kPa 以下的低压管网。架空管道上的低压排水器是连续排污的，地下煤气管道使用的低压排水器通常采用定期人工抽水的方式。

高压排水器适用于 10～30kPa 的喷水管网中，其排污是连续的。高压排水器为了降低排水器高度可以设计和制作成两室或多室。

自动排水器结构复杂，能连续排污，适用于高压煤气管道，但是，由于整个排水器需埋在地下，无法保温，维护困难，一旦出现泄漏也很难处理，所以不常采用。复式排水器的结构如图 12-6 所示。

为保证正常使用情况下的生产安全，一定要确保水封高度。

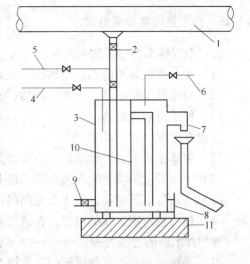

图 12-6 复式排水器结构图

1—煤气主管；2—排水管闸阀（2 个）；3—水封体；4—补充水；5—检查、测压管；6—保温蒸汽；7—溢流排水管；8—清污孔（2 个）；9—清洗用放水管（2 个）；10—隔板；11—排水器托架

（1）对于最大工作压力小于 3000Pa 的煤气设备或管道，使用的水封的有效工作压力应为设备或管道的最大工作压力加 1500Pa（但总高不应小于 2500Pa）。这种水封适合安装在煤气加压机前或热煤气系统的煤气设备与煤气管上。

（2）最大工作压力大于或等于 3000Pa 的设备或管道，所使用水封的高度应为设备或管道工作压力水柱高的 1.5 倍，该水封适合安装在煤气加压机前的煤气设备或管道上。

（3）最大工作压力不超过 30kPa 的高炉煤气、发生炉煤气站厂区管网以及用户所使用的水封，其有效高度应为管网最大煤气工作压力加 5000Pa。

安装使用排水器应符合以下要求：

（1）排水器设在管道低洼处、孔板前，安装的两个排水器应保持 200～250m 的距离。排水器水封的有效高度应为煤气计算压力加 5kPa。

（2）煤气管道的排水器宜安装闸阀和旋塞，以便于维修、更换和发生事故时进行处理。

（3）两条或两条以上的煤气管道及同一煤气管道隔断装置的两侧，宜单独设置排水器，如设同一排水器，其水封有效高度按最高工作压力确定。

（4）排水器应设有清扫孔和放水的闸阀或设旋塞，每个排水器应设检查管头，排水器的溢流管口应设漏斗。装有冷水管的排水器应通过漏斗给水。

（5）排水器可设在露天，但在寒冷地区应有防冻措施，排水器如设在室内则应保证良好的自然通风条件。

（6）排水器不应设在生活间窗外或附近地区，以免煤气泄漏窜入室内，造成人员中毒。

12-45 排水器堵塞如何处理?

答：造成排水器堵塞的原因有：

（1）排水器长期不清扫，筒体积污太多；

（2）排水器保温不良，下水管冻结；

（3）施工时的遗留物。

处理方法为：

（1）筒体积污太多引起堵塞，应立即清扫水槽；

（2）下水管上部堵塞时，关止第二道阀门，从检测头通入蒸汽处理；

（3）下水管下部堵塞，关止头道阀门，从检测头通入蒸汽处理；

（4）施工遗留物造成的堵塞，在通气处理无效时，应更换下水管。

清扫排水器的方法为：

（1）关止排水器上下两道阀门，在第二道阀门后堵盲板；关止水管和蒸汽；

（2）打开放气头，打开水槽清污孔、放水头，放净筒体内积水；

（3）打开排水器下部清污孔，放净筒体内积污；

（4）封闭清污孔，关闭放水头；排水器两侧装满水，低压侧满流，高压侧从排气头检测水位；

（5）关止放气头，抽出盲板，打开第二道阀门，缓慢开启头道阀门；

（6）上水，蒸汽投运，处理清扫出的污物。

清扫排水器注意事项为：

（1）清扫排水器前必须堵板，不准用关止两道阀门代替堵盲板；

（2）堵盲板应戴防毒面具；

（3）清扫屋内排水器，排水器内水放净后不仅要打开门窗，而且要在水放净后半小时再清扫，以防残余煤气中毒；

（4）妥善处理清扫出的污物；

（5）排水器投产前必须确认两侧装满水。

12-46 如何进行人孔接点的操作?

答：准备工作为：

（1）将人孔盖上拉手割除，将吹扫头割除，用木塞堵好并切平，在人孔盖上焊把柄；

（2）将人孔周边点焊在法兰上，点焊点的多少以将法兰螺丝全部卸掉不漏煤气为准；

（3）卸掉螺丝，并将下方 3~5 个螺丝孔的下半部切掉，以保证抽出人孔盖时，这 3~5 个螺丝不卸下也不受障碍；

（4）将新接管道法兰用螺丝与管道人孔法兰连接好，并拧紧；

（5）将点焊处切开并保证光滑。

人孔接点的操作如下：

（1）降低煤气压力（按带煤气盲板作业标准）；

（2）卸掉除人孔下方 3~5 个螺丝外的全部螺丝，留下的 3~5 个螺丝要松到适当位置；

（3）撑开法兰，抽出人孔盖，放入垫圈，将所有螺丝拧紧。

人孔接点操作的安全要求为：

（1）人孔接点作业与带煤气抽堵盲板要求相同；

（2）作业前，必须用蒸汽吹扫人孔法兰，确保无火焰；

（3）人孔下方 3~5 个螺丝的下半部在切除时既要保证一定方便作业，又不要造成煤气外泄。

12-47　在停产的煤气设备上动火的操作应注意哪些问题？

答：（1）必须可靠地切断煤气来源，彻底处理净残余煤气；

（2）在设备内采样分析，氧含量大于 20.5%；

（3）天然气、焦炉煤气、发生炉煤气及混合煤气管道动火时，必须向管道通入蒸汽或氮气，整个作业中不准断绝；

（4）清除动火处两侧积污 1.5~2m，如无法清除，要装满水或用沙子来掩盖好；

（5）长期放置的煤气设备在动火时，应重新处理煤气并进行严格的采样分析；

（6）设备内清除的焦油、蒽、萘等可燃物要严格处理好，以防发生着火。

12-48　布袋箱体防爆泄压板泄漏如何处理？

答：（1）严格执行高炉炉顶压力和布袋箱体安全压力使用规定与工艺技术规程，不应超出设备承受能力。

（2）高炉煤气总管安全压力规定通常为 20kPa，最高不得超过 25kPa。

（3）查明泄漏原因，采取相应措施。如果是超压所致，要限制工作压力；若是防爆泄压板材质的问题，例如铝板在潮湿煤气条件下易腐蚀，应考虑加厚措施或更换材质，改用不锈钢板。

（4）泄漏爆发频繁且泄漏严重时，还可将法兰包括螺孔全部焊死；或者采取包补的办法处理。

第 4 节　安全管理与规定

12-49　安全管理的基本任务及内容是什么？

答：安全管理的基本任务是企业管理的一个重要组成部分。它依照党和国家有关安全生产的方针、政策、法规，从组织上为搞好安全生产创造条件，同时要结合本单位生产工艺、技术、设备时间以及在生产过程中出现的新问题，适时地提出和制定相应的安全管理措施。了解、研究、吸收企业内外安全管理的经验和教训，从而找出适合本单位实际的安全管理方法，为减少或杜绝企业伤亡事故，保护职工的身体健康和生命安全，促进生产经营发展作出贡献。

安全管理的基本内容是由其工作任务所决定的。安全管理的内容主要是：

（1）贯彻党和国家有关安全生产的方针、政策、法规以及有关劳动保护条例。

（2）建立健全安全管理组织，采取各种技术措施，不断改善职工劳动条件和作业环境。

（3）落实以安全生产责任制为中心的各项安全管理制度。

（4）编制和落实各项安全技术措施计划。

（5）搞好对职工的安全教育、安全技术和技能训练。

（6）开展各项安全检查活动，消除隐患，堵塞漏洞。

（7）加强各种机电设备（尤其是特种设备）和防火防爆安全管理。

（8）加强职工伤亡事故管理（包括事故调查、分析和处理）。

12-50　国家安全生产方针是什么，伤亡事故处理有哪些规定？

答： 国家安全生产方针是"安全第一，预防为主"，安全第一就是要保护职工在生产过程中的安全与健康，这是我国企业管理的一项基本原则，也是企业生产的头等大事。实践证明，安全搞不好，生产也难以正常进行。因此，在组织生产过程中，必须摆正安全与生产的关系，把安全摆在生产经营的首位。预防为主，就是要把安全工作的重点从事后处理转为事前预防，把事故消灭在发生之前。这样就需要从组织上、管理上、技术上，把生产过程中各种不安全因素控制起来，预防事故的发生，达到安全生产的目的。

国务院颁布关于"企业职工伤亡事故报告和处理决定"的有关条文第四章事故处理第17 条为："因忽视安全生产，违章指挥，违章作业，玩忽职守或者发现事故隐患、危害情况而不采取措施以致造成伤亡事故的，由企业主管部门或者企业按照国家有关规定，对企业负责人和直接责任人给予行政处分，构成犯罪的，由司法机关依法追究刑事责任。"第18 条为："违反规定，在伤亡事故发生后隐瞒不报、谎报、故意延迟不报、故意破坏事故现场或无正当理由拒绝接受调查以及拒绝提供有关情况和资料的，由有关部门按照国家有关规定，对有关单位负责人和直接责任人员给予行政处分；构成犯罪的，由司法机关依法追究刑事责任。"

12-51　炉长安全生产责任包括哪些内容？

答：（1）负责贯彻执行党和国家有关安全生产的方针、政策、法规和上级对安全工作的指示要求，对本单位安全文明生产负全责。

（2）做到在计划、布置、检查、总结、评比生产工作的同时，计划、布置、检查、总结、评比安全工作。

（3）负责对职工进行定期或不定期的安全生产教育，特殊工种必须经考试合格，持证上岗。

（4）负责编制年、季、月安全技术措施计划，并认真组织实施。

（5）负责对本高炉设备、环境、职工作业情况进行安全检查，发现问题及时整改和纠正。

（6）负责对职工的特殊保护工作。

（7）负责在发生伤亡事故时保护好现场，并立即上报有关部门，参加事故调查、分析和处理工作，并写出事故报告。

12-52　安全教育管理应包括哪些内容？

答：（1）对新工人入厂进行三级教育，要求做到：

1）厂级教育：时间一周，内容包括全厂生产工艺、厂规和厂法等。

2）车间（高炉）教育：时间一周，内容包括学习车间（高炉）安全通则、岗位安全技术规程、车间历年来事故案例、车间危险部位及预防等。

3）班组教育：时间为一个月，内容包括要指定一名师傅实行岗位面对面教育，教育重点主要是岗位安全技术操作知识。

在每级安全教育后，都要进行书面考试，合格后经安全技术科发放上岗证，方能正式上岗工作。

（2）季节性安全教育。所谓季节性安全教育，是针对高炉生产工艺特点，对不同季节易发事故所进行的安全预防性教育。一是对不同季节已发生的各类事故，组织职工进行原因分析，掌握事故发生规律；二是对虽未发生事故的生产环节进行发生事故的可能性分析、评价；三是教育职工如何避免事故发生以及需要采取的措施。

（3）标准化作业教育。标准化作业是针对生产活动中作业行为不正确、不统一、不科学的问题提出来的。其目的在于规范人在作业中的行为，以便控制人的不安全行为，防止伤害事故的发生，组织职工进行学习，了解、掌握标准的条文，开展标准化作业的实际操作训练，避免习惯作业，养成标准化作业的良好习惯。

12-53　高炉现场安全管理有哪些要求？

答： 现场管理是安全管理的一项重要内容，是实现环境安全化的管理措施。

对安全通道的要求：在作业区域内，应确定安全通道的走向，并划有明显标记或标志，安全通道严禁堵塞，保持畅通，夜间设有足够照明。

对照明的要求：因高炉现场是连续作业场所，必须保证有足够的照明，一般要求照明度值不小于20lx；做渣口泥套使用的行灯，必须是安全电压。

对安全标志的要求：高炉生产是易发生事故的危险场所，必须设有明显的禁止、警告、提示、指令性的安全标志。标志应设在醒目及与安全有关的部位，起到标志的功能。

对安全设施的要求：安全设施一般分为防护设施、安全装置、保险装置、信号装置和音响装置等。这些设施要求齐全、完好、可靠。高炉要建立安全设施档案，做到定期检查、整改，保证安全设施经常处于完好状态。

对环境整理整顿的要求：文明生产是企业安全生产的第一步，整理整顿是文明生产活动的重点。

12-54　高炉应建立的安全管理制度及基础记录台账包括哪些内容？

答： 安全管理制度包括：副炉长、工长、班长和各种岗位安全生产责任制；班前会议制度；岗位交接班制度；安全活动日制度；安全互保制度；安全确认制度；安全教育制度；事故分析制度；岗位安全点检制度；危险源（点）控制制度；文明卫生清扫制度；逐级安全考核制度及考核细则。

基础记录台账包括：高炉行政例会记录；安全教育培训记录；周一安全例会记录；领导周六安全检查记录；危险源（点）登记台账；安全考核台账；安全设施登记台账；各类隐患整改台账。

12-55　班组应有哪些安全管理？

答：班组安全是安全工作的落脚点，是实现安全生产的基础保证，班组安全管理主要抓好以下五项工作：

（1）选好班组长。班组长应具备的条件是：初中以上文化水平；工作实践 5 年以上；政治素养、技术水平较高，有一定的组织能力和工作能力；热爱班组长工作。

（2）制定安全标准化班组标准（可参照冶金部班组安全标准 12 条），组织开展班组安全达标活动。

（3）有计划地开展班组长安全管理培训和召开班组经验交流会，推动班组安全工作的落实。

（4）开展班前事故预测与对策。班前会是一天工作开始的准备阶段，班前会的质量如何对当班安全工作以及其他工作将产生很大影响，班前会要求人员要到齐，迟到者要补课。班前会除总结上一班工作经验之外，同时还要针对本班作业项目预测本班作业中可能发生的事故，提出预防事故发生的措施。

（5）班组岗位安全点检。岗位安全点检是在对岗位生产环节的危险进行分析、评价的基础上所确定的检查点，并设立安全检查表。

12-56　高炉危险源（点）怎样管理？

答：危险源是指在整个生产活动过程中能造成人员伤害的物质设备财产损失的各种危险因素，主要分为固有危险源和人为危险源两大类。

危险源预测与控制可分 4 个程序进行：

（1）查找危险源。对固有危险源主要是按生产工艺流程和作业内容及工种、岗位，结合以往发生的事故进行查找。

（2）进行危险评价。一是要根据危险源性质和部位确定造成事故的触发时间；二是计算危险发生的概率；三是进行危险等级划分。

（3）对危险源进行分级别管理和控制。首先对危险源指定对策，填写控制表；其次是分级管理，落实到岗位和具体人员。危险源按其危险程度可分为四级。特级由公司控制；一级由厂控制；二级由车间（高炉）控制；三级由班组和岗位控制。

（4）经常检查、督促危险源控制措施的落实情况，消除危险的发生。

12-57　职工劳动保护用品使用标准有何规定？

答：（1）职工个人劳动保护用品应符合《职工个人防护用品发放使用管理办法及供应标准》的规定。

（2）进入高炉现场必须穿戴好劳动保护用品。

1）安全帽应有带并系好，禁止用安全帽当坐垫。

2）作业服应系好纽扣，禁止敞怀作业。

3）大头皮鞋、长筒靴应系好鞋带和穿好，并要用包脚布包好，禁止穿便鞋。

4）出铁放渣作业中，应系好围巾，要求围巾完好有带，禁止不系围巾作业。

5）出铁放渣作业中，应使用完好劳保毛巾，并打湿，将脸部保护好，禁止不系保护毛巾透渣铁口作业。

6）在高炉上或出铁放渣等作业时，必须戴好劳保手套、手闷，严禁赤手（坏的劳保手套）作业。

7）在出铁放渣作业中，佩戴好保护眼镜，禁止无保护眼镜透铁口和渣口作业。

（3）劳动保护用品不起保护作用时，禁止使用：

1）大头鞋、皮靴开线、张嘴、磨漏、无带。

2）作业服开线、撕裂、破洞、扯口、无纽扣。

3）安全帽变形、破洞、无带、裂纹、托网损坏。

4）劳保手套、手闷开线或破洞。

5）劳保眼镜无镜片、无带。

6）劳保围巾过短、破洞。

7）劳保毛巾过短、破洞多且大。

12-58　高炉开炉的安全规定有哪些？

答：（1）应成立以生产厂长或总工程师为首的领导小组，负责指挥开炉，负责制定开炉方案、工作细则和安全技术措施。

（2）应按制定的烘炉曲线烘炉；炉皮应有临时排气孔；带压检漏合格，并经 24h 连续联动试车正常，方可开炉。

（3）冷风管应保持正压；除尘器、炉顶及煤气管道应通入蒸汽或氮气，以驱除残余空气；送风后，大高炉炉顶煤气压力应大于 $5 \sim 8kPa$，中小高炉的炉顶压力应大于 $3 \sim 5kPa$，并做煤气爆发试验，确认不会发生爆炸后，方可接通煤气系统。

（4）应备好强度足够和粒度合格的开炉原、燃料，做好铁口泥包；炭砖炉缸应用黏土砖砌筑炭砖保护层，还应封严铁口泥包（不适用于高铝砖炉缸）。

（5）进行开炉工作时，煤气系统蒸汽压力应大于炉顶工作压力，并保证畅通无阻。

（6）开炉期间，应有煤气专业防护人员监护。

12-59　高炉停炉的安全规定有哪些？

答：（1）应成立以生产厂长或总工程师为首的领导小组，负责指挥，并制定停炉方案、工作细则和安全技术措施。

（2）停炉前，高炉与煤气系统应可靠地分隔开；采用打水法停炉时，应取下炉顶放散阀或放散管上的锥形帽；采用回收煤气空料线打水法时，应减轻炉顶放散阀的配重。

（3）打水停炉降料面期间，应不断测量料面高度，或用煤气分析法测量料面高度，并避免休风；需要休风时，应先停止打水，再点燃炉顶煤气。

（4）打水停炉降料面时，不应开大钟或上、下密封阀；大钟和上、下密封阀不应有积水；煤气中二氧化碳、氧和氢的浓度应至少每小时分析一次，氢浓度不应超过 6%。

（5）炉顶应设置供水能力足够的水泵，钟式炉顶温度应控制在 $400 \sim 500℃$ 之间，无料钟炉顶温度应控制在 350℃ 左右；炉顶打水应采用均匀雨滴状喷水，应防止顺炉墙流水引起炉墙塌落；打水时人员应离开风口周围。

（6）大、中修高炉时，料面降至风口水平面即可休风停炉；大修高炉应在较安全的位置（炉底和炉缸水温差较大处）开残铁口眼，并放净残铁；放残铁之前，应设置作业平台，清除炉基周围的积水，保持地面干燥。

（7）进行停炉工作时，煤气系统蒸汽压力应大于炉顶工作压力，并保证畅通无阻。

（8）停炉期间应有防护人员监护。

12-60　停炉时有关注意事项有哪些？

答：（1）空料线过程中，配备一台专用救护车，保健站设专人值班，在煤气防护人员监视下进行停炉。

（2）所有参加停炉人员都要认真学习停炉规程和标准，各单位领导要结合本单位的特点，对有关工人进行有针对性的安全教育。

（3）停炉空料线和处理煤气过程中，施工人员不得到高炉附近施工，更不许随便动火。

（4）空料线过程临时出现事故，需要到炉顶工作时，必须要两人以上，并有防护站人员在场监视下工作（并佩戴好防毒面具）。

（5）空料线过程中，出现特殊事故需要休风时，必须进行炉顶点火。

（6）注意预防管道行程，严格控制煤气含 H_2 量和炉顶温度，炉顶煤气压力频繁出现高压高峰时，应及时减风。

（7）当料线降到风口上沿，炉顶温度高于正常水平时，要适当减风，控制风温为 750℃。

（8）料线降到炉腰时，应向炉内通蒸汽或 N_2。

（9）停炉休风卸风管时，要穿戴好劳保用品，严防高炉炉墙塌落冒火烧人。

（10）出完残铁后，开始打水凉炉时，风口平台、铁口和残铁口附近不许有人通行和停留。

12-61　停炉过程中需要休风时怎样进行？

答：（1）通知原料车间先准备好红焦；

（2）炉顶、除尘器通蒸汽；

（3）切记停止炉顶打水；

（4）按休风程序进行炉顶点火休风。

12-62　停炉过程如何严格控制 H_2 含量？

答：为保证停炉安全，必须严格控制 H_2 含量。

（1）控制炉顶打水，炉顶温度不许超过 400～500℃，无料钟高炉不许超过 300℃；

（2）控制风量，停炉过程风量大于正常风量；

（3）随着料线降低相应减少风量，料线降到炉身下部、炉腰和炉腹部位时，要分别降低风压 0.01～0.02MPa，防止打水量上升；

（4）料线降到炉腹以后，风温应降至 600～700℃，以降低炉顶温度。

12-63　停炉过程怎样防止炉顶放散阀着火？

答：（1）停炉前放散阀平台要清扫干净，不许有木材、油布等易燃物质；

（2）停炉过程严格控制炉顶温度，不许超过 500℃；

（3）打水枪长度要标准，不许插过高炉中心线；

（4）放散阀着火时，可减少风量，关闭放散阀，待火熄灭后再重新打开。

12-64　出残铁过程如何防止泥套和炉皮烧穿、渣铁流到地下？

答：（1）抠净残铁口泥套周围残铁，特别是泥套下边炉皮和冷却壁间的残渣铁必须处理干净；

（2）残铁口泥套深度不低于 300mm，做泥套前尽量往里烧；

（3）新泥套要捣固夯实，达到规定标准；

（4）用煤气火烘干，烘烤时间不低于 1h。

12-65　如何防止停炉煤气中毒？

答：（1）停炉过程在高炉各层平台工作时，一定要戴好防毒面具，在防护人员监护下进行工作；

（2）停炉过程去炉顶工作时，要经过工长批准，必须 2 个人以上。

12-66　高炉停炉使用氧气有哪些安全规定？

答：（1）烧氧气前必须穿戴好劳动保护品，戴好防护眼镜和防热手套。

（2）烧氧气时不得少于 3 人，1 人指挥，1 人开氧气门，1 人操作，密切配合，不得离岗，并不许伸进风口内点燃氧气管。

（3）氧气带两端与氧气嘴子接触严密（用特制卡子），不得漏气，不得两端崩开伤人。

（4）氧气带必须保持整体完好，长度够用，接口不大于两处，接口处中间插管并用钢丝拧紧。

（5）氧气带不得从赤热的渣铁沟表面通过，必要时可架空或采取渣铁沟面铺铁板和垫河沙等措施。

（6）氧气开关附近禁止吸烟和动火。

（7）根据需要控制氧气用量，氧气门开度控制要听从指挥，先给小风点燃再逐渐提高氧量。

（8）严防氧气回火伤人，当氧气管燃烧到极限长度时，必须待氧气管拔出后，才能关闭氧气阀门。

（9）当氧气回火造成氧气带燃烧时，应立即关闭氧气阀门。

（10）氧气阀门和氧气嘴之间应保持一定距离，氧气管小于 2m 时，停止使用，防止氧气回火伤人。

（11）停烧氧气时，必须先将氧气管退出燃烧部位才能关闭氧气。

（12）定期检查氧气管线，禁止阀门漏气。

（13）用氧气瓶供氧时，除贯彻上述规定外，还要注意以下问题：

1）使用完的氧气瓶必须关严并保留一定压力。

2）氧气瓶堆放铁口等部位要大于 10m，并不得堆放在铁口和渣口对面。

3）氧气瓶的开关打不开时，严禁用锤击或火烤。

4）禁止氧气瓶与油脂接触，万一接触，要立即停止使用，并通知氧气厂处理。

5）氧气瓶运输须小心轻放，禁止碰撞、摔、扔。

6）使用后的氧气瓶要堆放在安全地带，不得空重不分。

7）吊运氧气瓶时，应捆扎牢固，专人指挥，并事先对钢绳和吊具进行严格检查，严禁氧气瓶从高空坠落。

8）用汽车运送氧气瓶不得超高，车速平稳，注意眺望，不得翻车、撞车。

第 5 节　各类伤害事故及其预防

12-67　喷煤生产安全措施有哪些?

答：（1）下班时劳保用品必须穿戴齐全。

（2）严格执行岗位责任制及技术操作规程。

（3）插拔喷枪操作时，应站在安全位置，不得正面对着风口。

（4）喷枪插入后，应迅速将喷枪固定好，以防喷枪退出伤人。

（5）上班时不准在风口下面取暖或休息，预防煤气中毒。

（6）处理喷煤管道时，上下梯子脚要踩稳，防止滑跌。

（7）拔喷枪时应把枪口向上，严禁带煤粉和带风插拔喷枪。

（8）经常查看风口喷吹煤粉是否正常，保证煤粉能喷在风口中心，防止风口磨损。发现断煤、结焦、吹管发红、跑风等情况时，立即报告工长并及时处理。

12-68　氮气知识及使用氮气的安全注意事项是什么?

答：氮气在空气中的含量约占78%，是在制氧过程中分离出来的。氮气是一种无色无味的气体，密度为1.251kg/m³，比空气略轻。氮气本身无毒，不着火，也不助燃。氮气作为一种化学反应呈惰性的气体，在喷煤系统的生产过程中主要用于磨制和喷吹烟煤时冲淡和降低气氛中含氧量，防止发生爆炸事故。氮气对人体有窒息作用，能使人缺氧而死亡。因此，掌握氮气知识是非常重要的。

12-69　氮气中毒如何救护?

答：氮气是一种单纯性窒息气体，氮气进入人的肺部后造成人体缺氧，轻者使人呼吸困难，重者使人神志不清直至死亡。有资料介绍，空气中含氮量最低不能小于18%，氮气的比例最高不能大于81%。

如果发生氮气窒息，凡参加抢救人员应立即戴好空气呼吸器，迅速将中毒者抬到空气新鲜的地方，并立即通知卫生所医护人员赶到现场急救。如果需要送医院急救，必须经医务人员的同意。运送应注意方法，不能用人背，只能用担架或汽车运送。在护送的途中，必须要有医生护送并带有氧气呼吸器。

12-70　使用氮气的安全注意事项有哪些?

答：所有氮气装置（管道、气包等）都要严密无泄漏，并涂成黄色。装有氮气管的工作场所要求通风良好，通风困难的场所要装排气风扇。

在有氮气装置的场所检修时，要至少两人以上，并尽可能站在上风一侧。在检修无人室内氮气装置时，首先对室内空气含氧量进行测定分析，当含 O_2 量小于18%时，检修人员要佩戴氧气呼吸器和有专人监护下进行检修。

严禁用氮气吹扫来保持卫生。

12-71　单纯性窒息气体对人体有哪些危害？

答：单纯性窒息气体是指甲烷、二氧化碳、氩气、氮气等，它能使人体因缺氧而产生窒息，人体缺氧症状与空气中氧含量的关系见表12-2。

表 12-2　人体缺氧症状与空气中氧含量的关系

氧浓度/%	主 要 症 状
17	静止状态无影响，工作时会引起喘息、呼吸困难、心跳加快
15	呼吸及心跳急促，耳鸣、目眩，感觉及判断力减弱，肌肉功能被破坏，失去劳动力
10~12	失去理智，时间稍长即有生命危险
6~9	失去知觉，呼吸停止，心脏在几分钟内还能跳动，如不进行急救会导致死亡（5~6min 死亡）
小于6	立即死亡

12-72　使用瓶装液化石油气和管道天然气应注意哪些事项？

答：（1）使用瓶装液化石油气的注意事项如下：

1）点火前要检查各种设备是否漏气，如果漏气就不能点火。

2）临睡、外出和使用后，要检查气瓶和灶具的开关是否关闭。

3）开启角阀前，首先应该检查开关是否关闭，以防前一次使用后没有关，下一次使用时又使劲开，容易将角阀弄坏，甚至发生事故。

4）经常检查气瓶角阀手轮的压盖六角螺帽有否松动；耐油胶管（不得使用氧气管）有无破裂；耐油管路连接是否紧实，胶管的长度不宜超过 2m，两头应用铁夹固定，胶管的使用年限为 2 年。

（2）使用管道天然气的注意事项如下：

1）用天然气四季都要注意排气通风。若门窗紧闭，长时间使用热水器，室内空气耗尽，会发生缺氧窒息。

2）热水器必须安装排放废气的烟道，烟道排气必须排放到大气中。

3）要防止火焰被汤水溢熄或被风吹熄。应该使用带有自动熄火保护装置的安全性灶具。

4）若发现天然气泄漏等异常情况，严禁使用明火检查，应及时与燃气公司联系。

5）经常检查，定期调换。

12-73　皮带工安全技术规程是什么？

答：（1）检查所用工具是否牢固可靠、安全好用。

（2）做好安全点检：检查各走台、防护网、壁板、护栏、走梯、矿槽算子有无缺陷、开裂，检查各安全装置是否灵活好用。

（3）运行过程中如发现异常声音、振动以及皮带划伤等要立即停机处理，严禁在皮带运行过程中处理。

（4）皮带工必须严格服从主控室统一指挥，严禁擅自开动和停止皮带。

（5）操作皮带或检修皮带时必须取得操作牌，将机旁操作开关打到零位，锁好拉绳开关，并设专人联系，否则禁止作业。

（6）严禁超负荷启动皮带，严禁不经允许擅自动用皮带的任何部位。

（7）在皮带运行过程中，严禁注油、清扫、捅油嘴、捡杂物，更不准触摸运行中的皮带。

（8）皮带运行时要与皮带保持 0.5m 以上安全距离，严禁坐、跨、钻过运行中的皮带。

（9）上下小车作业时要注意脚下，防止坠落矿槽内。

（10）严禁在皮带上动火，需要动火时，必须经厂保卫科批准，并采取必要的安全措施。

（11）处理事故、更换托辊、注油、上皮带牙子时严禁单人作业，必要时要有班长在场。

（12）皮带工严禁穿大衣工作。

12-74　更换托辊、上皮带牙子、换灯泡、注油作业的安全规定是什么？

答：（1）岗位人员进行换托辊、上皮带牙子、注油、换灯泡作业时，要与主控室操作人员联系，得到允许后方可作业。

（2）主控室操作人员允许岗位作业前要将操作开关打到机旁操作位置，盖好"禁止操作"方盒，并取下操作牌。

（3）岗位人员作业前将机旁操作箱开关打到零位。

（4）作业必须两人以上，做好互保自防。

（5）作业完毕清理干净现场，不留杂物并通知主控室。

12-75　矿槽操作牌使用安全规定是什么？

答：（1）矿槽岗位人员必须严格执行操作牌使用制度。

（2）外来人员到矿槽进行检修作业必须与矿槽岗位人员进行联系，领取操作牌，得到允许后方可进行检修作业。

（3）矿槽岗位人员在发放操作牌前要与主控室联系确认，切断电源后方可发放操作牌，允许检修人员施工并令检修人员填写操作牌登记本。

（4）矿槽岗位人员在检修人员施工时，应挂上红旗或红灯，不准将车配入检修区域，更不准卸车，防止发生事故。

（5）检修人员在检修后，必须向岗位交回操作牌，并填写操作牌登记本。

（6）经岗位人员检查确认安全后，通知主控室送电操作。

12-76　在不能停机状态下调整皮带跑偏的安全规定是什么？

答：（1）在皮带运行中调偏时，只能限制 3 种托辊，第一种是 V 型托辊，第二种是槽型托辊，第三种是特制调偏水平轮和工具，其他托辊严禁在皮带运行中进行调偏作业。

（2）必须两人以上作业，设专人监护，一旦出现危险及时拉绳停机保证安全。

（3）用专用工具顶在轮的轴头前端，顺皮带运行方向调整，严禁逆皮带运行方向调偏。

（4）作业中禁止用铁管等工具在上侧和旁侧压、撬、别托辊。

（5）调整过程中一定要确认托辊轴头是否进入槽内，以防皮带在运行中将托辊转出伤人。

12-77　取皮带杂物作业的安全规定是什么？

答：（1）岗位人员发现皮带上有对生产设备构成危害的杂物、大块等，应立即拉绳停机，并立即通知主控室，经主控室操作人员同意后方可作业。

（2）在 3min 之内排除不了杂物或杂物较大时，必须先索取操作牌，并将该机旁操作箱开关打到零位后再作业。

（3）主控室在允许作业之前，必须把"禁止操作"方盒盖好。

（4）必须在漏嘴作业取杂物时，要两人以上作业，设专人监护。

（5）作业完毕在人员脱离漏嘴、皮带后，按照顺序解除安全保护装置。

（6）将操作牌送交主控室，启动皮带。

12-78　处理皮带跑料的安全规定是什么？

答：（1）当班大班长根据跑料多少，组织岗位人员具体指挥，实施安全监督职能。

（2）检查作业人员是否按标准穿戴好劳保品，针对可能发生的问题及不安全因素，进行安全交底。

（3）组成临时互保对子，做到互相照看，互相提示。

（4）设专人负责拉绳开关，发现危险立即停止皮带。

（5）撮料时相互保持一定距离，同运行皮带保持 500mm 以上安全距离。

12-79　处理皮带冻、卡、堵的安全规定是什么？

答：（1）凡漏嘴出现皮带冻、卡、堵等影响生产的问题时，岗位人员要立即向大班长、主控室汇报。

（2）大班长、主控室接到汇报后，需立即处理时，必须停机，并把自动放料改成机旁放料方式，由现场控制开关。

（3）处理时，班长要到现场监督指挥，保障人身安全。

（4）作业前岗位人员必须索取操作牌，主控室人员扣好安全保险盒并将机旁操作箱开关打在零位后方可作业。

（5）必须进入漏嘴作业时，应注意以下事项：

1）两人以上共同确认无塌落埋人的危险。

2）两人以上共同确认闸门选择开关是否在机旁位置，皮带机旁选择（操作）开关是否在零位。

3）个人作业防护、劳保用品穿戴齐全、标准。

4）设专人进行监护。

（6）作业完毕人员脱离漏嘴、皮带后，再按顺序依次恢复自动程序。

（7）主控室接到操作牌后，还需得到当班大班长的指令，才可启动生产。

12-80　皮带启动，声讯报警音响不好使时作业安全是如何规定的？

答：（1）皮带启动前，主控室用电话通知各岗位。

（2）岗位负责确认，检查反馈皮带具备启动条件的信息后，主控室方可启动。

（3）每次检修作业或点检及其他作业后，岗位人员负责检查、验收确认，通知主控室。

（4）岗位人员清扫、更换皮带轮、皮带牙子、注油或临时处理故障时，一律停机。联系确认后，取操作牌方可作业。

（5）检查皮带时必须保持 500mm 安全距离。

12-81　富氧喷吹的安全注意事项有哪些？

答：（1）用以喷吹的氧气管道阀门及测氧仪器仪表应灵敏可靠。

（2）氧气管道及阀门不应与油类及易燃易爆物质接触。喷吹前，应对氧气管道进行清扫、脱脂除锈，并经严密性试验合格。

（3）高炉氧气环管应采取隔热降温措施。氧气环管下方应备有氮气环管，作为富氧喷吹的保护气体。

（4）氧煤枪应插入风管的固定座上，并确保不漏风。

（5）富氧喷吹时，应保证风口的氧气压力比热风压力大 0.05MPa，且氮气压力不小于 0.6MPa；否则，应停止喷吹。

（6）在喷吹管道周围，各类电缆（线）与氧气管交叉或并行排列时，应保持 0.5m 的距离。

（7）煤粉制备系统应设有氧气和一氧化碳浓度检测和报警装置。

12-82　富氧鼓风的安全注意事项有哪些？

答：（1）富氧房应设有通风设施。高炉送氧、停氧应事先通知富氧操作室，若遇烧穿事故，应果断处理，先停氧气后减风。鼓风中含氧浓度超过 25% 时，如发生热风炉漏风、高炉坐料及风口灌渣（焦炭），应停止送氧。

（2）吹氧设备、管道以及工作人员使用的工具、防护用品，均不应有油污；使用的工具还应镀铜、脱脂。检修时宜穿戴静电防护用品，不应穿化纤服装。富氧房及院墙内不应堆放油脂和与生产无关的物品，吹氧设备周围不应动火。

（3）氧气阀门应隔离，不应沾油。检修吹氧设备动火前，应认真检查氧气阀门，确保不泄漏，应用干燥的氮气或无油干燥空气置换，经取样化验合格（氧浓度不大于 23%），并经主管部门同意后，方可施工。

（4）正常送氧时，氧气压力应比冷风压力大 0.1MPa；否则，应通知制氧、输氧单位，立即停止供氧。

（5）在氧气管道中，干、湿氧气不应混送，也不应交替输送。

（6）检修后和长期停用的氧气管道，应经彻底检查、清扫，确认管道内干净、无油脂后，方可重新启用。

（7）对氧气管道进行动火作业，应事先制定动火方案，办理动火手续，并经有关部门审批后，严格按方案实施。

（8）进入充装氧气的设备、管道、容器内检修时，应先切断气源、堵好盲板，进行空气置换后经检测氧含量在 18%～23% 范围内，方可进行。

12-83　图拉法炉渣粒化系统岗位安全规程是什么？

答：（1）在生产中注意穿戴好劳保用品。

（2）到炉前行走时注意脚下，看清行车吊运路线，不要随意跨越出铁中的铁水沟及渣沟。

（3）开车前，必须对沟头进行检查、维护，防止异物堵塞沟头。

（4）人员进入设备内部检查时，必须把机旁箱打到机旁，同时通知主控室，注意防范机械转动伤人。

（5）人员进入设备检查时，使用的照明电源的电压不超过 36V。

（6）在生产过程中，严禁打开脱水器观察门，严禁任何人进入设备内部，以防被水渣或蒸汽烫伤以及设备旋转部位伤人。

（7）在下渣沟头观察粒化效果时，应侧身观察，且距离应大于 0.5m，以防被水渣或蒸汽烫伤。

（8）在生产过程中，要站在上风向，防止煤气或二氧化硫中毒。

（9）设备运行过程中，各岗位操作人员要坚守岗位，严格遵守操作规程中开停车顺序及各项注意事项，发生事故应及时同炉前联系并汇报有关领导。严禁非操作人员接触控制面板。

（10）停车后，各岗位操作工人对设备进行全面检查、清理，做好记录，并向主控室汇报，保证下次出渣的顺利进行。

（11）时常检查联系信号是否畅通和安全保护装置是否完好。

（12）除以上规定之外，必须严格遵守公司安全生产有关条款。

第 6 节　煤气事故案例与事故预防

一、煤气爆炸事故

12-84　如何预防除尘器煤气爆炸事故？

答：（1）事故经过：某厂 4 号高炉在 1970 年炉顶温度经常维持在 650℃ 左右，在长期休风处理煤气时，发生了一起除尘器煤气爆炸事故。

1970 年 10 月，该高炉计划检修 10h，按处理煤气程序休风。点火、休风都正常。在处理煤气，开除尘器人孔后发生了爆炸。西除尘器人孔已打开，东除尘器螺丝难卸打不开，在西除尘器人孔打开 20min 后，在东除尘器内发生了煤气爆炸，当即把东人孔鼓开，并喷出爆炸气浪。由于该系统的人孔基本都打开，没有损坏设备。

（2）事故原因：

1）该高炉使用热烧结矿，采用矿矿↓焦焦↓的正分装大料批（矿石批重 36t），炉顶温度一直较高，经常维持在 600℃ 的高水平。这就给煤气在除尘器内爆炸造成了温度条件。

2）该炉顶的西放散阀没有打开，只打开了东放散阀。在西除尘器人孔打开后，空气被吸入东除尘器（切断阀不严），这是形成爆炸性混合气体浓度的原因。

3）东除尘器内煤气灰积存较多（近 100t），温度条件较为充分。

（3）事故预防：

1）使用热烧结矿不但降低了炉顶设备的使用寿命，而且对煤气系统的安全威胁很大，应切实地采取措施降低炉顶温度，对延长设备使用寿命和安全是必要的。

2）在炉顶温度较高的情况下，除尘器没有清灰时，不能进行长期撵煤气休风，否则在撵煤气时容易引起煤气爆炸事故。

12-85　如何预防除尘器芯管内的爆炸事故？

答：（1）事故经过：1981 年 7 月，某厂 5 号高炉停炉大修，在停炉空料前先"预休风"，割断炉顶 $\phi800mm$ 放散阀阀盖并进行除尘器沙封。休风按长期休风程序进行，除尘器清净了积灰，7：33 开始驱逐除尘器系统煤气，8：10 高炉炉顶点火休风完毕，9：00 停止往除尘器荒煤气管道通蒸汽，接着打开除尘器切断阀上人孔，在阀上进行煤气测定（阀不严）发现 CO 含量为零。然后又在阀罩上用气焊开一个通风孔，开始进入沙封工作，并动火焊接。沙封工作于 10：30 收尾，电焊工由里撤出，两个铆工进入工作。10：42 突然发生煤气爆炸，声音低沉而持续，在除尘器下部人孔和清灰阀处喷出大量黑烟状的热气流，将整个除尘器都笼罩起来，7.7t 重的切断阀被崩起，落下时将其牵引钢绳拉断，在阀抬起的瞬间，炉顶放散阀处喷出黑烟，并将割断的成吨重的阀盖移位 300mm，洗涤塔放散阀也冒出黑烟。设备没有遭到破坏，但切断阀上两名工人被严重烧伤，其中一名在抢救中死亡。

（2）事故原因：

1）除尘器内的煤气由于打开了下部清灰孔、人孔和大部分放散阀，又通入了大量蒸汽，历经 1h，已经被驱净。有人怀疑是否是芯管内残留煤气，通过煤气测定和多次进入动火作业，证明是不存在的。洗涤塔内的煤气由于只打开了放散阀，未打开下部的放水阀和人孔，没有形成对流，故残余煤气量很大。洗涤塔与除尘器之间用 2.6m 荒煤气管道连通，煤气可经此管进入除尘器中，在除尘器通蒸汽阶段，煤气不易过来，但是在停蒸汽后部分煤气就能流过来，而成为此次爆炸的煤气来源。

2）当切断阀被沙封后，除尘器内部的芯管上部通路隔绝，过来的煤气一部分由放散阀抽走，一部分进入除尘器顶部和芯管内，并在那里积聚。在 2.6m 管道口附近，芯管衬板脱落 3 块，有 15 个 $\phi35mm$ 螺孔，总面积为 $144cm^2$，形成窗口，可能进入煤气，但量少，达到爆炸浓度所需时间长，故直到驱逐煤气后 3h，方才爆炸。

3）在爆炸时，周围没有动火作业，据分析，可能是除尘器内残余煤气灰的火星引起的爆炸。

（3）事故预防：

1）高炉煤气系统多为两个厂（炼铁厂和燃气厂）分段管理，在驱逐煤气作业时，应跨出厂际界限，由专人指挥，严格按规程办事。

2）凡动火或在煤气区作业，要检查该连通系统的煤气驱逐情况，直到驱净后方能进入作业。

3）除尘器和洗涤塔之间的煤气管道上应安设人孔，防止串通和加快驱赶过程。

12-86 如何预防整个煤气系统的连续爆炸事故？

答： 某厂 10 号高炉在长期休风处理煤气过程中，由于过早地进行整个系统的沟通，在整个系统发生了连珠炮似的小爆炸。

（1）事故经过：1971 年 7 月 10 号高炉进行检修处理煤气工作，高炉炉顶点火，开除尘器人孔情况都正常。但由于洗涤塔放水较慢，在洗涤系统人孔还没全打开，煤气还没撵净的情况下，过早地打开了煤气切断阀，进行整个煤气系统的联络、沟通。在切断阀打开 2~3min 后，高炉炉顶发生了小爆炸，接着发出连珠炮似的响声，由炉顶经除尘器一直响到洗涤塔、脱水器。幸好系统的放散阀、人孔基本上都打开，没有引起设备的损坏。

（2）事故原因：发生事故的原因是过早地开启煤气切断阀进行联络、沟通。正当除尘器和整个洗涤系统内形成爆炸性的混合气体的时候，将切断阀打开了，爆炸性的混合气体被抽到炉顶时，遇到大钟下点火的火源，而产生爆炸。因整个系统内充满了程度不同的爆炸性混合气体，所以从炉顶一直爆炸到洗涤塔。

（3）事故预防：

1）把整个煤气系统沟通起来一定要在除尘器、洗涤系统的煤气撵净之后方能进行。

2）把煤气系统的放散阀、人孔都打开，一旦发生煤气爆炸是减少损失的最好办法。

12-87 如何预防热风炉烟囱爆炸事故？

答： 1968 年 10 月 19 日，某厂 2 号高炉热风炉烟囱发生了爆炸事故。65m 的烟囱爆炸后只剩下 9m，热风炉操作室被砸塌。

（1）事故经过：烟囱发生爆炸事故之前，1 号高炉正在停炉炸瘤，因此 2 号高炉处于单高炉生产状态（该厂只有两座高炉），19 日 15：52~20：24 高炉换风口，送风后高炉恢复比较困难，炉顶压力低，不具备送煤气条件，送不了煤气。在这种情况下，热风炉工急于烧炉，就用充压的煤气将 1 号、2 号炉点上自燃炉（在单高炉生产时，如果高炉休风，就往高炉煤气系统管道中充焦炉煤气，来保证煤气管网的正压，当高炉复风送煤气后，各高炉煤气用户要首先将充压的焦炉煤气放散掉，然后再使用）。在 21：10 左右，听到一声巨响，发生了严重的烟囱爆炸事故。

（2）事故原因：在高炉复风后尚未送煤气的情况下，利用充压的焦炉煤气将两座热风炉点自燃炉，是造成这次事故的根本原因。烧高炉煤气的金属套筒燃烧器不适合烧焦炉煤气。点自燃炉时即使是将煤气调节阀全关严，也能通过 5000m³/h 煤气，这相当于 30000m³/h 的高炉煤气量，点自燃炉助燃空气显得严重不足，而操作者点自燃炉又没有仔细检查，造成灭火。大量未燃烧的焦炉煤气经过热风炉，预热后的高温焦炉煤气进入烟道与 3 号热风炉烟道阀漏的风（该烟道阀漏风已有很长时间了）形成了爆炸性混合气体，热风炉本身就是火源。因此，发生了严重的爆炸事故。

（3）事故预防：

1）烧高炉煤气的金属套筒燃烧器不能全烧焦炉煤气或天然气，如果高炉煤气管道中充填了焦炉煤气和天然气，要放散掉方可点炉。

2）热风炉点自燃炉时，要经常检查，确保燃烧正常，不得熄灭。

3）热风炉系统要保持严密性，发现漏风要及时处理。

12-88　如何预防冷风管道内的煤气爆炸事故？

答：某厂 11 号高炉在 1977 年 7 月 3 日 6：25 发生了冷风管道爆炸事故。

（1）事故经过：1977 年 7 月 3 日夜班东渣口坏掉，4：30 出铁后低压换渣口，当风压降到 0.03MPa 时，渣口换不下来，改休风换。风拉到底后通知热风炉休风，热风炉立即关上冷风大闸、冷风阀、热风阀，通知高炉休风操作完毕。渣口换完后，高炉于 6：25 通知热风炉送风。热风炉用 2 号炉送风，当打开冷风阀、热风阀后发现燃烧口着火，处理时间较长，高炉认为热风炉已送完风，回风高炉回不来风，后来热风炉改了 3 号炉送风，冷风阀、热风阀打开后，听到一声巨响，高炉立刻一点儿风也没有了，经检查发现靠放风阀处（高炉侧）炸开 2m²。

（2）事故原因：渣口坏了决定低压换渣口，后又改休风换，风拉到底时冷风大闸还没关闭。由于放风阀比较严，炉缸残余煤气倒流到冷风管道里去，后又将冷风大闸、冷风阀和热风阀关严，将煤气关在冷风管道中。换完渣口后送风，热风炉用 2 号炉送风，当冷风阀、热风阀打开后发现 2 号炉燃烧口着火，又关上冷风阀、热风阀，准备用 3 号炉送。由于处理时间较长，高炉认为热风炉已送完风，回风高炉没风，这样使窜入冷风管边里的煤气与冷风充分混合，形成了爆炸性的混合气体。当热风炉用 3 号炉送风，打开冷风阀和热风阀后，爆炸性的混合气体进入高温的热风炉，当即引起爆炸，将薄弱环节的放风阀处炸开。

（3）事故预防：

1）要严格防止煤气窜入冷风管道。放风阀严的高炉，风不能放到底，最低应留有 5kPa 的风压；高炉风放到 50% 以下就要将冷风大闸关严。

2）确实发现煤气窜到冷风管道里，可以将送凉的热风炉（废气温度低的）烟道打开，冷风阀打开，将煤气由烟囱抽走。要避免已窜入冷风管道里的煤气形成爆炸性的混合气体。

12-89　如何预防放风阀煤气爆炸事故？

答：某厂 4 号高炉于 1973 年发生放风阀煤气爆炸事故。

（1）事故经过：4 号高炉 4 号热风炉冷风阀故障无法关闭，经检查系冷风阀传动齿轮与齿条错位，高炉倒流休风处理。虽然高炉休风放风阀全开，冷风压力仍有 80kPa，为了降低此压力，命令鼓风机放风，冷风管道压力下降到 10kPa，检修工人认为仍无法工作，后决定关闭鼓风机出口风门，冷风管道压力始终为零。在此之前，为了降压曾将 4 号烟道阀打开借以放掉冷风，直到风机关出口风门数分钟以后，才关闭放风阀。正在这时，高炉借机更换风口完毕，关闭倒流阀，刚一关闭，就发生了爆炸。一声巨响，在冷风阀和放风阀处看到了火光，幸好人离得较远未伤着，但放风阀阀饼被炸变形，管口炸开。重新更换了放风阀，影响高炉生产 23.4h。

（2）事故原因：高温高炉炉缸煤气通过混风管进入冷风管道造成的。

1）高炉没堵风口。冷风大闸如同热风阀的结构，当存在压力时可被压紧，起到隔离作用。没有压力时，阀饼则处于中间位置，在阀体与阀饼之间保留一定的通路。由于高炉风口未堵，风管未卸，因而形成一条连通高炉内残余煤气和冷风管道的通路。

2）关风机出口风门后，冷风管道失去正压。

3）开烟道阀产生负压。由于 4 号冷风阀处于开启位置，冷风管道与烟道连通，在风机出口风门关闭之前，尚可维持一点正压，此门关闭后便使冷风管道产生负压，高炉内残余煤气被抽过来，当再关闭烟道阀时，煤气与空气混合并积存于冷风管道内。

4）关闭倒流阀。大量的高炉残余煤气由倒流阀排放出去，由于窥视孔进风，部分煤气已燃烧，当窥视孔和倒流阀关闭后，高炉内的残余煤气在残余压力作用下，便较大量地通过冷风大闸进入冷风管道，由于它本身就具有点火温度，因而立即引起爆炸。

（3）事故预防：

1）凡停转风机和关出口风门，必须堵风口，最好卸下风管，断绝高炉与冷风管道的联系。

2）在冷风管道没有压力的情况下，要始终开启倒流阀，以便将泄漏的高炉残余煤气抽出去。

12-90 如何预防炉顶煤气爆炸事故？

答：（1）事故经过：1978 年某厂 5 号高炉进行设备定期检修，高炉按长期休风程序进行，驱逐煤气和炉顶点火。当时炉顶两个 ϕ800mm 放散阀呈开启位置，大小钟点火后也没有关闭，大钟下 ϕ600mm 人孔钳工只给打开一个。检修工人在休风后进入现场，更换布料器后开始动火。突然有一爆响，从 ϕ800mm 放散阀、大小钟开口处和人孔处喷出一股很大的火焰，当场烧伤 4 名工人（轻伤）。

（2）事故原因：是炉顶火焰熄灭造成的。

1）残余煤气量大。5 号高炉容积是 2000m^3，其残余煤气量较大。往往在休风初期，炉顶火燃烧位置很高，不在料面上，而是在人孔处，有时甚至在人孔外燃烧。显然这种燃烧方式的火焰远不如在烧红的料面上燃烧稳定，因此，一旦火焰断续，就可能失去燃点温度而熄灭。这次就是这种情况，熄灭后由于焊接工人的动火而产生爆炸。幸好有较多的开口，并未造成大的破坏。

2）开一个人孔供风量小。5 号高炉炉顶设有两个 ϕ600mm 人孔，只打开一个是造成这次事故的主要原因。若打开两个人孔，就可有两处进风，使燃烧完后，并形成两侧火焰，燃烧相对稳定。

3）炉顶放散阀抽力不足。对于 2000m^3 的高炉，设计上只有两个 ϕ800mm 放散阀，与 1000m^3 高炉相同，显然太小。放散阀距人孔的高度为 23.6m，而 1000m^3 高炉是 33.9m，高度不够，因而抽力不足。

（3）事故预防：

1）控制点火作业的残余煤气量。大型高炉要严禁休风期间炉内漏水，休风前要有一定的低压时间，大高炉应当在休风后，甚至休风后若干时间再进行炉顶点火作业，以保护炉顶设备不被烧坏，保证火焰稳定和检修人员的安全。

2）点火作业必须打开足够的人孔，保证充足的助燃空气量。

3）在人孔处增设焦炉煤气点火管，保证火焰不灭。

4）检修作业必须与炉内火焰隔离。如检修炉顶设备时，大小钟必须关闭。

5）利用大、中修机会，扩大或加高炉顶放散阀。

12-91 如何预防燃烧器煤气爆炸事故？

答：案例 1：

（1）事故经过：1972 年，某厂 5 号高炉新建完后刚刚开炉。4 号热风炉的煤气阀密封不严，有少量煤气泄漏，当它燃烧完毕准备送风时，在充压过程中燃烧器发生爆炸，将整个燃烧器炸坏，外壳部分飞出 30m 远。连续休风 9h（因当时只有两座热风炉）更换了新的燃烧器。

（2）事故原因：

1）煤气阀不严，停止烧炉后，泄漏的煤气充满燃烧器中。

2）当时使用的是可往复运动的"大鼻子"燃烧阀，结果极限位置不对，燃烧阀未关严，在充压时，热风炉内的热风从炉内窜入燃烧器中。这样便在燃烧器中产生爆炸性的混合气体而爆炸。

（3）事故预防：

1）煤气阀要精密研磨，安装时保证严密。

2）如产生煤气泄漏，要打开燃烧器上的放散阀（没有的应安装），并在燃烧器中插入蒸汽管，将煤气冲淡并赶走。

3）在煤气阀不严时，热风炉充压前要检查燃烧阀的关闭程度，若不严，严禁用冷风充压。

4）可往复运动的"大鼻子"阀不适合做燃烧阀，宜改用立式的插板阀。

案例 2：

（1）事故经过：1979 年，某厂 3 号高炉 2 号热风炉正在由送风转入燃烧过程。开启废风阀，将残余压力放净，烟道阀正在开，还没开燃烧阀。这时另一名热风炉工手持焦炉煤气火头，刚要插入点火口，突然一声爆响，将燃烧器吸风口的助燃风机调节板全部崩坏。

（2）事故原因：

1）煤气来源是焦炉煤气。为了提高煤气热值，掺用了少量焦炉煤气，焦炉煤气管直接接入燃烧器中，由于焦炉煤气阀关不严，焦炉煤气往燃烧器里渗漏，因而形成爆炸性混合气体。

2）点火管成为爆炸火源。

（3）事故预防：

1）必须保持煤气阀门的灵活好用，关闭严密。

2）换炉时，点火管插入时间必须严格控制，只有燃烧阀开启后，煤气阀开启前插入，才是合适和安全的。

3）如已知泄漏，应采用通汽措施。

12-92　如何预防洗涤塔煤气爆炸事故？

答：（1）事故经过：1958 年，某厂 4 号高炉荒煤气管道很长，从除尘器到洗涤塔有 100 多米长，由于磨损，荒煤气管道 90°弯头等处泄漏。为进行补焊，高炉长期休风，驱逐煤气。驱逐方法是打开除尘器和洗涤塔的放散阀和下部人孔。在驱逐煤气半小时左右，检修工人为了抢时间，提前在荒煤气管道上动火进行补焊，刚一打着电火花，管道中残余煤气就发生爆炸，热气流从洗涤塔人孔处冲出，将附近工作的人员冲倒，幸好未造成重大伤亡。

（2）事故原因：

1）煤气未攮净。荒煤气管道很长，中间没有放散阀和人孔，所以只靠一个蒸汽管和除尘器、洗涤塔放散阀的抽力来攮煤气，驱逐过程显然半小时是不够的，致使管中仍残留煤气。

2）在煤气管道上动火以前，未先进行煤气含量测定，盲目动火，使爆炸性混合气体获得火源。

（3）事故预防：

1）在除尘器和洗涤塔之间较长的煤气管道上应安设人孔，利于迅速驱逐煤气。

2）煤气系统动火应有完善的规章制度，只有攮净煤气才能动火，为此动火前要进行测定，要在煤气负责人同意下进行。

3）如果煤气管道长，又要缩短时间，可采用风机鼓风的方法，在管道一端鼓风，在另一端放散残余煤气；或者在管道中间人孔处向两端鼓风，由两端放散。这种方法驱赶煤气又快又净。例如用热风炉助燃风机驱赶整个净煤气管道（几百米长）效果尤佳。

12-93　如何预防高炉炉内煤气爆炸事故？

答：（1）事故经过：1969 年，某厂 3 号高炉炸瘤打水空料，空料已到炉腰下部，达到规定料线，出铁后休风。在休风后更换风口和风口二套，这时空料打水的喷水管继续喷水，休风后 1 个多小时，风口二套更换完毕，正准备上风口，突然听到一低沉响声，所有风口均冒火，其中未上的风口处，喷火达十余米，并带出十余吨红焦炭，将风口旁工作的两名工人烧伤。

（2）事故原因：由于料线较深，距高温区较近，而在休风时喷水管继续打水，水无热气流阻碍，便全部落在料面上。由于喷水管的位置和水压是不变的，所以落点固定，在休风时打的水，便不可能全部及时汽化，必然有部分水在料面附近积累起来，一旦集中进入高温区（遇到红焦和铁水），就要一下子汽化，而产生爆炸。爆炸力的大小取决于积累的数量（马钢一座高炉停炉，大钟上存满水，开钟后造成的爆炸威力就十分强大，致使炉体钢甲拔节）。空料不停风打水时，大部分水在下落的中途就已经汽化了，料面不断得到热量补充，到达料面的大部分水能够立即汽化，不会产生严重的水积累。

（3）事故预防：

空料线作业休风时，严禁往炉内打水，并要将炉内煤气点燃。更换风口等作业，必须待炉内火焰燃烧稳定后方能进行。

12-94 如何预防煤气点火、煤气爆炸事故？

答：对煤气燃爆危险认识不足，气浪掀倒司窑工造成重伤。

（1）事故经过：2003 年 9 月 30 日上午 9：00，某厂还原车间主任杨某指示当班司窑工检查和确认隧道窑两侧的煤气烧嘴是否是关闭的；9：50 打开煤气总阀，接着打开窑顶放散阀；10：00 左右打开煤气调节阀，紧接着打开煤气快速切断阀；10：18，杨某、黄某及司窑人员在窑北侧 15 号烧嘴点火。首先用打火机点燃火种（报纸），然后打开点火煤气烧嘴阀门；第一次因煤气压力过高，点火烧嘴脱火熄灭，第二次将煤气阀门关小后再次点火，火种刚靠近 15 号烧嘴点火孔就发生了爆炸。气浪将司窑工童某掀起、摔倒，造成其左小腿胫、腓骨骨折。

（2）事故原因：

1）对煤气燃爆的危险性认识不足，安全意识不强，未制定安全措施。

2）没有遵守安全规程操作，未打开引风机，未对窑内气氛进行确认。

（3）事故预防：

1）深入开展"反违章"、"反违纪"、"反事故"活动，加强职工对岗位操作规程的学习，杜绝违章操作。

2）强化煤气安全知识，安全用气，大窑点火要制定安全措施，加强监护，并对窑内气氛进行确认合格后方可点火。

二、煤气着火事故

12-95 如何预防除尘器煤气着火事故？

答：（1）事故经过：1975 年，某厂 7 号高炉清理除尘器煤气灰时，清灰阀卡了铁板，在处理过程中将清灰阀帽头碰掉，大量煤气往外冒。高炉立即改常压，并采取了降低煤气压力的措施，用炮泥将清灰口堵住，堵不严，待出铁后撵煤气处理。由于出铁口正对着除尘器，渣罐就在除尘器下面，怕煤气着火，在除尘器清灰口周围围上了铁板，但是在出铁时，清灰口还是着了冲天大火，将除尘器清灰口附近器壁烧红，当时情况十分严重，有出现恶性事故的危险。为防止爆炸和烧坏除尘器，逐渐地往除尘器清灰口上打水，降低除尘器和清灰口附近的温度，后来用四氯化碳灭火剂将煤气火熄灭。高炉按炉顶点火撵煤气休风程序休风处理煤气，将清灰阀帽头安上后送风。从清灰阀关不上到高炉休风，历时 7h（休风 4h）。

（2）事故原因：这起事故是由于除尘器内砌砖的托砖环脱落卡在清灰阀门上，经反复大开清灰阀和用钎子往下撬，将清灰帽头的压兰撬掉，发生了清灰帽头脱落事故，由于铁口正对着除尘器，出铁时引起了着火，更增加了事故的严重性。

（3）事故预防：

1）今后再大修和新建高炉除尘器内壁时，最好不砌砖，应采用耐磨耐热钢板或者铸铁为衬板。

2）发生大的煤气着火事故时，应在煤气防护站人员的监护下，请消防人员用四氯化碳灭火剂灭火。

3）处理除尘器清灰帽头事故时，要特别注意除尘器内要保持正压，以免吸入空气，引起爆炸。如果需要处理煤气，必须用泥球将清灰口堵严或采用薄铁板做一个假帽头安上后，方可关闭叶形插板。

12-96　如何预防焦炉煤气管道着火事故？

答：（1）事故经过：1985 年 5 月 25 日，通往某厂 6 号高炉和 6 号热风炉的 $\phi500mm$ 焦炉煤气管道，在燃气厂二管理室北侧，发生了一起着火事故。

25 日下午燃气厂青年综合厂，在 $\phi500mm$ 焦炉煤气管道上方动火施工，用气焊切割拉杆，溅落的火花将煤气管道点燃，开始火很小，施工者试图用干粉灭火剂扑灭，但火势越烧越大，后将该管道横向焊缝烧裂，使管道横向断裂。在灭火中首先采用关开闭器降压，消防车用水枪灭火，但仍未扑灭，之后往管道内通入蒸汽和倒流高炉煤气，将火扑灭。从着火到扑火历时 1.5h。由于管道损坏严重，必须停气处理，立即组织堵盲板，处理煤气，进行焊补，于 26 日 4：30 完成焊补，恢复送气。从着火到恢复送气共历时 14.5h。

（2）事故原因：

1）该管道年久失修，腐蚀较重，出现轻微的煤气泄漏，是发生煤气着火的基本原因。

2）动火制度管理不严。在有缺陷的管道上动火，是这次事故的直接原因。

（3）应吸取的教训：焦炉煤气管道腐蚀较快，应建立定期的更换制度；在煤气管道上动火时，应严格贯彻动火制度。由于鞍钢煤气管网较为复杂，各厂之间的管网交错排列，今后动火施工一定要考虑安全，动火区域有几家煤气管道，就应到几家去开动火票。

12-97　如何预防倒流管烧红、着火事故？

答：（1）事故经过：1983 年 12 月 17 日，由于某厂 7 号高炉炉体破损严重，很多冷却设备已经烧坏，高炉已接近一代中修的后期。当日 17：30 高炉倒流休风换风口，在倒流 5min 后，倒流管被烧红并着火，当时关闭了几个视孔盖后，仍着火不止，没有解决问题。风口的煤气很大上不去人。当时分析认为是切断阀没关严，重复开关几次，火势仍不减弱，并请来了燃气厂领导，要求关叶形插板，关完后仍未解决问题。这时怀疑是高炉冷却设备漏水，于是将所有怀疑的冷却设备都闭水或关小，很快倒流管火势减弱，转入正常，风口的煤气也小了。

（2）事故原因：炉子已到了晚期，炉体破损严重。破损的冷却设备往炉内漏水，水在炉缸内遇到赤热的焦炭，发生了碳与水蒸气的反应：$C + H_2O \Longrightarrow CO + H_2$，产生大量的 CO、H_2 等可燃气体，抽到倒流管中激烈燃烧。

这次事故没有造成更大的损失，就是延误了高炉的休风时间。

（3）应吸取的教训：遇到这种事故应果断处理，首先检查煤气切断阀是否关严。如果已关严，就要着重检查高炉冷却设备漏水情况。冷却设备破损严重的高炉，在休风时一定要把坏的冷却设备闭水和关小，避免往炉内漏水。

12-98　如何预防切断阀不严，倒流管着火事故？

答：（1）事故经过：1985 年 5 月 19 日 21 时，某厂 7 号高炉倒流休风换风口，在休风后就发现倒流管烧红着火，高炉风温表指示为 1450℃。煤气班长当即和高炉工长商量采取紧急措施，关上几个风口视孔盖，温度得到初步控制。并立即检查高炉煤气切断阀的关严情况，发现没有关严，钢绳虽已存套，但阀没有关到位置，立即稍许提紧钢绳，再关就关严了，倒流管的火就灭了。整个倒流管着火不到 10min 就处理好了。

（2）事故的原因：高炉煤气切断阀没有关严，使管网的煤气漏窜到 7 号高炉，经过赤热的焦炭层和料层加热后，提高了燃烧温度，致使倒流管着火。

（3）应吸取的教训：今后凡关切断阀，不能只看钢绳存套就停止，而应看阀实际关的位置和钢绳的记号，以防止由于偶尔出现切断阀卡住，而引起煤气切断阀关不严的情况。

三、煤气中毒事故

12-99　检修高炉设备时，如何防止煤气中毒事故？

答：（1）事故经过：1971 年 7 月 10 日，某钢铁厂 300m³ 高炉检修料钟拉杆。休风后，该炉炉长叫一名钳工进料斗检修，不到 5min，该钳工中毒倒在料斗中；炉长向下呼喊，一名炉前工听到喊声后，就告诉了看水班长，自己迅速上炉顶，发现炉长也中毒倒在料斗中，他立即抢救炉长，刚把炉长背到料斗口，自己也中毒倒下；等到看水班长来到炉顶后，立即把炉长背出料斗，然后跑下去找人。结果钳工和炉前工中毒死亡，炉长经抢救无效死亡。

（2）事故原因：

1）不懂煤气安全常识，没有安全措施，盲目进入煤气区域，造成中毒；

2）不懂救护常识，致使事故一再扩大。

（3）事故预防：

1）掌握煤气安全常识，落实安全措施，不要盲目进入煤气区域，造成中毒；

2）了解救护常识，不要致使事故一再扩大。

12-100　上高炉炉顶排除设备故障时，如何防止煤气中毒事故？

答：（1）事故经过：1978 年 11 月 7 日，某厂一名卷扬工去炉顶处理料钟表面积灰，当即中毒倒下；15min 后，工长发现他没在岗位，立即到炉顶上去找，才将其发现。

（2）事故原因：

1）单人去炉顶作业，没有人监护。

2）不戴空气呼吸器。

（3）事故预防：

1）掌握煤气安全常识，严禁单人去炉顶作业。在没有安全措施的情况下不要去炉顶处理故障。

2）在煤气区域作业，一定要戴空气呼吸器，并有专人监护。

12-101　处理高炉夹料故障时，如何防止煤气中毒事故？

答：（1）事故经过：1978 年 9 月 7 日，某钢铁厂 2 号高炉大料块卡在大小钟间，张某等两人在没有放风和休风的情况下，用撬棍处理，结果炉顶煤气冒得很大，张某中毒死亡。

（2）事故原因：

1）明知煤气冒得大，却不戴空气呼吸器，也不采取其他安全措施。

2）没有专人维护，发现中毒未能及时抢救。

（3）事故预防：

1）在炉顶煤气冒得大的情况下不易处理夹料，应休风后处理。

2）戴空气呼吸器，或采取其他安全措施。设专人维护，发现中毒及时抢救。

12-102　突发煤气管道破裂时，如何防止煤气中毒事故？

答：（1）事故经过：1974 年 12 月，某厂突然停电，高炉紧急休风，15min 后，靠近锅炉房处的煤气管道发生爆鸣，半小时后送风，爆鸣处管道破裂 250mm，煤气冒出，造成炉前班全体中毒。

（2）事故预防：

1）突然停电时应休风通蒸汽，锅炉房止火应及时，严防空气及火源吸入管道内造成爆鸣。

2）爆鸣后，应对设备进行详细检查，发现裂口及煤气泄漏后，立即疏散人员。

12-103　高炉煤气压力导管漏煤气时，如何防止煤气中毒事故？

答：（1）事故经过：1973 年 2 月，某厂领导同 5 号高炉值班工长在值班室研究工作，由于室内高炉煤气压力导管泄漏煤气，约 15min 后，两人中毒，经抢救一天，才恢复知觉。

（2）事故预防：

1）值班室与一次仪表室严禁放在一起。

2）发现煤气导管泄漏煤气，应及时处理，防止煤气中毒。

12-104　在一次仪表室排除故障时，如何防止煤气中毒事故？

答：（1）事故经过：1977 年 6 月 22 日，某计量厂炼铁班维护工苗某单人去 11 号高炉一次仪表室作零位差，打开导管阀门后，由于导管下部排水和排气弯头有漏点，煤气冒出，造成中毒死亡。

（2）事故预防：

1）到一次仪表室排除故障时，首先要做好检测确认，确保具有良好的通风。

2）经常检查一次仪表导管排水、排气弯头等处是否有泄漏。

3）禁止单人作业，中毒后若有人发现，抢救及时可避免死亡。

12-105　在煤气设备上作业时，如何防止煤气中毒事故？

答：案例 1：

（1）事故经过：1971 年，某厂 3 号热风炉支管清灰，清完灰后，人孔螺丝刚拧上两个，高炉操作工误认为人孔已上好，即引入高炉煤气，使正在上人孔的工人中毒；发现中毒，人人争先抢救，结果进入煤气区域的人员连续中毒倒下，造成 17 人严重中毒。

（2）事故预防：

1）在煤气设备上作业时，要详细检查和联系，不要擅自盲目引入煤气，以防造成中毒。

　　2）发现有人中毒后，应正确救护，没有安全措施绝不能凭热情冒险抢救，造成事故扩大。

　　案例 2：

　　（1）事故经过：1978 年 9 月，某厂一高炉休风 40h，进行更换空气管道阀门作业，施工人员在空气管道内施工即将结束时，高炉热风炉工没有通知施工人员，将热风炉送煤气点火，1h 后，施工人员发觉头痛，马上往外跑，结果 7 人中毒。

　　（2）事故预防：

　　1）空气闸阀不是可靠的切断设备，热风炉内燃烧不净的残余煤气窜入空气管道内，造成施工人员中毒。

　　2）热风炉工送煤气点火前一定要先确认。

12-106　助燃风机停转时，如何防止煤气中毒事故？

　　答：（1）事故经过：1978 年 10 月 13 日，某厂 5 号高炉 1 号热风炉风机电源发生故障，本应立即合上备用电源，但是两名岗位人员一名去买饭不在场，另一名不懂操作，没有合上备用电源启动电机，而是去关切断阀。结果风机停转，燃烧器大量冒煤气，使关切断阀的操作工中毒倒下，另一名操作工买饭回来，也中毒倒在平台上。后来被发现，报告防护站，又没有就地抢救，失去时机，造成一名死亡，另一名重伤。

　　（2）事故预防：

　　1）操作工要了解设备才能上岗操作。

　　2）操作工误操作后，不要顶煤气去关阀门。

12-107　煤气设备没有完全封闭时，如何防止煤气中毒事故？

　　答：（1）事故经过：1975 年 5 月 8 日，某厂 2 号高炉 2 号热风炉点炉前没有详细检查，由于燃烧器一个人孔没有封闭而造成大量煤气外逸，使炉前工、信号室操作工、配管工等多人中毒；抢救过程中，救护人员及医生也发生中毒，共中毒 28 人，其中 12 人住院。

　　（2）事故预防：

　　1）点炉前对煤气设备做详细全面的检查，不留下漏洞。

　　2）发生事故后，救护人员正确救护，佩戴空气呼吸器进行抢救，不使事故扩大。

12-108　进入热风炉内作业时，如何防止煤气中毒事故？

　　答：（1）事故经过：1972 年 7 月，某厂 3 号高炉 3 号热风炉停炉大修，炉子停产一周，上下人孔早已打开，燃烧阀已卸掉，煤气管道已堵盲板，热风阀及烟道阀都已关止，进入热风炉内作业的 11 人中毒，其中 1 人经抢救无效死亡。

　　（2）事故预防：烟道内积水严重影响烟囱吸力，烟道阀又不严，燃烧不净的残余煤气由烟道窜入热风炉内，造成多人中毒。因此，在进入热风炉内作业时，要做详细全面的检查确认，方可作业。

12-109　处理放散管燃烧器堵塞故障时，如何防止煤气中毒事故？

答：（1）事故经过：1971 年 1 月 6 日，某厂高炉煤气直径为 $\phi600mm$ 的过剩放散管燃烧器堵塞。切断煤气通入蒸汽后，4 名工人上去处理故障，其中 1 名中毒，从 40m 放散管顶部坠落，当即死亡。

（2）事故预防：

1）切断煤气通入蒸汽要确认畅通，通入蒸汽时间要长，煤气要处理净。

2）高空作业，安全措施要齐全。

12-110　生活设施靠近煤气设施附近时，如何防止煤气中毒事故？

答：案例 1：

（1）事故经过：1977 年 6 月 23 日，某厂夜班职工在值班室睡觉，因为煤气总管压力升高，值班室窗外排水槽冒煤气，值班室内睡觉的 11 人中毒，其中 1 人死亡。

（2）事故预防：

1）排水槽有效高度要足够。

2）煤气设施附近不应有生活设施，休息室更不应设在煤气设备附近。

案例 2：

（1）事故经过：1978 年 5 月 16 日，某厂 2 号高炉炉长上夜班时，在洗气室门口洗衣服中毒死亡。

（2）事故原因：高炉下降管焊口裂缝长达 500mm，勉强生产，裂缝处离地面 15m，时值阴天，气压低，裂缝冒出的煤气使该炉炉长中毒死亡。

（3）事故预防：煤气设施有缺陷要及时处理。

案例 3：

（1）事故经过：1977 年 3 月，某钢研所两名女同志去转炉环水井取样，第一个下井就倒在水中，另一人呼救，供水车间 4 名同志听到喊声赶来抢救，下去一个倒一个，先后 4 人倒在井中，最后一人见势不妙，去找救护站，才把井中人救出，结果死亡 2 人，严重中毒 2 人。

（2）事故预防：转炉环水中带有一氧化碳，加上水井通风不好，下井前要作检测分析并采取措施。

12-111　进入煤气设备内部检修时，如何防止煤气中毒事故？

答：案例 1：

（1）事故经过：1953 年 3 月 11 日，某厂新建 8 号高炉，在附属设备没有全面检查试车的情况下，急投产后，由于炉况不正常，炉顶压力波动频繁，幅度大，放散装置没投产，造成洗涤机水分分离器的排水器冒煤气，使二管理室多人中毒。当调度及领导得知发生事故后，立即到现场抢救，又发生多人中毒。最终中毒 31 人，其中死亡 11 人。

（2）事故预防：

1）煤气设备投产要按有关规定进行检查和验收。

2）排水器设计、安装合乎要求。

3）管网压力升高，由放散管及时放空。

案例 2：

（1）事故经过：2009 年 9 月 18 日某厂临时停产检修，要检修东烧结阀盖密封箱体盖板等。10：00 高炉休风，16：25 后高炉复风，此时烧结平台下阀盖密封箱体内进行焊接作业的 3 人中毒，1 人焊好盖板爬出人孔时中毒，平台上一配合检修者立即去关煤气阀门，将阀门关闭后自己即晕倒在阀门平台区。此次，造成 4 人死亡，1 人轻微中毒。

（2）事故要点：

1）10：05 高炉休风。11：00 甲班开始检修，当班作业者没有按规程要求关闭煤气阀门和打开煤气放散阀；

2）16：30，乙班 4 人在没有确认煤气阀门是否关闭、放散阀是否打开，没有办理进入箱体内作业工作票证，也没有检测箱体内煤气浓度的情况下，先后进入阀盖密封箱体内进行焊接作业；

3）18：25 高炉复风，高炉技术员电话告知厂长说高炉要引煤气，厂长回复说行；

4）1 人已从箱体内出来得到厂长通知高炉已引煤气，又进入箱体催促另 3 名作业人员快点干；

5）1 人在人孔处正在焊接最后一个盖板，当其焊好爬出人孔时，感觉头晕、眼花、说不出话，即晕倒在平台西侧；

6）1 人在平台上配合检修，发现人孔处中毒者，立即去关煤气阀门，将阀门关闭后自己即晕倒在阀门平台区；

7）东烧结平台下的人感觉到有煤气，上去关阀门时，发现阀门区的中毒者，便大声喊叫"快救人"。该厂人员听到喊叫相继赶到东烧结平台，立即开展抢救；

8）人孔处中毒者清醒后告知抢救者说箱体内还有 3 人，箱体内的 3 人救出后和阀门区中毒者送往医院经抢救无效死亡。

（3）事故原因：

1）在检修前，甲班没有按规定关闭煤气阀门、打开放散阀，违反安全操作规程作业；

2）乙班在没有办理工作票、没有确认煤气阀门的状态、没有进行箱体内煤气浓度检测、没有准备安全防护设施、没有指派专门的安全监护人员的情况下，安排组织人员进入箱体内违章作业；

3）在得知已经输送煤气，没有采取关闭煤气阀门、打开放散阀等措施的情况下，未能及时组织撤出人员，导致事故发生。

4）在没有采取任何安全防护措施的情况下，发现煤气泄漏，盲目冒险去关煤气阀门，导致中毒死亡，造成事故扩大。

（4）事故预防：

1）在煤气设备作业要严格按有关规定进行检查和确认。

2）煤气系统一定要有效隔断。眼镜阀一定关严、压紧。

3）设专人看管阀门状况。

4）有人作业区域设煤气报警设施。进箱体内作业，事先要分析一氧化碳含量，或做鸽子试验，不要冒险作业。

案例 3：

（1）事故经过：1966 年 6 月 25 日，某厂高炉休风，陈某等两人进 1 号塔检修喷嘴，由于事先没有做好塔内一氧化碳含量分析，盲目入塔，造成中毒，结果，陈某中毒后跌入塔底，头部及右腿受伤，抢救无效死亡。

（2）事故预防：

进塔内作业，事先要分析塔内一氧化碳含量，或做鸽子试验，不要冒险作业。

12-112　未采取可靠的煤气切断措施，如何防止煤气中毒事故？

答：（1）事故经过：2010 年 1 月 4 日，某厂 2 号转炉与 1 号转炉的煤气管道完成连接后，未采取可靠的煤气切断措施，使转炉气柜煤气泄漏到 2 号转炉系统中，造成正在 2 号转炉进行砌炉作业的人员中毒。事故造成 21 人死亡、9 人受伤。

（2）事故要点：

1）运行中的 1 号转炉煤气回收系统与在建的 2 号转炉煤气回收系统共用一个煤气柜；

2）与在建的 2 号转炉连通的水封逆止阀、三通阀、电动蝶阀、电动插板阀（眼镜阀）仍处于安装调试状态；

3）1 月 3 日上午，1 号转炉停产，为使 2 号转炉煤气回收系统与现系统实现工程连通，约 10：30，三冶公司在将 3 号风机和 2 号风机煤气入柜总管间的盲板起隔断作用的盲板切割出约 500mm×500mm 的方孔时，发生 2 人中毒死亡事故，施工人员随即停工。

4）事故现场处置后，当班维修工封焊 3 号风机入柜煤气管道上的人孔（未对盲板上切开的方孔进行焊补）；

5）当班风机房操作工给 3 号风机管道 U 型水封进行注水，见溢流口流出水后，关闭上水阀门；

6）1 月 3 日 13：00 左右 1 号转炉重新开炉生产；1 月 4 日上午，2 号转炉同时进行砌炉作业。

7）1 月 4 日约 10：50，应炉内砌砖人员要求，到炉外提升机小平台来取炉砖尺寸人员突然晕倒，小平台上一起工作的 2 名人员去拉但未拉动，并感到头晕，同时意识到可能是煤气中毒，马上呼救。

（3）事故原因：

1）在 2 号转炉回收系统不具备使用条件的情况下，割除煤气管道中的盲板，煤气柜内（事故时 1 号转炉未回收）的煤气通过盲板上新切割的 500mm×500mm 方孔击穿 U 型水封，经仍处于安装调试状态的水封逆止阀、三通阀、电动蝶阀、电动插板阀后充满 2 号转炉（正在砌炉作业）煤气回收管道，约 10：50，煤气从 3 号风机入口人孔、2 号转炉一文溢流水封和斜烟道口等多个部位逸出；

2）U 型水封排水阀门封闭不严，水封失效，导致此次事故的发生，从 1 月 3 日 13：00 注水完毕至 1 月 4 日 10：20 左右，经过约 21h 的持续漏水，U 型水封内水位下降，水位差小于 27.5cm（煤气柜柜内压力为 2.75kPa），失去阻断煤气的作用；

3）U 型水封未按图纸施工，未装补水管道，存在事故隐患。

（4）事故预防：

1）多部门、多单位、多工种带煤气作业是一项极其重要的工作，处理不当极易造成中毒、着火和爆炸事故。为了保证安全，在作业之前，务必认真作好各项准备工作及安全措施。认真填写《带煤气抽堵盲板申请表》和《煤气危险作业指示图表》，这是一项切实可行的管理手段。

2）煤气系统一定要有效隔断。眼镜阀一定关严、压紧；U 型水封一定安装补水管道，确保溢流水畅通。

3）设专人看管溢流水和阀门状况。

4）有人作业区域设煤气报警设施。

第 13 章　炼铁实用计算题

13-1　如何根据生铁 Si 量的变化进行变料?

答：生铁 Si 量变化 1%，影响燃料比 $40 \sim 60$ kg/t。

已知每批料出铁量为 10360 kg，生铁含 Si 1%，带入 SiO_2 总量为 3019.6 kg，CaO 总量为 2741 kg，求每批料石灰石用量。已知 $R=1$，$w(CaO_{有效})=50\%$。

解：

$$m = \frac{\left[\sum m(SiO_2) - 2.14m(Fe)w(Si)\right] \times R - \sum m(CaO)}{w(CaO_{有效})} \tag{13-1}$$

$$= \frac{(3019.6 - 2.14 \times 10360 \times 0.01) \times 1 - 2741}{0.5}$$

$$= \frac{(3019.6 - 222) - 2741}{0.5}$$

$$= 113.2 \text{kg}$$

答：每批料石灰石用量 113.2 kg。

13-2　风温大幅度变化时如何变料?

答：风温大幅度变化时，应根据风温水平和风温影响燃料比的经验数值，相应地调整负荷。风温变化影响燃料比的经验值见表 13-1。

表 13-1　风温变化影响燃料比的经验值

干风温度/℃	500~600	600~700	700~800	800~900	900~1000	1000~1100	1100~1200	>1200
影响燃料比的系数(β)/%	7.3	6.0	5.0	4.3	3.8	3.5	3.2	3.0

可见，不同风温水平下有不同的影响系数。因此，根据风温水平按下式调整负荷：

$$每批燃料增减量 = \beta \times \frac{\Delta t}{100} \times 燃料批重 \tag{13-2}$$

例如，某高炉不喷吹燃料，焦炭批重为 5000 kg，风温由 1000℃下降到 700℃，每批料应多加多少焦炭?

$$每批焦炭增加量 = 0.05 \times \frac{300}{100} \times 5000 = 750 \text{kg/批}$$

13-3　煤气管道盲板与垫圈如何计算?

答：(1) 盲板厚度的确定。盲板厚度可根据下式计算：

$$\delta = d \sqrt{\frac{Kp}{[\sigma]}} + C \tag{13-3}$$

式中　δ——盲板厚度，mm；

d——计算直径，mm；

K——系数，取 0.3；

p——计算压力，MPa；

$[\sigma]$——许用应力，MPa；

C——负公差及腐蚀，$C = 1.5 \sim 2$mm。

一般来说，直径不大于 250mm 的盲板厚度不小于 4mm，直径不小于 300mm 的盲板厚度不小于 4.5mm。

但是，在生产实践中，盲板的厚度一般不是计算出来的，因为它往往受到作业条件等因素的影响，盲板厚度一般由下列因素决定：

1) 盲板直径：一般直径越大，盲板越厚。

2) 作业法兰撑开的程度：作业条件艰苦，估计法兰很难撑开，盲板要适当偏薄。

3) 盲板使用时间：一般属临时性的盲板，可适当偏薄，而永久性盲板则应偏厚。

4) 管道工作压力：管道工作压力高则应偏厚，否则可以偏薄。

5) 煤气品种：一般永久性盲板应考虑煤气中腐蚀性气体含量，即盲板腐蚀速度。

根据上述条件和工作中的经验，盲板厚度大约数值如表 13-2 所示。

表 13-2　不同直径下盲板厚度数值

盲板直径/mm	≤500	600 ~ 1000	1100 ~ 1500	1600 ~ 1800	1900 ~ 2400	≥2500
盲板厚度/mm	6 ~ 8	8 ~ 10	10 ~ 12	12 ~ 14	16 ~ 18	20 以上

(2) 盲板直径的确定。用盘尺量得抽堵盲板法兰附近管道外圆周长 S，同时量得螺丝孔里边距管道外壁的距离 H，那么：

$$盲板直径 = 0.3185 \times S + 2 \times H - 10 \tag{13-4}$$

其中，0.3185 为圆周率 π（3.145926）的倒数；-10 是为了防止由于管道的不圆度造成的盲板假大，因而，计算出盲板直径后，应适当减小 10mm。

(3) 垫圈厚度及大小的确定。

1) 垫圈厚度的确定。垫圈的作用是将盲板抽出后用来填补管道法兰空隙，使法兰更加严密。其厚度根据下列条件决定：

①法兰间空隙：如法兰间确实空隙太小，垫圈应适当偏薄。

②保证垫圈不变形过大，以妨碍作业，因此，垫圈厚度一般为：垫圈直径小于 1000mm 时，厚度为 3mm；垫圈直径大于 1000mm 时，厚度一般在 4 ~ 5mm。

2) 垫圈直径的确定。垫圈直径的确定与盲板直径的确定相同。

关于盲板及垫圈的尺寸和质量也应规范化，请参阅《盲板尺寸和重量一览表》。

例 1　今有一高炉煤气管道要堵盲板，但不知道管道的直径是多少，经测量该管道周长为 3768mm，求盲板直径。

解：根据公式

$$盲板直径 = 0.3185 \times S + 2 \times H - 10$$

H 取 40mm,则

$$盲板直径 = 0.3185 \times 3768 + 2 \times 40 - 10 = 1270mm$$

答:盲板直径为 1270mm。

例 2　某一高炉煤气管道已较长时间没用,但不知道管道直径是多少,经现场测量管道周长为 4712mm,求盲板圈的内径与外径。

解:(1)求垫圈内径:

将公式 $L = D\pi$ 进行变换,则

$$D = L/\pi = 4712/3.14 = 1500.63mm \approx 1500mm(可作内径)$$

(2)求垫圈外径:

取 $H = 40mm$,则

$$垫圈的外径 = 1500 + 2 \times 40 = 1580mm$$

答:垫圈的内径应为 1500mm,外径应为 1580mm。

13-4　增减喷吹量时如何变料?

答:改变喷吹量时,应根据喷吹物与焦炭的置换比、焦炭负荷和每小时上料批数,及时调整负荷:

$$每批增减焦炭量 = \frac{减喷吹物}{每小时上料批数} \times 置换比 \tag{13-5}$$

例如,已知重油和煤粉对焦炭的置换比分别为 1.2、0.8,每小时上料批数为 7 批,焦炭负荷为 3.5,每小时增加 1t 重油或煤粉时,应如何调整负荷?

每小时增加 1t 重油时:

$$每批减少焦炭量 = 1000 \div 7 \times 1.2 = 171.4kg/批$$

或　　　　　　　$$每批增加矿石量 = 171.4 \times 3.5 = 599.9kg/批$$

当每小时增加 1t 煤粉时:

$$每批减少焦炭量 = 1000 \div 7 \times 0.8 = 114kg/批$$

或　　　　　　　$$每批增加矿石量 = 114 \times 3.5 = 399kg/批$$

13-5　如何按炉渣碱度的需要调整石灰石的加入量?

答:需要提高或降低炉渣碱度时,须相应调整石灰石的加入量,调整量与每吨铁的渣量和渣中 SiO_2 含量有关,可用下式计算:

$$每批铁需变动的石灰石量 = \frac{u \times w(SiO_2) \times \Delta R_0}{w(CaO_{有效})} \tag{13-6}$$

式中　u——吨铁渣量,kg/t;

$w(SiO_2)$——渣中 SiO_2 含量,%;

ΔR_0——炉渣碱度变化值。

每批料石灰石变动量 = 每吨铁变动量 × 每批料出铁量,单位为 kg/t。

例如，已知 1t 铁的渣量为 750 kg，渣中 $w(SiO_2)$ = 40.1%，每批料出铁量 10t，炉渣碱度变化 0.1，假定石灰石有效碱度为 50%，则：

$$每批铁需变动的石灰石量 = \frac{750 \times 40.1\% \times 0.1}{0.5} = 602kg/批$$

并按石灰石变动量相应地调整负荷。

13-6 如何根据烧结矿碱度变化调整石灰石的加入量？

答：当其他条件不变时，烧结矿的碱度直接引起炉渣碱度的波动。为了稳定造渣制度，当烧结矿碱度变化较大时，需调整的量可通过烧结矿中的 SiO_2 和碱度变化值计算。

例 已知某高炉焦炭批重 $m_焦$ = 2800kg，焦炭灰分含量 A = 13%，$w(SiO_{2焦})$ = 5.89%，$w(CaO_焦)$ = 0.6%，当炉渣碱度 R = 1.15 时，请计算所需 CaO 量为多少？

解： 所需的 CaO = 2800 × 5.89% × 1.15 − 2800 × 0.6% = 172.86kg

答：所需 CaO 量为 172.86kg。

13-7 高炉炼铁的渣量如何计算？

答：无论用何种方法处理炉渣，渣量是无法用称量的方法得到的，只有通过计算才能确定。用高炉内不发生还原化学反应的 CaO 平衡计算最简便：

$$渣量 = \left[W(CaO_料) - W(CaO_尘) \right]/w(CaO) \tag{13-7}$$

式中 $W(CaO_料)$ ——各个入炉料带来的 CaO 量，kg/t；

      $W(CaO_尘)$ ——炉尘带走的 CaO 量，kg/t；

      $w(CaO)$ ——炉渣中 CaO 的质量分数，%。

例如：炉料带入 $W(CaO_料)$ = 217.20kg/t，炉尘带走 $W(CaO_尘)$ = 1.35kg/t，渣中 $w(CaO)$ 含量为 42.15%，则：

$$u = (217.20 - 1.35)/0.4215 = 512kg/t$$

答：渣量为 512kg/t。

13-8 如何计算休风料的负荷？

答：休风料的负荷由时间长短决定，休风前如有意提高炉温，其加焦数量推荐以下经验公式：

$$\Delta K = V \cdot \Delta K_v t \tag{13-8}$$

式中 ΔK——加焦量，kg；

      V——高炉有效容积 m^3

      ΔK_v——高炉休风时 $1m^3$ 耗焦量，一般取 1.5 ~ 2.5kg/($m^3 \cdot h$)；

      t——休风时间，h。

13-9 高炉送风系统的漏风率如何估算？

答：通过计算获得生产所消耗的实际风量，它与仪表风量的差就是漏风量，漏风率

α 为：

$$\alpha = \frac{仪表风量 - 实际风量}{仪表风量} = \frac{V_{风仪} - V_{风实}}{V_{风仪}} \tag{13-9}$$

例　某高炉仪表风量为 $2650\mathrm{m^3/min}$，上例算得实际风量为 $2278\mathrm{m^3/min}$，则：

$$\alpha = \frac{2650 - 2278}{2650} = 0.14$$

高炉送风系统漏风的地方主要有：放风阀关不严，热风炉烟道阀变形关不严，直吹管两端与弯头和风口小套接触不好等。

13-10　如何根据仪表风量计算风速和鼓风动能？

答：因为仪表风量和实际入炉风量有差别，应用仪表风量计算前应先确定漏风率，生产中应定期按碳氮平衡算出入炉风量，确定漏风率供计算使用：

$$V_{风实} = V_{风仪}(1 - \alpha) \tag{13-10}$$

例 1　某 $1000\mathrm{m^3}$ 高炉风温为 1100℃，风压为 $0.3\mathrm{MPa}$，14 个风口 $d_{风口} = 160\mathrm{mm}$，$V_{风仪} = 2500\mathrm{m^3/min}$，漏风率 $\alpha = 10\%$，求风速和鼓风动能。

解：　　$V_{风实} = V_{风仪}(1 - \alpha) = 2500 \times (1 - 0.1) = 2250\mathrm{m^3/min}$

标准风速：　$v_0 = \dfrac{V_{风实}}{60n} \Big/ \left(\dfrac{\pi}{4}d_{风口}^2\right)$

$\qquad\qquad = \dfrac{2250}{60 \times 14} \Big/ \left(\dfrac{\pi}{4} \times 0.16^2\right) = 133\mathrm{m/s}$

实际风速：　$v_{实} = v_0 \dfrac{(273 + t_{风}) \times 0.101}{(0.101 + p_{风}) \times 273}$ $\left.\begin{array}{l} \\ \\ \\ \\ \\ \\ \end{array}\right\} \tag{13-11}$

$\qquad\qquad = 133 \times \dfrac{1373 \times 0.101}{0.401 \times 273} = 169\mathrm{m/s}$

鼓风动能：　$E = \dfrac{1}{2} \times mv^2 = \dfrac{1}{2} \times \dfrac{V_{风实}r}{60gn} \cdot v_{实}^2 \tag{13-12}$

$\qquad\qquad = \dfrac{1}{2} \times \dfrac{2250 \times 1.293}{60 \times 9.8 \times 14} \times 169^2 = 5046\mathrm{kg \cdot m/s}$

例 2　某 $100\mathrm{m^3}$ 高炉仪表风量为 $340\mathrm{m^3/min}$，漏风率 $\alpha = 15\%$，风口 6 个，风口直径 $d_{风口} = 100\mathrm{mm}$，风温 1100℃，风压 $0.101\mathrm{MPa}$，求风速和鼓风动能。

解：　　$V_{风实} = 340 \times (1 - 0.15) = 289\mathrm{m^3/min}$

标准风速：　$v_0 = \dfrac{289}{60 \times 6} \Big/ \left(\dfrac{\pi}{4} \times 0.1^2\right) = 102.3\mathrm{m/s}$

实际风速：　$v_{实} = 102.3 \times \dfrac{(273 + 1100) \times 0.101}{0.202 \times 273} = 257\mathrm{m/s}$

鼓风动能：　$E = \dfrac{1}{2} \times \dfrac{V_{风实}r}{60gn} \cdot v_{实}^2 = \dfrac{1}{2} \times \dfrac{289 \times 1.293}{60 \times 9.8 \times 6} \times 257^2 = 3498\mathrm{kg \cdot m/s}$

从上面的计算看出，大高炉的标准风速与实际差别小，而小高炉差别很大，这是因为 $[(273 + t_{风})/273] \div [0.101/(0.101 + p_{风})]$ 比值在两种情况下不同，如果这个比值等于

1，则 $v_0 = v_{实}$。大高炉因为高压操作和炉顶余压发电技术的发展，热风压力已提高到 0.3 ~ 0.4MPa（表压），这个比值已接近于 1（特大型高炉风温 1150 ~ 1200℃，热风压力 0.4 ~ 0.45MPa 时此值就如此），所以 $v_{实}$ 接近于 v_0。而中小高炉就不同了，它们的风温逐步提高已达 1100℃ 左右，但风压却低很多，一般为 0.101 ~ 0.202MPa，这样该比值就大于 2，所以 $v_{实}$ 比 v_0 大很多。这就是为什么鼓风动能比 $E_{大高炉}/E_{小高炉}$ 与炉容比 $V_{u大}/V_{u小}$ 差别大。

13-11　高炉的冶炼周期如何计算？

答： 冶炼过程中炉料在炉内停留时间叫冶炼周期，冶炼周期有两种方法表示：时间长短和料批数。

按时间计算冶炼周期的公式如下：

$$t = \frac{24V_{工}}{PV_{料}(1 - \xi)} \tag{13-13}$$

式中　$V_{工}$——高炉的工作容积，由料面到风口中心线之间的容积，m^3；

P——高炉的日产量，t/d；

$V_{料}$——1t 生铁所用炉料的体积，$V_{料} = (m_0/\rho_0 + K/\rho_C)$。$m_0$ 为每吨生铁消耗的矿石部分（包括各种含 Fe 料和熔剂），t/t；K 为焦比，t/t；ρ_0、ρ_C 分别为矿石和焦炭的平均堆积密度和焦炭的密度，kg/m^3；

ξ——炉料在炉内的平均压缩率，一般为 10% ~ 12%。

例 1　某高炉利用系数为 1.826t/$(m^3 \cdot d)$，吨铁所需炉料体积为 2.19m^3，求该炉冶炼周期（$\xi = 0.12$）。

解：
$$t = 24 \div [\eta \times V \times (1 - \xi)] \tag{13-14}$$
$$= 24 \div [1.826 \times 2.19 \times (1 - 0.12)] = 6.82h$$

答：该炉冶炼周期为 6.82h。

例 2　某高炉有效容积为 168m^3，一批料的容积为 3.15m^3，料面至风口的容积 $= \frac{V_u}{1.15}$，炉料在炉内的压缩率 $\xi = 12\%$，请计算炉料到风口的批数为多少？

解：
$$t = \frac{V_1}{V_2(1 - \xi)} = \frac{\dfrac{V_u}{1.15}}{3.15(1 - 0.12)} = \frac{146.1}{2.772} = 52.7 \text{ 批}$$

答：需要 52.7 批到达风口。

例 3　某高炉焦炭批重为 3.125t，矿石批重为 9.500t，炉容为 350m^3。工作容积为 0.85V_u（V_u 为有效容积），炉料压缩系数为 12%，求从炉喉到风口需多少批炉料（焦炭堆积密度 0.5t/m^3，矿石堆积密度 2.0t/m^3）。

解：　$(350 \times 0.85)/[(9.5/2.0 + 3.125/0.5) \times (1 - 12\%)] = 33.36$ 批

答：从炉喉到风口需要 34 批料。

13-12　高炉的富氧率如何计算？

答： 设富氧率为 $a(\%)$，富氧量为 $V(O_2)$$(m^3/h)$，冷风流量为 $V_{风}$（m^3/min），则公

式为：

$$富氧率\ a = V(O_2)/[V(O_2) + V_风 \times 60] \tag{13-15}$$

若计算加入富氧量，公式变换为：

$$V(O_2) = [a/(1 - a)] \times V_风 \tag{13-16}$$

例 1　富氧前高炉入炉风量为 $2000m^3/min$，现在改成富氧 23%，问每小时需要用多少氧气？

解：
$$a = 0.23 - 0.21 = 0.02$$
$$V(O_2) = V_风 \times (a/0.77) \times 60 = 3120m^3/h$$

答：每小时需用 $3120m^3$ 氧气。

例 2　某高炉富氧率 25%，风量为 $2000m^3/min$，现减风 $200m^3/min$，问富氧不变时，每小时需减多少氧气？

解：
$$a = 0.25 - 0.21 = 0.04$$
$$V(O_2) = V_风 \times (a/0.75) \times 60 = 200 \times (0.04/0.75) \times 60 = 640m^3/h$$

答：每小时需减少 $640m^3$ 氧气。

13-13　高炉调剂喷吹量存在"热滞后"如何计算？

答：高炉调剂喷吹量存在"热滞后"现象。某高炉反应区至风口的总容积 $V_总$ 为 $478m^3$，焦批为 $5.2t$，矿批为 $20t$，平均料速为 6.6 批/h，请计算热滞后时间（提示：堆密度：$\rho_焦 = 0.45t/m^3$，$\rho_矿 = 1.64t/m^3$）。

解：
$$t = \frac{V_总}{V_批} \times \frac{1}{v_料} = \frac{478}{5.2/0.45 + 20/1.64} \times \frac{1}{6.6} = 3.05h$$

答：该炉的热滞后时间为 $3.05h$。

13-14　赶料线时间如何计算？

答：高炉因设备故障亏料线 $4m$，规定料线 $1.5m$，每批料可提高料层厚度 $0.75m$，上料时间最快每批 $5min$，正常上料时间为 $9min$，请计算赶料线时间。

解：
$$t = T_快 \times T_正/(T - T_快) \times \{[(H - h_0)/h_料] + 1\} \tag{13-17}$$
$$= \frac{5 \times 9}{9 - 5} \times \left(\frac{4 - 1.5}{0.75} + 1\right) = 48.7min$$

答：赶料线时间为 $48.7min$。

13-15　煤气在炉内停留时间如何计算？

答：已知高炉有效容积 $1002m^3$，利用系数 $1.826t/(m^3 \cdot d)$，焦比 $453kg/t$，求煤气在炉内停留时间。

解：
$$V = V_u \times 0.85 = 1002 \times 0.85 = 851.7m^3$$
$$K = 1.826 \times 1002 \times 0.453 = 828.6$$
$$t = 0.36 \times V \div (10400 \times K/86400)$$

$$= 0.36 \times 851.7 \div (10400 \times 828.6/86400) = 3.075s$$

答：煤气在炉内停留 3.075s。

13-16 风口前碳燃烧所需风量如何计算？

答：

例 1 某高炉有效容积为 $300m^3$，焦炭固定碳含量为 85%，固体 C 的燃烧率为 0.65，干湿换算系数 $W = 1.1$，冶炼强度为 $1.5t/(m^3 \cdot d)$，请计算风口前碳燃烧所需风量为多少？

解：

$$V_{风} = \frac{W}{0.324} \cdot V_u \cdot I \cdot w(C) \cdot \varphi(C) \tag{13-18}$$

$$= \frac{1.1}{0.324} \times 300 \times 1.5 \times 0.85 \times 0.65$$

$$= 844m^3/min$$

答：该高炉风口前碳燃烧所需风量为 $844m^3/min$。

例 2 某高炉有效容积 $420m^3$，全焦冶炼，焦炭固定碳含量 85%，固体 C 的燃烧率 = 0.60，干湿换算系数 $W = 1.1$，冶炼强度为 $1.8t/(m^3 \cdot d)$，请计算风口前碳燃烧所需风量为多少？

解： $V_{风} = (1.1/0.324) \times 420 \times 1.8 \times 0.85 \times 0.60 = 1309m^3/min$

答：所需风量为 $1309m^3/min$。

例 3 某高炉有效容积 $500m^3$，焦炭固定碳含量 86%，固体 C 的燃烧率 = 0.60，干湿换算系数 $W = 1.1$，冶炼强度为 $1.8t/(m^3 \cdot d)$，请计算风口前碳燃烧所需风量为多少？

解： $V_{风} = (1.1/0.324) \times 500 \times 1.8 \times 0.86 \times 0.60 = 1577m^3/min$

答：所需风量为 $1577m^3/min$。

13-17 每批焦炭调整如何计算？

答：

例 1 某高炉生产中焦炭质量发生变化，灰分由 12% 升高至 14.5%，按焦批 1000kg，固定碳含量 85% 计算，每批焦应调整多少为宜？

解： $\Delta K = \dfrac{灰分变化量 \times 焦批重}{固定碳含量} = \dfrac{(14.5\% - 12\%) \times 1000}{0.85} = 29.4kg$ (13-19)

答：每批焦应增加 29.4kg。

例 2 某高炉冶炼经验得出，生铁中 Si 含量变化 0.1%，影响焦比 10kg，当该炉每批料出铁量为 6600kg，生铁中 Si 含量由 0.4% 上升到 0.6% 时，应调整多少焦量？

解： $\Delta K = \Delta w(Si) \times 10 \times m$ (13-20)

$$= (0.6\% - 0.4\%) \times 10 \times 6600 = 132kg$$

答：每批焦炭应增加 132kg。

例 3 按生铁中 Si 含量变化 0.1% 影响焦比 5kg/t，每批料出铁量 13000kg 条件下，当生铁中 Si 含量由 0.4% 上升到 0.6% 时，矿批不变，焦批应调整多少？

解： $\Delta K = 5 \times [(0.6\% - 0.4\%)/0.1\%] \times 13000/1000 = 130\text{kg}/ 批$

答：矿批不变，焦批应增加 130kg/批。

13-18 每批矿石调整如何计算？

答： 按生铁中 Si 含量变化 0.1% 影响焦比 10kg，每批料出铁量 3600kg 条件下，当生铁中 Si 含量由 0.4% 上升到 0.6% 时，焦批不变，矿批应调整多少（已知焦炭负荷 $H = 3.0$）？

解：
$$\Delta P = \Delta w(\text{Si}) \times 10 \times m \times H \tag{13-21}$$
$$= (0.6\% - 0.4\%) \times 10 \times 3600 \times 3 = 216\text{kg}$$

答：矿批应减少 216kg。

13-19 如何进行风口风速简易计算？

答：

例 1 已知高炉用风机送风能力为 600m³/min，风口 10 个，直径为 95mm，请进行风口风速简易计算。

解：
$$v = Q \times S \times 60 = \frac{600}{10} \times \frac{\pi}{4} \times 0.095^2 \times 60 = 141\text{m/s} \tag{13-22}$$

答：该高炉风速 141m/s。

例 2 已知高炉用风机送风能力 1100m³/min，风口 14 个，直径 112mm，请进行风口风速简易计算。

解：
$$v = Q \times S \times 60 = \frac{1100}{14} \times \frac{\pi}{4} \times 0.112^2 \times 60 = 133\text{m/s}$$

答：该高炉风速为 133m/s。

13-20 高炉的安全容积量如何计算？

答：

例 1 已知炉缸 $D = 5\text{m}$，渣口 $h = 1.2\text{m}$，炉缸容积系数为 0.6，求该高炉的安全容积量是多少（铁水密度按 7.0t/m³ 计算）？

解：
$$T_{安} = 0.6 \times \frac{\pi}{4} D^2 h\rho = 0.6 \times \frac{\pi}{4} \times 5^2 \times 1.2 \times 7 = 99\text{t} \tag{13-23}$$

答：该炉的安全容积量为 99t。

例 2 已知炉缸 $D = 5.4\text{m}$，渣口 $h = 1.2\text{m}$，炉缸容积系数为 0.6，求该高炉的安全容铁量是多少（铁水密度按 7.0t/m³ 计算）？

解：
$$安全容铁量 = 0.6 \times \frac{\pi \times D^2}{4} \times h \times \rho$$

$$= 0.6 \times \frac{3.14 \times 5.4^2}{4} \times 1.2 \times 7.0 = 115\text{t}$$

答：高炉的安全容铁量是115t。

13-21 高炉炉前脱硫所用脱硫剂的量如何计算？

答：高炉炉前脱硫的脱硫剂是曹达灰（Na_2CO_3）。用曹达灰进行炉外脱硫的化学反应式为：

$$[FeS] + Na_2CO_3 \Longrightarrow FeO + (Na_2S) + CO_2$$

实际脱硫率在理论计算值的30%以下。鞍钢计算脱硫效果的公式如下：

$$w(S_{脱后}) = w(S_{脱前}) - K \times \frac{曹达灰重}{铁水重} \tag{13-24}$$

式中，系数 K 与生铁原硫含量水平有关，当原硫含量水平大于 0.100%，介于 0.100% ~ 0.080% 之间，当原硫含量水平小于 0.080% 时，对应的 K 值为 0.010%、0.0085%、0.0065%。式中曹达灰质量单位为 kg，铁水单位为 t。

例 高炉铁水 160t，含硫 0.086%，加曹达灰 360kg，脱硫后预计硫含量水平为：

$$w(S_{脱后}) = 0.086\% - \frac{0.0085\% \times 360}{160} = 0.067\%$$

答：脱硫后铁水中硫含量为 0.067%。

13-22 高炉煤气发生量理论计算与简易计算方法如何？

答：（1）理论计算。高炉煤气发生量的理论计算公式为：

$$V_{煤气} = \frac{m(C_焦) + m(C_煤) + m(C_料) + m(C_熔) + m(C_挥) - m(C_铁) - m(C_尘)}{\varphi(CO_2) + \varphi(CO) + \varphi(CH_4) \times \frac{12}{22.4}} - V_损$$

$$\tag{13-25}$$

公式说明：高炉煤气发生量的计算以碳平衡为基础，入炉碳量应等于排出碳量。对单位生铁而言，入炉碳包括：焦炭、煤粉、原料、熔剂、挥发物带入的碳，分别用 $C_焦$、$C_煤$、$C_料$、$C_熔$、$C_挥$ 表示。排出碳包括生铁、炉渣、炉顶炉尘、高炉煤气及炉顶均压用煤气、休风损失煤气、出铁放渣带出的煤气中的碳，分别用 $C_铁$、$C_渣$（化学分析中不含 C，所以不计）、$C_尘$、$C_煤气$、$C_损$（包括均压用煤气、休风损失煤气、出铁放渣带出煤气中的碳）。

$$m(C_入) = m(C_焦) + m(C_煤) + m(C_料) + m(C_熔) + m(C_挥)$$

$$m(C_出) = m(C_铁) + m(C_尘) + m(C_煤气) + m(C_损)$$

$$m(C_入) = m(C_出)$$

$$m(C_煤气) + m(C_损) = m(C_焦) + m(C_煤) + m(C_料) +$$

$$m(C_熔) + m(C_挥) - m(C_铁) - m(C_尘)$$

$$m(C_{煤气}) = \varphi(CO_2) + \varphi(CO) + \varphi(CH_4) \times \frac{12}{22.4} \times V_{煤气}$$

式中，$\varphi(CO_2)$、$\varphi(CO)$、$\varphi(CH_4)$ 为炉顶煤气中各组成的体积分数；$m(C_{损})$ 是产生煤气后输送过程中的损失，所以上式变为：

$$V_{煤气} = \frac{m(C_{焦}) + m(C_{煤}) + m(C_{料}) + m(C_{熔}) + m(C_{挥}) - m(C_{铁}) - m(C_{尘})}{\varphi(CO_2) + \varphi(CO) + \varphi(CH_4) \times \frac{12}{22.4}} - V_{损}$$

现以 2007 年 6 月生产数据为依据，列于表 13-3 中，表 13-4 为 2006 年上半年高炉煤气平均成分。

表 13-3　某厂 6 月份高炉生产数据煤气发生量理论计算

名　称	单耗/kg·t^{-1}	含碳量/%	总碳量/kg
焦　炭	392.02	86.50	339.10
煤　粉	127.18	79.02	100.50
焦　丁	25.16	84.50	21.26
重力灰	15.6	25.75	4.02
布袋灰	3.9	36.21	1.41
铁　水	1000.00	4.30	43.00
气化碳量			412.43

注：重力灰、铁水数据为历史平均数据，布袋灰数据为估计数据。

表 13-4　2006 年上半年高炉煤气平均成分

组　分	CO$_2$	CO	CH$_4$	H$_2$	N$_2$	O$_2$	含 C 组分	$Q_{低}$（标准状态）
含量/%	19.07	25.05	0.70	1.93	52.73	0.5	44.82	3623kJ/m^3

吨铁煤气量计算：

$$煤气量 = 412.43 \times 22.4/(0.12 \times 44.82) = 1717 m^3/t$$

（2）高炉煤气发生量的简易计算：

理论计算比较复杂，常用的有 3 种计算方法：

1）系数法：一般情况下高炉煤气发生量是高炉每小时鼓风（冷风）流量的 1.3～1.5 倍；

2）焦炭系数法：是指每小时高炉生产需要消耗多少焦炭（如果喷煤的话，煤粉也要折合为焦炭加进去），一般情况下每吨焦炭会产生 3500m^3 高炉煤气。

3）氮气平衡法：就是先计算出每小时高炉鼓风中的氮气含量，然后对照高炉煤气分析查出高炉煤气中氮气的百分比，就可以计算出高炉煤气的量了，这种方法是最为精确的计算方法。例如：高炉每小时鼓风 200000m^3，空气中氮气的含量为 78%；查出高炉煤气中氮气的比例为 58%，则高炉煤气为（200000×78%）/58% = 268965.5m^3。

仍按高炉内碳的平衡，推出吨铁煤气发生量的简单计算公式：

$$V_{煤气} = km(C_{单}) \tag{13-26}$$

式中　$m(C_{单})$——每吨生铁所产生煤气量的全部含碳量，kg/t；

　　　　k——经验值，$k = 4.668 m^3/kg$。

例1　某高炉焦比为392.02kg/t，煤比为127.18kg/t，焦炭含固定碳86.50%，煤粉含固定碳79.02%，进入生铁和煤气灰带走的碳量，每吨按50kg计算。计算其煤气发生量。

解：　　$m(C_{单}) = 392.02 \times 0.865 + 127.18 \times 0.7902 - 50 = 389.56 kg/t$

所以　　　　$V_{煤气} = km(C_{单}) = 4.668 \times 389.56 = 1818.46 m^3/t$

与理论计算法十分相近。

例2　某高炉焦比为548kg/t，煤比为45kg/t，焦炭含固定碳85%，煤粉含固定碳74%，进入生铁和煤气灰带走的碳量，每吨按50kg计算。计算其煤气发生量。

解　　　　$m(C_{单}) = 548 \times 0.85 + 45 \times 0.74 - 50 = 449.1 kg/t$

所以　　　　$V_{煤气} = km(C_{单})$

$$= 4.668 \times 449.1 = 2095.9 m^3/t$$

也可用另一简单计算公式计算煤气发生量，焦比高取较大系数值，焦比低取较小系数值，单位为m^3/h，计算煤气发生量时应将其进行换算：

$$V_{煤气} = (1.2 \sim 1.35) \times 风量 \tag{13-27}$$

例3　某高炉冷风流量为1100m^3/min，日产生铁1000t，计算其煤气发生量。

解：　　　　$V_{煤气} = 1.35 \times 风量$

所以　　　　$V_{煤气} = 1.35 \times 1100 \times 60 = 89100 m^3/h$

$$89100 \div 1000 \times 24 = 2138.4 m^3/t$$

与理论计算法的结果十分相近，也可按1t焦炭产生3500m^3煤气大致计算。

要知道吨铁煤气量的话就必须先知道高炉的吨铁综合焦比（就是吨铁焦炭消耗量加喷煤煤粉消耗折合为焦炭的总量），然后乘以3500就是吨铁煤气发生量。

例如：高炉焦比为400kg/t，喷煤比160kg/t，煤粉折合焦炭系数一般为$0.85 \sim 0.9$，则吨铁煤气发生量为：$(0.16 \times 0.9 + 0.4) \times 3500 = 1904 m^3/t$。

参 考 文 献

[1] 刘全兴. 高炉热风炉操作与煤气知识问答[M]. 北京：冶金工业出版社，2005.

[2] 高光春. 鞍钢11号高炉开炉实践[M]. 沈阳：辽宁科学技术出版社，1992.

[3] 夏中庆. 高炉操作与实践[M]. 沈阳：辽宁人民出版社，1988.

[4] 王筱留. 高炉生产知识问答[M]. 2版. 北京：冶金工业出版社，2004.

[5] 王忱. 高炉炉长技术管理300问. 鞍钢炼铁厂，1993.

[6] 宝钢三期工程指挥部. 宝钢工程生产准备[M]. 北京：冶金工业出版社，2000.

[7] 刘全兴. 空料线回收煤气停炉[J]. 鞍钢技术，1986(5)：37~42.

[8] 刘全兴. 无料钟高炉停炉操作方法[J]. 鞍钢技术，1993(3)：11~14.

[9] 刘全兴. 高炉停炉料线与二氧化碳含量相关数值分析[C]. 辽宁省金属学会炼铁学术年会论文集，1994：23~27.

[10] 刘全兴. 鞍钢高炉深空料线停炉操作实践[J]. 炼铁，1996(2)：20~22.

[11] 刘全兴. 鞍钢2580m³高炉热风炉长周期保温操作[J]. 炼铁，1996(5)：45~46.

[12] 刘全兴. 鞍钢2580m³高炉硅砖热风炉烘炉的改进[C]. 辽宁省金属学会炼铁学术年会论文集，1996：116~118.

[13] 刘全兴. 无钟高炉停炉几个问题的探讨[C]. 第四届全国冶金工艺理论学术会议论文集，1997：324~326，332.

[14] 刘全兴. 论低热值煤气转化高价值高温热量[C]. 辽宁省金属学会炼铁学术年会论文集，1998：98~100，106.

[15] 刘全兴. 鞍钢11号高炉深空料线停炉操作实践[J]. 炼铁，1999(5)：20~22.

[16] 刘全兴. 生产调度与信息组合[J]. 鞍钢管理，2000(12)：19~21.

[17] 刘全兴. 青钢3号高炉达产实践[J]. 炼铁，2002(1).

[18] 刘全兴. 青钢2号高炉炉缸冻结处理实践[J]. 炼铁，2002(3)：10~12.

[19] 刘全兴. 青钢4号高炉高利用系数操作实践[J]. 炼铁，2003(6)：34~36.

[20] 刘全兴. 青钢高炉长寿管理实践[J]. 炼铁，2005(3)：9~12.

[21] 刘全兴. 冶金企业煤气事故产生原因分析及防范对策[N]. 中国冶金报，2004-10-21.

[22] 刘全兴. 卡鲁金顶燃式硅砖热风炉的烘炉操作及其改进[J]. 2005(2)：7~10.

[23] 刘全兴. 卡鲁金顶燃式热风炉在青钢的应用[C]. 全国钢铁大会论文集，2005.

[24] 刘全兴. 高炉煤气干式除尘的开发[J]. 国外钢铁，1989(11)：68~70.

[25] 刘全兴. 高炉热风炉自身预热基础研究及传热过程数值模拟[D]. 沈阳：东北大学，1998.

[26] 冶金生产工人技术等级标准（五）炼铁部分，冶金工业部，1985年1月.

[27] 凌绍业. 停炉的爆炸与预防[J]. 炼铁，1983.

[28] 凌绍业. 中小型高炉开炉[J]. 炼铁，1993(3).

[29] 东北工学院. 高炉炼铁(中)[M]. 北京：冶金工业出版社，1977.

[30] 刘全兴. 鞍钢10号高炉硅砖热风炉烘炉实践[J]. 炼铁，1996(2)：46~47.

[31] 胡俊鸽，周文涛，郭艳玲. 世界高炉喷吹焦炉煤气技术的研究进展[N]. 中国冶金报，2011-11-16.

[32] 张殿有. 高炉冶炼操作技术[M]. 2版. 北京：冶金工业出版社，2011.

[33] 焦刚. 对于高炉炉缸安全标准的探讨[C]. 中小高炉炼铁学术年会论文集，2009.

[34] 杨天均. 节能减排，环境友好，实现我国炼铁生产可持续发展[C]. 全国炼铁生产技术会议暨炼铁年会文集，2008：1~12.

[35] 王维兴. 中国炼铁：向更高点不断攀登[N]. 中国冶金报，2008-4-15.

[36] 刘全兴. 青钢高炉喷煤设计及生产实践[J]. 炼铁，2006(1)：31~33.

[37] 刘全兴. 我国高炉热风炉的发展[J]. 钢铁产业, 2006(10): 34~51.

[38] 胡新亮, 张玉生. 大型高炉应用干法除尘技术的关键[N]. 世界金属导报, 2006-9-26.

[39] 李安宁. 中国是钢铁大国还是钢铁强国[J]. 钢铁产业, 2006(1): 4~8.

[40] 刘全兴. 高炉煤气干法除尘技术亟待完善[N]. 中国冶金报, 2012-3-8.

[41] 刘文权. 低碳炼铁: 钢铁业发展低碳经济的重点[C]. 全国炼铁生产技术会议暨炼铁年会文集, 2008: 13~17.

[42] 闫彩菊, 王远继. 全新的高炉炉渣处理方法[J]. 河北工学院学报, 2000, 5(增刊): 111~114.

[43] 章天华, 鲁世英. 炼铁[M]. 北京: 冶金工业出版社, 1986.

[44] 刘全兴. 热风炉采用纯高炉煤气获得1200℃高风温工业试验[J]. 钢铁, 1996(9): 5~9.

[45] 刘全兴. 鞍钢利用低热值煤气获得高风温技术的开发[J]. 炼铁, 1996(3): 49~50.

[46] 刘全兴. 关于钢铁工业能源合理配置的思考[J]. 中国钢铁业, 2004(4): 25~27.

[47] 刘全兴. 带有附加加热的烟气预热净煤气换热器的开发与应用[C]. 首届全国青年炼铁学术会议论文集, 1995: 243~250.

[48] 王维. 促进我国炼铁工业科学发展再上新台阶[N]. 世界金属导报, 2006-5-16.

[49] 刘全兴. 高炉送风系统结构稳定性的研究[J]. 炼铁机械设备, 2010.

[50] 刘琦. 沙钢5800m³ 高炉成功处理长期事故休风实绩[J]. 炼铁, 2010(3): 1~4.

[51] 孟凡双, 王宝海, 肇德胜. 鞍钢3号高炉热风炉凉炉及烘炉实践, 炼铁, 2011(3): 53~55.

[52] 刘全兴. 提高风温与节能减排并举[N]. 中国冶金报. 2008-1-31.

[53] 刘全兴. 《煤气危险作业指示图表》在青钢的应用[J]. 青钢工作研究, 2006(4).

[54] 刘全兴. 煤气设施维护的特殊操作方法[J]. 钢铁产业, 2008(1): 13~16.

[55] 刘全兴. 高炉停炉理论与应用研究[J]. 钢铁产业, 2007(3): 41~47.

[56] 刘全兴. 炼铁系统提高风温和喷煤特征及价值分析[J]. 炼铁交流, 创刊号, 2008, 6: 21~24.

[57] 刘全兴. 风温和喷煤——炼铁的"两大主角"[N]. 中国冶金报, 2008-7-10.

[58] 刘全兴. 煤气设施漏点带气堵漏方法实践[J]. 山东冶金, 2009(1): 4~8.

[59] 刘全兴. 对高炉干法除尘与湿法除尘的重新评价[J]. 炼铁交流, 2011, 4: 45~47.

[60] 杨天钧, 张建良, 国宏伟, 以科学发展观指导, 实现低消耗、低排放、高效益的低碳[J]. 炼铁, 2012(4): 1~9.